U0189612

1958 年中国科学院海洋生物研究室贝类组全体人员合影

1946 年在北平研究院动物学研究所 (昆明西山)

1947 年在北平研究院动物学研究所 (北平万牲园)

1958 年中苏海南岛海洋动物考察团团员在海口市合影

1951 年在莱阳路 28 号青岛海洋生物研究室门前

1951 年 4 月在山东荣成楮岛考察

1958 年与中苏考察团团长古丽亚诺娃一起考察

1958 年与马绣同先生在海南新村港采集样品

1969 年在红岛西大洋进行贝类养殖试验期间合影

1980 年 5 月在香港从事研究工作

1981 年中国动物学会贝类学分会成立大会暨学术讨论会全体代表在广州合影

1982 年 8 月与英国贝类学家 Morton 及同事们合影

1983 年 3 月在中国科学院海洋研究所

1983 年在匈牙利出席第八届世界软体动物会议
并做学术报告

1984 年 5 月在庐山博物馆

1985 年 7 月 30 日出席美国软体动物学会第 51
届学术会议并做报告

1985 年 7 月
在美国华盛顿
史密森尼国家
自然历史博物
馆 Higgins 实
验室

1985 年 8 月与美国软体动物学会主席 M. R.
Carriker（中）等人合影

1985 年 8 月在美国大西洋海岸采集样品

1985 年 8 月在美国哈佛自然历史博物馆办公室

1992 年 12 月出席博士论文答辩会

1996 在家中工作

1998 年 12 月出席海洋生物专业博士后出站报告会

1999 年 10 月在泰安出席全国贝类学术讨论会

2003 年 12 月与出版社编辑及同事一起审稿

2008 年 9 月与家人合影

2008 年 9 月与夫人合影

2010 年 2 月与时任中国科学院海洋研究所副所长张国范研究员、贝类学分会秘书长阙华勇研究员合影

2010 年 3 月在家中与夫人和同事们在一起

2010 年 3 月在中国科学院海洋研究所参加座谈会

2010 年 3 月与福建海洋研究所原所长庄启谦研究员及夫人林慧琼研究员交谈

2011 年 4 月与李孝绪教授、宫庆礼教授合影

2011 年 6 月与薛钦昭研究员夫妇合影

2012 年 9 月与刘月英、王祯瑞两位研究员合影

2013 年 1 月张福绥院士、马江虎研究员、姜奕秘书来家中

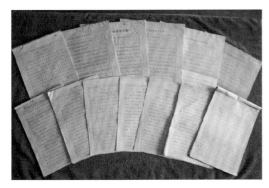

论文手稿

考察日志手稿

齐钟彦（1998 年摄于青岛）

耄耋依然著大書，專心園類意如初。
與人為善真情在，皓首窮經歲月除。
學術權威當模範，科研成績歷吹嘘。
無須厚祿和官位，不慕崖名愛菜蔬。

迟到補賀齐先生诞辰八十五周年
二0三年十二月六日敬作
並书于廣州

中国科学院南海海洋研究所谢玉坎研究员为齐钟彦 85 岁寿辰作诗

齐钟彦文集

上　卷

文集编委会　编

中国海洋大学出版社
·青岛·

图书在版编目（CIP）数据

齐钟彦文集 / 齐钟彦著；文集编委会编 . –– 青岛：
中国海洋大学出版社，2021.9

ISBN 978-7-5670-2951-4

Ⅰ . ①齐… Ⅱ . ①齐… ②文… Ⅲ . ①齐钟彦－文集
②贝类养殖－文集 Ⅳ . ① S968.3–53

中国版本图书馆 CIP 数据核字（2021）第 205582 号

出版发行	中国海洋大学出版社		
社　　址	青岛市香港东路 23 号	邮政编码	266071
出 版 人	刘文菁		
网　　址	http://pub.ouc.edu.com		
电子信箱	j.jiajun@outlook.com		
订购电话	0532–82032573（传真）		
责任编辑	姜佳君	电　　话	0532–85901040
印　　制	青岛国彩印刷股份有限公司		
版　　次	2022 年 9 月第 1 版		
印　　次	2022 年 9 月第 1 次印刷		
成品尺寸	185 mm ×260 mm		
印　　张	60.75		
字　　数	1380 千		
印　　数	1—1000		
定　　价	228. 00 元（全二册）		

如有印装质量问题，请联系 0532–58700166，由印厂负责调换。

文集编委会

张福绥　庄启谦　谢玉坎　马江虎　李孝绪
薛钦昭　张国范　张素萍　杨红生　阙华勇
许　飞

齐钟彦生平

齐钟彦(1920 年 3 月 12 日—2013 年 11 月 16 日),海洋生物学家、贝类学家,中国科学院海洋研究所(以下简称海洋所)研究员、博士生导师。

齐钟彦出生于河北蠡县大曲堤村的书香之家,7 岁到北平读书,1939 年高中毕业考入北平辅仁大学生物系,1941—1942 年辗转至昆明中法大学生物系,1945 年毕业应聘进入因抗日战争迁至昆明的北平研究院动物学研究所担任助理研究员。

1945 年抗日战争胜利后,北平研究院动物学研究所回迁北京,齐钟彦与同事夏武平先生在动物学研究所所长张玺先生的安排下继续留在云南进行为期一年的补充性调查采集,在滇池周围、蒙自的大屯海、石屏的异龙湖等地收集到云南特有的螺蛳属及其他淡水软体动物的第一手资料。

1946 年秋,齐钟彦回到北平,着手对云南的调查资料进行整理和研究,并对研究所以往采集的海产软体动物标本进行整理和分类。1947 年,他与同事马绣同先生、刘友樵先生等人一起到青岛进行海洋软体动物调查和采集工作,同时还对 20 世纪 30 年代张玺先生在胶州湾采集的角贝进行整理和分类。在两年多的时间里,他与马绣同先生等人还在白洋淀周围进行水生生物调查和采集工作并写出调查报告;赴辽东半岛,在营口、葫芦岛、大连、旅顺、安东等地调查和采集,获得丰富的资料和标本,并根据这些标本写出调查报告。

1949 年秋,中国科学院成立,对各地的研究机构进行了调整。齐钟彦等人在张玺先生的带领下,携带大量专业资料和仪器来到青岛,与山东大学生物系的童第周先生、植物系的曾呈奎先生等人共同组建了中国科学院水生生物研究所青岛海洋生物研究室。

此后,齐钟彦等研究人员开始对山东半岛进行水生生物调查与采集工作,以后又在江苏、浙江、福建、广东以及西沙群岛进行多次调查和采集。1953 年,天津新港出现了一种能在防波堤上凿洞的海洋动物,对码头造成严重危害。齐钟彦与其他研究人员随即赴天津塘沽对该海洋动物的种类、生态习性、繁殖等各方面进行专项研究和观察实验,发现该动物属于软体动物双壳类的海笋科,我国近海共有 19 种,此类生活在岩石中的海笋只能穿凿石灰岩而不能穿凿花岗岩。研究结果为港口建设提供了宝贵的科学资料。

与此同时,齐钟彦等研究人员还对严重危害港湾码头木质建筑和木船的软体动物船蛆进行研究,在全国各海域大量放置木板搜集标本,摸清我国各个港口船蛆的种类特征,共发现 14 种,通过研究找到防范措施,为防除船蛆提供科学依据。1955 年,这一研究成果荣获中国科学院集体一等奖,中国北部软体动物研究获个人二等奖。

1957 年,中国科学院海洋生物研究室扩大建制为中国科学院海洋生物研究所,齐钟彦担任无脊椎动物研究室分类组组长。他与无脊椎动物研究室贝类组的其他研究人员一起按类别对我国的海洋软体动物进行整理和研究,完成对主要贝类的科、属鉴定,完成我国大陆沿海软体动物的区系研究,基本掌握了我国大陆沿岸的软体动物情况。这些工作为我国海洋贝类分类学奠定了基础。

1957—1960 年,齐钟彦参加了中国－苏联海洋动物考察团的调查研究工作,并担任考察团秘书,主要对我国海洋动物的分类、生态分布、经济利用以及潮间带生态学进行调查研究,在此基础上发表了关于黄海潮间带生态学的多篇论文。1958 年春、夏和 1959 年秋、冬,齐钟彦分别参加了对海南岛的两次大规模科学考察,获取了大批重要资料和标本。1959 年,中国科学院南海海洋研究所成立后,齐钟彦兼任研究员及生物研究室主任。

在提高我国贝类养殖技术水平方面,齐钟彦也付出过很多心血并取得了一定成就。1958 年,他与娄康后先生一起到福建、广东了解牡蛎的养殖情况,发现当时深圳养殖牡蛎的方法较好,通过研究进行改进并加以推广。此外,他还与海洋所的研究人员对国内的栉孔扇贝进行个体生态研究,分析其生长和繁殖规律,对其采捕年龄和采捕时间提出建议,有效防止其减产,并成功在青岛试行网笼养殖,为扇贝的养殖提供了可靠的科学依据。

1965 年至 70 年代初,齐钟彦带领贝类组人员到胶州湾红岛养殖基地开展贝类养殖研究工作,这些研究为此后的贝类滩涂养殖奠定了关键科技基础。

1973 年,齐钟彦参加了全国动植物会议,对《中国动物志》的编写进行讨论,并当选为《中国动物志》编委会委员,负责审查《中国动物志:无脊椎动物》每年的出版计划以及完成情况,并参加多种无脊椎动物志的审稿工作。1978 年,齐钟彦当选为中国动物学会理事并担任无脊椎动物组组长,组织了在杭州举行的全国无脊椎动物讨论会。

此后,齐钟彦带领其他研究人员继续进行贝类分类研究,对腹足类、掘足类、双壳类的资料进行整理,先后主持编写了《黄渤海的软体动物》《新拉汉无脊椎动物名称》《中国经济软体动物》《中国动物图谱——软体动物》和 Seashells of China 等专著,发表了关于角贝、冠螺科、贻贝科、牡蛎科的多篇研究报告和《我国海洋动、植物分类区系研究三十年》《中国古代贝类的记载和初步分析》等论文。

1981 年,齐钟彦发起,与张福绥先生、刘月英先生等在广州成立了中国动物学会贝类学分会,齐钟彦担任第一任理事长并连任至 2003 年,后担任名誉理事长。学会每年举行一次理事会会议,每两年召开一次全国贝类学术讨论会,出版《贝类学论文集》。在齐钟彦等人的努力下,贝类学分会成为一个研究范围涵盖古贝类和现生贝类(包括陆生贝类、淡水贝类、海产贝类和医学贝类)、涉及多学科和技术的综合性全国学术组织,促进了我国贝类学研究和贝类产业的发展。

从 20 世纪 80 年代起，齐钟彦与国际同行开展了广泛的交流活动：1980 年和 1983 年分别参加由英国贝类学家 B. Morton 组织的香港及华南动、植物研究会和香港及华南软体动物研究会；1983 年参加在匈牙利布达佩斯举行的第八届国际软体动物学会议，在会上做了题为《中国软体动物的研究现状》的报告，对我国软体动物研究工作的情况做了介绍，并在会议期间加入软体动物联合会；1985 年应邀赴美国费城博物馆做研究工作并进行学术交流，赴华盛顿史密森尼国家自然历史博物馆及哈佛自然历史博物馆进行学术交流，期间还在大西洋海岸进行标本采集；同年赴美国罗得岛州参加美国软体动物学会第 51 届学术会议，会上做了题为《宝贝科卵囊研究》的报告；1986 年参加在英国举行的第九届国际软体动物学会议，还应英国自然博物馆、法国自然博物馆的邀请赴两馆进行访问。通过这些交流活动，齐钟彦结识了世界各国知名的同行专家学者，同时也向世界介绍了我国贝类研究的情况。齐钟彦作为中国贝类学的权威代表得到了国际学术界的认可。

在进行贝类研究工作的同时，齐钟彦曾于 20 世纪 50 年代在山东大学生物系和水产系协助张玺先生讲授贝类学课程，编写了大量讲义，并以此为基础与张玺先生合著了我国第一部系统论述贝类动物学的专著——《贝类学纲要》。齐钟彦还与张玺先生一起撰写了《中国北部海产经济软体动物》《中国经济动物志 海产软体动物》《南海的双壳类软体动物》《我国的贝类》等一系列研究专著和科普书籍。20 世纪 60 年代，他在北京大学地质地理学系讲授软体动物课程。作为中国科学院海洋研究所的学术委员、博士生导师，齐钟彦热心指导学生，诲人不倦，为国家培养了多名博士研究生和硕士研究生，这些人后来都成为贝类研究领域的高级研究人员。

齐钟彦在 1987 年退休后，依然每天到办公室继续从事贝类学研究、指导研究生进行研究工作，并归纳总结多年研究成果。他从事科研工作 60 余年，在学术研究上倾注了全部心血，发表研究论文 60 余篇，出版专著近 20 部，为我国的贝类学研究做出了杰出贡献。

对齐钟彦先生文集的粗浅体会

在整理齐钟彦先生文集的过程中，重温了齐先生的科研历程，进一步加深了对齐先生学术成就的理解。齐先生对中国贝类分类和区系研究做出了巨大贡献，重点研究的类群包括掘足纲、双壳纲、腹足纲、头足纲等，特别是对一些罕见特殊贝类的研究以及对古典文献中关于贝类记载的考证，已经成为中国贝类资源认知的宝贵资料。

早在1950年，齐先生就和张玺先生整理和发表了前人在辽东半岛、青岛、海南岛等地采集的角贝标本，共计3种及1变种，是中国掘足类区系研究较为全面的早期文献之一。作为一名海洋贝类分类学家，齐先生同时还重视贝类的经济价值开发，对解决实际问题提出了很多有价值的建议。例如20世纪50年代，"凿石虫"和船蛆对沿海生产的危害问题得到一些部门的重视和反映，齐先生非常重视这些问题，通过多次实地考察、搜集文献和实验验证，对海笋和船蛆的形态特征、生活习性进行了详细研究，厘清了这些贝类在中国沿海的分布特点，并对其生物防治提出了建议，为国家港口建设节省了大量资金。齐先生对具有经济价值的头足类也非常重视，他通过整理鉴定历年来收集到的头足类标本，初步明确了中国沿海头足类的分布及生活习性。齐先生还对1984年中国首次南大洋考察和1987年中国科学院南沙综合科学考察航次采集到的前鳃类（该分类阶元目前已弃用）标本进行了整理鉴定，并完成了中国科学院海洋研究所保存的冠螺、蛙螺等样品的鉴定工作，为这些类群的研究提供了大量的基础资料。

20世纪50年代起，为了获得更多的样品进行海洋生物区系研究，充分了解沿海生物种类分布及资源利用情况，齐先生曾带领团队亲自前往多个沿海地点进行科研调查和样品采集，北至辽东半岛，南至南海诸岛，偏远的海域也都留下了齐先生的脚印。1950年，齐先生等人对辽东半岛各地海岸的构造、动物分布情形及当地渔业概况进行了首次细致的调查，为以后的资源利用提供了宝贵的经验，避免了不必要的人力、物力浪费，为辽东半岛成为中国贝类主养区之一奠定了基础。在1956—1977年的22年间他和同事们对西沙群岛进行了6次样品采集、生态调查和鉴定，获得标本12 000多个，发现100多个新种，为开发南海生物资源提供了必要的理论依据。

齐先生在对贝类习性、分布等系统研究的基础上，完成了主要贝类的科、属鉴定，主持编写了《黄渤海的软体动物》《中国经济软体动物》《中国动物图谱——软体动物》《新拉汉无脊椎动物名称》等专著,还首次根据贝类的分布特点将中国海区分为3个不同性质的海区,分别是暖温带性质的长江北部的黄、渤海区,亚热带性质的长江口以南的大陆近海,以及热带性质的海南岛南端、台湾南部以及以南的海区,分别属于北太平洋的远东亚区,中－日亚区和北太平洋的印尼－马来亚区。此外,齐先生通过鉴定南极半岛双壳类样品,发现该地区物种大多呈现出壳小、壳质极薄脆的寒带高纬度区系特点。这些研究成果为海洋贝类区系研究奠定了重要基础。

在经济贝类的养殖过程中,为了增加产量,科研人员一直重视对贝类的繁殖、生长等方面的研究。早在1951年,齐先生就开始对栉孔扇贝等多种经济贝类开展研究,经过几年的观察试验,对栉孔扇贝的繁殖和生长习性形成了全面的了解,这为开展扇贝人工养殖奠定了重要基础。牡蛎是中国重要的经济贝类之一,齐先生等人对近江牡蛎的摄食习性也进行了研究,发现近江牡蛎非常适合在浑浊海区养殖,提出应有意识地利用水质特点发展不同种类牡蛎养殖的观点。

牡蛎分类一直是争议比较大的研究领域,分类标准处在不断的完善中。在20世纪末,齐先生指导学生李孝绪依据解剖学手段,把当时的20种牡蛎修订为15个物种,对一些疑难物种提出新的认识,引导匡正了中国牡蛎分类的混乱局面,发现了一个单行属种——爪蛎属猫爪牡蛎。经过对牡蛎的鳃及附心脏器官的研究,他发现牡蛎的演化趋势是较为明显的,并做出牡蛎起源于丝鳃类软体动物的推测,为研究牡蛎的系统演化提供了一些新的分类依据。为了完善牡蛎的解剖学内容,齐先生对牡蛎的循环系统进行了详细研究,首次提出牡蛎循环系统的两种类型——无附心脏型和附心脏型。此外,齐先生还对中国北方常见的巨蛎属牡蛎幼虫形态进行了专门研究。这些工作为牡蛎的系统演化研究提供了新的参考视角,一直影响着现在的贝类学研究工作。

齐先生是中国贝类研究的奠基人之一,为今天中国贝类学科发展奠定了重要基础,他的贝类学研究成绩为我们后辈所仰望。以上几点心得体会也仅是挂一漏万,略述大端,惶与同侪共享。

张国范　许　飞
2022 年 3 月 12 日

才德双馨——怀念齐钟彦老师

1957年春,我到青岛中国科学院海洋生物研究室,就读导师张玺教授名下的副博士研究生,同年就随齐钟彦老师一起和苏联科学院海洋研究所莫奇耶夫斯基到大连、舟山和湛江做潮间带生态调查;1959年又随张、齐二位老师和苏联科学院动物研究所古丽亚诺娃等一批专家去海南岛做潮间带生态调查,随后一同在北京做总结。1975年和齐老师应上海自然博物馆邀请去该馆鉴定单、双壳贝类标本。1982年,我调回福建工作,1983年和齐老师、刘月英去香港参加第五届国际软体动物研讨会;1986年和齐老师两人代表中国贝类学会去英国爱丁堡参加第九届国际软体动物学术大会。我前后跟随齐老师共25年,在个人成长和业务上得到齐老师太多的帮助,他是一位和蔼、可亲、可敬的老师和兄长。

齐老师是一位不可多得的才德双馨的科学家。

和齐老师接触的人都知道,他是一个有学问、个人修养极深、不显山不露水、沉静、受人尊重的学者,在公众场合不轻易发表意见,但处理问题有条不紊,丝丝见真情。20世纪50年代张玺教授领导的贝类事业走向繁荣,分类基础雄厚,有规模庞大的贝类标本室,还建立了贝类形态组,贝类自然生态(兼做潮间带生态)、贝类实验生态(贝类养殖)学科齐全。这一时期,百废待兴,北京中国科学院动物研究所的淡水、陆生贝类研究,南京中国科学院地质古生物研究所的化石贝研究,还有全国重点水产院校的贝类学或贝类养殖都需要骨干队伍,纷纷派员到青岛进修。20世纪60年代,张玺老师出任中国科学院南海海洋研究所所长,又要派齐老师兼任该所生物室主任。齐老师要完成自己的研究工作,还要分身劳神培养大量的科技人员,重任在肩,但他运筹帷幄、默默耕耘,使贝类事业人丁兴旺、人才辈出、硕果累累、成绩斐然。

齐老师走后,留在世间最大的一笔财富是"德"。

齐老师出身书香世家,父亲齐雅堂是和张玺老师同时代留法的著名植物形态学家。齐老师从小受熏陶,良好的家庭教育造就了齐老师独特的性格和品行,归结起来是"忠诚"两字。在事业上,他20世纪40年代跟随张玺老师,几十年兢兢业业,矢志不渝,将"忠诚"两字表现得淋漓尽致。齐老师对同事、对朋友,"诚"字处处显现,待人谦逊有礼,脸带笑容,从不以长者自居,和下属平等相待,使人感到特别亲切,能成为知心朋友;齐老师对家人尤其忠诚,齐家是典型的和睦团结之家。齐老师及师母对子女的教育特别尽心,一家人都彬彬有礼。齐老师及师母一生相濡以沫。晚年齐老师听力受损,但视力尚好;师母视力欠佳,但听觉灵敏。两人互量血压,师母手握听筒听音,齐老师眼观血压计,表情专注,情景特别感人。可惜当时没拍照留念,失去一张可传世的照片。

齐老师"德"的另一表现是忍。齐老师极少动怒,遇到不顺心的事,第一时间的表现是沉默。在研究室,受压的事层出不穷,同事忿忿然,找齐老师告状、评理。这时齐老师特别冷静,让大家不要激动,冷处理,往往雨过天晴。

忍是齐老师最大的优势。学生以前年少气盛,对此不理解,现在年纪也大了,感到忍不是懦弱,不是退缩或回避,忍是一种品格,是一种难以学成的高贵品德。

齐老师值得学习还很多,谨以齐老师的才、德谈一点粗浅体会。

感谢齐老师多年的教诲,并寄以深深的怀念。

庄启谦
2014 年 7 月于厦门

前　言

　　齐钟彦先生是我国著名的贝类学家。20世纪40年代，齐先生自中法大学毕业后进入北平研究院动物学研究所工作，在云南省开展了一年多的淡水贝类调查工作，收集了当地特有的螺蛳属等淡水贝类的第一手资料，自此与贝类结下了不解之缘。新中国成立后，齐先生积极响应国家号召，跟随张玺先生从北京来到青岛，与童第周先生、曾呈奎先生等共同组建了中国科学院海洋生物研究室，即中国科学院海洋研究所的前身，自此开始了以贝类为核心的海洋生物研究。

　　齐先生从事贝类研究工作60多年，撰写了大量的论文和专著，硕果累累。他退休后仍然伏案工作，80多岁高龄还组织同事整理、校对中国沿海的贝类资料，并最终出版了 Seashells of China 一书。齐先生重视发现和培养人才，他的学生很多已经成为贝类学各领域的学术带头人。20世纪80年代初期，齐先生与同事们发起成立了中国动物学会贝类学分会并担任理事长直至2003年，为促进我国贝类学术交流、推动贝类学科发展和人才培养发挥了重要作用。齐先生治学严谨，为人朴实无华，团结同事，提携后进，是老一代科学家的典型代表，他的务实作风和高尚品格得到国内外同行的广泛认可和高度评价。

　　此次编辑出版的《齐钟彦文集》，收录的文章共有77篇，基本涵盖了齐先生贝类研究的主要内容。这些文章大部分是他亲自撰写的，其他的则是他与同事或学生共同完成的，包括齐先生和同事们一起考察、研究的成果。文中一些标题的字体、段落的编排方式、图和表的格式等均按照目前学术出版物的有关规定做了修改，同时删除了一部分由于年代久远而与现在有所差异的地图。

　　汇集出版的这些文章，充分体现了20世纪40年代到21世纪初我国贝类分类学等贝类学研究的历史沿革和主要成就，对于当前和今后的贝类学研究仍有重要的参考价值。希冀读者能体会齐先生学术历程并感受其献身于贝类科学的崇高精神，这是对齐先生最好的纪念。

　　齐钟彦先生的子女齐彬、齐森、齐瑛、齐珠在文集的整理和编辑过程中开展了大量工作，在此表示衷心的感谢。

文集编委会

2021年8月

目 录

上 卷

下 卷

A REVISION OF THE GENUS *Margarya* OF THE FAMILY VIVIPARIDAE [1]

INTRODUCTION

The genus *Margarya* has so far been only recorded from Yunnan province, the southwest plateau of China. It was first discovered by the Margary Expedition in the Ta-li Lake (Erhai) western Yunnan. Nevill described it in 1877 as a new genus. After this, it was reported also from the lakes of Kunming and Mong-tze. Of its zoological position, opinions are very different from various authors. Nevill (1877) gave it the name *Margarya* while Mabille (1886) and Neumayr (1883, 1898) both considered it as a synonym of *Viviparus* although Dautzenberg and Fischer (1906) followed Nevill's opinion, but Taki (1936) considered it as a subgenus of *Viviparus*. [2] In fact, the genus *Margarya* should be considered as a separate genus. It may be readily distinguished from *Viviparus* by the following four characters: ① the shell is comparatively narrow and oblong, thick and stout; ② each whorl is provided with one or several carinae; ③ except *Margarya yangtsunghaiensis*, all the apices of other species are not pointed; ④ every suture is encircled by a ramp-like area.

Due to the immense number of variations and the limited number of material obtained by previous workers, the species and varieties so far recorded are also in a great confusion. Nevill established this genus for the species *Margarya melanioides*, Mabille in 1886 described three species of this genus, i.e. *Vivipara delavayi*, *V. francheti*, *V. tropidophora*; among which the first one should be a synonym of *Margarya melanioides*. Neumayr in 1898 described three varieties: *Vivipara margariana* var. *tuberculata*, *V. margariana* var. *carinata* and *V. margariana* var. *rotundata*. We should consider that the first two varieties are synonymous to *Margarya melanioides* and the last one is simply a synonym of *Margarya francheti* (Mabille). Dautzenberg and Fischer (1906) thought that *Margarya melanioides* Nevill is the genotype and all the others are simply varieties, such as *M. melanioides* var. *delavayi*, *M. melanioides* var. *carinata*, *M. melanioides* var. *monodi*, *M. melanioides* var. *mansuyi*, *M. melanioides* var. *obsoleta*, *M. melanioides* var. *francheti* and *M. melanioides* var. *tropidophora*. But some of these varieties are provided with constant and very distinct characters, they should be separated

---

① 张玺、齐钟彦：载《国立北平研究院动物学研究所丛刊》，1949 年 5 月，第 5 卷第 1 期，1～26 页，国立北平研究院出版。
② Taki: "Mollusca of Jehol", Report of the first Scientific Expedition to Manchoukuo Sec. V, div. 1, part. 1, art. 4, 1936, p. 157.

into one species, some of the others should be combined into one species. In view of the confusion of the previous works, an adequate revision of this genus seems increasingly needed for the furtherance of our study in freshwater gastropods.

METHODS AND MATERIALS

During the years of resistance against Japanese aggression, we have made a large collection of this gastropod from various lakes of Yunnan, such as the Kunming Lake, Fuhsien Lake, Ta-tun-hai, I-lung Lake, Yang-tsung-hai and Ta-li Lake (Er-hai). The collecting method is very simple, a simple snail net [1] or a triangular dredge [2] was used. When the dredge was trailing along the bottom of the lake where is free from water plants, usually several hundreds or more than one thousand of individuals may be obtained in a single dredge. According to the result of statistics made by the senior author, we know that the population of *Margarya* at the bottom of the Kunming Lake is up to 36 per square meter [3].

By basing upon the ample collections of material, we are able to make a comprehensive study of this genus. The external characters of each form have been carefully compared, the dimensions of the shells were measured. Although the radula was noticed by Heude (1890) but he did not describe it in detail and compare it with other species. The radular band is very long, enclosed in a muscular sheath, consisting about one hundred latitudinal rows of teeth. The front rows of the radula are usually exposed for practical purpose of the animal. The rest part can be seen after maceration with 10% KOH. It is yellowish in front and white behind. Every latitudinal row consists of seven teeth. Besides the central tooth, there are the lateral, inner marginal and outer marginal teeth. On the free border of each tooth, several denticulations are present. The forms and numbers of the small cusps are very helpful for the purpose of classification.

According to the results of our study of the material, we have obtained almost all the species and varieties so far recorded by previous workers, except one variety "*Margarya melanioides* var. *obsoleta*" which was described by Dautzenberg and Fischer in 1906 [4]. We have also discovered a new species *Margarya yangtsunghaiensis* from Yang-tsung-hai and a new variety *Margarya mansuyi* var. *bicostata* from Fu-hsien Lake, and a new fossil species *Margarya elongata* with its variety *M. elongata* var. *yini* from the west shore of the Kunming

① Tchang-Si, Cheng Ch'ing Tai: "Study of an edible snail, *Margarya melanioides*, from Kunming Lake", *Culture Sion-francaise*, vol. 1, no. 4, p. 6.

② Henry B. Ward: *Freshwater Biology*, p. 71, fig. 14.

③ Tchang-Si: "Recherches Limnologique et Zoologique sur le lac de Kunming, Yunnan", *Contr. Inst. Zool. Nat. Acad. Peiping*, vol. IV, no. 1, p. 8, table III.

④ *Margarya melanioides* var. *obsoleta* is a fossil form collected at Mong-tze and Tong-hai.

Lake. So all together we have studied 7 species and 2 varieties, of which, the names are enumerated in the following list:

（1）*Margarya melanioides* Nevill

（2）*Margarya monodi* Dautzenberg et H. Fischer n. comb.

（3）*Margarya elongata* sp. nov.

（4）*Margarya elongata* var. *yini* var. nov.

（5）*Margarya francheti* (Mabille)

（6）*Margarya tropidophora* (Mabille)

（7）*Margarya yangtsunghaiensis* sp. nov.

（8）*Margarya mansuyi* Dautzenberg et H. Fischer n. comb.

（9）*Margarya mansuyi* var. *bicostata* var. nov.

The distribution of the above species and varieties in Yunnan province is shown in the following table.

Table 1 Distribution of species and varieties

Names of lakes & localities	Species or varieties represented
Kunming Lake, Kunming 昆明昆明湖	*Margarya melanioides*; *M. monodi*; *M. francheti*; *M. elongata*; *M. elongata* var. *yini*
Ta-li Lake (Er-hai), Tali 大理大理湖（洱海）	*Margarya melanioides*; *M. tropidophora*; *M. francheti*
Yang-tsung-hai, I-liang 宜良阳宗海	*Margarya yangtsunghaiensis*
I-lung Lake, Ship-ping 石屏异龙湖	*Margarya mansuyi*
Ta-tun-hai, Mong-tze 蒙自大屯海	*Margarya mansuyi*
Fu-hsien Lake, Cheng-Kiang 澄江抚仙湖	*Margarya mansuyi* var. *bicostata*

KEY TO SPECIES AND VARIETIES

A. Spiral keels obscure, apex mammili-form.

　　B. Shell short, the ramp-like area reaching the apex···
　　···*Margarya francheti* (Mabille)

　　BB. Shell long, the ramp-like area not reaching the apex
　　···*Margarya tropidophora* (Mabille)

AA. Spiral keels conspicuous, apex not mammili-form.

　　B. Spiral keels nodulated.

　　　　C. Apex pointed, nodules very regular·············*Margarya yangtsunghaiensis* sp. nov.

CC. Apex obtuse, nodules less regular

　　D. Spiral whorl angulate at the middle, body whorl swelled······················
　　···*Margarya melanioides* Nevill

　　DD. Spiral whorl almost cylindrical, body whorl not swelled.

　　　　E. Shell short, spiral whorls each with 3 spiral keels and body whorl with 6
　　　　······························*Margarya monodi* Dautzenberg et H. Fischer

　　　　EE. Shell long

　　　　　　F. Nodules regular, spiral whorl each with 4-5 spiral keels·········
　　　　　　·····································*Margarya elongata* sp. nov.

　　　　　　FF. Nodules irregular, spiral whorl each with 3-4 spiral keels······
　　　　　　·····························*Margarya elongata* var. *yini* var. nov.

BB. Spiral keels not nodulated.

　　C. Spiral whorls each with 3 spiral keels, body whorl with 4······················
　　······································*Margarya mansuyi* Dautzenberg et H. Fischer

　　CC. Spiral whorls each with 2 spiral keels, body whorl with 3····················
　　·····································*Margarya mansuyi* var. *bicostata* var. nov.

DESCRIPTION OF SPECIES AND VARIETIES

Genus *Margarya* Nevill 1877

Shell long, thick and solid, generally keeled, tuberculated or spiny; apex mostly obtuse; beside the suture on the upper portion of each whorl, all with a very clear ramp-like area.

Genotype: *Margarya melanioides* Nevill

1. *Margarya melanioides* Nevill 1877
(Pl. I, figs. 1–6; Fig. 1)

1877　*Margarya melanioides* Nevill, Journ. Asiat. Soc. Beng. XL VI, p. 30.

1883　*Vivipara margeriana* Nevill, Neumayr, Neues Jahrb. Für Mineralogie, 1883 II, pp. 24, 25.

1885　*Paludina* (*Margarya*) *melanioides* Nevill. Fischer, Man. de Conch. p. 733.

1886　*Vivipara delavayi*, Mabille, Bull. Soc. Mal. Fr. p. 66, pl. II, figs. 1a, 1a, 1b.

1890　*Margarya melanioides* Nevill, Heude, Mem. Emp. Chinois, p. 178, pl. X X XI X, figs. 1, 2. pl. XLIII, figs. 1, 2.

1906　*Margarya melanioides* Nevill, Dautzenberg et H. Fischer, Journ. Conch. vol. LIV. 1906, pp. 420-422.

1906　*Margarya melanioides* var. *carinata* Neumayr, Dautzenberg et H. Fischer, loc. supra cit., pp. 422-424.

1906   *Margarya melanioides* var. *delavayi* Mabille, Dautzenberg et H. Fischer loc. supra cit. p. 422.

1943   *Margarya melanioides* Nevill, Teng-Chien Yen, Nautilus, vol. 56, no. 4, p. 128.

1943   *Margarya melanioides carinata* (Neumayr 1883), Teny-Chien Yen, loc. supra cit., p.128.

Shell large, up to 77 mm long and 47 mm width or over, turreted in form, greenish brown or brown in colour, slightly transparent, thick and solid, with a rather high spire and greatly inflated body whorl; apex obtuse, sometimes eroded. Whorls six, convex and angulate at the middle, increasing in width gradually in the spiral whorls and more rapidly in the body whorl; suture deep; ramp-like area much broad. On the shell surface girt with very clear spiral keels which are two or three on the spiral whorls and five on the body whorl. The first keels of each whorl are relatively reduced, bearing small nodules on the apical whorls and un-noduled on the lower whorls. The second keels are much elevated, with small nodules on the apical whorls and noduled or spiny on the lower whorls. The third keel, if present, is always situated at the suture. Aperture entire, almost circular, its inner surface is whitish blue in colour; inner lip rolls outward. Operculum horny, pyriform reddish brown in colour, nucleus lateral, near the inner lip, surrounded with many growth rings. Umbilicus small, sometimes covered.

Measurements:

No.	Height (H) /mm	Diameter/mm			Height of aperture (HA)/mm	$\frac{B}{H} \times 100$	$\frac{HA}{H} \times 100$
		Spire (S)	Body (B)	$\frac{S}{B} \times 100$			
1	66.6	27.5	43.3	63.5	26.9	65.0	40.3
2	57.9	25.5	40.0	63.7	26.7	69.0	46.1
3	62.0	25.2	37.5	67.1	28.4	60.4	45.8
4	58.5	23.6	35.9	65.7	24.3	60.1	41.7
5	63.8	26.7	42.9	62.2	27.8	62.3	40.4
6	56.0	25.1	36.0	69.7	24.5	64.3	43.7
7	59.0	26.0	41.0	63.4	27.1	69.5	45.9
8	65.5	27.2	44.3	61.4	27.6	67.6	42.1
9	64.6	27.4	46.9	60.5	28.7	72.5	44.3
10	63.8	28.0	44.0	63.6	26.7	68.9	41.8
11	64.0	27.0	46.0	58.7	28.2	71.8	44.0
12	58.0	25.4	40.0	63.5	25.8	68.9	44.4
13	62.0	26.8	42.0	63.8	25.5	67.7	41.1
14	56.3	24.2	36.0	67.2	24.9	63.9	44.2
15	62.3	26.1	41.0	62.8	26.1	66.6	41.8
16	56.5	23.8	38.6	61.1	26.0	68.4	46.0
17	61.0	25.0	41.0	60.9	26.8	67.2	43.7
18	58.4	25.5	39.0	65.3	26.6	66.7	45.5
19	64.0	26.8	45.0	59.5	26.7	70.3	41.7
20	60.0	25.7	40.4	63.6	25.7	67.3	42.8

Continued

No.	Height (H) /mm	Diameter /mm			Height of aperture (HA)/mm	$\frac{B}{H} \times 100$	$\frac{HA}{H} \times 100$
		Spire (S)	Body (B)	$\frac{S}{B} \times 100$			
21	54.3	23.4	38.0	61.6	24.1	67.9	44.3
22	58.6	24.9	36.0	69.1	24.3	61.4	41.4
23	57.0	26.0	40.0	65.0	26.0	70.1	45.6
24	62.2	26.5	42.0	63.1	27.4	67.0	43.7
25	55.8	23.4	38.0	61.5	25.1	68.1	44.9
26	53.0	24.5	39.0	62.8	24.6	73.5	46.4
27	57.7	24.4	37.5	65.0	25.7	64.9	44.5
28	53.0	22.9	32.7	70.0	24.5	61.7	46.2
29	58.6	26.0	42.5	61.1	27.0	72.5	46.0
30	58.4	25.5	38.5	66.2	25.0	66.9	42.8
31	59.0	25.2	38.5	65.4	25.2	65.1	42.7
32	55.5	24.8	37.6	65.9	23.3	67.7	41.9
33	56.5	25.8	40.5	63.7	25.0	71.6	44.2
34	61.3	26.2	40.6	64.5	26.7	66.2	43.5
35	59.0	24.5	40.5	60.4	26.6	68.6	45.0
36	66.5	29.8	45.8	67.2	28.9	68.8	43.4
37	65.4	27.0	45.0	60.0	28.0	68.8	42.7
38	56.5	25.0	40.3	62.0	26.8	71.3	47.4
39	69.0	30.2	45.5	66.3	27.3	65.9	39.5
40	61.0	26.0	42.8	61.9	26.3	70.1	43.1
41	65.4	28.0	47.5	58.9	28.0	72.6	42.8
42	65.7	27.0	41.8	64.5	27.0	63.6	42.6
43	63.5	26.0	39.5	65.8	24.5	62.2	38.5
44	59.6	26.1	40.7	64.1	26.7	68.5	44.7
45	54.0	22.7	38.0	59.7	24.6	70.3	45.5
46	61.5	27.5	41.4	66.4	29.5	67.4	47.9
47	52.7	23.4	34.0	69.0	23.4	64.5	44.4
48	76.8	30.8	42.0	73.3	32.0	54.8	41.6
49	57.5	25.1	38.2	67.7	27.3	66.4	47.4
50	58.6	21.7	37.9	57.2	24.6	64.7	41.9
Average				64.1		67.0	43.7

The juvenile shell (Pl. I, figs. 5,6) subglobose in outline, moderately thick and solid, transparent, pale green in colour, surface brilliant; apex pointed, spiral keels clearly developed, with nodules rather regular.

The radular band is very long, consisting of about one hundred latitudinal rows. Central tooth almost trapezoid in outline, slightly rounded at the front edge, bearing a large squarish central cusp and generally 5 small cusps on each side. Lateral tooth is very large, almost oblong in form, with a very short stalk at the inner base, front edge slightly sinuated, with a large denticulation at the middle and generally 4 small cusps on each side. Inner marginal tooth is long, bearing a large denticulation at the middle of the front edge, each side of which there are 3-4 small cusps. Outer marginal tooth is as long as the inner one, pointed at the base and obtuse at the tip, on the 2/3 inner part of the front edge bears 7-13 very small cusps (Fig. 1).

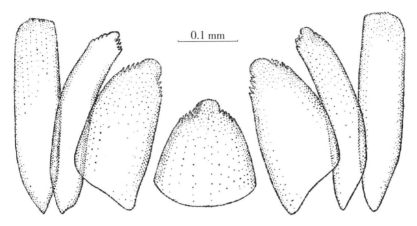

0.1 mm

Fig. 1 Radular teeth of *Margarya melanioides* Nevill

No. of radula	Central teeth			Lateral teeth			Marginal teeth				Outer
							Inner				
I	4-5	1	4-5	3-4	1	3-4	3-4	1	3		
II	4-5	1	5-6	4	1	4-5	3-4	1	3-4		8-9
III	6-7	1	5-6	4-5	1	4-5	3-4	1	3-4		8-13
IV	5-6	1	4-5	4-5	1	3-4	3-4	1	4		9-12
V	4-5	1	4-5	3-4	1	3-4					7-12
VI	5-6	1	4-5	4-5	1	4-5	4-5	1	3-4		8
VII	4-5	1	4-6	4-5	1	3					9-13

The radular formula may be shown as follows:

$$\left(\frac{5(1)5}{C}\right) \cdot \left(\frac{4(1)4}{L}\right) \cdot \left(\frac{3\text{-}4(1)3\text{-}4}{IM}\right) \cdot \left(\frac{7\text{-}13}{OM}\right)$$

C = central tooth, L = lateral tooth, IM = inner marginal tooth. OM = outer marginal tooth.

This species is very abundant in Kunming Lake. We have examined about thousand specimens. The differences between the varieties *Margarya melanioides* var. *delavayi* and *M. melanioides* var. *carinata* (Pl. I, figs. 3,4) are only in the spines and spiral keels of the shell: *M. melanioides* is provided with spines, *M. melanioides* var. *carinata* is without spines but with much elevated spiral keels while the *M. melanioides* var. *delavayi* is intermediate between them. Bur from the result of our study, we discovered that the number of spines are very variable as shown in Table 2, so it is not reliable to determine the varieties only by the number of spines. The elevation of the spiral keels is also variable in degree, it is really continuous in gradation. By basing upon these points it seems difficult to separate the species and varieties. The original descriptions and figures of the above varieties are quite within the range of variations in this species. So these varieties may be combined into this species.

Table 2 Frequency of spines in *Margarya melanioides* Nevill from Kunming Lake

Number of spines	0	1	2	3	4	5	6	7	8	9	10	11	12	13	14	15	16	17
Frequency	1	1	14	14	21	25	26	42	49	68	70	74	75	69	63	55	39	43
Number of spines	18	19	20	21	22	23	24	25	26	27	28	29	30					
Frequency	43	31	27	27	17	9	5	3	4	2	4	0	1		Total 922			

2. *Margarya monodi* Dautzenberg et H. Fischer n. comb.
(Pl. I, figs. 7–8; Fig. 2)

1906 *Margarya melanioides* var *monodi*, Dautzenberg et Fischer loc. supra cit., p. 423, 424, fig. 1.

1943 *Margarya melanioides monodi* Dautzenberg et Fischer, Teng-chien Yen, loc. supra cit., p. 128.

Shell conical, thick and solid, greenish brown in colour with a rather high spire and an un-swelled body whorl; apex obtuse; suture deep. Whorls 6.7 increasing gradually in width, slightly convex and almost cylindrical. Ramp-like area rather broad; spiral keels slightly reduced, composed of rather regular small nodules. On the spiral whorls, each girt with three or in some cases 4 spiral keels while on the body whorl generally six or sometimes seven to eight in number. The nodules at the keels are small on the upper whorls and gradually becoming larger on the lower whorls. Aperture oval-shaped, the inner of which is whitish blue in colour. Operculum horny, dark brown in colour, with a nucleus lateral to the columella lip. Umbilicus small or covered.

Measurements:

No.	Height (H) /mm	Diameter/mm			Height of aperture (HA)/mm	$\frac{B}{H} \times 100$	$\frac{HA}{H} \times 100$
		Spire (S)	Body (B)	$\frac{S}{B} \times 100$			
1	68.0	28.5	39.4	72.4	26.5	57.9	38.9
2	55.4	22.8	31.7	72.0	22.8	57.2	41.1
3	58.9	25.7	35.3	72.8	23.8	59.9	40.4
4	63.0	26.2	35.0	74.8	25.0	55.5	39.6
5	55.4	23.8	33.5	71.1	24.2	60.4	43.6
6	59.4	25.5	34.0	75.1	25.3	57.2	42.5
7	53.3	22.5	31.6	71.2	23.0	59.2	43.3
8	57.4	24.3	34.7	70.2	22.6	60.4	39.3
9	66.0	27.5	40.7	67.6	26.4	61.6	40.0
10	47.4	21.0	28.4	73.9	20.4	59.9	43.0

Continued

No.	Height (H) /mm	Diameter/mm				Height of aperture (HA)/mm	$\frac{B}{H} \times 100$	$\frac{HA}{H} \times 100$
		Spire (S)	Body (B)	$\frac{S}{B} \times 100$				
11	65.4	26.2	38.4	65.7		25.0	58.7	38.2
12	63.2	28.1	41.0	68.5		26.5	64.8	41.9
13	66.2	27.3	37.5	72.8		26.8	56.6	40.4
14	42.0	19.0	21.3	89.3		19.0	50.7	45.2
15	49.8	20.5	29.2	70.2		21.0	58.6	42.1
16	61.0	25.5	38.0	67.2		24.8	62.2	40.6
17	60.5	25.0	36.0	67.6		25.2	59.5	41.6
18	49.0	21.0	29.8	70.4		23.0	60.8	46.9
Average				71.8			58.9	41.6

Central tooth semi-circular in form, round in front and broad in the posterior; anterior edge slightly sinuated, with a short but very broad denticulation on its middle, each side of this denticulation with 4–6 small cusps. Lateral tooth semi-lunar in outline, inner edge almost straight, outer edge convex, on the anterior edge there is a large squarish denticulation, each side of which bearing 4 small cusps. Inner marginal tooth narrowly oblong in form, its middle of anterior edge possesses a large denticulation, each side of which bearing 3–4 small cusps. Outer marginal tooth slightly broader than the inner marginal tooth, anterior edge obtuse with 8–14 small cusps on the inner half, posterior end pointed.

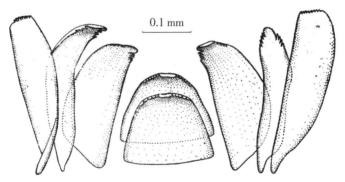

0.1 mm

Fig. 2 Radular teeth of *Margarya monodi* Dautzenberg et H. Fischer

No. of radula	Central teeth	Lateral teeth	Marginal teeth	
			Inner	Outer
I	6 1 5-6	3-4 1 4	3-4 1 3-4	10-14
II	5-6 1 5-6	4 1 5	3-4 1 3-4	8-9
III	4-5 1 4-5	3-4 1 3-4	3-4 1 3-5	9-12
IV	4-6 1 4-5	3-4 1 3-4	3-4 1 3-4	9-12

The radular formula may be shown as follows:

$$\left(\frac{4\text{-}6(1)4\text{-}6}{C}\right) \cdot \left(\frac{3\text{-}4(1)3\text{-}4}{L}\right) \cdot \left(\frac{3\text{-}4(1)3\text{-}4}{IM}\right) \cdot \left(\frac{8\text{-}14}{OM}\right)$$

This species formerly was considered as a variety of *M. melanioides* by Dautzenberg and Fischer 1906. We should consider it as a distinct species, because it possesses the following characteristics quite distinguishable from *M. melanioides*: shell conical, spiral whorl cylindrical, not angulate; body whorl un-swelled; 3 nodular keels on the spiral whorls and 6 on body whorl. However, it resembles *M. elongata* in the spiral whorl cylindrical, the un-swelled body whorl and regular nodules.

3. *Margarya elongada* sp. nov.
(Pl. II, figs. 13, 14)

Shell very high, narrowly oblong in form, very thick and solid, with highly turreted spire and un-swelled body whorl. Apex obtuse; suture deep. Whorls six or seven, gradually increasing in width, each whorl is almost cylindrical in form. Spiral keels 4-5 on spiral whorls and 7-8 on body whorl; all being composed of regular nodules which are smaller on the apex and becoming larger on the lower whorls. On the whorl surface there are many longitudinal ribs which agree well with the nodules at the spiral keels. Ramp-like area rather narrow. Aperture entire, oval-shaped, inner lip rolls outward. Umbilicus covered. Operculum unknown.

Measurements:

No.	Height (H) /mm	Diameter/mm			Height of aperture (HA)/mm	$\frac{B}{H} \times 100$	$\frac{HA}{H} \times 100$
		Spire (S)	Body (B)	$\frac{S}{B} \times 100$			
1	71.3	25.3	32.5	77.8	23.6	45.5	39.8
2	59.3	22.5	28.8	78.1	21.5	48.5	36.2
3	70.0	26.0	34.0	76.4	21.8	48.5	31.1
4	64.8	22.8	29.0	79.6	22.8	46.2	35.1
5	65.5	25.8	32.8	78.6	23.6	50.0	37.5
6	59.0	23.4	28.8	81.2	21.5	48.8	36.9
7	45.2	18.0	23.2	77.5	17.0	51.3	37.6
8	50.0	19.7	21.5	91.6	19.3	43.0	38.6
9	50.5	19.5	25.0	78.0	18.4	49.5	36.4
10	46.2	19.4	24.8	78.2	17.0	53.8	36.7
11	54.6	21.2	26.0	81.5	19.4	47.6	35.5
12	—	25.6	34.0	75.2	23.2	—	—
13	—	22.5	31.5	71.4	22.3	—	—
Average				78.8		48.4	36.5

This species is a quaternary form, it seems not too common to occur. The name *elongata* was given because of its height of shell.

Holotype: Collected on the west shores of Kunming Lake〔Hai-kou（海口）and Lung-wang-miao（龙王庙）〕, in 1946, kept in the collection of the Institute of Zoology of National Academy of Peiping (No. 3).

Paratypes: 12 specimens were collected in the same localities preserved with the holotype.

4. *Margarya elongata* var. *yini* var. nov.
(Pl. II, figs. 15, 16)

Shell slightly broader than the typical form, very thick and solid, with highly turreted spire and un-swelled body whorl. Suture deep; whorls gradually increasing in width. Spiral keels much elevated, 3-4 on spiral whorls and 8 on body whorl. On the apical whorls the keels are composed of small nodules which becoming gradually larger, more irregular and less in number on the lower whorls. The longitudinal ribs almost disappeared. The ramp-like area is slightly broader than the typical form. Aperture ovi-shaped. Umbilicus covered.

Measurements:

No.	Height (H) /mm	Diameter/mm			Height of aperture (HA)/mm	$\dfrac{B}{H} \times 100$	$\dfrac{HA}{H} \times 100$
		Spire (S)	Body (B)	$\dfrac{S}{B} \times 100$			
1	—	25.0	33.5	74.9	—	—	—
2	—	28.7	39.0	73.6	27.0	—	—
Average				74.25			

This variety is also a quaternary form occurred on the west shores of Kunming Lake (near Lung-wang-miao). Only two broken specimens were obtained. The general characters of them are very similar to the typical form, but by the slightly broader shell, much greater elevation and less in number of spiral keels and absence of longitudinal ribs, we distinguished them as a new variety. This variety is named after Dr. Yin Tsan-hsun, the well known chinese paleotologist, in honour of his tremendous works on fossil gastropods and the best opinions to this fossil form.

Holotype (No. 1) and paratype (No. 2) collected on the shores of Kunming Lake in 1946, kept in the collection of the Institute of Zoology of National Academy of Peiping.

5. *Margarya francheti* (Mabille)
(Pl. I, figs. 9–12)

1883 *Vivipara margeriana* Neumayr, loc. supra cit, p. 26, figure right.

1886 *Vivipara francheti* Mabille loc. supra cit., p. 68, pl. II, figs. 2, 2.

1898 *Vivipara (tulotoma) margariana* var. *rotundata* Neumayr, Cstasien, 1877-1880. II. Süssw. Moll. pl. III, figs. 4a,4b.

1906 *Margarya melanioides* var. *francheti* Dautzenberg et Fischer, loc. supra cit., pp. 424-425.

1943 *Margarya melanioides francheti* (Mabille). Teng-chien Yen, loc. supra cit., p. 128.

Shell conical,44 mm long and 25.5 mm wide, much smaller than the other species of this genus, moderatly thick and solid, green in colour, transparent, with rather high spire and un-swelled body whorl. Apex mammili-form; suture shallow. Whorls 6, more or less convex, gradually increasing in width. Spiral keel reduced, discontinued. Only one keel is situated on the upper portion of each whorl but four obsolete nodular keels on the base of the body whorl. On the shell surface, specially on the lower whorls, there are many longitudinal and very conspicuous varices. Ramp-like area very broad and present from the base to the apex. Aperture oval-shaped, the inner surface of which is whitish blue in colour. Operculum horny, peach-like, reddish brown in colour, nucleus lateral, near inner lip, with many very clear growth rings. Inner lip rolls outward. Umbilicus covered.

Measurements:

| No. | Height (H) /mm | Diameter/mm | | | Height of aperture (HA)/mm | $\frac{B}{H} \times 100$ | $\frac{HA}{H} \times 100$ |
		Spire (S)	Body (B)	$\frac{S}{B} \times 100$			
1	44.0	20.2	25.5	79.2	19.5	57.9	44.2
2	30.2	14.0	19.6	71.4	14.0	64.9	46.2
Average				75.3		61.4	45.2

The juvenile shell (pl. I, figs. 11,12) subglobose in outline, thick and solid, whorls much convex. Umbilicus clear.

This species was first recorded as *Vivipara francheti* by Mabille, and Dautzenberg and Fischer described it as a variety of *Margarya melanioides*. It is distinguished as a distinct species, because of the absence of nodules, unswelled body whorl, mamamli-form apex and one small keel only. These characteristics are also true in the young form. Only two adult and one juvenile specimens were collected from Kunming Lake (No. 1) and Er-hai (No. 2).

6. *Margarya tropidophora* (Mabille)
(Pl. II, figs. 17,18, Fig. 3)

1886 *Vivipara tropidophora* Mabille, loc. supra cit., p. 70. pl. II, figs. 3, 3.

1906 *Margarya melanioides* var. *tropidophora* Mabille. Dautzenberg et Fischer loc. supra cit., p. 425.

1943 *Margarya melanioides tropidophora* (Mabille). Teng-chien Yen, loc. supra cit., p. 128.

Shell conical in form, thick and solid, transparent, reddish brown or green in colour, with rather high spire and un-swelled body whorl. Apex mammili-form, sometimes eroded; suture shallow. Whorls 6-7, almost cylindrical or sometimes convex, increasing gradually in width. Spiral keels very reduced, only visible on the upper portion of each whorl, on the base of the body whorl generally with several obsolete keels, sometimes they are disappeared. The ramp-like area very narrow, present only on the the lower whorls. The longitudinal varices on the shell surface are irregular and obscure. Aperture oval-shaped, its inner surface is whitish blue in colour. Operculum horny, blackish brown in colour, nucleus lateral, with conspicuous growth rings. Umbilicus covered.

Measurements:

No.	Height (H) /mm	Diameter/mm			Height of aperture (HA)/mm	$\dfrac{B}{H} \times 100$	$\dfrac{HA}{H} \times 100$
		Spire (S)	Body (B)	$\dfrac{S}{B} \times 100$			
1	60.0	25.7	35.0	73.4	25.3	58.0	42.1
2	58.0	24.0	34.5	69.5	26.0	60.8	44.8
3	56.0	25.0	34.7	72.0	26.8	66.7	47.8
Average				71.6		61.8	44.9

The radula is very different from other species. Central tooth asymmetrical[1], semi-circular in form, on the middle of the anterior edge there is a very short and broad denticulation, each side of this denticulation there are three or four small squarish denticulations, the right ones are much smaller. Lateral tooth very large, semi-lunar in outline, pointed in both the anterior and posterior ends; central cusps very large, three cusps on the inner side and four on the outer side. Inner marginal tooth narrowly oblong in form, with a large central cusps at the tip, 4 small cusps on outer side and 3 on inner side. Outer marginal tooth greater than the inner marginal ones, anterior edge obtuse, with 9-12 small round cusps on the inner part; posterior end pointed.

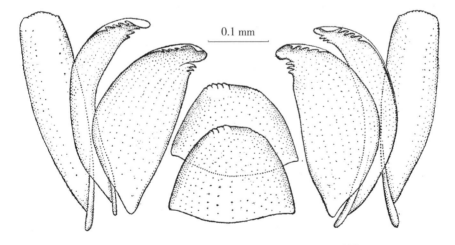

0.1 mm

Fig. 3 Radular teeth of *Margarya tropidophora* (Mabille)

---

[1] It is doubtful whether the asymmetrical central tooth is a normal condition since only one fresh material has been studied.

Three specimens were collected in Ta-li Lake. The external features agree mostly with the original descriptions of Mabille, except the inner lip of the aperture is slightly different to the original illustration.

7. *Margarya yangtsunghaiensis* sp. nov.
(Pl. II , figs. 19–22; Fig. 4)

Shell conical, very thick and solid, greenish brown in colour, with a rather high spire and a swelled body whorl; apex pointed. Whorls seven, increasing in width gradually in the first 5 whorls and more rapidly in the following 2 whorls. Suture deep, sometimes occupied by the third nodular keel. The ramp-like area is very narrow on the upper whorls. The spiral keels are composed of many very regular and much elevated nodules which are much smaller and dense on the upper whorls and gradually becoming larger and less dense on the lower whorls. On each of the spiral whorls there are two or three lines of such nodular keels while on the body whorl there are always five in number. Between each two nodular keels there are many longitudinal varices which are rather regular and agree well with the nodules. Aperture entire, pyriform, the inner surface of which is whitish blue in colour. Operculum horny, pyriform, dark brown in colour, nucleus lateral, near the inner lip. Umbilicus covered.

The juvenile shell (Pl. II , figs. 21-22) ovately oblong in outline, thick and solid, transparent, yellowish brown in colour, spiral keels well developed, the small nodules are very regular.

The radula is long, consisting of about one hundred latitudinal rows. Central tooth bell-shaped in outline, anterior edge slightly sinuated, on its middle part there is a large denticulation and on the sides of which each bearing 3-5 small cusps. Lateral tooth large, oblong in form, anterior edge sinuated, with a large central cusp and 3-4 small cusps on each side. Inner marginal tooth narrow oblong in form, much smaller than the other teeth, besides of the large denticulation on the middle there are generally 3 small cusps on each side. Outer marginal tooth oblong in form, with a pointed stalk at the base, tip large bearing 8-16 small cusps at the inner side (Fig. 4).

Measurements:

| No. | Height (H) /mm | Diameter/mm | | | Height of aperture (HA)/mm | $\frac{B}{H} \times 100$ | $\frac{HA}{H} \times 100$ |
		Spire (S)	Body (B)	$\frac{S}{B} \times 100$			
1	50.8	20.3	30.2	67.2	21.7	59.4	42.7
2	53.0	21.5	32.9	65.3	25.0	62.1	47.2
3	55.5	21.8	32.5	67.1	22.4	58.5	40.3
4	56.5	22.4	34.4	65.1	24.8	60.8	43.9
5	56.2	21.8	35.5	61.4	25.7	63.2	45.7

Continued

No.	Height (H) /mm	Diameter/mm			Height of aperture (HA)/mm	$\frac{B}{H} \times 100$	$\frac{HA}{H} \times 100$
		Spire (S)	Body (B)	$\frac{S}{B} \times 100$			
6	50.3	20.3	31.2	65.1	23.6	61.9	46.9
7	49.7	20.5	33.0	62.1	22.4	66.4	45.1
8	50.0	19.3	30.5	63.2	21.4	61.0	42.8
9	50.5	19.4	30.4	63.8	23.2	60.2	45.9
10	51.7	21.0	31.4	66.8	22.8	60.7	44.1
11	46.2	18.5	29.0	63.4	21.4	62.8	46.3
12	48.4	18.8	30.7	61.2	21.7	63.4	44.8
13	46.4	18.4	28.5	64.5	21.0	61.4	45.3
14	26.6	12.7	18.5	68.6	12.0	69.5	45.2
15	46.2	19.0	29.7	63.9	20.7	64.2	44.8
16	49.8	21.3	31.9	66.7	21.8	64.0	43.7
17	50.0	20.5	32.6	62.8	22.3	65.2	44.6
18	49.0	20.0	30.0	66.6	22.0	61.2	44.9
19	47.7	18.8	28.2	66.6	21.7	59.2	45.5
20	48.0	19.4	31.0	62.5	22.4	64.6	46.7
21	51.0	20.3	32.2	62.7	23.5	63.2	46.1
22	51.7	21.2	33.6	63.1	23.6	65.0	45.6
23	49.2	20.5	32.3	63.4	22.5	65.7	45.7
24	52.2	21.0	33.4	62.8	22.0	64.0	42.2
25	50.0	20.3	32.0	62.8	21.0	64.0	42.0
26	47.2	19.0	30.0	63.3	21.5	63.7	45.6
27	52.0	21.0	33.0	63.6	24.0	63.5	46.2
28	48.2	20.5	31.9	64.2	23.0	66.3	47.7
29	49.0	20.5	32.8	62.4	21.5	66.9	43.8
30	45.0	17.2	30.5	56.3	20.5	67.8	45.5
31	48.5	20.0	31.0	64.5	20.6	63.9	42.5
32	50.4	19.6	31.0	63.2	22.0	61.5	43.7
33	50.0	19.5	32.4	60.1	22.6	64.8	44.2
34	46.0	19.5	30.3	64.3	20.3	65.8	44.2
35	51.0	20.6	32.0	64.3	23.7	62.7	46.5
36	54.3	21.5	33.5	64.1	23.4	61.6	43.1
37	54.0	21.0	33.0	63.6	22.3	61.2	41.3
38	52.0	20.3	33.7	60.1	24.0	64.8	46.2
39	52.8	21.2	32.5	65.2	21.9	61.5	41.5
40	56.0	24.0	34.5	69.5	23.5	61.6	42.0
41	52.0	20.5	32.2	63.6	21.8	61.9	41.9
42	45.7	18.3	28.5	64.2	20.4	62.4	44.2
43	45.7	19.4	30.0	64.6	20.0	65.7	43.8
44	46.0	19.3	30.5	63.2	22.0	66.3	47.8
45	49.7	20.5	30.6	67.0	21.0	61.6	42.3

Continued

No.	Height (H) /mm	Diameter/mm			Height of aperture (HA)/mm	$\frac{B}{H} \times 100$	$\frac{HA}{H} \times 100$
		Spire (S)	Body (B)	$\frac{S}{B} \times 100$			
46	50.6	20.0	33.0	60.1	22.0	65.3	43.5
47	49.0	19.5	31.3	62.3	21.0	63.8	42.8
48	46.4	18.5	28.5	64.8	20.4	61.4	43.9
49	49.6	20.0	31.6	63.2	22.3	63.8	45.0
50	54.5	21.5	34.0	63.2	25.0	62.4	45.9
Average				63.9		63.3	44.5

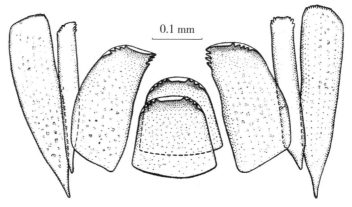

Fig. 4 Radular teeth of *Margarya yantsunghaiensis* sp. nov.

No. of radula	Central teeth	Lateral teeth	Marginal teeth	
			Inner	Outer
I	4–5　1　4–5	3–4　1　3–4	3　1　3	12–16
II	4　1　3–5	3　1　3–4	1	10–14
III	3–5　1　3–5	3–4　1　3–4	3　1　2–4	8–13

The radular fomula may be shown as follows:

$$\left(\frac{3\text{-}5(1)3\text{-}5}{C}\right) \cdot \left(\frac{3\text{-}4(1)3\text{-}4}{L}\right) \cdot \left(\frac{3(1)3}{IM}\right) \cdot \left(\frac{8\text{-}16}{OM}\right)$$

Holotype:Collected from the bottom of Yang-tsun-hai (about 15 m) in 1945; kept in the collection of the Institute of Zoology of National Academy of Peiping.

Paratypes:72 specimens were collected in the same locality preserved with the holotype.

8. *Margarya mansuyi* Dautzenberg et H. Fischer n. comb.
(Pl. III, figs. 23–28; Fig. 5)

1906　*Margarya melanioides* var. *mansuyi*, Dautzenberg et Fischer, loc. supra cit., pp. 423-424. figs. 2,3,4.

1918 *Margarya melanioides* Nevill var. *mansuyi* D. et H. F. Mansuy, Bul. Ser. Geol. Indochine, vol. V, fas. III, pl. I, figs. 9-11, pl. II, figs. 7-8.

1943 *Margarya melanioides mansuyi* Dautzenberg et Fischer, Teng-Chien Yen, loc. supra cit., p. 128.

Shell conical, relatively small than the other species of this genus, maximum 62 mm in height and 34 mm in width, solid and thick, slightly transparent, yellowish green in colour, with a high spire and a swelled body whorl; apex obtuse, suture deep. Whorls 6-7, almost cylindrical, increasing in width gradually in the spiral whorls and more rapidly in the body whorl. Spiral keels much elevated, smoothed, without nodules or other accessories; each spiral whorl bearing three conspicuous spiral keels, of which the middle one is sometimes much reduced; on the body whorl there are generally four spiral keels, very rarely five. The ramp-like area is very clear. Aperture entire, pyriform, the inner surface of which is whitish blue in colour. Operculum horny, dark brown in colour, nucleus lateral with growth rings clear. Umbilicus small or covered.

The juvenile shell ovately oblong in outline, thick and solid, slightly transparent, pale green in colour. Spiral keels well developed.

The radular band is shorter than the other species never over one hundred latitudinal rows; radular sheath blackish in colour. Central tooth bell-shaped in outline, short and broad; anterior edge sinuated, with a central cusp and 3-4 small cusps on each side. Lateral tooth broad and short, oblong in form, with a short stalk at base, tip large bearing a large central cusp at the middle and 3-4 small cusps on each side. Inner marginal tooth narrowly oblong in form, with a large linguate cusp at the middle of the tip and 3-4 small cusps on each side. Outer marginal tooth bearing 7-11 small cusps at the tip (Fig. 5).

Measurements:

| No. | Height (H) /mm | Diameter/mm | | | Height of aperture (HA)/mm | $\frac{B}{H} \times 100$ | $\frac{HA}{H} \times 100$ |
		Spire (S)	Body (B)	$\frac{S}{B} \times 100$			
1	62.3	23.6	34.4	68.6	25.8	55.2	41.4
2	43.8	17.6	27.6	63.7	19.8	63.1	45.2
3	48.7	16.3	25.8	63.1	19.8	52.8	40.6
4	42.0	16.0	24.6	65.1	17.7	58.5	42.1
5	42.5	17.3	25.2	68.6	18.6	59.2	43.7
6	40.0	16.0	25.2	63.4	17.4	63.0	43.5
7	48.4	17.2	27.0	63.6	18.7	55.5	38.7
8	53.5	21.0	30.4	69.7	22.6	56.6	42.1
9	47.4	18.8	30.0	62.6	20.3	63.2	42.8
10	39.5	15.9	24.6	64.6	17.7	62.2	44.8

Continued

| No. | Height (H) /mm | Diameter/mm | | | Height of aperture (HA)/mm | $\frac{B}{H} \times 100$ | $\frac{HA}{H} \times 100$ |
		Spire (S)	Body (B)	$\frac{S}{B} \times 100$			
11	40.0	16.5	26.0	63.4	18.5	65.0	46.3
12	39.4	15.0	21.4	70.1	16.8	54.3	42.6
13	38.6	14.5	21.9	66.1	16.5	56.7	42.7
14	38.0	13.8	19.7	70.0	15.8	51.8	41.5
15	48.4	17.1	26.8	63.8	19.8	55.3	40.9
16	39.0	15.3	22.8	67.1	16.5	58.4	42.3
17	40.0	15.6	25.8	60.4	19.4	64.5	48.5
18	44.5	16.2	23.7	68.3	17.0	52.5	38.2
19	39.4	15.4	22.4	68.7	16.9	56.8	42.8
20	40.0	15.7	24.0	65.4	17.5	60.0	43.7
21	35.5	14.0	19.6	71.4	15.8	55.1	44.7
22	39.2	15.8	23.0	68.7	16.8	58.6	42.8
23	38.4	15.0	22.4	66.9	16.3	58.3	42.4
24	37.4	14.8	20.3	72.9	15.8	54.5	42.2
25	34.3	14.3	21.7	65.9	15.0	63.2	43.7
26	32.3	14.0	19.0	73.6	14.3	60.6	44.2
27	34.0	13.9	20.0	69.5	15.0	58.8	44.1
28	42.5	16.0	24.5	65.3	18.0	57.6	42.3
29	45.5	18.2	25.6	71.1	18.6	56.2	40.8
30	39.0	15.6	22.5	69.3	16.1	57.6	41.2
31	45.5	16.8	26.5	63.0	19.8	58.2	43.5
32	41.4	16.5	24.4	67.6	18.0	58.9	43.4
33	41.2	15.8	23.0	68.7	18.1	55.8	43.9
34	47.8	18.7	28.7	65.1	21.5	60.0	44.9
35	45.7	18.0	28.9	62.1	20.0	63.2	43.7
36	40.8	15.7	22.0	71.3	18.0	53.9	44.1
37	45.0	19.4	30.0	64.6	21.0	66.6	46.6
38	32.6	12.5	18.1	69.1	14.6	55.5	44.7
39	43.3	16.5	25.0	66.0	17.5	57.7	40.4
40	36.5	14.5	22.0	65.9	15.6	60.2	42.7
41	34.0	14.0	20.3	68.8	16.0	59.7	47.0
42	44.3	17.0	27.0	62.9	18.7	60.9	42.2
43	40.6	16.5	24.2	68.1	18.0	59.6	44.3
44	50.5	17.7	27.6	64.1	21.5	54.6	42.5
45	44.7	16.4	24.7	66.6	18.9	55.2	42.2
46	52.6	19.4	28.6	67.8	22.0	54.3	41.8
47	52.0	19.4	27.6	70.3	19.5	53.0	37.5
48	52.4	19.4	30.8	62.9	20.4	58.7	38.9
49	50.2	19.5	29.3	66.5	20.0	58.3	39.8
50	51.7	18.9	30.4	62.1	22.0	58.8	42.5
Average				66.6		58.1	42.8

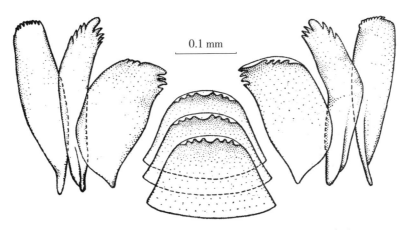

Fig. 5 Radular teeth of *Margarya mansuyi* Dautzenberg et Fischer

No. of radula	Central teeth	Lateral teeth	Marginal teeth	
			Inner	Outer
I	3-4 1 3	3-4 1 3-4	2-3 1 2	8-10
II	3-4 1 3-4	3-4 1 4-5	3-4 1 3-5	9-11
III	3 1 3	4-5 1 5-6	3 1 4-5	9-11
IV	4 1 3-4	3-4 1 4-5	3 1 4-5	7-11
V	3-4 1 3-4	3-4 1 3-5	3 1 5	8-10
VI	3 1 3-4	3-4 1 3-5	3-4 1 4	8-9

The radular fomula may be shown as follows:

$$\left(\frac{3\text{-}4(1)3\text{-}4}{C}\right) \cdot \left(\frac{3\text{-}4(1)3\text{-}4}{L}\right) \cdot \left(\frac{3\text{-}4(1)3\text{-}4}{IM}\right) \cdot \left(\frac{8\text{-}16}{OM}\right)$$

Many specimens were collected in the I-lung Lake and Ta-tun-hai, 1946. This species was first described as a variety of *Margarya melanioides* by Dautzenberg and Fischer, 1906. It is distinguished as a distinct species because of its characteristics of spiral whorls cylindrical, keels without nodules, body whorl less swelled and the less in numbers of cusps of the central tooth.

9. *Margarya mansuyi* var. *bicostata* var. nov.
(Pl. III, figs. 29-32)

Shell conical in outline, very thick and solid, yellowish brown in colour, slightly transparent, with a rather short spire and a slightly swelled body whorl; apex rather obtuse, suture deep. Whorls 6-7, gradually increasing in width, each whorl is angulated at the middle. Spiral keels much elevated, without nodules or any other accessories, each spiral whorl bearing two spiral keels while the body whorl bearing three, the third spiral keel of the body whorl is relatively reduced. The ramp-like area is very clear. Aperture entire, much high, pyriform, the inner surface of which is yellow or brown in colour. Operculum horny, dark brown in colour, with very fine growth rings. Inner lip rolls outward. Umbilicus covered.

Measurements:

| No. | Height (H) /mm | Diameter/mm | | | Height of aperture (HA)/mm | $\frac{B}{H} \times 100$ | $\frac{HA}{H} \times 100$ |
		Spire (S)	Body (B)	$\frac{S}{B} \times 100$			
1	65.0	27.0	39.5	68.3	31.5	60.7	46.9
2	55.0	25.0	36.5	68.4	29.0	66.3	52.7
3	49.8	23.0	36.5	67.4	25.4	68.8	51.0
4	39.3	17.8	24.5	72.6	18.0	62.5	49.4
5	36.0	16.0	23.6	67.7	17.8	65.5	49.4
6	32.4	14.2	19.0	74.7	15.0	58.9	49.3
Average				69.7		66.1	48.1

Six specimens were collected on the shore of Fu-hsien Lake in 1940. The characteristics are much similar to the typical species, only the spiral keels are two in number on each spiral whorl and three on the body whorl.

Holotype: Collected from Fu-hsien Lake, 1940, kept in the collection of the Institute of Zoology of National Academy of Peiping.

Paratype: 5 specimens collected from the same locality, preserved with the holotype.

PHYLOGENY OF THE SPECIES OF *MARGARYA*

By basing upon Taki's opinion (1936) of the evolution and relationship of the genera of Viviparidae, we are attempting to establish the phylogenetic system of the genus *Margarya*. The characters such as smoothness, carination and tuberculation of the shell which were adopted by Taki to allocate the primitive or advanced species, are accordingly introduced for this genus. We also considered that the pointed apex of the shell in the species of *Margarya* is a primitive character. Therefore we may illustrate the evolution and relationship of the species of *Margarya* as in Fig. 6.

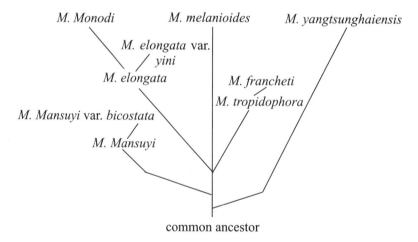

Fig. 6 Evolution and relationship of the species of *Margarya*

田螺科螺蛳属之检讨

螺蛳属动物,据现在所知,只产于中国西南高原的云南省。产量甚多,颇有食用价值。首次在云南西部的洱海中发现,1877 年 Nevill 氏定为螺蛳新属。其后又在昆明、蒙自等地湖中陆续有发现。种类虽为不多,而形态变化则极复杂。关于其在分类学上之位置,以往学者所持意见颇不一致,有人认为应当设为螺蛳属,有人则认为应当列于田螺属内。种及变种之区分,亦不甚一致。虽先后经 Nevill(1877,1881)、Neumayr(1883,1898)、Mabille(1886)、Dautzenberg 及 Fischer(1906)诸人加以研究,但迄今仍未十分完善。作者在抗日战争期间迁往云南,曾先后到大理洱海、昆明滇池、澄江抚仙湖、石屏异龙湖、蒙自大屯海、宜良杨宗海等地采集,对此类动物材料的获得,相当丰富,而此属亦实有重为检讨的必要,故就所得材料将其重新加以研究。

研究方法,除详细比较各种间的外部形态外,更就其舌齿的形状及数目加以比较,结果如下。

(1)此类动物应当单设为一属,不宜隶于田螺属中,其与田螺属的区别:①壳长,且极坚厚;②壳面上具有旋转的螺肋;③除杨宗海螺蛳一种外,壳顶皆钝;④每两螺层之间,缝合线的外侧,有一扶梯状平面(Ramp-like area)。

(2)研究材料除 *M. obsoleta* Dautzenberg et Fischer 一个化石种未能发现外,共得七种及两变种,其区别及产地如下表。

甲:螺肋不明显,壳顶乳头状

　乙:壳短,扶梯状平面达壳顶………方氏螺蛳 [*M. francheti* (Mabille)] 产于昆明湖及洱海。

　　乙乙:壳长,扶梯状平面不达壳顶…………乳顶螺蛳 [*M. tropidophora* (Mabille)] 产于昆明湖及洱海。

甲甲:螺肋极明显,壳顶不为乳头状

　乙:螺肋具念珠状突起

　　丙:壳顶尖,念珠状突起甚整齐………杨宗海螺蛳(*M. yangtsunghaiensis* sp. nov.)产于宜良杨宗海。

　　丙丙:壳顶钝,念珠状突起不甚整齐

　　　丁:每个螺层的中部成角状,体螺层膨大……螺蛳(*M. melanioides* Nevill)产于昆明湖及洱海。

　　　丁丁:每个螺层的中部几成圆柱状,体螺层不膨大

　　　　戊:壳短,螺旋部每层具 3 个螺肋,体螺层具 6 个螺肋…………牟氏

螺蛳（*M. monodi* Dautzenberg et Fischer）产于昆明湖。

戊戊：壳长

　　己：念珠状突起规则，螺旋部每层具 4 ～ 5 个螺肋……长螺蛳

　　　　（*M. elongata* sp. nov.）产于昆明湖。

　　己己：念珠状突起不规则，螺旋部每层具 3 ～ 4 个螺肋………

　　　　尹氏长螺蛳（*M. elongata* var. *yini* var. nov.）产于昆明

　　　　湖。

乙乙：螺肋上无念珠状突起

　丙：螺旋部每层具 3 个螺肋，体螺层具 4 个螺肋……………………………

　　孟氏螺蛳（*M. mansuyi* Dautzenberg et Fischer）产于异龙湖及大屯海。

　丙丙：螺旋部每层具 2 个螺肋，体螺层具 3 个螺肋………………二肋孟氏

　　螺蛳（*M. mansuyi* var. *bicostata* var. nov.）产于澄江抚仙湖。

　　上表中的方氏螺蛳、乳顶螺蛳、孟氏螺蛳、牟氏螺蛳，Dautzenberg 及 Fisher 均认为是螺蛳一种的变种，作者经研究比较，认为应当分设为种。前人所设的 *M. melanioides* var. *delavayi* 及 *M. melanioides* var. *carinata* 两个变种，被作者合并于螺蛳种中。杨宗海螺蛳、长螺蛳为两个新种，尹氏螺蛳、二肋孟氏螺蛳为两个新变种。

图版 I

All the figures are in natural size.

1-4. *Margarya melanioides* Nevill;

5-6. *Margarya melanioides* Nevill (juvenile forms);

7-8. *Margarya monodi* Dautzenberg et H. Fischer;

9-10. *Margarya francheti* (Mabille);

11-12. *Margarya francheti* (Mabille) (juvenile forms).

图版Ⅱ

All the figures are in natural size.

13-14. *Margarya elongata* sp. nov.;

15-16. *Margarya elongata* var. *yini* var. nov.;

17-18. *Margarya tropidophora* (Mabille);

19-20. *Margarya yangtsunghaiensis* sp. nov.;

21-22. *Margarya yangtsunghaiensis* (juvenile forms).

图版Ⅲ

All the figures are in natural size.

23-28. *Margarya mansuyi* Dautzenberg et H. Fischer;

29-30. *Margarya mansuyi* var. *bicostata* var. nov.;

31-32. *Margarya mansuyi* var. *bicostata* (juvenile forms).

LISTE DES MOLLUSQUES D'EAU DOUCE RECUEILLIS PENDANT LES ANNÉES 1938–1946 AU YUNNAN ET DESCRIPTION D'ESPÈCES NOUVELLES [1]

Les matériaux de cette publication ont été récoltés pendant les années 1938-1946 dans différentes localités de la province de Yunnan. Ces recherches malacologiques ont été faites principalement à Kunming (Lac de Kunming), Tali (Erh-Hai), Shihping (Lac d'I-Lung), Mongtze (Ta-Tun-Hai), Chengkiang (Lac de Fu-Hsien), Iliang (Yang-Tsung-Hai) et aux rivières de ces différentes villes. Parmi ces récoltes sauf certains exemplaires que nous ne pouvons pas déterminer par manque d'ouvrages à consulter, nous avons trouvé 39 espèces et 5 variétés dont trois espèces considérées comme nouvelles, elles se répartissent en 13 genres et 7 familles. Bien que cette note ne soit que préliminaire, elle nous permet de remplir une partie des lacunes de la faune malacologique du Yunnan qui est encore très incomplète.

Nous présentons ici nos remerciements à M. le Docteur Teng-Chien Yen, l'éminent conchyliologiste chinois, chargé de recherches au Museum britannique à Londres, qui a bien voulu vérifier quelques espèces de nos mollusques; nous adressons aussi nos remerciements à notre cher collègue, M. le Docteur C. J. Shen, qui très aimablement à l'occasion de son voyage en Angleterre, a bien voulu nous mettre en communication avec M. le Docteur Yen.

LISTE DES ESPÈCES

GASTROPODA
PROSOBRANCHIATA

Famille Viviparidae

Genre *Bellamya* Jousseaume, 1886

Bellamya limnophila (Mabille)   (Pl. XXⅢ, fig. 1)

---

[1] Par Tchang–Si et Chung–Yen Tsi. Reprinted from the contributions from the Institute of Zoology, National Academy of Peiping, Vol. Ⅴ, no. 5, pp. 205–220, November, 1949.

1886   *Vivipara limnophila* Mabille, Bull. Soc. Malac. Fr., vol. Ⅲ, pp. 72–73, pl. Ⅱ, fig. 5.

Dimensions: Hauteur 29.5 mm; diamètre 18.4 mm; hauteur à l'ouverture 14 mm; diamètre
à l'ouverture 9.8 mm.

Habitat: Erh-Hai, Tali.

Genre *Cipangopaludina* Hannibal, 1912
Cipangopaludina lecythoides (Benson)   (Pl. XXⅢ, fig. 5)

1842   *Paludina lecythoides* Benson, Ann. Mag. N. H. (I) 9, 487.

1890   *Paludina lecythoides* Benson, Heude, Mém. Hist. Nat. Emp. Chinois, p. 174, pl. 39, fig. 6.

Dimensions: Hauteur 40.6 mm; diamètre 29.5 mm; hauteur à l'ouverture 22.8 mm;
diamètre à l'ouverture 16.7 mm.

Habitat: Kunming et Tali.

Cipangopaludina lecythoides aubryana (Heude)   (Pl. XXⅢ, fig. 4)

1890   *Paludina aubryana* Heude, loc. suprà cit., p. 175, pl. 39, fig. 11.

Dimensions: Hauteur 38.9 mm; diamètre 28.2 mm; hauteur à l'ouverture 22.8 mm;
diamètre à l'ouverture 16 mm.

Habitat: Kunming.

Cipangopaludina lecythoides fluminalis (Heude)

1890   *Paludina fluminalis* Heude, loc. suprà cit., p. 174, pl. 39, figs. 3, 8.

Dimensions: Hauteur 52 mm; diamètre 38 mm; hauteur à l'ouverture 30.8 mm; diamètre à
l'ouverture 22 mm.

Habitat: Kunming.

Cipangopaludina haasi (Prashad)   (Pl. XXⅢ, fig. 6)

1928   *Viviparus haasi* Prashad, Mém. Ind. Mus. Calcutta., vol. 8.

1943   *Cipangopaludina haasi* (Prashad), Yen, Nautilus, vol. 56, no. 4 p. 127.

Dimensions: Hauteur 58 mm; diamètre 39 mm; hauteur à l'ouverture 29 mm; diamètre à
l'ouverture 21 mm.

Habitat: Au bord du Lac d'I-Lung, Shihping.

Cipangopaludina ventricosa (Heude)   (Pl. XXⅢ, fig. 2)

1890   *Paludina ventricosa* Heude, loc. suprà cit., p. 175, pl. 39, fig. 4.

Dimensions: Hauteur 66 mm; diamètre 47.4 mm; hauteur à l'ouverture 34.6 mm; diamètre
à l'ouverture 26.7 mm.

Habitat: Kunming.

Cipangopaludina ampullacea (Charpentier)　(Pl. XXⅢ, fig. 3)

1863　*Paludina ampullacea* Charpentier, Reeve, Conch. Icon., pl. Ⅲ, fig. 12.

Dimensions: Hauteur 57 mm; diamètre 43.2 mm; hauteur à l'ouverture 30.6 mm; diamètre à l'ouverture 22.4 mm.

Habitat: Kunming.

Genre *Margarya* Nevill, 1877

Margarya melanioides Nevill

1877　*Margarya melanioides* Nevill, Journ. Asiat. Soc. Bengal, vol. 46, p. 30.

Dimensions: Hauteur 66.8 mm; diamètre 43.3 mm; hauteur à l'ouverture 26.9 mm; diamètre à l'ouverture 21.5 mm.

Habitat: Erh-Hai, Tali et Lac de Kunming, Kunming.

Cette espèce est très commune au fond de Erh-Hai et du Lac de Kunming; son pied volumineux et sa grande facilité de reproduction font un important mollusque comestible.

Margarya monodi Dautzenberg et H. Fischer

1906　*Margarya melanioides* var. *monodi*, Dautzenberg et H. Fischer, Journ. Conch., vol. 54, pp. 423-424, fig. 1.

1949　*Margarya monodi* Dautzenberg et H. Fischer, Tchang and Tsi, Contr. Inst. Zool. Nat. Acad. Peiping, vol. Ⅴ, no. 1, pp. 9-11, pl. Ⅰ, figs. 7-8.

Dimensions: Hauteur 60 mm; diamètre 34.3 mm; hauteur à l'ouverture 25 mm; diamètre à l'ouverture 19 mm.

Habitat: Lac de Kunming, Kunming.

Margarya elongata Tchang & Tsi

1949　*Margarya elongata* Tchang & Tsi, loc. suprà cit., p.11, pl. Ⅱ, figs. 13, 14.

Dimensions: Hauteur 70 mm; diamètre 34 mm; hauteur à l'ouverture 21.8 mm; diamètre à l'ouverture 26.8 mm.

Habitat: Au bord du Lac de Kunming.

Cette espèce est une forme quaternaire, assez rare.

Margarya elongata var. *yini* Tchang & Tsi

1949　*Margarya elongata* var. *yini* Tchang & Tsi, loc. suprà cit., p. 12, pl. Ⅱ, figs. 15, 16.

Dimensions: Hauteur 67.5 mm; diamètre 33.5 mm; hauteur à l'ouverture 27 mm; diamètre à l'ouverture 21 mm.

Habitat: Au bord du Lac de Kunming.

Cette espèce est aussi une forme quaternaire, très rare, nous n'avons trouvé que deux specimens imparfaits.

Margarya francheti (Mabille)

1886   *Vivipara francheti* Mabille, loc. supra cit., p. 68, pl. Ⅱ, fig. 2.

1949   *Margarya francheti* (Mabille), Tchang & Tsi, loc. supra cit. pp. 13–14, pl. Ⅰ, figs. 9–12.

Dimensions: Hauteur 44 mm; diamètre 25.5 mm; hauteur à l'ouverture 19.5 mm; diamètre à l'ouverture 18 mm.

Habitat: Erh-Hai, Tali et Lac de Kunming, Kunming.

Cette espèce est très rare, nous avons trouvé seulement trois specimens.

Margarya tropidophora (Mabille)

1886   *Vivipara tropidophora* Mabille, loc. suprà cit., p. 70, pl. Ⅱ, fig. 3.

1949   *Margarya tropidophora* (Mabille), Tchang & Tsi, loc. suprà cit., p. 14–15, fig. 3, pl. Ⅱ, figs. 17–18.

Dimensions: Hauteur 56 mm; diamètre 34.7 mm; hauteur à l'ouverture 26.8 mm; diamètre à l'ouverture 20.3 mm.

Habitat: Erh-Hai, Tali et Lac de Kunming, Kunming.

Margarya yangtsunghaiensis Tchang & Tsi

1949   *Margarya yangtsunghaiensis* Tchang & Tsi, loc. suprà cit., pp. 16–18, pl. Ⅱ, figs. 19–22.

Dimensions: Hauteur 55.5 mm; diamètre 32.5 mm; hauteur à l'ouverture 22.4 mm; diamètre à l'ouverture 19 mm.

Habitat: Yang-Tsun-Hai, Iliang.

Margarya mansuyi Dautzenberg et H. Fischer

1906   *Margarya melanioides* var. *mansuyi* Dautzenberg et H. Fischer, loc. suprà cit., pp. 423–424, figs. 2, 3, 4.

1949   *Margarya mansuyi* Dautzenberg et H. Fischer, Tchang & Tsi, loc. suprà cit., pp. 19–21, pl. Ⅲ, figs. 23–28.

Dimensions: Hauteur 62.3 mm; diamètre 34.4 mm; hauteur à l'ouverture 25.8 mm; diamètre à l'ouverture 19.5 mm.

Habitat: Lac d'I-Lung, Shihping et Ta-Tun-Hai, Mongtze.

Margarya mansuyi var. *bicostata* Tchang & Tsi

1949   *Margarya Mansuyi* var. *bicostata* Tchang & Tsi, loc. suprà cit., p. 22, pl. Ⅲ, figs. 29–32.

Dimensions: Hauteur 65.0 mm; diamètre 39.5 mm; hauteur à l'ouverture 31.5 mm; diamètre à l'ouverture 24 mm.

Habitat: Lac de Fu-Hsien, Chengkiang.

Famille Hydrobiidae

Genre *Paraprososthenia* Annandale, 1919
Paraprososthenia gredleri (Neumayr)   (Pl. XXIII, fig. 10)

1883   *Diana gredleri* Neumayr, N. Jb. Min. Geol. Paleont., vol. 2, p. 24.

1942   *Paraprososthenia gredleri* (Neumayr), Yen, Proc. Malac. Soc. London, vol. 24, p. 196.

Dimensions: Hauteur 17.7 mm; diamètre 6.2 mm; hauteur à l'ouverture 5.5 mm; diamètre à l'ouverture 4.2 mm.

Habitat: Lac de Kunming, Kunming.

Animaux petits, très abondants au fond du lac de Kunming.

Paraprososthenia costata sp. nov.   (Fig. 1; Pl. XXIII, figs. 11-13)

Coquille aciculiforme, imperforée, spire très haute, composée de 9 à 10 tours à croissance régulière, tours embryonnaires blancs; sommet très pointu, souvent érodé. Suture profonde. Test très solide, brun roux ou fauve grisâtre, garni de fines stries longitudinales coupées de cordons spiraux saillants (au nombre de trois au dernier tour, de deux sur les autres tours) présentant de fortes nodosités régulièrement espacées. Deux cordons spiraux sur chaque tour, le premier plus gros formant une douzaine de grosses

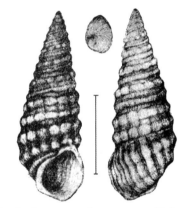

Fig. 1 *Paraprososthenia costata*, Holotype

nodosités plus ou moins allongées; trois cordons spiraux nodulés au dernier tour, les deux premiers forment une dizaine de côtes longitudinales s'arrêtant au bas de ce tour. Ouverture sub-arrondie, péristome blanc. Opercule pyriforme, mince, corné et transparent, à nucléus excentrique.

Dimensions: Coquille, hauteur 19.4 mm; diamètre 6.1 mm; hauteur à l'ouverture 5.5 mm; diamètre à l'ouverture 4.2 mm. Opercule, haut. 3.5; diamètre 3 mm.

Habitat: Lac de Kunming, Kunming. Très abondant au fond du Lac.

Cette espèce ressemble un peu par la sculpture du test, à *Paraprososthenia gredleri*(Neumayr), mais elle se distingue de cette dernière par sa spire beaucoup plus longue, son sommet plus pointu et les costulations longitudinales du dernier tour.

Paraprososthenia constricta sp. nov.   (Fig. 2; Pl. XXⅢ, fig. 14)

Coquille ventrue, spire courte, solide, 6 à 7 tours subanguleux et carénés; sommet assez pointu, presque toujours érodé; tours embryonnaires lisses; dernier tour grand et renflé, 6 gros cordons très saillants dont les trois supérieurs sont toujours mamelonnés et les trois inférieurs presque toujours lisses. Avant-dernier tour assez grand, deux cordons spiraux mamelonnés, l'un sur sa partie supérieure, l'autre au milieu; une carène lisse sur la partie inférieure du tour; trois carènes

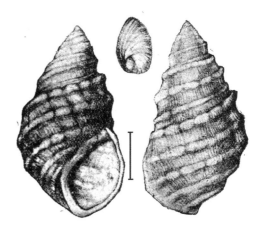

Fig. 2   *Paraprososthenia constricta*, Holotype

lisses sur les autres tours, la deuxième plus forte, la troisième plus faible. Test assez épais; pourvu d'un épiderme fauve ou jaune clair, avec des stries longitudinales extrêmement fines tracées entre les cordons. Ouverture ovalaire, labre épaissi, péristome blanc; opercule ovalaire à stries spirales, à nucléus excentrique.

Dimensions: Coquille, haut. 13 mm; diamètre 7 mm; hauteur à l'ouverture 6 mm; diamètre à l'ouverture 4 mm. Opercule, haut. 3-4 mm; diamètre 2.5 mm.

Habitat: Lac de Kunming, Kunming.

Cette espèce est très commune au fond du Lac.

Genre *Parapyrgula* Annandale & Prashad, 1919
Parapyrgula coggini Annandale & Prashad   (Pl. XXⅢ, fig. 9)

1919   *Paraprososthenia* (*Parapyrgula*) *coggini* Annandale & Prashad, Rec. Ind. Mus., vol. 16, p. 420, figs. 1d, 2.

Dimensions: Hauteur 9.4 mm; diamètre 3.5 mm; hauteur à l'ouverture 3 mm; diamètre à l'ouverture 1.8 mm.

Habitat: Erh-Hai, Tali.

Animal très petit, assez commun.

Genre *Fenouilia* Heude, 1889
Fenouilia kreitneri (Neumayr)   (Pl. XXⅢ, fig. 7)

1880   *Lithoglyphus kreitneri* Neumayr, Wiss. Ergebn. Reise B Szechenyi Ⅱ, p. 655.

1889   *Fenouilia bicingulata* Heude, Journ. Conch., vol. 38, p. 46.

1919   *Fenouilia kreitneri* (Neumayr), loc. suprà cit., p. 417.

1942   *Fenouilia carinata* (Fulton), Yen, loc. suprà cit., pp. 196-197, pl. 14, fig. 43.

Dimensions: Hauteur 6.2 mm; diamètre 5.4 mm; hauteur à l'ouverture 4.8 mm; diamètre à l'ouverture 3.4 mm.

Habitat: Erh-Hai, Tali et Lac de Kunming, Kunming.

Espèce très commune, vivant sur les plantes aquatiques au bord des Lacs.

Genre *Bithynia* Gray, 1821
Bithynia delavayana Heude　(Pl. XXⅢ, fig. 8)

1890　*Bithynia delavayana* Heude, loc. suprà cit., p. 170, fig. 5.

Dimensions: Hauteur 8.7 mm; diamètre 5.2 mm; hauteur à l'ouverture 4.4 mm; diamètre à l'ouverture 3 mm.

Habitat: Shihping et Kokiu（个旧）.

Espèce assez commune, se trouve dans les étangs, les bassins super ficiels.

Famille Thiaridae
Genre *Semisulcospira* Boettger, 1886
Semisulcospira dulcis (Fulton)　(Pl. XXⅢ, fig. 15)

1904　*Melania dulcis* Fulton, Journ. Malac., vol. 11, p. 51, pl. 4, fig. 2.

1942　*Semisulcospira dulcis* (Fulton), Yen, loc. suprà cit., p. 204, pl. 15, fig. 67.

Dimensions: Hauteur 50 mm; diamètre 20 mm; hauteur à l'ouverture 15.4 mm; diamètre à l'ouverture 10 mm.

Habitat: Lac de Kunming, Kunming.

Cette espèce est très abondante au bord du Lac de Kunming, elle vit sur les plantes aquatiques.

Semisulcospira lauta (Fulton)　(Pl. XXⅣ, fig. 17)

1904　*Melania lauta* Fulton, loc. suprà cit., p. 52, pl. 4, fig. 4.

1942　*Semisulcospira lauta* (Fulton), Yen, loc. suprà cit., p. 204, pl. 15, fig. 70.

Dimensions: Hauteur 31.5 mm; diamètre 13.4 mm; hauteur à l'ouverture 13 mm; diamètre à l'ouverture 7.5 mm.

Habitat: Lac de Kunming, Kunming.

Cette espèce est plus rare que l'espèce précédente.

Semisulcospira inflata sp. nov.　(Fig. 3; Pl. XXⅣ, fig. 16)

Coquille grosse, cylindroide, solide, spire assez haute, obtuse au sommet, 5 à 6 tours légèrement convexes; suture profonde; sommet érodé; test régulièrement treillissé, avec des côtes longitudinales et des cordons décurrents nombreux formant des nodosités à leur rencontre; dernier tour grand, plus convexe; 22 à 24 côtes longitudinales s'allongeant au bas du dernier tour, 8 à 9 cordons spiraux. Avant-dernier tour 19 à 21 côtes longitudinales, 5 cordons spiraux devenant

**LISTE DES MOLLUSQUES D'EAU DOUCE RECUEILLIS PENDANT LES ANNÉES
1938-1946 AU YUNNAN ET DESCRIPTION D'ESPÈCES NOUVELLES**

33

presque interrompus. Ouverture pyriforme, péristome blanc-grisâtre, coloration du test fauve. Opercule très petit, noir, ovalaire, avec stries spirales, à nucléus excentrique.

Dimensions: Coquille, haut. 39 mm; diamètre 16.3 mm; hauteur à l'ouverture 15.5 mm; diamètre à l'ouverture 10 mm. Opercule, haut. 6.5 mm; diamètre 5 mm.

Fig. 3 *Semisulcospira inflata*, Holotype

Habitat: Lac de Kunming, Kunming.

Cette espèce est assez rare, nous avons trouvé seulement 2 exemplaires, elle ressemble bien par la sculpture du test, à Semisulcospira lauta (Fulton), mais elle diffère de cette dernière par sa forme plus grosse, ses mailles plus nombreuses.

Semisulcospira scrupea (Fulton) (Pl. XXIV, fig. 18)

1914   *Melania scrupea* Fulton, Proc. Malac. Soc., vol. 11, p. 163, fig.

Dimensions: Hauteur 20.5 mm; diamètre 10.5 mm; hauteur à l'ouverture 10.6 mm; diamètre à l'ouverture 6 mm.

Habitat: Lac de Kunming, Kunming.

Semisulcospira scrupea debilis (Fulton)

1914   *Melania scrupea* var. *debilis* Fulton, loc. suprà cit., p. 164, fig.

Dimensions: Hauteur 22.2 mm; diamètre 10 mm; hauteur à l'ouverture 10 mm; diamètre à l'ouverture 6.2 mm.

Habitat: Lac de Kunming, Kunming.

Semisulcospira aubryana (Heude) (Pl. XXIV, fig. 20)

1890   *Melania aubryana* Heude, loc. suprà cit., p. 166, pl. 41, fig. 28.

Dimensions: Hauteur 20 mm; diamètre 10.2 mm; hauteur à l'ouverture 10.5 mm; diamètre à l'ouverture 6 mm.

Habitat: Lac de Kunming, Kunming.

Semisulcospira vultuosa (Fulton) (Pl. XXIV, fig. 19)

1914   *Melania vultuosa* Fulton, loc. suprà cit., p. 164, fig.

Dimensions: Hauteur 12 mm; diamètre 7.5 mm; hauteur à l'ouverture 7.5 mm; diamètre à l'ouverture 3.8 mm.

Habitat: Kunming.

Cette espèce vit dans un ruisseau, près du Temple Kiung-Chu (筇竹寺).

PULMONATA

Famille Limnaeidae
Genre *Radix* Montfort, 1810
Radix swinhoei (H. Adams)　(Pl. XXIV, fig. 23)

1886　*Limnaea swinhoei* H. Adams, Proc. Zool. Soc. London, p. 319, pl. 33, fig. 13.

1872　*Limnaea swinhoei* H. Adams, Reeve, Conch. lcon., vol. XVIII, Monograph of Limnaea, pl. 4, fig. 25a.

Dimensions: Hauteur 25 mm; diamètre 15.2 mm; hauteur à l'ouverture 20.7 mm; diamètre à l'ouverture 13.4 mm.

Habitat: Kunming.

Radix patula (Tröschel)　(Pl. XXIV, fig. 22)

1872　*Limnaea patula* Tröschel, Reeve, loc. suprà cit., pl. II, fig. 10.

Dimensions: Hauteur 34.6 mm; diamètre 16.5 mm; hauteur à l'ouverture 25.4 mm; diamètre à l'ouverture 14 mm.

Habitat: Kunming.

Cette espèce est assez rare, nous n'avons trouvé qu'un seul specimen au bord du Lac de Kunming.

Radix yunnanensis (Nevill)　(Pl. XXIV, fig. 24)

1877　*Limnaea yunnanensis* Nevill, loc. suprà cit., p. 28.

1881　*Limnaea yunnanensis* Nevill, Journ. Asiat. Soc. Bengal, part. II, no. 3, pp. 142-143, pl. V, fig. 8.

Dimensions: Hauteur 22 mm; diamètre 11.5 mm; hauteur à l'ouverture 15.8 mm; diamètre à l'ouverture 8.7 mm.

Habitat: Kunming.

Radix peregra (Mueller)　(Pl. XXIV, fig. 27)

1774　*Buccinum peregrum* Mueller, Hist. Verm. II, p. 130.

1872　*Limnaea peregra* Draparnaud, Reeve, loc. suprà cit., pl. I, fig. 7.

Dimensions: Hauteur 8.4 mm; diamètre 5.6 mm; hauteur à l'ouverture 5.7 mm; diamètre à l'ouverture 3.5 mm.

Habitat: Kunming et Kokiu.

Espèce plus petite, très commune, se trouve dans les marais, les bassins superficiels.

Radix ovata (Draparnaud)

1805   Draparnaud, Moll., pl. 2, figs. 30, 31.

1872   *Limnaea ovata* Draparnaud, Reeve, loc. suprà cit., pl. Ⅲ, fig. 15.

Dimensions: Hauteur 13.8 mm; diamètre 8.2 mm; hauteur à l'ouverture 11.2 mm; diamètre à l'ouverture 6.8 mm.

Habitat: Kunming.

Radix rufescens (Gray)   (Pl. XXⅣ, fig. 25)

1872   *Limnaea rufescens* Gray, Reeve, loc. suprà cit., pl. Ⅲ, fig. 14a.

Dimensions: Hauteur 13.5 mm; diamètre 6 mm; hauteur à l'ouverture 9 mm; diamètre à l'ouverture 4.5 mm.

Habitat: Kunming.

Radix amygdalus (Tröschel)   (Pl. XXⅣ, fig. 21)

1837   *Tröschel* Weigman's Archiv., vol. Ⅲ, p. 168.

1872   *Limnaea amygdalus* Tröschel, Reeve, loc. suprà cit., pl. 10, fig. 64.

Dimensions: Hauteur 17.5 mm; diamètre 9 mm; hauteur à l'ouverture 13.2 mm; diamètre à l'ouverture 6.5 mm.

Habitat: Kunming.

Genre *Galba* Schrank, 1803
Galba truncatula (Mueller)   (Pl. XXⅣ, fig. 26)

1774   *Buccinum truncatula* Mueller, loc. suprà cit., p. 130.

1872   *Limnaea truncatula* Mueller, Reeve, loc. suprà cit., pl. 1, fig. 3.

Dimensions: Hauteur 11.3 mm; diamètre 5.5 mm; hauteur à l'ouverture 7 mm; diamètre à l'ouverture 4.5 mm.

Habitat: Kunming.

Famille Succineidae
Genre *Succinea* Draparnaud, 1810
Succinea arundinetorum Heude   (Pl. XXⅣ, fig. 29)

1890   *Succinea arundinetorum* Heude, loc. suprà cit., p. 80, pl. 18, fig. 27.

Dimensions: Hauteur 14 mm; diamètre 7.5 mm; hauteur à l'ouverture 10 mm; diamètre à l'ouverture 6 mm.

Habitat: Kunming.

Cette espèce est assez commune aux bords du lac et des étangs, elle est amphibie, vivant sur les plantes aquatiques.

Succinea acuminata Blanford (Pl. XXIV, fig. 28)

1869 *Succinea acuminata*, Blanford, Proc. Zool. Soc. London, p. 449.

1872 *Succinea acuminata*, Blanford, Reeve, loc. suprà cit., vol. XVIII, Monograph of Succinea, pl. II, fig. 13.

Dimensions: Hauteur 14.8 mm; diamètre 6.5 mm; hauteur à l'ouverture 10.4 mm; diamètre à l'ouverture 5 mm.

Habitat: Au bord du Lac d'I-Lung, Shihping.

Cette espèce est à coquille un peu plus épaisse, spire plus allongée que l'espèce précédente; elle est assez commune, nous avons trouvé 3 specimens au bord du Lac d'I-Lung.

PELECYPODA

Famille Corbiculidae
Genre *Corbicula* Megerle von Muhlfedt, 1811
Corbicula praeterita Heude (Pl. XXIV, fig. 32)

1923 *Corbicula praeterita* Heude, Annandale, Journ. Asiat. Soc. Bengal, N. S. 19, 1923, pl. 16, fig. 13.

Dimensions: Long. 22 mm; haut. 21.5 mm; épaiss. 15.5 mm.

Habitat: Erh-Hai, Tali et Lac de Kunming, Kunming.

Cette espèce est très abondante au fond des lacs.

Corbicula ferruginea Heude (Pl. XXIV, fig. 30)

1923 *Corbicula ferruginea* Heude, Annandale, loc. suprà cit., pl. 16, fig. 12.

Dimensions: Long. 16 mm; haut. 13.2 mm; épaiss. 9 mm.

Habitat: Lac de Kunming, Kunming.

Corbicula yunnanensis Nevill (Pl. XXIV, fig. 31)

1877 *Corbicula yunnanensis* Nevill, loc. suprà cit., p. 40.

1878 *Corbicula yunnanensis* Nevill, Anderson's Anatomical and Zoological researches during the Yunnan Expedition, Calcutta, p. 902, fig.

Dimensions: Long. 27 mm; haut. 24 mm; épaiss. 15.7 mm.

Habitat: Ta-Tun-Hai, Mongtze.

Corbicula andersoniana Nevill (Pl. XXIV, fig. 33)

1877 *Corbicula andersoniana* Nevill, loc. suprà cit., p. 41.

1878 *Corbicula andersoniana* Nevill, loc. suprà cit., p. 903.

Dimensions: Long. 18.2 mm; hauteur 16 mm; épaiss. 9.6 mm.

Habitat: Lac de Kunming, Kunming.

Famille Anodontidae

Genre *Anodonta* Lamarck, 1799

Anodonta fenouilii Heude   (Pl. XXIV, fig. 34)

1878   *Anodon fenouilii*, Heude, Conch. Fluv. Nanking, fas. 4, pl. 31, fig. 64.

Dimensions: Long. 94.6 mm; haut. 77 mm; épaiss. 29 mm.

Habitat: Yang-Tsun-Hai, Iliang et Lac de Kunming, Kunming.

BIBLIOGRAPHIE PRINCIPALE

Annandale N. Zoological results of the Percy Sladen trust Expedition to Yunnan under the leadership of Professor J. W. Gregory, F. R. S. Journ. Asiat. Soc. Bengal, N. S. 1923,19.

Annandale N, Prashad B. Contributions to the fauna of Yunnan based on collections made by J. Coggin Brown,B. Sc.,1909-1910, part XI. Two remarkable genera of freshwater Gastropods Molluscs from the Lake Erh-Hai. Rec. Ind. Mus., 1919,16: 413-423.

Brot A. Die Melaniaceen (Melanidae), Martini und Chemnitz Conchylien-Cabinet, 1874.

Cooke A H. Molluscs. The Cambridge Natural History, vol. 3,1927.

Dautzenberg P, Fischer H. Liste des Mollusques récoltés par M. H. Mansuy en Indo-Chine et au Yunnan et description d'espèces nouvelles. Journ. Conchy., 1906, 54: 343-471.

Fischer P. Manuel de Conchyliologie et de Paléontologie Conchyliologique, 1887.

Fulton H C. Descriptions of new species of Melania from Yunnan, Java, and the Tsushima islands. Proc. Malac. Soc. London, 1914, 11(3): 163-164.

Germain L. Faune de France, vol. 21, 22, Mollusques terrestres et fluviatiles, 1930, 1931.

Heude R P. Conchyliologie fluviatile de la Province de Naking et de la Chine centrale, 1876-1885.

Heude P M. Mémoires concernant l'Histoire Naturelle de l'Empire Chinois, 1890.

Mabille M J. Description de Vivipares nouvelles du Lac Ta-Li. Bull. Soc. Malac. France, 1886, 3: 65-76, pl. II.

Neumayr M. Uber einige Süsswasser-Conchylien aus China. JB. Mineral, 2: 21-26.

Nevill G. New or little known mollusca of Indo-Malayan fauna, Journ. Asiat. Soc. Bengal, 1881, 2(3).

Nevill G. Anderson's zoological researches during the Yunnan Expedition, 1878: 873-903.

Reeve L A. Monograph of the genus *Limnaea*. Conch. Icon.,1872, 18.

Reeve L A. Monograph of the genus *Succinea*. Conch. Icon.,1872, 18.

Reeve L A. Monograph of the genus *Paludina*. Conch. Icon., 1863, 14.

Tchang-Si, Tsi Chung-Yen. A revision of the genus *Margarya* of the family Viviparidae. Contr.

Inst. Zool. Nat. Acad. Peiping, 5(1): 1-23, pl. 1-3.

Yen Teng-Chien. Die chinesischen Land-und Süsswasser-Gastropoden des Museum-Senckenberg. Abh. senck. naturf. Ges., 1939(444): 1-178, pl. 1-16.

Yen Teng-Chien. A review of Chinese Gastropods in the British Museum. Proc. Malac. Soc. London, 24: 170-289, pl. 11-28.

Yen Teng-Chien. A preliminary revision of the recent species of Chinese Viviparidae. Nautilus, 1943, 56(4): 124-130.

云南淡水软体动物及其新种

本文材料系 1938 年至 1946 年采自云南各处,此类动物之采集工作,主要是在昆明滇池、大理洱海、石屏异龙湖、蒙自大屯海、澄江抚仙湖、宜良杨宗海等比较大的湖泊及其附近的池塘、水田、小溪中。所得之标本,除去一部分因为参考书缺乏,不能鉴定外,我们一共定出 39 种及 5 个变种,分隶于 7 科 13 属,其中有 3 种为新种。此篇虽系一初步报告,但对于云南软体动物志确亦有相当贡献,兹将 3 新种之特征叙述于下。

一、肋川蜷(*Paraprososthenia costata*)插图 1;图版ⅩⅩⅢ图 11～13

壳尖锥状,螺塔高,螺层 9～10 阶,顶部尖锐,白色,常被侵蚀,缝合线深,壳坚固,呈赭褐色或灰褐色,体螺层具有 3 条节状螺带,上两条上下互相连接形成约 10 条纵肋,螺塔上各层除顶端数层外每螺层均具有 2 条节状螺带,上面者较大。壳口几乎呈圆形,口内白色,厣梨状,角质,薄而透明,核偏向内唇。壳高:19.4 mm;宽:6.1 mm;口高:5.5 mm;口宽:4.2 mm。

二、缩川蜷(*Paraprososthenia constricta*)插图 2;图版ⅩⅩⅢ图 14

壳塔状,螺塔短,螺层 6～7 阶,顶尖,常被侵蚀,壳坚固,呈淡黄色或赤褐色,体螺层膨大,具有粗大螺肋 6 条,上面 3 条为很多瘤状节连成,螺塔各层每层具 3 条螺肋,均以中央一条较为强大。壳口梨状,唇口白色,厣角质,上具螺旋线,核偏内唇。壳高:13 mm;宽:7 mm;口高:6 mm;口宽:4 mm。

三、粗川蜷(*Semisulcospira inflata*)插图 3;图版ⅩⅩⅣ图 16

壳肥大,圆锥形,螺塔高,螺层 5～6 阶,顶部被侵蚀,缝合线深,壳坚固,呈棕褐色,壳之表面具有由螺肋及纵螺交叉形成的密方格,方格之四角均为瘤状小结节,体螺层膨大,具有 22～24 条纵肋,8～9 条螺肋,体螺层上面一层具有 19～21 条纵肋和 5 条不甚显明的螺肋。壳口梨状,口唇灰白色,厣厚、小、黑色,上具螺旋状纹,核偏内唇。壳高:39 mm;宽:16.3 mm;口高:15.5 mm;口宽:10 mm。

图版 ⅩⅩⅢ

Mollusques d'eau douce

1. *Bellamya limnophila* (Mabille). Tali;

2. *Cipangopaludina ventricosa* (Heude). Kunming;

3. *Cipangopaludina ampullacea* (Charpentier). Kunming;

4. *Cipangopaludina lecythoides aubryana* (Heude). Kunming;

5. *Cipangopaludina lecythoides* (Benson). Kunming, Tali;

6. *Cipangopaludina haasi* (Prashad). Shihping;

7. *Fenouilia kreitneri* (Neumayr) × 1.5, Kunming;

8. *Bithynia delavayana* Heude × 2, Shihping;

9. *Parapyrgula coggini* Annandale & Prashed × 2, Tali;

10. *Paraprososthenia gredleri* (Neumayr) × 2, Kunming;

11. *Paraprososthenia costata* sp. nov., Paratype. × 1.5, Kunming;

12. *Paraprososthenia costata* sp. nov., Paratype. × 2;

13. *Paraprososthenia costata* sp. nov., Paratype. × 1.5;

14. *Paraprososthenia constricta* sp. nov., Paratype. × 2, Kunming;

15. *Semisulcospira dulcis* (Fulton). Kunming.

图版 XXIV

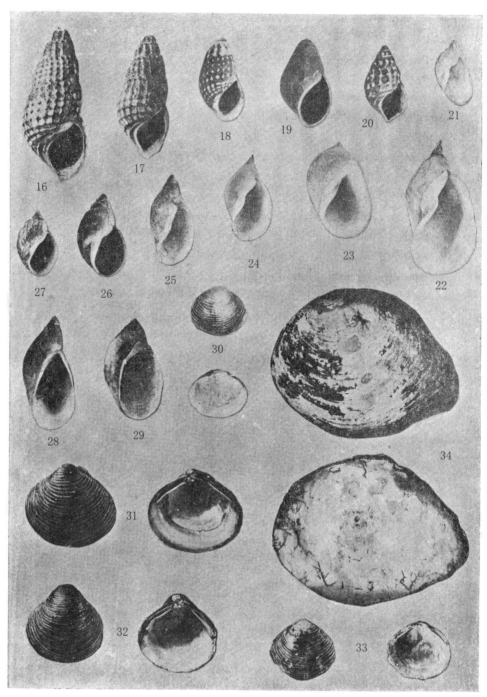

Mollusques d'eau douce

16. *Semisulcospira inflata* sp. nov., Paratype. Kunming;

17. *Semisulcospira lauta* (Fulton). Kunming;

18. *Semisulcospira scrupea* (Fulton). Kunming;

19. *Semisulcospira vultuosa* (Fulton)×2, Kunming;

20. *Semisulcospira aubryana* (Heude)×2, Kunming;

21. *Radix amygdalus* (Tröschel). Kunming;

22. *Radix patula* (Tröschel). Kunming;

23. *Radix swinhoei* (H. Adams). Kunming;

24. *Radix yunnanensis* (Nevill). Kunming;

25. *Radix rufescens* (Gray)×2, Kunming;

26. *Galba truncatula* (Mueller)×2, Kunming;

27. *Radix peregra* (Mueller)×2, Kokiu;

28. *Succinea acuminata* Blanford ×2, Shihping;

29. *Succinea arundinetorum* Heude ×2, Kunming;

30. *Corbicula ferruginea* Heude. Kunming;

31. *Corbicula yunnanensis* Nevill. Mongtze;

32. *Corbicula praeterita* Heude. Tali;

33. *Corbicula andersoniana* Nevill. Kunming;

34. *Anodonta fenouilii* Heude×0.5, Iliang.

中国海岸的几种新奇角贝[①]

绪　言

　　在这篇叙述角贝的短篇论文中,我们所用的研究材料来自辽东半岛、青岛、海南岛三个相距很远的中国海滨。辽东半岛标本只有一个,系 1950 年 5 月 31 日中国科学院水生生物研究所在大连附近夏家河子采到。青岛标本很多,系胶州湾海产动物采集团 1936 年在胶州湾拖网所获。海南岛标本只有 2 个,系前静生生物调查所 1933 年在海南岛东南岸陵水新村采到。此等标本经著者研究结果,知其均属于角贝科(Dentalidae),角贝属(Dentalium),分别隶属于 Episiphon 及 Fustiaria 2 个亚属,共计 3 种及 1 个变种如下。

　　(1)胶州湾角贝 Dentalium (Episiphon) kiaochowwanense sp. nov.；

　　(2)直胶州湾角贝 Dentalium (Episiphon) kiaochowwanense var. rectum var. nov.；

　　(3)长角贝 Dentalium (Episiphon) longum Sharp and Pilsbry；

　　(4)狭缝角贝 Dentalium (Fustiaria) stenoschizum Pilsbry and Sharp。

　　前二者得自胶州湾,为一新种及一新变种,后两种据著者所知在全球海中分布不广,在中国海岸系初次发现。长角贝采自大连附近的夏家河子,其模式标本的产地不明;狭缝角贝采自海南岛,其模式标本产地为西印度(West Indies)。掘足类在中国发现者尚不甚多,以上各种又均为新奇种类,故有发表之必要。

　　从前角贝学者描写角贝弯曲的程度时,仅用"甚曲""中等曲""曲"或"稍曲"来形容,并无数字表明,实难比较彼此不同的弯曲程度,因此我们试用 $\frac{C}{L} \times 100$ 来表明角贝弯曲的程度,L 等于由角贝凹侧两端所引直线的长度,亦即壳长,C 代表由此直线向壳凹面最大距离处所引垂直线之长度(插图 1)。此公式所得数字愈大,壳形愈为弯曲,一般说来角贝的凹面并不十分规则,用此公式表示虽不甚恰当,但总比仅用文字形容明显得多。用此公式计算,我们可知长角贝最弯(9.0),狭缝角贝次之(6.8 ～ 7.3),胶州湾角贝又次之(2.7 ～ 6.7),直胶州湾角贝数最小,几近于零。我们又试用 $\frac{A\text{-}P}{L} \times 100$ 来表示角贝的顶角,即后端尖细的程度,A 代表壳前端的直径,P 代表壳后端的直径,L 代表壳长(插图 1),用此公式计算所得数字愈大,表示壳形愈尖,数字愈小表示壳形愈近柱状,虽然角贝有时不是很规则的锥状,用此公式计算虽稍有偏差,但比只用"略尖""尖""中等尖""甚尖"或"近柱状"等字形容显明得多。

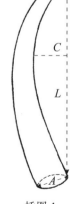

插图 1

① 张玺、齐钟彦(中国科学院水生生物研究所):载《中国动物学杂志》,1950 年第 4 卷,1 ～ 11 页,上海译文书局。

种的叙述

1. 胶州湾角贝（新种）（图版Ⅰ，图 1～6）

Dentalium (Episiphon) kiaochowwanense sp. nov.

胶州湾海产动物采集团第三期（1936 年 4 月至 5 月）、第四期（1936 年 9 月至 10 月）在胶州湾及其附近拖网，计在 25 站中[①]共得标本 121 枚，其中有幼体、成体、完整与不完整的空壳，经著者详细加以研究，除去不完整的空壳不能鉴定以外，证明其余之幼体、成体及空壳均属于角贝属的 *Episiphon* 亚属，在此 121 枚标本中，绝大多数为胶州湾角贝［*Dentalium (Episiphon) kiaochowwanense*］，系一新种，很少数标本，壳近直形，为一新变种，名之为直胶州湾角贝。

胶州湾角贝外形的描述：壳形弯曲细小，相当坚厚，直径由后端向前端渐大，壳面光滑、无纵条刻纹，仅有细弱环形的生长线。前端口缘甚薄，不斜，后端壳口甚小，口缘厚。后端壳口具有一个白色或黄白色的小管，小管长达 1 mm，非常脆弱，极易脱落。壳长约等于前端直径的 10 倍，前端直径约为后端直径的 2 倍，但在幼壳前端直径可达后端直径的 3～4 倍，亦即幼壳比成体壳尖。新鲜标本前段为白色，后段为浅黄色或橙黄色，上面具有白色、不透明的环。死壳多呈白色或灰白色，壳表生长线常局部被侵蚀，以至形成凹缺不平的壳面（图 5）。壳之弯曲度成体为 4～6.7，顶角在成体为 2.7～5.5，在幼体为 7.0～8.0。

横断面：壳的横断面，背腹直径较大，左右两侧较小，前端尤为明显，故前端壳口为卵圆形，后端壳口几呈圆形。凹面（背面）壳壁较厚，凸面（腹面）的壳壁较薄、容易折断，因此不完整的空壳前端口缘常成凹面较长的斜形（图 6）。壳内面无任何褶棱，壳壁的内、外、中三层在中段及后段尚能辨别，前端因壳壁薄，不分层。

标本测量：

标本号数	壳长 /mm	前端直径 /mm		顶端直径 /mm	$\frac{A-P}{L} \times 100$	$\frac{C}{L} \times 100$
		背腹	两侧			
3976（3）幼体	8.5	1.0	0.9	0.3	8.0	3.5
3293（2）幼体	10.0	1.0	0.9	0.3	7.0	2.7
3293（4）	13.5	1.2	1.1	0.7	3.6	5.9
3542（1）	14.5	1.4	1.3	0.7	4.8	4.8
2227（1）	14.5	1.5	1.4	0.7	5.5	4.8
3261（3）	17.0	1.7	1.6	0.9	4.7	4.1
4218	14.6	1.5	1.5	1.1	2.7	6.7
2228（9）	15.1	1.6	1.5	1.1	3.3	4.0

① 张玺、马绣同：《胶州湾海产动物采集团第四期采集报告》，1949 年 8 月，北研汇刊 23 号。

标本产地：

标本号数	采集日期	采集地点	深度 /m	海底性质
3976（3）	1936-09-21	大港西 382 站	16	泥沙及碎壳
3293（2）	1936-09-12	湖岛子西北 336 站	10	泥沙
3293（4）	1936-09-12	湖岛子西北 336 站	10	泥沙
3542（1）	1936-09-15	湾口内 358 站	25	黑软泥
2227（1）	1936-05-01	阴岛湾南 248 站	5	泥
3261（3）	1936-09-11	阴岛南 331 站	10	软泥
4218	1936-09-25	前海 411 站	18	稀泥
2228（9）	1936-05-01	阴岛东南 244 站	5	泥

本种颇与 *Dentalium innumerabile* Pilsbry and Sharp[1] 及 *Dentalium makiyamai* Kuroda and Kikuchi[2] 相似，但本种的前端直径均较前两种大，为其主要之不同点。*D. innumerabile* 的顶角为 1.1，*D. makiyamai* 的顶角为 1.6，而本种的顶角均在 2.7 以上。

2. 直胶州湾角贝（新变种）（图版 I，图 7、图 8）

Dentalium (*Episiphon*) *kiaochowwanense* var. *rectum* var. nov.

本变种与种主要不同之点，为壳形略曲或完全为直形，按 $\frac{C}{L} \times 100$ 表示为 0 或 1.3。

标本测量：

标本号数	壳长 /mm	前端直径 /mm		顶端直径 /mm	$\frac{A-P}{L} \times 100$	$\frac{C}{L} \times 100$
		背腹	两侧			
3261（7）	13.4	1.7	1.6	1.0	5.2	0
2897（13）	12.8	1.5	1.4	0.8	5.5	1.3

标本产地：

标本号数	采集日期	采集地点	深度 /m	海底性质
3261（7）	1936-09-11	阴岛西南 331 站	10	软泥
2897（13）	1936-05-21	阴岛东大洋前 314 站	5	泥

上列两个标本，前端虽略有折损，但不致影响其弯曲程度。

3. 长角贝 *Dentalium* (*Episiphon*) *longum* Sharp and Pilsbry（图版 I，图 11）

1897　*Dentalium longum* Sharp and Pilsbry, Tryon and Pilsbry, Man. Conch. vol. XVII, p. 120, pl. 18, figs. 1,2,3.

---

[1] Tryon and Pilsbry: *Manual of Conchology*, 1897-1898, vol. XVII: p. 119, pl. 18, figs. 6,7,8.

[2] Kuroda T and Kikuchi K: "Studies on the molluscan fauna of Toyama Bay", *Venus*, vol. IV: pp. 11–12, pl. I, fig. 8.

壳形细长,甚弯曲,壳长约等于前端直径的 14 倍,前端直径等于后端直径的 $2\frac{1}{3}$ 倍。壳壁薄,壳面光滑,灰白色,略透明,具细弱环形生长线。壳之横断面为圆形,顶角尖度为 4.2,弯曲程度为 90。

标本测量:壳长 19 mm;前端直径为 1.4 mm;后端直径为 0.6 mm。$\frac{A-P}{L}\times100$:4.2;$\frac{C}{L}\times100$:9.0。

本种只此一个标本,系 1950 年 5 月 31 日由齐钟彦、刘瑞玉、马绣同采自大连附近的夏家河子潮面上。其一般特征与 *D. longum* Sharp and Pilsbry 相同,唯标本后端凸面上的缺刻,似系伤断而非自然凹陷,为一疑点。

4. 狭缝角贝 *Dentalium (Fustiaria) stenoschizum* Pilsbry and Sharp(图版 I,图 9、图 10)

1897 *Dentalium stenoschizum* Pilsbry and Sharp, Tryon and Pilsbry, loc. supra cit., pp. 128-19, pl. 129, figs. 10-15.

贝壳愈向顶端愈为弯曲,至末端急变尖细,壳坚厚,长约为前端直径的 11 ~ 12 倍。前端直径为后端直径的 3 ~ 4 倍,比模式标本的后端稍粗。全长均为乳白色,略透明,壳面光亮、平滑,除去极不明显的环形不规则的生长线以外没有纵纹。前端壳口略薄,圆形或左右两侧微扁,背腹略斜,凹面(背面)一边较长。顶端壳口为圆形,凸面(腹面)有一狭长线状裂缝,缝长相当于壳长的 1/12 ~ 1/3。

标本测量:

标本号数	壳长 /mm	缝长 /mm	前端直径 /mm		顶端直径 /mm	$\frac{A-P}{L}\times100$	$\frac{C}{L}\times100$
			背腹	两侧			
1	35.8	3	3.2	3.1	1.0	6.1	7.3
2	36.8	10.8	3.0	3.0	0.8	6.0	6.8

标本产地:海南岛陵水新村。

ON SOME NEW AND RARE *Dentalium*

FROM CHINA COASTS

TCHANG-SI AND CHUNG-YEN TSI (*Academia Sinica*)

DESCRIPTIONS OF SPECIES

1. *Dentalium* (*Episiphon*) *kiaochowwanense* sp. nov. (Pl. I , figs. 1-6)

Shell small, moderately curved, rather solid and thick, regularly tapering and attenuated toward the apex, surface glossy, smooth, with faint growth striae only. Peristome thin, not oblique, anal orifice minute, with thick margin, occupying a white or yellowish small projecting pipe, 1 mm in length, very fragile, wanting in some examples. The diameter of aperture is about 2 times the diameter of apex in adults, and 3 to 4 times in immature shells i.e. the full mature shells are more cylindrical. Shell translucent white, with yellowish or orange colour on the posterior end in life, wholly white or grayish white colour in dead shells. The degree of curvature of the shell ($\frac{C}{L} \times 100$)(see text-fig.) from 4.0 to 6.7. The angle of apex ($\frac{A-P}{L} \times 100$) (see text-fig.) 2.7 to 5.5 in adults, 7.0 to 8.0 in immature shells.

In cross-section, the dorso-ventral diameter is slightly greater than the lateral diameter, decidedly in the lower region i.e. a little compressed laterally, especially in the anterior end, so that the aperture is slightly oval and the apex subcircular or circular. The wall of aperture is not equal in thickness, the convex side is very fragile and its thickness is less than that of the concave side, so that the convex side of the peristome is often broken. The inside of shell is also smooth. In the middle and posterior sections, the periostracum, prismatic and nacreous layers are hardly distinct, but in the anterior end of shell they are indistinguishable.

Measurements:

Number of specimens	Length of shell/mm	Diameter of aperture		Diameter of apex/mm	$\frac{A-P}{L} \times 100$	$\frac{C}{L} \times 100$
		Dorso-ventral/mm	Lateral/mm			
3976 (3)	8.5	1.0	0.9	0.3	8.0	3.5
3293 (2)	10.0	1.0	0.9	0.3	7.0	2.7
3293 (4)	13.5	1.2	1.1	0.7	3.6	5.9
3542 (1)	14.5	1.4	1.3	0.7	4.8	4.8
2227 (1)	14.5	1.5	1.4	0.7	5.5	4.8

Continued

Number of specimens	Length of shell/mm	Diameter of aperture		Diameter of apex/mm	$\dfrac{A-P}{L} \times 100$	$\dfrac{C}{L} \times 100$
		Dorso-ventral/mm	Lateral/mm			
3261 (3)	17.0	1.7	1.6	0.9	4.7	4.1
4218	14.6	1.5	1.5	1.1	2.7	6.7
2228 (9)	15.1	1.6	1.5	1.1	3.3	4.0

Localities:

Number of specimens	Date of collection	Number of stations	Depth /m	Bottom
3976 (3)	1936-09-21	382	16	mud, sand and broken shell
3293 (2)	1936-09-12	336	10	sand and mud
3293 (4)	1936-09-12	336	10	sand and mud
3542 (1)	1936-09-15	358	25	black ooze
2227 (1)	1936-05-01	248	5	mud
3261 (3)	1936-09-11	331	10	ooze
4218	1936-09-25	411	18	mud
2228 (9)	1936-05-01	244	5	mud

This species is much similar to *Dentalium innumerabile* Pilsbry and Sharp [1] and *Dentalium makiyamai* Kuroda and Kikuchi [2], but differs in its more broader aperture and more attenuate apex.

Holotype [3542 (1)] and paratypes are kept in the collection of Academia Sinica, Peking.

2. *Dentalium (Episiphon) kiaochowwanense* var. *rectum* var. nov. (Pl. I, figs. 7-8)

Only two broken specimens collected from Kiaochow Bay, the general characters of them are similar to the typical form, but in view of their straight or nearly straight form of the shell, we consider them to be a new variety.

Measurements:

Number of specimens	Length of shell/mm	Diameter of aperture		Diameter of apex/mm	$\dfrac{A-P}{L} \times 100$	$\dfrac{C}{L} \times 100$
		Dorso-ventral/mm	Lateral/mm			
3261 (7)	13.4	1.7	1.6	1.0	5.2	0
2897 (13)	12.8	1.5	1.4	0.8	5.5	1.3

---

① Tryon and Pilsbry: Manual of Conchology, vol. XVII: p. 119, pl. 18, figs. 6,7,8, 1897-1898.

② Kuroda T and Kikuchi K: Studies on the molluscan fauna of Toyama Bay. Venus vol. IV: pp. 11-12, pl. I, fig. 8.

Localities:

Number of specimens	Date of collection	Number of stations	Depth /m	Bottom
3261 (7)	1936-09-11	331	10	mud
2897 (13)	1936-05-21	314	5	mud

Holotype［3261 (7)］and paratype kept in the collection of Academia Sinica, Peking.

3. *Dentalium* (*Episiphon*) *longum* Sharp and Pilsbry (Pl. I , fig. 11)

1897　*Dentalium longum* Sharp and Pilsbry, Tryon and Pilsbry, Man. Conch. vol. XVII, p. 120, pl. 18, figs. 1,2,3.

Shell slender, moderately tapering, considerably and regulary curved, thin and fragile. Surface glossy, grayish white, somewhat translucent, with faint growth striae. The length of shell about 14 times the diameter of aperture. Aperture circular, about $2\frac{1}{3}$ times in diameter of the apex.

Measurements: Length of shell, 1.9 mm; Diameter of aperture, 1.4 mm; Diameter of apex, 0.6 mm; $\frac{A-P}{L} \times 100 : 4.2; \frac{C}{L} \times 100 : 9.0$.

Only one broken specimen collected on the shore of Hsia-chia-ho-tze near Talien by Mm. Tsi, Liu and Ma in May 31, 1950.

4. *Dentalium* (*Fustiaria*) *stenoschizum* Pilsbry and Sharp (Pl. I , figs.9-10)

1897　*Dentalium stenoschizum* Pilsbry and Sharp, Tryon and Pilsbry, loc. supra cit. pp. 128-129, pl. 19, figs. 10-15.

Shell, large, thick and solid, strongly arcuate toward the apex, rapidly tapering. The length is about 11 to 12 times the diameter of aperture, the diameter of aperture about 3 to 4 times the diameter of apex. Shell milk-white in colour, somewhat translucent, surface glossy and polished throughout, with slight, annular, irregular growth striae. Aperture little oblique, concave side more longer, circular or nearly circular being trifle compressed laterally. Apex orifice circular. There is an extremely narrow, linear and long slit on the convex side of the posterior end of the shell; the slit about one twelfth to slightly more than one third of the whole shell in length.

Measurements:

Number of specimens	Length of shell/mm	Length of slit /mm	Diameter of aperture		Diameter of apex/mm	$\frac{A-P}{L} \times 100$	$\frac{C}{L} \times 100$
			Dorso-ventral/mm	Lateral/mm			
1	35.8	3	3.2	3.1	1.0	6.1	7.3
2	36.8	10.8	3.0	3.0	0.8	6.0	6.8

Locality: Hainan, Ling-shui, Sin-Ts'un.

图版 I

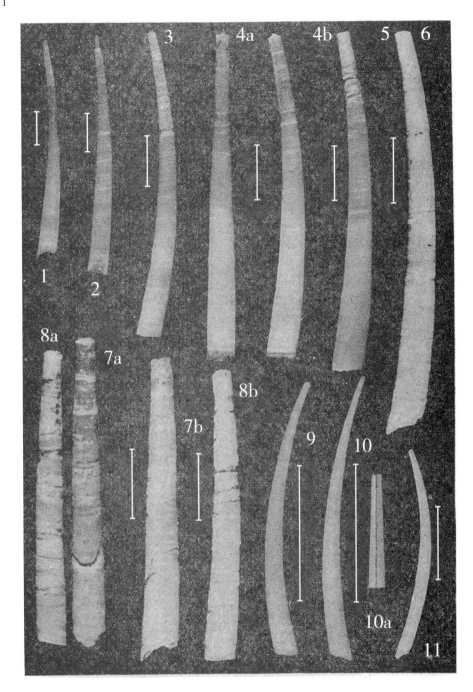

1. *Dentalium* (*Episiphon*) *kiaochowwanense* sp. nov. Young form, lateral view. 3976 (3);

2. *Dentalium* (*Episiphon*) *kiaochowwanense* sp. nov. Young form with pipe. (supplemental apical tube), lateral view. 3293(2);

3. *Dentalium* (*Episiphon*) *kiaochowwanense* sp. nov. Paratype, with the vestige of pipe, lateral view. 3293 (4);

4a. *Dentalium* (*Episiphon*) *kiaochowwanense* sp. nov. Holotype, dorsal view. 3542 (1);

4b. *Dentalium* (*Episiphon*) *kiaochowwanense* sp. nov. Same specimen lateral view;

5. *Dentalium* (*Episiphon*) *kiaochowwanense* sp. nov. Paratype, surface erosive. 2227(1);

6. *Dentalium* (*Episiphon*) *kiaochowwanense* sp. nov. Paratype, old shell, lateral view. 3261(3);

7a. *Dentalium* (*Episiphon*) *kiaochowwanense* var. *rectum* var. nov. Holotype, dorsal view. 3261(7);

7b. *Dentalium* (*Episiphon*) *kiaochowwanense* var. *rectum* var. nov. Same specimen lateral view;

8a. *Dentalium* (*Episiphon*) *kiaochowwanense* var. *rectum* var. nov. Paratype, nearly straight. 2897 (13);

8b. *Dentalium* (*Episiphon*) *kiaochowwanense* var. *rectum* var. nov. Same specimen, lateral view;

9. *Dentalium stenoschizum* Pilsbry and Sharp. Apical slit 3 mm in length;

10. *Dentalium stenoschizum* Pilsbry and Sharp. Another specimen, slit 10.8 mm in length;

10a. *Dentalium stenoschizum* Pilsbry and Sharp. Posterior end of same specimen of fig. 10, showing the slit × 3;

11. *Dentalium longum* Sharp and Pilsbry, lateral view.

水生生物研究所辽东半岛采集报告[①]

　　东北各省因长期沦陷于日伪手中,其沿海各地所产水生动物之种类、习性及分布情形,极少为国内学者所注意。过去北平静生生物调查所曾于 1930 年及 1931 年两度派员往大连、安东及葫芦岛等地及其附近做采集工作,但其采集范围仅限于少数高等甲壳类动物。然除此之外,尚未见有任何有关文献在国内发表。本院水生生物研究所月前派笔者等前往东北沿海各地,做初步的调查与采集,使吾人对此地区的地理环境、动物种类及其分布概况,获得些许较新的知识。

　　采集人员于 1950 年 4 月 30 日自北京出发,先后在北戴河、秦皇岛、沈阳、安东、大东沟、庄河、石城岛、貔子窝、大长山岛、大连、旅顺、夏家河子、营口及葫芦岛等地进行采集与调查工作,凡 40 余日,于 6 月 12 日返京。在北戴河及秦皇岛两地的采集经过及结果,已由本所张玺博士专文报告;故本文所叙之内容,仅包括在东北(主要是在辽东半岛沿海各地)的工作情形及收获。至于采得的各类标本,俟整理与鉴定之后,再分别详细报告。

　　辽东半岛在辽东省南部,西起自辽河口与辽西省相邻,东至鸭绿江入海之处与朝鲜接壤。半岛向西南伸出,蜿伏于黄、渤二海之间。南与山东半岛相峙而形成华北第一大湾——渤海湾。半岛上大部为丘陵地带,海岸线颇为曲折,港湾甚多,岩岸与沙岸相杂,造成极复杂之地理环境。南部东西两侧,又有若干岛屿,错综罗列于黄、渤二海之中。鸭绿江及辽河入海之处,多为冲积的平滩,海水甚浅。但在半岛南端,旅大地区一带,山峦环抱,入海后形成水下山谷,尤以黄海沿岸者最深。地形变化既如此复杂,所产动物种类亦相当繁多。而各地渔产,亦皆丰富。

　　辽东半岛沿海各地的地形及气温,大致与山东半岛者相仿,故两地所产动物的种类亦多有雷同者。至于旅大地区,自然环境极佳,若能长期采集与调查,定可获得较多的新奇品种,较之山东半岛,有过之而无不及也。

　　此次采集工作因为时间所限,且路程过长,大部时间消耗于旅途。故在各地采集的次数,皆嫌过少。所得标本的种类及数量,亦未能令人满意。然在此简短时间内,已获得很多

图 1　在大长山岛附近拉网采集

① 齐钟彦、刘瑞玉、马绣同:载《科学通报》,1950 年第 1 卷第 4 期, 269 ～ 271 页,中国科学院编译局。

相当宝贵的知识。对半岛各地海岸的构造、动物的分布情形、渔业概况及各地普通或特殊的水产种类等,皆有一些明确的认识。根据此次调查所得的经验,我们可以计划将来应在何处进行较详细的采集工作,或特殊的专题研究,以免浪费人力物力,而收事半功倍之效。

图 2　在貔子窝沿岸采集时,潮水已经退下

兹将各地海岸构造情形及采得标本的种类分列于下。

一、沈阳

在浑河沿岸采集,一无所得。仅在市郊池水中采得淡水虾及小螺数种,多与华北各地所产者相同。除采集外,并在东北人民政府特产处参观水产标本室,见到了四月初旬在菊花岛捕获的鲸鱼骨骼,体长达 12 米余。

二、安东

位于鸭绿江西岸,距江之入海处尚有一百里之遥。江内及沿岸动物稀少,仅采得河蟹幼体数枚。

三、大东沟

在鸭绿江入海处,现为安东县治。其附近为一小平原,海岸皆为泥质。采得标本以强棘红螺、蛏、牡蛎、苇原蟹、长眼蟹及沙蚕较多。市场售卖者,有红头鱼(红娘子)、比目鱼、牛舌鱼、对虾、青虾、虾蛄、梭子蟹(蝤蛑)、红蟹、章鱼、乌贼、蛏及牡蛎等。本地所产牡蛎,身体特大,壳长可达尺许,为罕见特产。

赵氏沟在大东沟东方六七里。附近产苇原蟹、小虾及面条鱼甚多。

四、庄河

大部为泥岸及沙岸,岩岸甚少。(做潮面采集及深水拉网。)标本以镜蛤及苇原蟹最多,其次为文蛤、蛏、玉螺、玉黍螺、蚬、海豆芽、章鱼、小毛虾、蝼蛄虾、虾蛄、豆拳蟹、沙包蟹、虎头蟹及石蟹等。除此之外,市场中尚有对虾、小虾、蝤蛑、红蟹、黄花鱼、比目鱼、铜锣鱼、鲈、鳖、鲅、鲨、鲟及牛尾鱼等。

五、石城岛

在庄河南约五十里。岛上岩岸与沙岸相间。(做潮面采集及拉网。)所得标本有牡蛎、蚬、泥螺、穿石蛤、海地瓜(棘皮动物)、海胆、鼓虾、石蟹、贝寄生蟹、豆拳蟹、蝤蛑、红蟹等。

六、貔子窝

现为新金县治。沿岸多为泥滩，岩石甚少。（做潮面采集及深海拉网。）采得沙蚕、泥螺、章鱼、乌贼、青虾、小毛虾、虾蛄、豆拳蟹、长眼蟹、石蟹、红蟹及蟛蜞等。市场售卖者以带鱼为最多，次则为铜锣鱼、鳖鱼、章鱼、对虾、蚬及蛤等。

七、大长山岛

在新金县南方约五十里为长山列岛中的最大者。多为岩屏。附近水甚深。产海参、海星、海燕及海胆等棘皮动物。

八、大连

附近多岩岸，或杂以较小沙滩。

（一）沙河口

在香炉礁之北，为一较大浅滩。产管栖磷沙蚕、灯蛤、蝼蛄虾、锉头虾、长眼蟹及豆拳蟹最多。其他如镜蛤、小螺、海鞘、海蛆、小毛虾、鼓虾、长臂虾等，亦最普遍。

（二）黑石礁及星个浦

岩岸多，沙滩少。附近水甚深。产笠贝、石鳖、马蹄螺、郎君子螺、石叠螺、玉黍螺、荔枝螺、蚬、藤壶、沙蚕、沙蚕、海燕及海参等。

（三）老虎滩及石磓

二地均为岩石与沙滩相间之海岸。产沙蚕、海星、海燕、阳遂足、心形海胆、蛤、石鳖、笠贝、小螺、海螺、海蛆、石蟹、长眼蟹及糠虾。以海螺产量最多，小船每次可捕得数百斤。

（四）小平岛

为大连市西郊一小型半岛。海岸岩沙相间。产棘皮动物较多，如紫海胆、马粪海胆、哈氏刻肋海胆、细刻肋海胆、阳遂足、海星、海燕及海参等。其他如鲍鱼、红螺、海红（百灵蛤）、毛壳菜、笠贝、石鳖、海扇、酸浆贝、马蹄螺、泥螺、湾虾等种类亦多。紫海胆在山东半岛甚为稀少，然在此处海底岩石之间，产量特丰。酸浆贝亦为附近其他各处所未见到者。

九、旅顺

大部分为岩岸。仅采到长眼蟹、石蟹、海蛆及小螺数种。因系军港，故未能在附近拉网。

十、夏家河子

为一片较大之沙滩。产文蛤、镜蛤、小螺、蛏螺、乌贼、海豆芽、豆拳蟹、长眼蟹等。

十一、营口

位于辽河南岸。距入海处尚有二十里。河岸泥质，产苇原蟹及小长眼蟹。海口附近则有泥螺、红螺、蛏螺、青虾、毛虾、桃红虾、长臂虾、虎头蟹、红蟹、蟛蜞及小河蟹等。其东南方之二家沟附近,盛产毛虾,经干制后,大量出口,运销各地。市场售卖者,尚有文蛤、黄花鱼、鲙鱼、鲅鱼等,其中文蛤在春季产量极丰。

十二、葫芦岛

在辽东湾西岸,锦西县东南方。以北海滩动物较多,有沙蚕、蛤、红螺、蚬、海豆芽、石蟹、豆拳蟹、长眼蟹、苇原蟹、红爪沙蟹、长臂虾、鼓虾、蝼蛄虾等。此外有经济价值者则有鲙鱼、铜锣鱼、黄花鱼、魁蛤及毛虾等。其中唯毛虾产量惊人,当年春季两个多月期间每个小型渔船平均捕虾十八万斤(其中尚有若干日因风雨不能下海)。

在采集工作进行的同时,我们又做了各地渔业生产情形的调查,概括地了解了东北沿海的渔业状况。东北沿海渔产甚多。当年春季鱼汛,又值丰收。故一般渔民,莫不丰衣足食,喜笑颜开。春季在市场售卖之鱼类,普通有黄花鱼(石首鱼)、红娘子、比目鱼、牛舌鱼、牛尾鱼、加吉鱼、铜锣鱼、面条鱼、梭鱼、带鱼、燕鱼、鲈、鳖、鲙、鲅、河豚等多种,甲壳类有大海蟹(蟳蛑)、红蟹、琵琶虾(虾蛄)、对虾、青虾(又称白虾,干制去皮后即为大海米)、毛虾(干制者通称虾皮)及其他小虾,软体动物有章鱼、乌贼、蛤、螺、蚬、蛏、鲍鱼等,棘皮动物则仅有海参一种。其中如盖平的黄花鱼,葫芦岛及营口附近的毛虾,旅大地区及长山列岛的海参、鲍鱼皆为当地特产。其他如大东沟的红娘子及面条鱼、城子疃的青虾、貔子窝的带鱼,产量亦丰,在经济上占有重要地位。

东北因解放较早,各地渔民皆已组织起来,加入渔民合作社或渔民工会。一般渔民可通过合作社售出渔产,换入食粮及其他生活必需品。政府方面,在各渔产区多已成立了水产公司,一方面从事大规模的渔业生产,另一方面还负责领导渔民捕鱼,协助渔民解决一切困难问题,使他们获得政府贷款,修补或添置了渔网或渔船,克服了生产上的一般障碍。当年渔产最盛时期,渔产供过于求,水产公司便以较高价格大量收购,加工腌制。这样便解决了销售的困难,使渔民不致受到损失。因之一般渔民的生活都已改善。这当然要感谢人民政府英明的领导。

因一般渔民文化水平过低,且为经济条件所限,除大连一地有少数机轮渔船能在远海捕鱼之外,其他则多为沿海的定置捕鱼方法。渔船、网具及捕捞方法皆系墨守千年遗下的旧法,不知改进,且滥捕幼鱼,因而限制了渔产的数量,使渔业不能较快地发展。故今后政府方面还须以全力扶植与改进捕鱼技术,保护鱼苗,提高渔产数量,以使沿海渔民充分开发海洋中无穷的天然资源。国家的经济建设便无形中加多了些稳固的基石。

白洋淀及其附近的水生动物[①]

白洋淀位于保定东面约 30 千米,为河北省第一大湖。其中鱼虾产量甚为丰富,连同其东面的文安洼共为京津市场上淡水鱼虾的主要来源地。前北平研究院动物研究所为明了该地的实际情况及一般水生动物的种类和分布情形,曾于 1949 年 6 月 18 日至 7 月 7 日派作者前往调查采集。本文所述材料全部为此次采集所得,因为采集时期甚短,而且季节也不十分适当,所以采集的标本不能十分完全。同时因为参考书缺乏,尚有少数材料没有定出,以后有机会时当再补充。

白洋淀附近的地方包括胜芳洼、文安洼和大清河的一段,作者调查采集时所走的路线是由北京至天津,经过大清河、胜芳、文安而至白洋淀,并且沿途都在采集,因之本文所述也包括上面这些地方的材料。

一、白洋淀及其附近各地的一般情况

(一)白洋淀

白洋淀又称西淀,南北稍长,东西略狭,北面通称留通淀,南面通称白洋淀,此外西北面尚有大王淀。藻杂淀虽然不与白洋淀直接相连,但有河道相通,也属白洋淀的范围。白洋淀四周有堤围绕,堤内面积约为 520 平方千米。因为河沙冲积淀内淤有很多苇地,芦苇丛生使淀分成若干个小淀。淀水由西方的淀龙河注入,由其东北面的赵王河而输出。水深平均约为 3.4 米,洪水时期最深可达 7.8 米,但是我们调查的季节正值天旱,水很浅,平均不过 2.3 米,有些地方甚至还不到 1 米。水极清,透明度可以见底,水草极多,尤以留通淀、藻杂淀为甚。淀内鱼类出产很多,以鲤、鲫、鳢、鳜、鲢等为最多,爬行类的鳖、甲壳类的螃蟹出产也相当丰富。产品分水、陆运销各处,赵北口、同口、新镇三处为比较大的鱼市场。

今将白洋淀各处的水深、水温及透明度的测量排列如下:

地点	日期	时间	天气	气温	水面温度	水底温度	水深	透明度
赵北口西	6 月 28 日	10 时 50 分	晴	28.5 ℃	28 ℃	27 ℃		
西淀头、马铺间	6 月 29 日	10 时 30 分	晴	30 ℃	28 ℃		12 英尺[②]	4 英尺

① 夏武平、齐钟彦、刘瑞玉、马绣同(中国科学院水生生物研究所):载《海洋湖沼学报》,1951 年第 1 卷第 1 期, 72 ~ 76 页,中国科学院印行。

② 1 英尺 = 12 英尺 = 0.304 8 米。

地点	日期	时间	天气	气温	水面温度	水底温度	水深	透明度
官城南面	6月30日	14时	晴、微风	33.5℃	30.5℃	27℃	6英尺	3英尺10英寸
西端村西	6月30日	15时40分	晴、微风	33.5℃	31℃	25℃	8英尺	4英尺6英寸
大田庄东	7月2日	9时10分	晴	27℃	28.5℃	27℃	9英尺	7英尺
圈头、西大坞间	7月2日	10时30分	晴	32℃	30℃	27℃	7英尺	7英尺
采蒲台北后塘	7月2日	19时40分	晴	33.5℃	33℃	29.5℃	5英尺	5英尺
李庄西北灰淀	7月2日	19时	晴	32℃	30℃	27.5℃	10英尺	3.5英尺
寨南村北河道	7月5日	8时15分	阴		26.5℃	26℃	8英尺	6英尺
宋庄东	7月5日	14时30分	阴	29.5℃	28.5℃	27.5℃	9英尺	7英尺3英寸
留通淀	7月5日	16时40分	晴	30℃	27.5℃	26℃	6英尺	6英尺
郭里口西张庄东	7月5日	17时40分	晴	29℃	29℃	26.5℃	9英尺	7英尺8英寸
宋庄	7月5日	19时15分	晴	26.5℃	28℃	28℃	7英尺3英寸	6英尺

（二）文安洼

文安洼是文安县一带的一片湿洼地带,在大清河南岸与东淀相对峙,因之当地人又称之为南洼,这一带面积大约为1 000平方千米(粗略估计)。水深在洪水期可达5.6米,天旱时有些地方可以完全干涸,我们调查的时期很多地方即已干涸,有水的地方水也极浅,多不超过1.2米。洼内杂草极多,鱼类出产也相当丰富,以鲤、鲫、鳢、鲢、鲂、鲇等为多,产品由左各庄顺大清河运往天津销售。

（三）东淀

东淀又称胜芳洼,为胜芳附近的一片湿洼地带,位于大清河北岸与文安洼相对,因之当地又名之为北洼,胜芳人所谓的东泊、西泊也是指东淀而言,这一带的面积大约为150平方千米(粗略估计)。水深在洪水时期可达6.7米,但我们调查的时期正是天旱,水深多不超过1米,而且有很多地方完全干涸。洼内有苇塘、荷塘,水草也相当多。鱼类出产由左右各庄,胜芳等地运销天津。

（四）大清河

大清河为河北省五大河流之一,上流有琉璃河、拒马河及易水注入,下流与子牙河、永定河汇合经海河而入渤海。但我们调查采集所经过的大清河只是由天津到白洋淀中间的一段,这段的前一段是大清河与子牙河合流的部分,后一段是由新镇从赵北口的赵王河。整个说来这一段无甚变化,河身很狭,平均不过20～30米。水深在我们调查的时期不过2米,水流不急,为泥底,水极浑浊。动物以蚌及螃蟹为最多,胜芳附近尤为产螃蟹的名地。

二、动物的种类和分布

Phyllum Porifera *海绵动物门*

Family Spongillidae *淡水海绵科*

Ephydatia mülleri (Lieberkühn) 淡水海绵。赵北口什方院。

Phyllum Mollusca 软体动物门

Class Gastropoda 腹足纲

Family Viviparidae 田螺科

Bellamya quadrata (Benson) 白洋淀。

Cipangopaludina chinensis (Gray) 胜芳（东淀）、文安洼、白洋淀。

Cipangopaludina ventricosa cathayensis (Heude) 东淀、文安洼、白洋淀。

Cipangopaludina lecythoides fluminalis (Heude) 东淀、文安洼、白洋淀。

Family Hydorbidae

Stenothyra glabra A. Adams 白洋淀。

Parafossarulus eximius（Frauenfeld）白洋淀。

Bithynia sp. 文安洼、白洋淀。

Family Thiaridae

Semisulcospira cancellata (Benson) 大清河。

Family Lymnaeidae 椎实螺科

Radix auricularia (Linne) 东淀、文安洼、白洋淀。

Radix ovata (Draparnaud) 东淀、文安洼、白洋淀。

Radix sp.

Class Lamellibranchiata 瓣鳃纲

Family Unionidae 蚌科

Nodularia douglasiae Griffith et Pidgeon 大清河。

Hyriopsis cumingii Lea 大清河。

Hyriopsis schlegeli Marts 大清河。

Mycetopus recognitus Heude 大清河。

Schistodesmus spinosus Simpson 大清河。

Cuneopsis heidi Heude 大清河。

Unio microstictus Heude 大清河。

Unio leai Gray var. A 大清河。

Unio leai Gray var. B 大清河。

Unio subtortus Baird & Adams 大清河。

Family Anodontidae

Anodonta flavotincta von Martens 东淀。

Anodonta irregularis Heude 东淀。

Anodonta sp.

Family Coribculidae

Corbicula sp. A 大清河。

Corbicula sp. B 大清河。

Corbicula sp. C 大清河。

Phyllum Arthropoda 节足动物门

Class Crustacea 甲壳纲

Order Decapoda 十足目

Tribe Brachyura 短尾族

Family Grapsidae 方蟹科

Eriocheir sinensis H. Milne-Edwards 螃蟹、毛钳蟹。胜芳东淀、大清河、白洋淀等地产量皆丰。

Tribe Macrura 长尾族

Family Palaemonidae 长臂虾科

Palaemon nipponensis de Haan 日本长臂虾、清虾。东淀、文安洼、白洋淀皆产。

Palaemonetes sinensis Sollaud 花腰虾。东淀、文安洼、白洋淀,产量甚多。

Leander modestus Heller 清瘦虾、白虾。大清河、白洋淀。

Family Atyidae 米虾科

Caridina denticulata sinensis Kemp 中国齿米虾、草虾。东淀、文安洼、白洋淀。

Caridina nilotica gracilipes de Man 纤泥罗罗虾。文安洼、白洋淀。

Phyllum Chordata 脊索动物门

Class Pisces 鱼纲

Family Engraulidae 鳀科

Coilia nasus Temminck et Schlegel 鲚、刀鱼。赵北口。

Eamily Monopeeridae 鳝科

Fluta alba (Zuiew) 鳝、黄鳝。胜芳(东淀)、文安洼、白洋淀。

Family Mastacembelidae 刺鳅科

Mastacembelus sinensis (Bleeker) 刺鳅。赵王河、白洋淀。

Family Anguillidae 鳗鲡科

Anguilla japonica Temminck et Schlegel 鳗、白鳝。白洋淀。

Family Siluridae 鲇科

Parasilurus asotus (Linnaeus) 鲇。大清河、东淀、文安洼、白洋淀。

Pseudobagrus fulvidraco (Richardson) 鳠、颊鱼。东淀、白洋淀。

Family Cyprinidae 鲤科

Cyprinus carpio Linnaeus 鲤。各处均产。

Carassius auratus Linnaeus 鲫。各处均产。

Elopichthys bambusa (Richardson) 鳡、黄钻。白洋淀。

Ctenopharyngodon idellus (Cuvier et Valenciennes) 鲩、草包鱼。东淀、白洋淀。

Squaliobarbus curriculus (Richardson) 鳟、赤眼鳟。东淀、文安洼、白洋淀。

Pseudorasbora parva (Temminck et Schlegel) 罗汉鱼、麦穗鱼。东淀、白洋淀。

Acanthobrama simoni Bleeker 东淀。

Hemiculter leucisculus (Basilewsky) 鲦、黄瓜鱼、短脖。东淀、白洋淀。

Erythroculter erythropterus (Basilewsky) 白鱼。白洋淀。

Culter alburnus Basilewsky 鲢。东淀、文安洼、白洋淀。

Parabramis bramula (Cuvier et Valenciennes) 鲂。东淀、文安洼、白洋淀。

Rhodeus sinensis Gunther 白洋淀。

Rhodeus atremius (Jordan et Thompson) 文安洼、白洋淀。

Acheilognathus macrosalis Hsia 白洋淀，西淀头附近。

Acanthorhodeus atranalis Gunther 黑尾石鲋。白洋淀。

Abbottina rivularis (Basilewsky) 文安洼。

Family Cobitidae 鳅科

Cobitis taenia Linnaeus 花鳅。白洋淀。

Misgurnus anguillicaudatus (Cantor) 泥鳅。东淀、文安洼、白洋淀。

Family Hemiramphidae 鱵科

Hemiramphus intermedius Cantor 鱵、针鱼。赵王河。

Family Ophicephalidae 鳢科

Ophicephalus argus Cantor 鳢、黑鱼。东淀、文安洼、白洋淀。

Family Serranidae 鲈科

Siniperca chuatsi (Basilewsky) 鳜，桂鱼。东淀、文安洼、白洋淀。

Family Gobiidae 虾虎科

Eleotrix swinhonis Gunther 纹虾、蒿根。文安洼、白洋淀。

Gobius hadropterus (Jordan et Synder) 爬石虎。文安洼、白洋淀。

Class Amphibia 两栖纲

Family Ranidae 蛙科

Rana nigromaculata nigromaculata Hallowell 青蛙、田鸡。各处皆产。

Rana plancyi Lataste 金钱蛙。白洋淀。

Family Bufonidae 蟾蜍科

Bufo bufo japonicus (Schlegel) 蟾蜍、大疥蛤蟆。各地皆产。

Bufo raddei Strauch 芮氏蟾蜍。新安西北大王淀。

Glass Reptilia 爬虫纲

Family Trionychidae 鳖科

Amyda sinensis (Wiegmann) 鳖。大河清、白洋淀。

塘沽新港"凿石虫"研究的初步报告[①]

我们从1950年秋季便开始注意到"凿石虫"这类动物的问题。但是因为那时所看到的范围较小,只是在青岛、烟台和石岛附近发现了生活在风化了的岩石(辉绿岩)中的两种,当时感到它们的为害程度不会大,便没有予以十分重视。1952年10月筑港工程公司提出了"凿石虫"在新港的为害情况,并在12月间将材料送给我们。 这些材料都是生活在很坚硬的石灰石里面,与过去在青岛、烟台、石岛等地所发现的材料不同,因而又引起了我们的重视。曾于本年3月底和7月初先后到新港实地观察两次,最近数月间在生态方面又有些新的发现。因为我们观察的时期较短,参考文献也未能充分地搜集,所以这篇报告中所谈到的一些问题,大部分还不能得出肯定的答案,需要更进一步地加以探讨。因此我们特别希望有关的各方面能够充分提出讨论,为今后这方面的工作提供有利的条件。

一、"凿石虫"在动物学上的位置、名称和特征

"凿石虫"属于软体动物门瓣鳃纲真瓣鳃目中的海笋科。这一科动物的形状大多类似竹笋,其肉鲜嫩适口,因此一般都称之为海笋。其中有一些种类是凿石穴居,因而特别称为"凿石虫"。新港送来的材料,便是属于"凿石虫"这一范围的。有人称它为"吃石虫",但实际上这类动物并不以石料为食物,称"吃石虫"不甚恰当。

根据数次由新港采得的标本,初步鉴定有两种:一种个数极少,身体很小(长约15毫米),是属于鸥蛤属的一种(*Pholadidea* sp.);一种个数很多,体形较大(一般约25毫米长),是属于花生蛤属的一种(*Martesia* sp.)。种名还须待将来仔细鉴定。这两种都是属封顶亚科(Jouannetinae)[②]。在这一亚科中包括鸥蛤(*Pholadidea*)、拟海笋(*Parapholas*)、花生蛤(*Martesia*)和铃蛤(*Jouannetia*)四属。

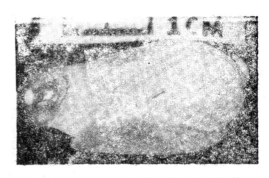

图1 幼年的"凿石虫",水管半伸,顶部周围伸出很多触手,贝壳腹面张开,露出发达的足

① 张玺、齐钟彦、李洁民(中国科学院水生生物研究所青岛海洋生物研究室):载《科学通报》,1953年第11期,59~62页,中国科学院编译局。
② 在贝类学上,海笋科又分为三个亚科:海笋亚科(Pholadinae)、封顶亚科(Jouannetinae)和幽闭亚科(Scyphomyinae)。大多数的种类属于前两亚科。

它们共同的特征是:在幼年时期,贝壳的前端腹面张开,露出足部(图1);到成年时期,此一开口便为石灰质的胼胝所封闭,同时在贝壳的背面和腹面分别生出副壳(图2)。这类动物由幼年生长至成年的变态情形,在软体动物中是很特殊的。过去的分类学者大多不能全面掌握它的这个特点,因而在种、属的分别上造成了相当混乱的情况。

花生蛤属一种(*Martesia sp.*)的主要特征:

贝壳长卵形,壳面中部有一浅沟使壳分为前后两部:前部稍突出,生有显明的密集齿纹;后部平滑,具有环形的生长线。

幼年个体,贝壳稍短,前端腹面开口,足部外露且极发达。壳口边缘锋利(图1)。贝壳背面有一个鞍状软片,系由左右对称的两个软片愈合而成,是副壳构成部分的原板。

成年个体,贝壳稍长,前端腹面的开口为石灰质胼胝封住,足萎缩,不外露。在壳口封闭时,背面原板后方生出一个梭形的背副壳的后板,同时在腹面后段两壳之间也生出一个梭形的腹板。这样,动物的整个身体除了水管之外,便完全包被在贝壳之中(图2)。

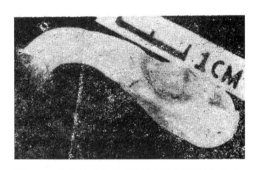

图2 一个生长成熟的"凿石虫"水管伸展,其尖端腹面入水管完全伸张,背面出水管半开,贝壳腹面已完全为胼胝板和梭形的腹板所封闭

水管是这类动物吸水、排泄、摄食和排卵、排精所必经的管道。在这一种"凿石虫"中,水管的长度在正常伸展时约与贝壳的长度相等。水管尖端分为两部分:一个在腹面,较粗大,内面管壁上具有细小的触觉器,为入水管;一个在背面,较细小,里面没有触觉器,为出水管。两个水管除尖端之外,全部愈合。在愈合部分的末端周围有一个盘形领部。领部周围的边缘上生有很多尖细的触手(图1、图2)。出水管和入水管的尖端都生有和石灰石颜色相同的纵纹。当"凿石虫"活动时,水管便伸出穴外(图3),遇到环境改变感到不适宜时便即刻缩回。在水管与凿石虫所凿的石道壁之间,有由水管的表皮细胞分泌的一个石灰质管,用以避免水管伸缩时与岩石接触受到损害(图4、5)。

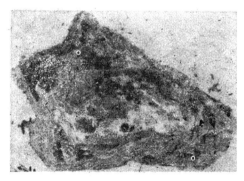

图3 "凿石虫"的水管伸出石灰石表面的情形

我们在实验室饲养了很多个这种的个体,观察其自幼年到成年的变态情形。7月23日由石中剥出虫体检查,即见有贝壳前端腹面封闭的(壳长约26毫米)、半封闭的(22毫米)和开口的(16毫米)。在50天的饲养过程中,见到原来开口的渐渐封闭了,而且也清楚地看出

图4 刨开的岩石,表示"凿石虫"在石穴内居住的情况

在壳口封闭的同时,背面和腹面也随着生出背副壳的后板和腹板的情形。这使我们了解到过去的分类学者,时常把这类动物同一种的幼体和成体定为两种不同的种、属的原因。同时我们还发现,这种贝壳前端腹面封闭和副壳的生出与否不是完全和个体的大小成正比的。有的个体很大还没有封闭,有的很小就开始封闭了。尤其是从岩石中剥出来,在培养缸中培养的个体,很小就开始封闭了。这说明它的封闭不仅同年龄有关,而且也和生活环境有密切的关系。

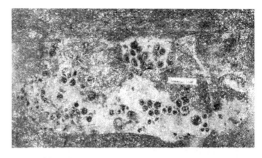

图 5 被"凿石虫"所凿的石灰石块,从生长的密集情形可以想象它的为害情况,每一洞内的管状物是由水管的表皮细胞分泌的石灰质管

鸥蛤属的一种(*Pholadidea* sp.)主要特征为:在贝壳的末端,水管周围被有两个石灰质片,两片相接形成管状。因为这一种在新港所占的地位极小,在我们现存的标本中,只有 6 个,而且个体也很小。现在就不详细叙述了,以下我们所谈及的问题都是以花生蛤属一种(*Martesia* sp.) 为依据的。

二、"凿石虫"在中国海岸的分布

1952 年 10 月,新港筑港工程公司在当地防波堤的岩石中发现"凿石虫"时,我们正在进行"中国北部沿岸经济软体动物资源调查"的工作,在辽东省熊岳仙人岛的一块苔藓虫内也发现了这种动物。后来于 1953 年 4 月有胶州湾内阴岛沿岸的页岩中和浙江省沿岸象山、玉环等处的辉绿岩中又陆续发现。它们的生活范围都是在最低潮线附近。依据上面的发现地点和这种动物的生殖季节,以及在文献上的记载,可以推测它是属于温、热带性的种类。

三、"凿石虫"的一般习性

(一)生活力

新港"凿石虫"的生活力很强。7 月上旬在新港曾将正常的、生活在石块中的很多个体,放在淡水中试验。每天换水一次,直到第三天仍然活着。暴露在空气中的石块,经三天后击开,其中仍有些个体未死。证明它对淡水和空气中的抵抗力都非常强大。据此,我们从新港用蒲包干运了一些有"凿石虫"生活的石块到青岛,结果虫体生活均很好(当时气温为 27 ℃ ~ 32 ℃)。

(二)生殖习性

"凿石虫"为雌雄异体,7 月上旬在新港检查生殖腺,精子、卵子已开始成熟。试行人工授精,受精率虽不高,但是受精的卵都能发育成浮游幼虫,证明它已进入繁殖时期。在实验室饲养的个体,自 8 月初至 8 月中发现排卵、排精多次。排卵、排精时间一般在早晨 7 时左右。每一个体排出的精子或卵子数目很多,可使饲养盆(中号洗脸盆大小)中的海水变成乳白色。卵子的受精率也很大。因此可以说明"凿石虫"的繁殖力是很强大的。至8月下旬即不见有排精、排卵者。检查生殖腺,发现均已空虚。因此初步确定其繁殖季节为7月初至8月中,与青岛所产的一种(*Zirfaea crispate* L.)相同。

在28 ℃左右的水温条件下,卵子受精后,45分钟开始分裂,3小时胚体转动,4小时开始浮游。幼虫饲养较易,每天只需添加一些新鲜海水,就可以生活得很好。

浮游幼虫在海中浮游一个阶段之后,遇到石灰石石块即附着钻入。据初步了解,浮游时期的长短是与幼虫遇到岩石的早晚有关的。将8月6日受精孵化的幼虫,置于海水中培养。16日加入石块,幼虫即附着钻入,不加石块的仍继续浮游。至21日同样处理一次,结果相同。不加石块饲养的幼体至第40天尚在浮游中。这说明幼虫如遇到石块,可以及早附着钻入;遇不到石块,浮游时期可以延长很久。幼虫一般喜在粗糙的旧石面上,尤其是稍带泥质的表面附着,不喜附着在平滑面和新石上。幼虫钻入岩石以后,便随着身体的增长,渐渐挖凿岩石,深入岩石。自此便一生以石穴为家,不能再出。

（三）与岩石和水泥的关系

新港防波堤所用的岩石,来自烟台、雷庄和南口等地。其中只有雷庄的石灰岩被害最烈,南口的花岗岩及烟台的变质花岗岩均不受害。与新港同种的"凿石虫"在胶州湾发现的生活在页岩中,在浙江发现的生活在辉绿岩中。到现在为止还没有在花岗岩中发现,这可能是因为花岗岩的硬度比石灰岩大、不易钻磨的缘故。石灰岩的主要成分方解石硬度为3,而花岗岩中的主要成分正长石硬度为6,石英硬度为7。或是因为花岗岩和沙质岩是酸性的,而石灰岩、辉绿岩是碱性的。

水泥是否被害虫侵蚀还不能十分肯定。但根据我们在新港防波堤上检查水泥方块未见有害虫穿洞的痕迹判断,水泥可能是不为害虫侵入的。水泥的成分虽与石灰岩相近,或因其中含有矽质沙粒能防止害虫的侵入。

（四）凿石的方法

"凿石虫"钻入岩石的方法,学者间的意见很不一致:有人认为是用机械的方法,即动物利用足和贝壳钻磨岩石;有人认为是用化学的方法,即由动物足部分泌一种酸性液体侵蚀岩石;还有人认为是这两种方法同时并用的。因为动物的这种动作不易观察,所以究竟是用哪种方法还没有肯定的结论。但是大多数的学者都同意是用机械的方法。然而究竟是利用哪种器官的作用呢?以往的学者对这个问题也有两种不同的意见:一种认为是利用足和水管为支点,使贝壳旋转,利用壳面上的齿纹摩擦石面;另一种认为是用贝壳为支点,用足侵蚀岩石。同意前一种说法的所持理论为:船蛆钻木用壳,"凿石虫"与船蛆为同类动物,故亦以用壳解释为合理。同意后一种说法的认为足部虽软,但日常摩擦亦可使石削减,例如绳子虽软但井上石盘仍能被磨出痕迹。

关于这个问题我们没有进行研究,而且也没有查到关于"凿石虫"足部能分泌酸性液体侵蚀岩石的文献资料。不过由于我们观察它的生长过程,发现了它在幼年时具备露出的、发达的足部和贝壳前端腹面的锋利小齿。而在长成后足渐渐萎缩,为胼胝包盖,贝壳前端边缘的小齿也完全与新生的胼胝部分相愈合。根据这种情况,我们认为这是由于它在幼年时正在生长,需要钻石,而达成年之后不再生长,不需要钻石的缘故。我们从岩石中剥出来培养在海水中的个体,因为根本得不到钻石的机会,所以虽然是很小的未成年的个体,足也渐渐萎缩,壳前端腹面也逐渐封闭起来。这些事实可以说明"凿石虫"的钻石是利用贝壳和足来进行的。

(五)在岩石中生长的密度

"凿石虫"在岩石中集居甚密,这由岩石表面布满蜂窝状的洞穴便可以看到(图3、图5)。这样便使岩石的坚实性大大地减低,以至影响整个防波堤的耐久性。关于害虫的生长密度,我们曾在1952年12月和1953年7月粗略地估计了两次。1952年12月在一长约30厘米、厚22厘米、宽29厘米的石块中,找到生活虫体43个、空壳40个(敲石时击碎的未计在内)。1953年7月在体积约1 011立方厘米的石块中,找到108个个体;体积约410立方厘米的石块中,找到58个个体;体积约468立方厘米的石块中,找到98个个体。

(六)食物

"凿石虫"和很多其他有水管的瓣鳃纲动物捕食方法相同,即从入水管吸入海水中的浮游生物为主要食物,而不以石料为食。我们从石块中剥出的个体放在海水中饲养了9个月,生活仍很好,便足以说明此点。

四、"凿石虫"的防治

关于"凿石虫"的防治,世界各国都没有研究报告,因此这还是一个新的问题,需要学者们利用各方面的科学知识和经验,共同想办法来解决。我们现在只是提出几点作为今后防治工作的参考。这种防治工作是在大海中巨大的建筑上施用,因此用药品防治是不大可能的,应该在动物的生活习性方面着手。

(1)岩石种类的选用。从我们的初步了解中,已经得到了"凿石虫"是生活在石灰岩、辉绿岩和页岩中,对花岗岩及沙质岩类不能侵入,因此今后在海中建筑码头、防波堤等应该采用花岗岩及沙质岩类。

(2)大部分海产动物对于海水的含盐量都具有一定限度的适应能力。如果能设法使海水的含盐量降低,便可能使害虫死亡。这在新港有较好的条件,因为新港位于海河河口,并且可以开闸相通。若在夏季使淡水大量流入,可能是很方便的。但是我们7月上旬在新港所观察的结果,证明"凿石虫"的成体对淡水的抵抗力很强,因此这个办法对害虫的成体是不会有多大效果的。然而一般动物的幼虫都比成体生活力弱,我们利用这个生物学的规律,在幼体浮游的第5天(8月10日)做了以下的实验:①在1/2淡水、1/2海水的混合液(盐度约15.5)中放了一些幼虫,结果幼虫于29小时后死亡;②在2/3淡水、1/3海水的混合液(盐度约10)中放了一些幼虫,幼虫两个半小时即死亡。实验证明幼虫对淡水的抵抗力弱。因此若继续数年在害虫繁殖季节大量由海河放入淡水,使港内海水的含盐量降低,便可能使"凿石虫"消减。因为新生的幼虫被杀死,不能继续为害,老的成体用降低海水含盐量的办法虽然不会被杀死,但推测它们的寿命可能不会很长,经过三四年的时间也会完全老死的。不过关于"凿石虫"的幼虫对低盐度的抵抗力,今后还需要更精细地加以研究。至于如何使海河的淡水大量流入港内、是否可能使港内保持一定的低盐度等技术问题和这样做对新港是否可以发生不利的影响,如泥沙的冲积等,还需要新港筑港工程公司的有关专家提出讨论。

（3）充分研究"凿石虫"的生活史、生活环境和生活习性等,可以为防治提出理论根据,因此,这几方面的工作是很重要的。关于"凿石虫"的垂直分布和与各种岩石的关系的实验,新港筑港工程公司已于9月2日在防波堤附近放置了实验材料。此外问题还很多,需要今后更有计划地研究解决。

船　蛆[①]

　　船蛆(图 1)是生活在海洋里的一种软体动物[②]，它能够钻入木材，所以又称为"凿船虫"或"凿船贝"。船蛆着生的木材，表面看来好像很完整，但剖开来看时，就可以看到船蛆密集，出现了许多洞穴，以致木材内部空虚，完全丧失了它的坚固性(图 2)。因此，很明显地，船蛆对于沿海渔船、定置网具的墙和码头上的木质建筑物的危害是十分严重的。船蛆这种动物在世界上分布极广，除了北极区域之外几乎每个地区都曾发现。我们根据过去所发表的文献上记载的种类统计，发现它们的分布情形大致是以赤道为中心。大部分的种类都是发现在赤道附近，离赤道愈远，种类即愈少。

一、船蛆的形态和分类

　　船蛆的形状、构造本来是和我们习见的蛤类相似的，不过生活环境的不同，使它的器官也起了很大的变化。船蛆的身体向后方伸长，形成了蛆的形状，船蛆的名字就是这样来的。它和瓣鳃纲别的动物不同，两个石灰质贝壳仅仅包在身体的最前端，失去了它原有的保护全身的作用，而另外由外套膜的表皮细胞分泌一个很薄的石灰质管(图 3、图 4)，将身体包被起来，保护身体，所以它不会因与木材摩擦而受到损伤。在身体最末端有两个细长的水管，在船蛆生活时，将水管伸出木穴之外进行活动(图 3、图 4)。两个水管的长短不一：较长的一个为入水管，在管端周围具有很多触手，是主要食料和新鲜海水的入口；较短的一个无触手，为出水管，排泄物、生殖产物都随着海水从这个孔道排出。此外在水管的基部两侧还有一对被称作铠的这类动物所特有的保护装置。它的作用

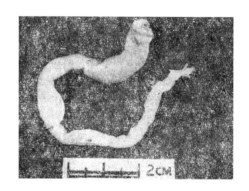

图 1　由木材内剥出的船蛆身体全图

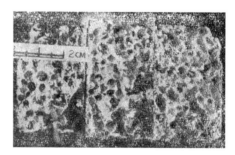

图 2　放置在海湾实验 100 天的木材，示木材横断面上密集的船蛆孔(平均每 25 平方毫米的面积上即有一个孔)

① 　张玺、齐钟彦、李洁民：载《科学通报》，1954 年第 2 期，55 ~ 58 页，中国科学院编译局。
② 　船蛆在分类上属于软体动物门瓣鳃纲真瓣鳃目海笋亚目船蛆科 (Teredinidae)。这一科又分为 Teredinae 和 Kuphinae 两个亚科。后一亚科只包括一属，种类既少，而且也不是钻木生活的。Teredinae 亚科又分为 8 属 18 亚属。全世界有 150 多种。

是:当船蛆进行活动时铠缩回,使水管伸出木穴之外;当船蛆遇到敌害或感到外界环境不适宜时,水管即急遽收回,同时铠急伸出将身体与木材外界相通的小孔堵住,这样船蛆便可以免受敌害(图3)。

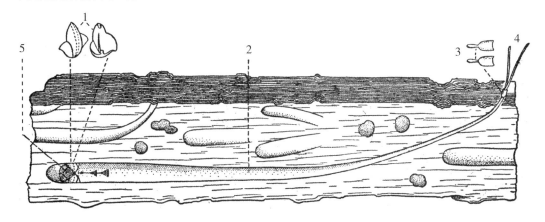

图 3　船蛆在木材中生活情况的模式图
1. 贝壳;2. 包被体部的石灰质管;3. 铠;4. 水管;5. 足

船蛆的贝壳在幼虫时期是和一般的蛤类相同的。但是由于后来在生长过程中,各个部分的生长速度不同,到成体时便变成一个很特殊的形态,跟其他种类的软体动物都不一样(图5)。

船蛆两枚贝壳前端的腹面中央有一个柱状的足(图3)。在成体的船蛆,足已完全失去了它的爬行机能,而只是用来吸着木材和司部分的感觉作用。

船蛆的铠是一种特殊的保护装置,它的形状、构造也是随着种类不同而有变化的。有的种类的船蛆的铠是一个简单的石灰质铠片和它前面的铠柄所构成;有的种类的铠是由很多同样的石灰质片连成的铠穗和它前面的铠柄所构成的。

船蛆的分类主要是以贝壳和铠的形态为根据,其中尤以铠为最重要。但是我们发现这两部分的形态变化很大,同一种之间的个体差异相当大,如果仔细观察可以发现每个个体都有一些微小的差异。如果利用壳和铠的这些微小的差异来分别种类、鉴定名称时,便感到种与种之间的界限很难划分。

图 4　剖开有活船蛆的木板,
显示白色的石灰质管及蛆体,
木板右侧有水管伸出

二、船蛆的生活习性

(一)生殖和生长

(1)生殖:船蛆的生殖习性随种类而不同,有的精子、卵子成熟后排至体外,在海水中受精发育。这种情形所产出的卵数目很多。有的卵子成熟后不排至体外,而是在母体的鳃腔中受精发育,待发育至幼虫后始排出体外,这种情形一般产卵数目较少。

船蛆的繁殖时期是随着种类和海水的温度而不同的，但是一般繁殖多在温暖季节。我国渔民早已由生产实践中掌握了船蛆的繁殖旺盛时期，在一定的时期就把下在海里的网樯拔出来了。

船蛆的卵子成熟、受精之后的发育情形和其他的瓣鳃类相似，在发育过程中也有变态，即经过一个幼虫的阶段。幼虫生有两个透明的圆形贝壳，由两壳之间伸出带纤毛的缘膜，借纤毛的运动可以在水中自由游泳。在母体鳃腔中发育的种类到幼虫形成后才排至水中行自由游泳生活。游泳时期的长短，估计为两三个星期。在此游泳时期，幼虫遇到木材便开始附着，用足在木面上爬行，同时缘膜消失。待找到适宜地点即开始钻凿。一经钻入木材之后，幼虫便很快地变态，成为成体的形状，一月余即可达到性成熟。

图 5　船蛆的前端为左右两个贝壳所包被，贝壳前部生有很多齿纹，两个贝壳前端中央为足

（2）生长与生长密度：船蛆的幼虫在固着钻木之后，便很快地变成成体，生长非常迅速。根据我们的观察和实验，一方面，船蛆的生长速度是和温度有密切的关系的，另一方面，船蛆着生的多少是和海水的盐度有关的。

船蛆在木材上着生的密度很大，在海里所下的实验木板常常是经过一个月的时间便被穿凿为冻豆腐的形状。在这种情况下，因为它们受到外界环境的限制，身体发育都很短小，而且很多个体随着木材的腐朽而死亡。不死的个体在木材腐朽脱落后，可以沉在海底生活，在这种情形下它们身体外面的石灰质管特别增厚，保护作用增强。

（二）船蛆的凿木方法

关于船蛆凿木方法的问题，过去的学者讨论很多，但是主要可以概括为两种意见：有的认为是利用分泌物溶解木材钻入；有的认为是用足部固着，利用贝壳钻木。有人（米勒，1924）研究了船蛆的贝壳及壳肌的结构和木材洞穴被凿的纹路，并且将木材剖开露出船蛆，然后用盖玻璃片封起，观察它在木材洞穴中的钻木情况。确定船蛆在钻木时是以背部外套膜的膨胀部分及足部使身体固定，然后利用壳肌的伸缩作用，使壳反复旋转摩擦，利用壳面上的细齿将木材慢慢锉下。

（三）食料

很多瓣鳃类的软体动物都是吸取水里面的微小生物为食料，船蛆也是这样。根据过去报告，它们主要是以矽藻和滴虫等浮游生物为食物。但是船蛆的生活方式和其他瓣鳃类不同，它是钻木穴居的，在钻木时便有大批木屑经过身体，船蛆能够消化一部分木材作为食料。

我们曾经在实验室培养在竹板中生活的船蛆三组，其中两组每星期换以滤过的不含浮游生物的新鲜海水一次，一组换正常海水一次，用作对照。结果三组的船蛆生活均好，水管伸出很长，每天早晨都见有自虫体排出的白色的排泄物。这就说明了船蛆不吃浮游生物亦可生活。但是另一方面的事实却说明船蛆不吃木材也同样可以生活。我们在实验室培养的自木材中剥出来的个体得不到木材,每天只饲以浮游生物也可以生活半年之久。因此我们觉得船蛆应该是以浮游生物为食料,但对凿下的木屑也能消化一部分作为食料。

(四)船蛆对低盐度海水的抵抗力

海产动物对海水的盐度变化都有一定限度的适应能力,若超出此限度便可以引起死亡。船蛆也是这样,因此便可以利用它这个弱点作为防治方面的基础。但是适应海水盐度变化的程度随着船蛆的种类大有差异,因此如不分别加以注意,便会发生意外的结果。

我们曾经用 *Terido navalis* 进行了关于船蛆对低盐度抵抗的实验,结果如下:

(1)将生活有船蛆的一些竹木板放在正常的海水中(温度约 8 ℃)。观察并记载其水管伸出的情况及数目,然后将此等竹木板分别放在盐度 32 的正常海水以及盐度为 8、4、3.2 的海水和淡水混合的水里,每天观察其水管伸出的情况。观察一周结果如下:在盐度 3.2 和 4 的两种海水中,水管始终没有伸出;在盐度 8 的海水中最初无水管伸出,至第 5 日即有些个体水管伸出。在第 7 日末将此等竹、木板又放在正常的海水中观察,发现在盐度 3.2 和 4 海水中原来无水管伸出的,有很多渐渐伸出,说明在这 7 天中水管虽未伸出,但仍有一部分未死。竹板和木板比较,以竹板中船蛆的死亡数少,木板中的死亡数多。

(2)后来又实验一次(海水温度 10 ℃～16 ℃)。共观察 12 天,于第 12 天末换正常海水后,原放在盐度 3 及 4 海水中的竹、木板,至第 3 天仍未见水管伸出,均已死亡。

(3)我们也曾经用温度 22 ℃～23 ℃的海水做过一次实验,观察 5 天,至第 5 天末换正常海水后,原放在盐度 3 及 4 海水中船蛆均死亡。

上面三次实验的结果可以说明船蛆对于低盐度海水抵抗力的大小是和海水温度及其所居住的木材质料有关的。在同一低盐度的海水中,水温愈高,木质愈松,船蛆愈容易死亡。这可能是因为温度愈高,新陈代谢的作用愈快;木质愈松,船蛆洞穴里面所保持的海水愈容易与外界低盐度海水交换。

在自然环境中,船蛆在海水盐度很低的地区分布较少或没有的事实和在实验室所得的结果也是一致的。事实证明,时常往来于海水与河水中的船只不生船蛆。

(五)船蛆与木材的关系

材料种类的不同,对船蛆附着生活的情形可能不同,因此过去学者在这方面也曾做过一些工作,企图利用这个特性,选择船蛆不喜好的木材作为造船及建港的材料,避免船蛆为害。但事实上各种木材被船蛆侵害只是程度上的不同,很少有完全不为船蛆侵害的种类。

我们曾以 45 厘米长、3 厘米见方的新旧木材 6 种,计有胡桃楸、楸木、油松、白松、红松、杨木共 24 根,穿成一串,放置在海中实验,两个半月以后取出检查,各种木材均已着生船蛆。木材横断面上的船蛆孔数为 3～17 个,其中以红松为最多,杨木次之,楸木及胡桃楸较少。新旧木材无显著区别。

船蛆在木材中凿穴的方向一般与木纹平行,遇到阻碍或其他个体时即转变方向。因此如将两块木板相接,中间稍有缝隙,船蛆大多不能由一块板穿至另一块板。因此有人用它的这种习性将网墙周围钉上一层木板,板与墙柱间用海藻、沙或蒿类等物填充,来做防治船蛆的实验。结果是这样处理后在墙外包被的木板上虽然着生很多船蛆,但墙内则不见着生或着生数目极少。

另外，如将木材包埋于沙土中也可防止船蛆的侵入，因为船蛆的幼虫不能通过沙层侵入木材，而且埋在沙中的船蛆如果不能伸出水管与外界交换生活资料，则在一定时日后必定死亡。我们曾经做过这样的实验，用具有小孔的洋灰箱填满沙土，里面埋有木板、生有船蛆的木板以及半埋半露的木柱，放在海中。经检查，凡埋在沙中的部分都没有船蛆着生，原有船蛆生活的木板埋在沙中后亦死亡。这种情形与码头的保护很有关系。例如有些码头里面有很多高大的木柱支持，木柱间整个填满沙土使其不与海水接触，因此船蛆便不能侵入。但是年久之后，木柱间的沙土下沉，使上层空出，海水注入，则船蛆可以侵入，严重破坏木材，日久可使木柱腰折、码头倒塌，因此必须按期填补沙土，使木柱永远埋在沙中，方可避免船蛆为害。

我国的渔民对船蛆的防治有不少很好的经验，例如：在陆地上很多木材都用柏油涂刷防腐，因此渔民们也利用它来试验防蛆。但是只用柏油涂刷木材表面，效力极小，必须用火烤或煮的方法使柏油侵入木材里面才比较有效。另外，有很多地方的渔民每年将船只拖到陆上架起，用火将底部表层烧焦，一方面可以将已生的船蛆烧死，一方面木材烧成炭以后也可防止再生船蛆，但是使用这种方法，船只每年都要受到火烧的一层损失。

中国北部沿海的船蛆及其形态的变异[①]

一、引言

　　船蛆是栖息在海洋中木材里面的一类软体动物,只有极少数种类生活在沙滩上,极少数的种类分布在淡水里。因为它是凿木穴居,而且繁殖力强、生长迅速,所以对海里的木质建筑物、木船和定置网具的网樯等为害十分严重。世界各地,尤其是温带和热带地区,每年因为船蛆为害所遭受的损失是相当大的。我国沿海各地也普遍有船蛆为害,因此船蛆的研究便成为近代贝类学中的一个重要问题。

　　有关船蛆的记载,虽然在古希腊时代的亚里士多德(Aristotle,公元前 384—前 322 年)便已开始,但是一直到 1731 年在荷兰的堤岸发生了船蛆的严重破坏之后,船蛆的研究才真正引起了科学工作者的重视,逐渐对它的分类、解剖、发生、生态、防治等方面进行了比较系统的研究。不过直到现在为止,在船蛆的研究上还是存在着不少问题,尤其是在防治方面,一直还没有得到一个很有效的办法。

　　船蛆的分类工作开始很早,在 1733 年荷兰的生物学家塞里亚斯(Sellius)便已正确地将它归于软体动物的范围之内,并且描写了 12 个船蛆的新种。但是直到 19 世纪 60 年代宅佛(Jeffers,1860)、特来庸(G. W. Tryon,1862)、瑞特(Wright,1866);等人才比较系统地研究了这类动物的分类。其中瑞特更总结了过去学者们的研究结果,建立了比较科学的分类系统。他根据铠的特征将船蛆分为 *Teredo*、*Nausitora*、*Kuphus*、*Calobatus*、*Xylotrya* 和 *Uperotus* 六属。至近代巴尔特士(Bartsch)、拉米(Lamy)、罗赫(Roch)、牟尔(Moll)以及其他的很多分类学者分别整理了各地的材料,报道了许多新属新种。并且综合地将船蛆科分为两个亚科:① 船蛆亚科(Teredinae),包括所有的生活在木材中的种类;② 沙栖船蛆亚科(Kuphinae),只包括 *Kuphus* 一属,种数极少。到现在,在世界各地所发现的船蛆种类已有 160 种以上。

　　关于我国船蛆的记载,据我们所查到的国内科学工作者自己的材料,只有 1935 年金孟肖在《昆虫与植病》上发表的《钱塘江义渡凿船虫视察记》一文,内容只是简单地记述了当时船蛆曾在钱塘江义渡为害,对它的分类、生态等问题并没有研究和记载。再早的文献有无船蛆的记载虽然在目前还没有查到,但是推测关于船蛆比较系统的研究和记载在过去可能是没有的。外国人记载我国船蛆材料的有楚塞尔(Troschel),他是德国的一个筑港工程师,他用从青岛带去的材料,在他的著作(1916)中提出了 *Teredo troscheli* 的一个名字,但是他的这种记载既无插图又无描写,因此便很难肯定他所指的到底是哪一种。罗

① 张玺、齐钟彦、李洁民(中国科学院海洋生物研究室):载《动物学报》, 1955 年第 7 卷第 1 期, 1 ～ 20 页,科学出版社。

赫(1931)记载青岛的船蛆有两种:*Teredo navalis* Linné 和 *Teredo sinensis* Roch。后一种是罗赫根据楚塞尔的材料所定的新种,并且他认为这个新种可能和楚塞尔所记载的 *Teredo troscheli* 是同一个种。此外,在 1929—1931 年日本人森胁宗达和多田辉男曾在大连港做过海中侵蚀木材害虫的实验。在他们的实验报告中,除了记载各种木材在海中被侵害的情况及一些防除实验之外,对于 *Teredo* 属的种类及一般的形态、习性也笼统地加以叙述。他们根据楚塞尔的著作也提到青岛的种类是 *Teredo troscheli*,但是他们对大连港的种类并没有确定。

我们从 1950 年起便注意到这类动物的问题,自 1951 年到现在曾在中国北部沿海的各主要港口进行了解,并在海中放置木板搜集材料。这些材料经过研究之后,认为是属于一属的两个亚属,有两种:一种为船蛆 *Teredo (Teredo) navalis* Linné,分布极广,形态变化较大;一种为萨摩亚船蛆 *Teredo (Lyrodus) samoaensis* Miller,分布极狭,只在青岛和大连两地的码头里发现,形态变化较小。我国南部沿海船蛆的种类较多,俟以后再继续研究。

二、船蛆的有关分类的形态

船蛆因为长期地适应于木材洞穴中的生活,使虫体变得特别向后方伸长,形成了蛆的形状。两个贝壳仅仅包被在虫体的最前端,失去了它的原有的保护作用,而另外由外套膜分泌一个极薄的、包被全体的石灰质管,这可能使虫体不致因为与木材摩擦而受到损伤。虫体末端有两个分离的细长水管。水管基部还有两个石灰质片——铠(palette),是这类动物所特有的保护器官。当船蛆进行活动时,铠缩回,水管伸出;当船蛆遇到敌害或感到外界环境不适宜时,水管便急遽收回,铠立刻伸出将虫体与外界相通的小孔堵住,这样它便可以免受敌害。

船蛆的贝壳在幼虫时期是和一般的蛤类相同的,但当它一经钻入木材之后,便发生了变态,形成一个很特殊的形态。成体船蛆贝壳的形状完全和其他的双壳类不同,左右两扇相抱合,呈球形,前后两端大大张开,前端的开口使足部外露,后端的开口使延长的虫体向后伸出。每一个贝壳的表面都明显地分为三个区域(图 1):

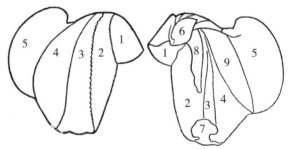

图 1　船蛆贝壳的模式图
左:外面;右:内面
1. 前区;2. 前中区;3. 中中区;4. 后中区;5. 后区;6. 交接小面;7. 交接节;8. 壳内柱;9. 后区伸入后中区的小面

(1)前区:或称前耳,位于最前端背部,较小,表面生有具密集小齿的刻纹。内面是前闭壳肌的附着面。

(2)中区:又分前、中、后三区,前中区具有多列具齿的刻纹,中中区较狭,形成一个凹沟,后中区平滑,表面具有生长纹。

(3)后区:又称后耳,表面平滑无刻纹,但具有较稀疏的环形生长纹,其内面为后闭壳肌的附着面。

贝壳的内面也明显地分为与壳表相当的三个区域。在壳顶部无韧带及铰合齿,但在顶部及腹面两壳相接的部分都有。左右两壳相交接的部分，顶部的为一个交接小面，腹面的是一个交接节。贝壳的内面还有一个自顶部向腹面悬垂的棒状或片状物，称为壳内柱，是支持内脏的部分。贝壳的这些部分的形态都是分类上的特征。

　　船蛆的铠有的(*Teredo*)很简单，是由两枚石灰质片所构成，这两片石灰质片本身可以分为铠片和铠柄两部分(图2)，一般呈铲状、叶状或桨状；有的(*Bankia*)比较复杂，是由很多个铠片连接而成，因此呈复杯状、穗状或成串的元宝状。本文所讨论的种类都是属于前一种类型。铠的形态在分类上是十分重要的特征。

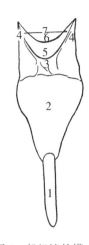

图2　船蛆铠的模式图
1. 铠柄；2. 铠片石灰质部分；
3. 铠片的角质部分；4. 伸出的
两角；5. 外缘；6. 内缘；7. 弧口

三、种的叙述和讨论

　　关于我国北部沿海船蛆种类的记载，在引言中已经提到有楚塞尔的 *Teredo troscheli*，罗赫的 *Teredo navalis* Linné 和 *Teredo sinensis* Roch 数种。根据罗赫的意见，认为楚塞尔的 *Teredo troscheli* 可能和他所发表的 *Teredo sinensis* 为同一种。而我们三年来在中国北部沿海各主要港口，特别是青岛及其附近所搜集的大量材料中，并没有发现与罗赫所发表的 *Teredo sinensis* 完全一致的标本。但是若找相似的虫体，即铠的末端角质膜外缘稍低于内缘，贝壳前区与中区之间的缝合线弯入中区较深，那就不止少数了。但按铠的整个形态来看，这些与 *Teredo sinensis* Roch 相近似的材料，照罗赫的描写和图版都应该是没有问题地属于 *Teredo navalis* L. 一种的。因此，照我们看来，*Teredo sinensis* Roch 很可能也是 *Teredo navalis* L. 的一种变化。萨摩亚船蛆在我国过去还没有记载，是第一次发现。

（一）船蛆 *Teredo*（*Teredo*）*navalis* Linné

（图版Ⅰ～Ⅲ）

　　这是一种几乎遍布世界各地的种类，因此在过去各国关于它的记载最多，也最混乱。仅就旧金山湾的材料来看，巴尔特士(1922)将这个地区中 *Teredo* 属的材料定为4个种：*Teredo beachi*、*T. navangliae*、*T. morsei* 和 *T. beaufortana*。而密勒(Miller, 1922—1923)在研究这个地区的材料时，虽然没有极肯定地将这4种都归并为 *Teredo navalis* L.，但从他的报告中谈到的 *Teredo navalis* L. 的变化范围和他对巴尔特士利用贝壳和铠的一些微小差异鉴定种类的意见，便可以看出他是极不同意巴尔特士的这种分法的。青岛的这种船蛆，如上所述，根据过去的文献也可以查到3个不同的名字。因为这种船蛆的分布很广，变化较大，所以同物异名的情况也就比较多了。现在我们根据拉米、罗赫等人的著作和我们所见到的一些情形，将这种动物的同物异名列在下面。

　　1. *Teredo marina*, Sellius, Historia naturalis Teredinis, p. 229, pl. Ⅱ, fig. 2,3,4, 1733.

2. *Dentalium navis*, Linné, Fauna suecica, p. 380, 1746.

3. *Teredo navalis*, Linné, Systema naturae, ed. X, p. 651, 1758.

4. *Taret d'Europe*, Adanson, Histoire de l'Academie Royale des Sciences, (Paris, 1765), p. 262, pl. 9, fig. 5-7, 1759.

5. *Pholas teredo*, Muller, Zoologiae danicae prodromus, p. 251, Nr. 3034, 1776.

6. *Serpula teredo*, Da Costa, Historia naturalis testaceorum Britanniae or the British conchology, p. 21-22, 1778.

7. *Teredo batavus*, Spengler, Skrivter af Naturhistorie-Selskabet, Bd. 2, T. 1, p. 103, 105, pl. 2, fig. C. 1792.

8. *Teredo vulgaris*, Lamarck, Système des animaux sans vertébrés, p. 128, 1801.

9. *Teredo sellii*, Van Der Hoeven, Naturgeschichte wirbelloser Thiere, Bd. 1: p. 727, 1850.

10. *Taret commun*, Caillinud, Natuurkundige Verhandlingen van de Hollandsche Maatschapoij der Wetenschappen te Haarlem, Verz. 2, Deel. 11, Stuck 2, Tf. 3, 1856.

11. *Teredo communis* Osl., Jeffreys, British conchology, Bd. 3, p. 171, 1856-1869.

12. *Teredo japonica*, Clessin, Systematisches Conchylien-Cabinet, IX p. 78, pl. 20, figs. 9, 10, 11. 1893.

13. *Teredo troscheli*, Troschel, Handbuch der Holzkonservierung, p. 211, 1916.

14. *Teredo* (*Teredo*) *beachi*, Bartsch, Bulletin U. S. National Museum, 122: p. 18, pl. 20, fig. 1; pl. 32, fig. 4. 1922.

15. *Teredo* (*Teredo*) *beaufortana*, Bartsch, *ibid*, p. 22, pl. 32, fig. 1, 1922.

16. *Teredo* (*Teredo*) *morsei*, Bartsch, *ibid*, p. 21, 1922.

17. *Teredo sinensis*, Roch, Mitteilungen aus dem Zoologischen Staatsinstitut und Zoologischen Museum in Hamburg, Bd. 44: 13, taf. II, abb. 11, 1931.

这种船蛆的贝壳和铠变化较大,密勒(1922,1923)曾用旧金山湾的材料比较了它这两部分的年龄变化和地区变化,举出了有关这种船蛆的贝壳和铠的实际变化的资料。我们在鉴定中国北部沿海材料的过程中,也根据青岛及其附近大港、沙子口和七口三个地区的材料做典型,比较了这种船蛆的形态差异,并且特别指出了贝壳和铠因为磨损而引起的变异。这三个地区的环境大致如下。

(1)沙子口:是一个接近外海的海湾,附近虽然有一条小河有淡水流入,但是流入的量极少,而且我们搜集材料的地点离这个小河沟还有约 2.5 千米,因此海水的含盐量是很正常的。

(2)大港码头:在胶州湾内,比较平静,完全没有淡水流入,海水的含盐量也是正常的。

(3)丁字港的七口村:丁字港是一个非常平静的内湾,七口村距离入海口约 20 千米,港的水身很狭。在搜集材料的地方的斜对面为五龙河的入海口,再向上约 2 千米远,还有一条很小的河沟,经常有淡水流入,因此这个地区的海水含盐量是很低的。

因为以上三个地区的材料并不是为了比较变异而专门搜集的,所以在下木板和取木板的日期上,就没有注意取得完全一致。同时因为有些材料在海里遗失,剩下的材料也不完全一致,在大港有木板和竹板,在沙子口只有竹板,而在七口则只有木板。但是我们同时还参考了很多其他时期、其他地区的另一些材料,所以所得出来的结果是不会因为这三个区域材料的这些不一致而发生问题的。

贝 壳

这种船蛆的贝壳和一般船蛆科的一样,左右两扇互相抱合成球形。贝壳的长度一般较高度略小。前区较小,表面具有肋纹 8 ~ 49 条,而以 15 ~ 25 条为最普通。前中区表面具有齿状刻纹 4 ~ 32 条,其中以 10 ~ 15 条者为最多。后耳部的位置及大小变化很大,有的很大,其长度约达壳长 1/2,有的极小,几乎不显。贝壳内面,后耳部伸入后中区,构成一个小面,这个小面的大小一般是和后耳部的大小有关。后耳部大的,小面形小;反之,后耳部小的,小面却大。

表 1　贝壳的测量[①]

标本号数	七 11	七 12	七 13	港 1	港 2	港 3	沙 11	沙 12	沙 13
产　　地	七口	七口	七口	大港	大港	大港	沙子口	沙子口	沙子口
壳高 / 毫米	3.0	3.6	4.3	3.2	3.9	4.5	2.9	3.5	4.2
壳长 / 毫米	3.1	3.9	4.5	3.1	4.3	4.5	2.7	3.3	3.9
前区长 / 毫米	1.0	1.1	1.3	1.1	1.3	1.2	1.5	1.5	1.7
中区长 / 毫米	1.7	2.7	2.4	1.7	2.4	2.4	1.7	2.0	2.9
后区长 / 毫米	0.6	0.5	1.0	0.9	0.8	0.8	0.1	0.5	0.1

1. 贝壳表面刻纹数目的差异

贝壳前区和前中区的刻纹数目变化是很大的。我们曾用上面所举的三个地区的大小相似的材料各 37 个,统计其刻纹数目,结果如表 2。

在表 2 的材料中,虽然沙子口的材料完全取自竹板,但在大港的材料中也有从竹板里取出来的,因此从刻纹数目来看,同是竹板里的材料,在这两个不同的地区数目还是相差很远的。同时我们还参考了青岛栈桥和其他地区的竹板里的材料,其刻纹数目一般也较少。由此看来,竹、木板对船蛆贝壳上刻纹的数目没有很显著的影响。密勒的研究曾经指出这种船蛆贝壳表面的刻纹数目是随着动物的年龄增长而逐渐增多的,同时他也提出了这种刻纹数目可能与海水的含盐量有关,在海水含盐量低的环境下,刻纹有减少的趋向。从我们的材料来看,沙子口的海水盐度正常在 31 左右,因此它们贝壳上的刻纹数目多,而

---

① 贝壳的各部分是按照下列标准测量的:高度是自壳顶至腹面末端的垂直距离;长度是自前区尖端至后区边缘的水平距离;前区长度是自尖端至前区与中区间缝合线间的水平距离;中区长度是自后区下缘与中区的相交点至中区前缘间的水平距离;后区长度是自后区下缘与中区后缘的相交点至后区最宽处的水平距离。

七口村的海水盐度平潮时约为18,落潮时还要大幅降低,因而贝壳上的刻纹数目极少。大港海水的盐度正常约为31,与沙子口相似,但它们的贝壳的刻纹数目也相差很多。因此,起初我们曾经怀疑沙子口的材料可能是另外一种,但是经过比较研究之后,发现它的变化是复杂的,同是一个地区的材料也不是一致的(图版Ⅰ,图4、5、6),而且它和另外地区的材料也是连续的。从贝壳上的刻纹数目来看它和其他两区的材料虽然有显著的不同,但彼此也是交叉的,不是间断的。从贝壳的外形轮廓来看,它也是可以通过一些个体和另外地区的材料联系起来的,中间没有断然的界限(图版Ⅰ,图1、2、4、5等)。这个事实从铠的形态来看,也是相同的。因此,它们还应该被看作是一个共同的种。它们之间贝壳上刻纹的数目所以有这样显著的区别,可能是因为这两个地区的海洋环境不同的缘故。大港是一个内湾,海水很平静,沙子口是外海的一个海湾,海水的波动大,这样便很可能对它们的活动有不同的影响,而产生不同的形态。但究竟是什么因子的影响和为什么这种因子能影响到贝壳上刻纹数目的变化,还需要进一步的了解。不过由下面即将谈到的贝壳磨损或损坏的情形来看,似乎也可以得到一部分解释。

表 2　沙子口、大港和七口三个地区贝壳表面刻纹比较表

地区 刻纹数 贝壳部位	沙子口	大港	七口
前区刻纹数	17～49	13～26	8～17
平均	31.8	15.4	10.9
前中区刻纹数	11～32	7～17	4～12
平均	21.2	9.6	6.0

贝壳表面的刻纹数目既然有这样显著的差异,那么若单靠它来做区别种类的根据,自然就会发生问题了。巴尔特士所发表的 *Teredo（Teredo）morsei*,据他自己的描写,认为是和 *Teredo navalis* 很相近似的,但因为它的贝壳前区刻纹为47个,中区刻纹为27个,比宅佛的 *Teredo navalis* 图所示的前区刻纹为30个,中区刻纹为15个都多得多,所以便定成了新种。根据上表的统计,在我们的材料中,贝壳前区刻纹少的只有8个,多的可以到49个,中区刻纹少的只有4个,多的可以到32个。巴尔特士的 *Teredo morsei*,前区和中区的刻纹数目都包括在这个变异之内,所以我们怀疑它可能就是 *Teredo navalis*,而不应该另成一种。

2. 贝壳因磨损而发生的变异

贝壳是这种动物用以穿凿木材的工具,是时常活动、时常与木材相摩擦的器官,因而自然很容易遭到磨损或伤害。实际上在我们的研究材料中,这种磨损或损害的情形也是普遍存在的。用上面三个地区的材料相比较,大港和沙子口的材料,后区和后中区遭受侵蚀的个体都占总数的53%。以遭受侵蚀的程度来说,沙子口的材料要比大港的严重得多。七口的材料则几乎看不出破坏的情况。仔细研究和比较这些破坏的贝壳,可以发现下面的事实。

(1)随着贝壳后中区遭受侵蚀的程度不同,贝壳各部分的形态有比较明显的变异。后中区遭受侵蚀的程度愈严重,前区与中区间的缝合线向中区陷入愈深,前区也愈显得较大,前区及前中区的刻纹数愈多,贝壳也愈加厚,同时整个贝壳也愈近球形。沙子口的材料贝壳遭到侵蚀的最为严重,大港的次之,七口的则几乎不受侵蚀,因此一般说来,沙子口的贝壳较圆,大港的次之,七口的又次之。

（2）后区遭受破坏的程度往往最为严重,这是它的大小、形状等变异最大的原因之一。

（3）贝壳的磨损或损害可能有两种情形:一种是遭受比较长期的侵蚀而破坏的,它的破面边缘比较整齐;另一种是骤然破坏的,它的破面边缘极不整齐。对后一种情况,我们曾经怀疑是我们在剥取时不当心所弄破的。但是经过仔细地观察了许多标本之后,发现这些破坏的个体的不整齐的边缘大部分已经又包上了一层很薄的内层壳质了,因而证明它并不是因为剥取不当心而遭破坏的。

由上面的事实可以看出:贝壳是经常遭受破坏的,在破坏之后还能再生,因此它的形态便可以发生很大的变化,而且贝壳因破坏而发生的变异大致又和破坏程度有一定的关系,所以若只靠贝壳的一些微小的差异来划分种类是不尽可靠的。罗赫用青岛的材料所发表的 *Teredo sinensis* 的贝壳和 *Teredo navalis* 的贝壳的主要区别是贝壳前区与中区间的缝合线稍向中区凹陷和后区较小两点。根据我们的材料来看,这些区别和特点就完全不能成立了。

铠

铠是船蛆科动物的特殊构造,因而也是它在分类上的主要依据。关于这种船蛆的铠,在过去的文献上,各个学者有很多的描写和图版。但是这些图版并不见得十分一致,而且对铠片石灰质部分末端的形态和角质膜的结构,也没有很清楚地加以说明。密勒(1922)在研究旧金山湾这种船蛆的铠的变异时,曾经指出铠的形态变异相当大。他认为巴尔特士(1922)所写的美国的船蛆 *Teredo* 属中的 4 种,虽然铠的形状略有差异,但是基本上都和 *Teredo navalis* 相似,因而对巴尔特士的分类法提出了怀疑。在研究我们的材料时,也发现了这个问题,因而在利用铠这种微小的形态变异区分种类时,便发生了困难,里面有些材料起初看来似乎与模式的 *Teredo navalis* 相差很远,应该是属于另外的种类,但是如果联系更多的材料和它的生活情况来看,又很难严格地划分它们之间的界限,又觉得它们应该是属于同一种。所以我们认为讨论一下它的形态和变异是很有必要的。

这种船蛆的铠和别种同属的种类一样,基部是一个圆棒状的石灰质柄,与柄相接连的是一个石灰质的铠片。铠片顶端凹陷,而呈杯状。从铠片的末端四周生出若干层互相黏着的角质薄膜,靠近外面的角质薄膜之间常夹杂着很多石灰质粉末,因而铠片的石灰质部分和角质部分从外表上不能很清楚地区分出来。大型的虫体角质部分硬化,这两部分的区分就更困难了。角质膜的末端向两侧延伸成为两角,两角中间凹陷呈弧口状。弧口的外缘较内缘为低。角质膜的中央空,与石灰质铠片顶端的小杯合成一个较深的杯状。铠片的外侧凸出,内面扁平,角质膜的颜色一般为淡黄色。

表 3 铠的测量①

标本号数	七 11	七 12	七 13	港 1	港 2	港 3	沙 1	沙 2	沙 3
产　地	七口	七口	七口	大港	大港	大港	沙子口	沙子口	沙子口
全　长 / 毫米	3.5	3.9	5.3	2.7	2.9	3.4	2.7	2.9	3.7
铠片长 / 毫米	2.1	1.6	3.0	1.6	1.7	2.1	1.8	2.0	2.2
铠片宽 / 毫米	1.2	1.2	1.7	1.0	1.3	1.4	1.1	0.8	1.2
铠柄长 / 毫米	1.4	2.3	2.3	1.1	1.2	1.3	0.9	0.9	1.5

船蛆的铠是一种堵塞虫体与外界交通孔道的防御器官,所以它应该是随着这个小孔道的形状、大小而有变异的。同时因为它时常与洞孔相摩擦,所以也应该是时常遭到磨损或破坏的,而磨损或破坏以后随着再生出来的部分与原来的就不尽相同了。因此,船蛆的铠形态变异较大,应该是很自然的现象。我们根据青岛附近的材料观察,并比较了这种船蛆的铠,发现它的形态变异确实是很大的,但是这些变异也就找不出它们中间的界限。因此,其中虽然有一些虫体的形态看起来似乎比较特殊,按以前的分类标准,可以定为另外的种,但是我们则认为它们都应该是属于 *Teredo navalis* 一种的。

1. 铠的形态变异与生活环境的关系

铠遭受磨损或破坏的情形相当普遍(图版Ⅱ,图 1 ~ 4)。它的这种磨损或破坏情况,随着生活环境的不同而有显著的差异。如果生活环境稳定,铠的活动少,磨损或破坏的机会就少;反之,如果生活环境波动很大,铠的活动多,磨损或破坏的机会就自然加多了。我们曾统计了沙子口、大港和七口的材料各 37 个虫体,其中沙子口的有 10 个,大港的有 6 个,七口的有 1 个,铠都遭到了破坏。这种情形和这三个地区贝壳遭到破坏的情形一致,都是沙子口的最多,七口的最少。不过这个统计只是从表面上看有无破坏的痕迹来决定的,其实有时看起来,完整的虫体也未必一向都没有遭到过破坏。因为根据我们观察的结果,遭受破坏的铠还能再生,尤其是它尖端的角质膜是继续生长的,所以破坏较久的痕迹是会被这种新生出来的部分所逐渐弥补或掩蔽的。在水中剥取船蛆时,我们曾经见到有些虫体的角质膜重新生出来的情形,但是一离开水,这个新生出的、极薄的角质膜便与铠片贴覆蜷缩在一起而看不到了。铠遭到磨损或破坏之后,新生出来的部分受到生活环境的影响,和原来的形态就不尽相同了。这是船蛆的铠,尤其是铠的末端部分变化很大的主要原因之一。从这个情形来看,罗赫所发表的 *Teredo sinensis* 实际上就很难成立了,因为根据罗赫所描写的它的铠和 *Teredo navalis* 的区别只是角质膜的外缘稍稍低于内缘,不像 *Teredo navalis* 的内、外两缘高低相差较大,而这个区别在我们看来,则是 *Teredo navalis* 一种微不足道的变异。

船蛆与木材外面相通的孔道的大小、形状是随着动物的长大而略有增大和变化的,同时由于木材的腐朽和波浪的冲击,也常常可以扩大或改变这个小洞的大小或形状。铠是堵

---

① 因为角质部末端两角极易损坏,在测量时又不易看清损坏的情况,所以都没有计算在长度以内。

塞这个小孔的器官,所以它的大小和形状必然是尽量地和这个小孔相适应。同时,因为铠时常遭受磨损或破坏,而且磨损或破坏以后又能再生,再生的部分也必然受这个小孔的影响。因此,铠的形态和这个小孔是有直接关系的。如果以沙子口和七口的材料相比较,沙子口虫体的铠一般较为细长,七口虫体的铠较宽短(表4)。我们推测这可能是和船蛆钻入的木材的软硬有关系的。因为沙子口的材料完全取自竹板,七口的材料完全取自木板(杨木的)。竹质较硬,船蛆与竹外交通的孔道十分不易加大,因此,铠的形态自然就是细长了;木质较软,船蛆与木外相交通的孔道比较容易加大,因此,铠的形态便变得宽而短了。

表4　七口和沙子口铠片长度和宽度的比较表

标本号数		七1沙1	七2沙2	七3沙3	七4沙4	七5沙5	七6沙6	七7沙7	七8沙8	七9沙9	七10沙10	平均	宽度占长度的百分比
七口与沙子口长度相等的铠片	长度/毫米	2.1	1.9	1.4	1.7	2.4	2.1	1.5	1.7	1.3	1.8	1.79	
七口	宽度/毫米	1.3	1.2	1.0	1.2	1.3	1.4	1.1	1.1	0.9	1.2	1.17	64.8
沙子口	宽度/毫米	1.1	1.0	0.9	1.0	1.2	0.9	0.9	0.8	0.9	0.7	0.94	52.5

2. 几种比较显著的变异

(1)在我们的材料中,有些虫体铠片的石灰质部分特别细长,与铠柄相连的部分稍膨大,铠片基段中间稍凹入,角质部分较短(图版Ⅲ,图1)。它的整个轮廓看起来似乎很特殊,但是在同一图版中,它是可以通过图2、图3与图4相连接的,图4的形态则是与密勒(1922)的图版20图a极相近似的,而密勒认为他这个图是同宅佛[①]的标准 *Teredo navalis* 相近似的。

(2)在我们的材料中,还有的虫体铠片特别细长,两角伸展很长(图版Ⅲ,图5),和一般的形态不同,但是它也可以通过同一图版的图6、图7、图8与图9相接连。图8、图9则与标准的 *Teredo navalis* 极相近似。

(3)有些虫体的铠片十分短小,整个轮廓几近正方形,两角也极短。乍一看来,似乎是很特殊的(图版Ⅲ,图10),但是它也是可以通过一些中间的形态与比较标准的 *Teredo navalis* 相连接的(图版Ⅲ,图11、12、13)。

(4)在我们的材料中,还有的虫体铠片的两侧边缘极直(图版Ⅱ,图5),与巴尔特士所发表的 *Teredo beaufortana*(1922, pl. 32, fig. 1)极相近似,它也是可以通过一些虫体与 *Teredo navalis* 相连接的(图版Ⅱ,图6、7)。

(5)在大港的许多材料中发现两个虫体的铠,其铠片特别宽短,铠片的石灰质部分与

---

① Jeffreys J W. *British Conchology*, vol. 5. pl. 54, fig. 2.

角质部分界限完全看不清楚。角质膜末端边缘外缘弧口与一般同,但内缘弧口近于水平,几乎不显(图版Ⅱ,图9)。这种情形与巴尔特士所写的 *Teredo beachi*(1922,pl. 32,fig. 4)是很近似的。这个形态看起来虽然比较特殊,但我们在三年中只遇到了两个,而且密勒在他的报告中(1922)也曾提到在原产地搜集巴尔特士发表的 *Teredo beachi*,找了三年也未曾遇到,由此可见,这个形态应该看作是一个例外了,而且这个例外似乎也可以找到一些虫体与 *Teredo navalis* 相连接(图版Ⅱ,图10、11)。

此外,在我们的材料中还有两种情形。一种情形是铠的角质部分没有石灰质物参加,因此不硬化,出水之后,内、外缘便粘在一起(图版Ⅱ,图8);另一种情形是整个铠片不石灰质化,全体透明非常柔软。前一种情形较多,在大港和沙子口都有,后一种情形极少,只在青岛栈桥和大港发现。

产 地

上面所述的船蛆是在世界上分布极广的一种,在中国北部沿海各地也普遍有这种船蛆为害,如辽东半岛的大连,渤海湾内的葫芦岛、秦皇岛、塘沽新港,山东半岛的烟台、石岛、青岛、连云港等地均有分布。

(二)萨摩亚船蛆 *Teredo*(*Lyrodus*)*samoaensis* Miller

(图3;图版Ⅳ,图1～3)

这种船蛆是1923年密勒在南太平洋的萨摩亚(Samoa)群岛发现,以后一直还没有人记载过。日本人森胁宗达、多田辉男在大连港所做的试验报告(1931)中,附录第10图2所绘的铠很可能就是这种,但他们并没有定出种名,只称它为 *Teredo*。我们在中国北部沿海各主要港口搜集材料时,在青岛的大港和大连港的码头先后发现了这种,因为它的分布范围很窄,所以形态变化也很少。现在将它的特征描写如下。

贝壳两扇相抱合,近于球形,前区和中区变化很小,前区中等大,半透明,上面生有肋纹20～30条,前区和中区相交的缝合线略向中区凹入。前中区的长度中等大,具有齿状刻纹14～21条,中中区和后中区与船蛆的贝壳相似,后区一般较小,但有变异。壳内柱较宽。

铠大,铠柄细长,铠片外侧极突出,内侧扁平,自中央线分为前后两半部,基部裸露,略呈卵圆形,白色,有珍珠质光泽,其与柄相接处形成一个短鞘包于柄上。后半部向后突出,呈橡实状,末端稍尖,有一个极小的凹陷(图3)。从这两部分的交界处开始向铠片末端环生很多层极薄的、彼此粘在一起的、深褐色的角质膜。这些角质膜的层数可能是随动物的年龄而增长的,但一般说来,外侧层数较内侧层数为多,我们曾仔细检查了10个虫体,外面层数为9～21,内面层数只有2～9层。少数虫体在角质膜外面形成很多小突起。这些角质膜的末端中央凹入呈杯状,杯口的外缘较内缘为低。在较大的虫体,在铠片外侧中央

图3 萨摩亚船蛆铠片的解剖图

弧口下方特别加厚,形成一个近方形的黄色或灰白色半透明的、极易破碎的硬片。铠片两侧的角质膜特别加厚,并且向后端延伸形成两侧相对的两个细长的角。

表5　贝壳和铠的测量

测量部位 标本号数	壳高 /毫米	壳长 /毫米	壳前区长 /毫米	壳中区长 /毫米	壳后区长 /毫米	铠全长 /毫米	铠片长 /毫米	铠片宽 /毫米	铠柄长 /毫米
1	2.7	2.4	1.3	1.7	0	3.3	1.7	1.1	1.6
2	3.4	3.2	1.3	1.6	0.6	4.7	2.3	1.1	2.4
3	3.5	2.9	1.2	1.9	0.2	4.7	2.4	1.0	2.3
4	4.0	4.2	1.2	2.3	0.9	3.9	2.0	1.4	1.9
5	4.1	4.1	0.9	3.2	1.2	4.8	3.0	1.9	1.8

产地:青岛的大港、中港,大连港码头。

附注:这种船蛆和上面的一种极易区别。前一种 *Teredo navalis* 的铠片石灰质部分呈杯状,而这一种铠片的石灰质部分不呈杯状,而呈橡实状,它的这个特征完全符合 *Lyrodus* 亚属的模式种 *Teredo chlorotica* Gould。因此,我们把它放在这个亚属之内,这是密勒所没有提起的。此外,关于角质膜是由很多层所形成的一点,密勒也未曾提到。我们的标本,尤其是铠的形态与密勒的原图很相近,因此,便确定了它的学名,但是这两个疑点还需要待将来证明。

四、结语

我国北部沿海的船蛆共有两种,一种是船蛆 *Teredo* (*Teredo*) *navalis* Linné,一种是萨摩亚船蛆 *Teredo* (*Lyrodus*) *samoaensis* Miller。前一种的分布极广,形态变化也极复杂;后一种分布很狭,形态变化也小。因此,在研究和鉴定的过程中,对前一种花费的时间较多,除了观察它的一般形态以外,更特别对它的贝壳和铠的变异加以研究,而对于后一种则只是观察和描述了它的形态特点,并指出贝壳后区的变异。

在研究 *Teredo navalis* 的变异时,我们发现它的变化范围是相当复杂的。如果单单选出几个标本加以鉴定,很可能便被定成几个不同的种;但是如果将较多的材料联系起来看,则彼此之间的特点便很难分清了,而且它的这些形态变化在贝壳和铠之间也不尽一致。铠近似的两个虫体贝壳不一定相似,相反地,贝壳近似的两个虫体铠也不一定相似。因此,单纯从贝壳和铠的一些比较细小的区别去划分种别,便发生了困难。虽然在实际的观察中认为这些材料都应该属于一种,但是根据过去文献上的关于这类动物种的划分和种与种间的区别来衡量我们的材料中的各种形态差异,便又很难肯定了。后来经过进一步地从船蛆的生活习性和生活环境进行了解,逐渐发现其形态变化的一些原因。这对我们区别种类是有不少帮助的。关于贝壳和铠形态变化的原因,综合起来,可以有以下两点。

(1)船蛆的幼体在浮游过程中遇到能生活的木材便钻入生长,对最适宜环境的选择能力较差,而且一经进入木材之后由于适应关系,它的形态变化就复杂了。例如在我们所下的木板中,有些着生了很多虫体,因而在生长时彼此受到限制,达到成体时虫体还很小,相反地,有些着生虫体很少,在生长时可以充分发展,因而可以长得很大,这样它们的形态自然就不能十分一致了。

(2)船蛆的贝壳是用以穿凿木材的工具,铠是用以堵塞虫体与木材外面相交通的小孔的防御器官,因此都是经常活动而经常会被磨损的,所以它们必然是随着木材的性质和外在的海水条件而有变化的。同时在研究过程中,我们发现贝壳和铠遭到磨损或破坏的情形是普遍存在的,在磨损和破坏之后又能再生,而再生出来的部分又是随着外在环境而发生变异的。这种船蛆的分布很广,能适应的环境变化很大,这就可以想象到它的形态变异应该是复杂的了。

在详细地比较了我们的材料之后,发现其中虽然有些虫体变异比较大,看来似乎很特殊,但是它们大致都是可以通过较多的虫体和标准的材料相连接,中间没有断然的界限。因此,最后这些材料便都被认作是属于一种了。这个结论便很自然地涉及罗赫发表的 *Teredo sinensis*,克里新发表的 *T. japonica* 和巴尔特士发表的 *T. beachi*、*T. beaufortana*、*T. morsei* 等种能否存在的问题了。我们认为这些种的一些特征都可以包括在 *T. (Teredo) navalis* L. 的变异之内,因而没有单成立为新种的必要。

参考文献

［1］ Bartsch P. A monograph of the American shipworms. *Bull. U. S. Nat. Mus.*, 1922, 122: 1–48, pls. 1–37.

［2］ Blum H F. On the effect of low salinity on *Teredo naualis*. *Univ. Calif. Pub. Zool.*, 1922, 22(4): 349–368.

［3］ Calman W T. Notes on marine wood-boring animals. *Proc. Zool. Soc. London*, 1920: 391–403.

［4］ Clessin S. Die familie Pholadea. Systematisches Conchylien-Cabinet Ⅺ, Genus *Teredo* Linné: 63–79.

［5］ Fischer P. Liste monographique des éspèces du genre Taret. *Journ. de Conchyliol. Paris*, 1856, 5: 129–140, 254–260.

［6］ Gould A A. Report on the Invertebrata of Massachusetts, 2nd Ed. Boston. 1870: 33–34, fig. 360.

［7］ Jeffreys J W. A symotical list of the British species of *Teredo*, with a notice of the exotic species. *Ann. & Mag. Nat. Hist.*, 1860, 3(6): 121–127.

［8］ Lamy E. Revision des Teredinidae vivants du Museum National d'Histoire Naturelle de Paris. *Journ. Conchyliol. Paris*, 1926, 70: 201–284.

［9］ Lebour M V. The species of *Teredo* from Plymouth waters. *Journ. Marine Biol. Ass. United Kingdom*, 1946, 26: 381–389, figs. 1–3.

［10］ Miller R C. Variations in the shell of *Teredo navalis* in San Francisco Bay. *Univ. Calif. Pub. Zool.*, 1922, 22: 293–328, pls. 13–17.

［11］Miller R C. Variations in the pallets of *Teredo navalis* in San Francisco Bay. *Univ. Calif. Pub. Zool.*, 1923, 22: 401–409, pls. 19–20.

［12］Miller R C. The boring mechanism of *Teredo. Univ. Calif. Pub. Zool.*, 1924, 26(4): 41–80, pls. 3–6.

［13］Miller R C. Wood-boring mollusks from the Hawaiian, Samoan and Philippine Islands. *Univ. Calif. Pub. Zool.*, 1924, 26(7): 145–158, pls. 8–11.

［14］Moll F, F. Roch. The Teredinidae of the British Museum, the Natural History Museums at Glasgow and Manchester, and the Jeffreys collection. *Proc. Malacol. Soc. London.*, 1931, 19: 201–218, pls. 22–25.

［15］Roch F, F. Moll. Die Terediniden der Zoologischen Museen zu Berlin und Hamburg. *Mitteilungen Zoologischen Staatsinstitut und Zoologischen Museum in Homburg*, 1931, 44: 1–22, pls. 1–2.

［16］Roch F. Die Terediniden der Skandinavischen Museums-Sammlungen (Stockholm, Gothenburg, Kopenhagen, Oslo, Nidaros und Tromso). *Arkv. for Zool. Stockholm*, 1931, 22 A (13): 1–29, pls.1–4.

［17］Pox Ф. Teredinidae Морей СССР. *Зоолоῑический Жорнал Москва*, 1934, 13(3): 437–452.

［18］Sigerfoos C P. Natural history, organization, and late development of the Teredinidae, or Ship-worms. *Bull. Bur. Fish.,* 1908, 27: 191–231.

［19］Sowerby G B. Monograph of the Genus *Teredo*, Conchologia Iconica. 1875, 20.

［20］Tryon G W. Monograph of the Family Teredidae. *Proc. Acad. Nat. Sci. Philadelphia*, 1862, 14: 453–482.

［21］Wright E P. Contributions to a natural history of the Teredidae. *Trans. Linn. Soc* 1866, 25: 561–568, pls. 64, 65.

［22］森胁宗达,多田辉男．大連港に於ける海中に浸漬せる木材の海虫蝕害試験報告,1931,附录 1–22.

LES TARETS DES CÔTES DU NORD DE LA CHINE ET LEURS VARIATIONS MORPHOLOGIQUES

PAR TCHANG SI, TSI CHUNG-YEN ET LI KIE-MIN
(*Academia Sinica*)

Les tarets sont par excellence des perceurs de tous les bois immergés dans les eaux. Ils détruisent les constructions en bois de la marine et attaquent très rapidement les outils en bois des pêcheurs et les navires dont la coque n'est pas doublée en métal. Ces mollusques nuisibles n'étaient pas encore étudiés en Chine jusqu'à la libération. Ce n'est qu'en 1950 que nous avons entrepris de cette étude, qui offre une importance aussi grande au point de vue économique que biologique. Les résultats de nos recherches ont fait l'objet de cette note.

Dans la période 1951-1954 nous avons recueilli sur les côtes du nord de la Chine de nombreux exemplaires de tarets, après les avoir étudiés minutieusement nous en avons attribués à deux espèces appartenant à deux sous genres: *Teredo* (*Teredo*) *navalis* L., *Teredo* (*Lyrodus*) *samoaensis* Miller. La première espèce se trouve sur toutes les côtes de notre pays, les valves et les palettes varient énormément; la seconde espèce a une distribution assez limitée, elle ne se présente qu'aux ports de Tsingtao et de Talien, les variations de valves et de palettes sont beaucoup moindres (Pl. Ⅳ), c'est la première fois que cette espèce rare a été découverte à nos côtes.

En étudiant les variations de valves et de palettes de *Teredo* (*Teredo*) *navalis* L. nous avons trouvé la cause de ces variations, les valves et les palettes se meuvent continuellement, elles se cassent très souvent soit brusquement soit tout doucement en frottant avec les parois de galerie du logement creusé par l'animal. Ces organes mutilés peuvent se reformer, mais ils se modifient de forme et de structure non seulement suivant la nature de bois où l'animal habite, mais ils se modifient aussi suivant les conditions chimico-physiques (salinité et mouvements) de l'eau de mer (Pl. Ⅰ). Si l'on détermine les exemplaires de *Teredo* d'après ces caractères dûs aux variations du milieu, on pourrait distinguer toutes les espèces de ce sous genre, *Teredo*, que l'on a signalé en Chine. Pour certains anciens auteurs ces caractères pouvaient servir à la détermination des espèces, mais si l'on compare attentivement un grand nombre d'exemplaires, l'un après l'autre, on peut trouver que les formes extrêmes sont reliées par des formes intermédiaires (Pl. Ⅱ et Ⅲ). Ainsi nous concidérons tous les exemplaires de sous genre *Teredo* trouvés aux côtes de la Chine septentrionale comprenant *Teredo troscheli* Troschel, *Teredo sinensis* Roch, comme une seule espèce *Teredo* (*Teredo*) *navalis* Linné.

图版 I

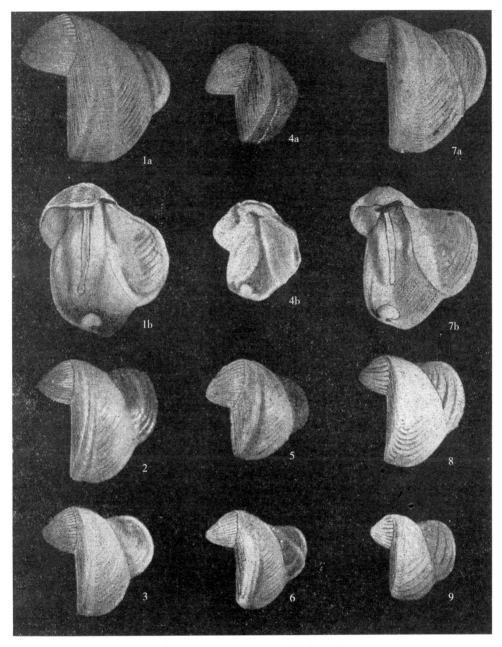

船蛆 *Teredo navalis* Linné 贝壳（×6）
示青岛附近三个地区的变异：1～3.大港标本；4～6.沙子口标本；7～9.七口标本。

图版 Ⅱ

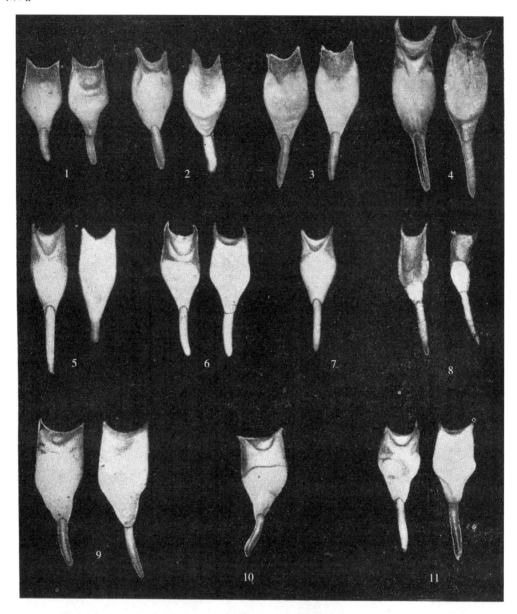

船蛆 *Teredo navalis* Linné 铠(×8)

示铠的各种变异,每图左侧者示外侧,右侧者示内侧。1～4. 铠的末端遭受磨损的情况;5. 与巴尔特士的 *Teredo beaufortana* 相似的铠,它可以通过 6 和标准的 *Teredo navalis* 的铠 7 相连接;8. 一对角质部分不硬化的铠;9. 与巴尔特士的 *Teredo beachi* 相似的铠,它可以通过 10、11 与标准的 *Teredo navalis* 的铠(图版 Ⅲ,图 12、13)相连接。

图版Ⅲ

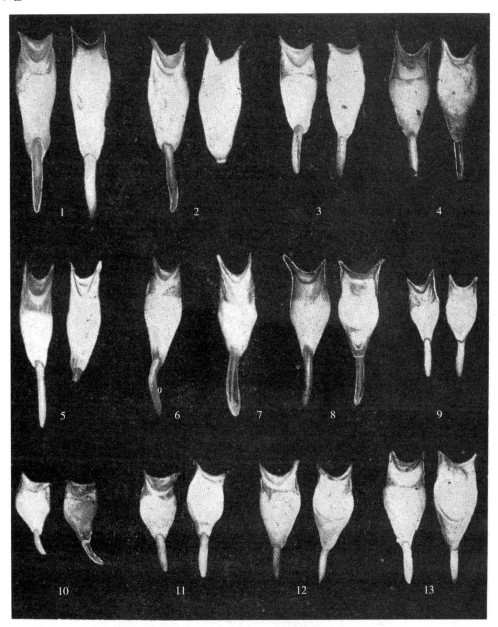

船蛆 *Teredo navalis* Linné 铠（×8）

示铠的各种变异。每图左侧者示外侧，右侧者和内侧。分为 1～4、5～9、10～13 三组，每组最左侧的铠形态都很特殊，但它们都可以通过一些个体与最右侧的标本的 *Teredo navalis* 铠相连接。

图版 Ⅳ

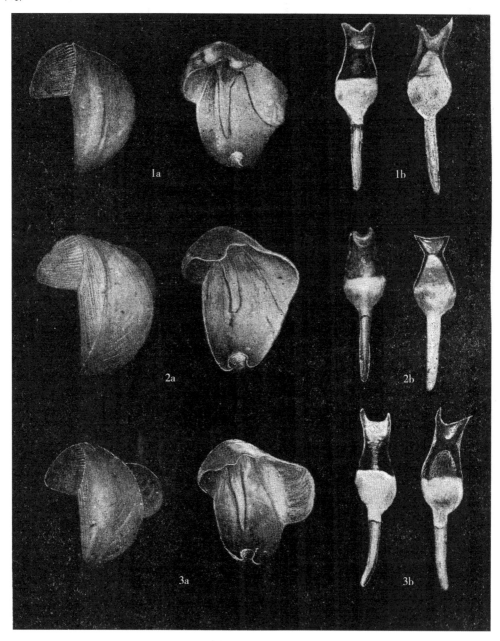

萨摩亚船蛆 *Teredo (Lyrodus) samoaensis* Miller 贝壳和铠(×8)

1～3. 三个个体的贝壳和铠,示形态的变异。每图左侧者示外侧面,右侧者示内侧面。

栉孔扇贝的繁殖和生长[①]

　　栉孔扇贝 *Chlamys farreri* (Jones & Preston) 是目前我国制造干贝的唯一种类,但是根据调查,它的产量很少,而且有逐年减产的趋势。有些地区过去产量多,现在产量减少了;有些地区过去曾有出产,现在采不到了。因此,市上干贝的价格逐年上涨,使它很难成为大众化的食品了。所以不论是在现有资源的利用和保护上,或是在今后的繁殖增产上,研究栉孔扇贝的繁殖和生长的规律,都是有很重要的意义的。我们从1951年便开始了栉孔扇贝的调查研究工作,经过几年观察、试验,对这种扇贝的一般习性,特别是在繁殖和生长方面,已经得到了比较完整的资料,这为制定栉孔扇贝的繁殖保护条例和进一步开展它的养殖事业,都提供了有利的条件。

一、研究的材料及方法

　　进行研究所用的栉孔扇贝的材料,大部分是从山东半岛石岛北方的东楮岛采得的,小部分是从俚岛、长山八岛和青岛的大港采得的。试验工作除了一小部分是在烟台、俚岛、东楮岛进行以外,主要都是在青岛贵州路山东水产养殖场的海带养殖区附近进行的。这个地区的海面接近外海,高潮时水深10余米,底质完全为岩石,水流较急,海藻生长相当繁茂,以青岛地区来说,这是栉孔扇贝生活生长相当适宜的地区。

　　作为试验和研究的材料,在采得生活的栉孔扇贝以后,便分别测量它们贝壳的高度和长度,按大小分成很多组,用柳条或竹篾编成的篓子装起来,放养在海底,按月检查它们生殖腺的变化,一一测量它们贝壳增长的情况,从而了解它的生殖腺在各个时期的成熟程度,和各组栉孔扇贝的贝壳在各个月份中生长的速度,以及各个年龄个体生长速度的比较。因为栉孔扇贝是用足丝固着生活,在成体一般是不活动的种类,而且它的摄食方法也是和一般的双壳类一样,是从进入它身体里面的水分中获得的,所以我们用条篓在海中进行养育,对它来说,是没有什么不合适的,试验的结果也证明它们在条篓中的生活、生长和繁殖都是很正常的。用各种大小的栉孔扇贝分成很多组养育,逐月测量它们的生长情况,一方面可以同时了解各个年龄的个体的生长情况,并且还可以把各组生长的情况连接起来,从一年的生长资料推测它几年的生长情况。

二、栉孔扇贝的繁殖习性

　　扇贝科的动物有雌雄同体和雌雄异体的区别。产卵的情况也有直接产在海水中受精

① 张玺、齐钟彦、李洁民(中国科学院海洋生物研究室):载《动物学报》,1956年第8卷第2期,235～258页,科学出版社。

孵化和产在母体鳃腔中受精孵化两种。栉孔扇贝是哪一种情形,过去没有报告。经过研究以后,我们知道了这种扇贝是雌雄异体,它的精子和卵子都是直接排在海水中受精发育的。这种情况和达尔蒙(Dalmon)1935 年所研究的同一属的 *Chlamys varia* (L.) 是不同的。栉孔扇贝的雌雄性比例没有很大差别;根据我们在东楮岛统计的 6 025 个扇贝的结果,雄性占 47.56%,雌性占 52.44%。

(一)繁殖季节

了解繁殖季节,对栉孔扇贝的发生、生长的研究以及在生产实践上都有很重要的意义。因此,在一开始研究这个问题时,我们就特别注意了解它的繁殖季节的问题。经过四年(1953—1956)的观察和试验,已经可以确定这种扇贝是从出生后生长到第二年(贝壳高度 30 毫米左右)以后,每年在 5 月中旬到 7 月中旬的这一段时间繁殖,而繁殖的最盛期是在 5 月下旬。这四年观察的结果都是在 5 月下旬,室内水温达到 16 ℃～19 ℃时,开始产卵,到 6 月初骤衰,继续产卵到 7 月中旬的为数极少。

(二)产卵和排精

按月检查栉孔扇贝的生殖腺,可以得知:在 1～3 月间雌、雄个体的生殖腺都不肥大,都是黄白色或白色的,雌雄性不能区别出来;4 月以后到 5 月间,海水温度起首上升的时候,雌雄生殖腺就逐渐变得十分饱满,这时雌体的生殖腺由黄白色变为鲜明的橘黄色,而雄体的生殖腺为乳白色。因此,从两性的生殖腺的颜色就可以很容易地辨别出雌雄性来。若用小吸管从生殖腺取出一部分生殖细胞放在显微镜下观察,就可以见到微小的、运动非常活泼的精子或较大而充实的卵子,这时它们已经近于成熟,即将进行产卵或排精。从生殖腺中取出卵子或精子,进行人工授精是不难成功的。

雌体扇贝在产卵之际,左右两壳急遽启闭,使外套腔中的水分骤然排出,大量的卵子便由贝壳的背侧、后耳的下方随水分猛涌而出(图 1,F)。一个大的雌体(75 毫米)所排出的卵子极多,能使饲养盆(容积约 5 升)中的海水变成黄色。雄体排精也是由同一个地方排出,但贝壳并不像雌体的急遽开合。精液喷出时,起初在海水中形成一条云烟状,以后逐渐散开(图 1,M)。一个大的雄体(70 毫米)所排的精子也

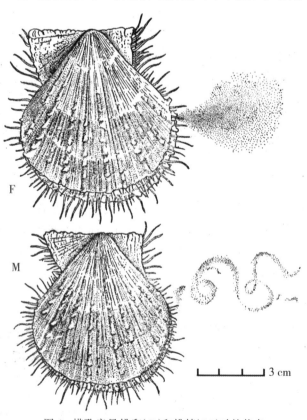

图 1　栉孔扇贝排卵(F)和排精(M)时的状态

极多,能使同样饲养盆中的海水变成石灰水的样子。每一个雌体的产卵或雄体的排精都不是一次产完,但有时在很短的时间内,连续产卵或排精数次。起初排出的一次量最大,以后渐渐减少。

已近成熟的个体如果给以适当的刺激,可以诱导它们产卵或排精。把已近成熟的雌雄个体各一个,在同一盛新鲜海水的器皿中,通以空气,使水中保持充分的氧气,如果这时的海水温度比原来培养它们的海水温度高出或减低 4 ℃～5 ℃时,栉孔扇贝不久便排出生殖产物。通常是雄体先排精子,雌体不久便跟着排出卵子,这就说明水温略为增高或减低都可以诱导它们产卵或排精。另外在盛有雌性个体的海水中投入精液也可以诱导雌体产卵,这种现象和很多其他的海产双壳类相似。我们用来观察卵子发育的材料大半是用诱导产卵、排精的方法获得的。因为应用这个方法非常简便,而且人工授精虽已成功,但受精率不如用诱导排卵的方法受精率大,胚体发育也不如用诱导方法排精、产卵和自然受精的发育良好。

(三)卵子和精子

自然排出的、成熟的栉孔扇贝的卵细胞是一个橘黄色的小球形体,直径为 69～72 微米,周围包被一层透明的薄膜。细胞质内含有很多卵黄粒,因此卵子是不透明的(图版 I,3)。由卵巢内用吸管吸出来的卵子有三角形、椭圆形等不同的形状(图版 I,1、2)但是这些不同形状的卵子放在海水中以后,不久就会变成圆形了。卵子比海水的密度略大,刚刚排出的卵子暂时在水中漂浮,以后就渐渐沉至水底。

栉孔扇贝的精细胞极小,非常活泼,生活力也极强,在 16 ℃～19 ℃的海水中生活到 6 小时后,受精力还很强。

卵子排在海水里以后,遇到精子即可受精发育;但是精液过多时,卵子周围常包被一层精子,这样卵子反而不容易受精发育。卵子受精以后,很快就出现极体进行分裂。

(四)卵子的发育

栉孔扇贝受精卵的发育是用不等分裂方法进行的。在它的第一和第二次分裂过程中,都有极叶(lobe polaire)或卵黄叶(lobe de jaune d'oeuf)出现,这种现象与紫贻贝 *Mytilus edulis* Linné、僧帽牡蛎 *Ostrea cucullata* Born 和栉江珧 *Atrina pectinata japonica* (Reeve) 的卵子分裂相同。在面盘幼虫的初期,面盘中央部出现有长大的鞭毛。这种情形在紫贻贝和栉江珧都有,而在僧帽牡蛎的发生期中没有。过去有些学者认为有些扇贝的幼体没有鞭毛,例如 1890 年 Fullarton 在盖扇贝 *Pecten opercularis* (Linné) 发生过程中没有看见鞭毛,而 1909 年 Dakin 氏则认为这种扇贝应该有鞭毛。我们在观察栉孔扇贝的发生时,发现这种鞭毛仅仅在一个不长的时期出现。如果不经常地、不仔细地观察,就很容易忽略过去。

受精卵发育开始以后,首先的显著的变化是卵子动物极的上方出现一个透明的小球体(约在受精以后 1 小时 20 分钟),这就是第一极体(图版 I,4),不久又生出一个同样的第二极体。在极体出现以后十数分钟,在它相反的位置,即卵子的植物极,向外延伸出一个尖细部分,因此使整个卵细胞形成梨形(图版 I,5)。这个延伸出的部分叫作极叶或卵黄叶。

卵子分化形成动物极、植物极和第一极叶以后,在动物极与卵子的长轴平行,形成一条纵缢,把卵子较宽的部分(即动物极),分成 AB 和 CD 两个大小不等的细胞,极体界于这两个细胞之间。这时整个胚体看起来,好像是三个细胞的样子:两个细胞在动物极,第一极叶在植物极(图版Ⅰ,6)。至此,AB 和 CD 两个大小不等的细胞分裂完成。以后,极叶渐渐收缩入 CD 细胞之内,仅仅留下一个小细胞 AB 和一个较大的细胞 CD(图版Ⅰ,7)。完成这第一次分裂经过的时间非常短,自卵子从母体排出后到完成这一次的分裂共约 2 小时。因此,若不注意继续观察,极叶的出现和缩回就很不易看到。

在第一极叶与 CD 细胞合并以后不久,又有第二极叶从 CD 细胞中延伸出来(图版Ⅰ,8、9)(极叶伸出时分裂细胞的核较明显),同时 AB 和 CD 两个细胞沿着动物极,差不多和第一次分裂面成直角的方向,分裂成 A、B、C、D 四个细胞,其中 A、B、C 三个细胞较小,D 细胞大,里面包含卵黄部分(图版Ⅰ,10)。这时候的胚体好像是由 5 个细胞组成的样子:四个细胞在动物极,一个第二极叶在植物极。不久第二极叶又渐渐向 D 细胞内缩回(图版Ⅰ,11、12)。到第二极叶完全缩入 D 细胞以后,胚体便很清楚地被看出是由四个细胞所组成的。由卵子排出到第二次分裂完了,共需时间约 2 小时 40 分钟。

胚体的第三次分裂是按着水平方向进行的。这次分裂的结果是由 4 个细胞形成 8 个细胞。位于动物极的 4 个细胞较小,称为小分裂球(micromère),位于植物极的 4 个细胞较大,称为大分裂球(macromère)。以后再继续分裂,成为许多细胞。这时观察生活胚体就很难看清了。胚体经过类似桑葚胚时期的许多细胞时期(图版Ⅰ,13)和囊胚期(stade de blastula)(图版Ⅱ,14),而后胚孔(blastopore)出现(图版Ⅱ,15,bl),小分裂球形成外胚叶,大分裂球形成内胚叶,胚体达到原肠胚时期(stade de gastrula)(图版Ⅱ,15)。由卵子受精发育起至原肠胚形成共约 10 小时。

原肠胚再发育,胚体的细胞外表生出纤毛,形成纤毛幼体(图版Ⅱ,16)。这时胚体便有了活动的能力,起初仅仅能够转动,以后略能移动很小的距离。以后胚体延长,生出鞭毛(图版Ⅱ,16,fl),形成担轮幼虫(trochophore)。这时胚体长 74 微米,已发育了 24 小时,比卵子略大。

一般受精卵发育到 12～14 小时后的胚体,在胚孔的对面生出壳腺,这时胚体发生了显著的变化。由壳腺的两点分泌壳质,渐渐形成两个紧紧包被于胚体两侧的、薄而透明的贝壳(图版Ⅱ,19,cq)。这时胚体由担轮幼虫进入面盘幼虫期(stade de larve véligère)(图版Ⅱ,17)。

面盘幼虫的前方,两个贝壳之间有一个游泳盘(vélum)。它是由一个圆褥形突起,周围生有许多细小而能颤动的纤毛和一至数条长鞭毛的部分所构成(图版Ⅱ,17、18、19,vl)。游泳盘的基部与铰合线后方,贝壳内面的收缩肌相连接。由于这个收缩肌的伸缩,它可以伸出壳外或很快的缩入壳内。由于游泳盘上的纤毛的颤动,可以使幼虫向着鞭毛所指的方向前进。游泳盘上的鞭毛出现的时期较短,发现以后一两天即消失。这和紫贻贝幼体的鞭毛保存十余日之久的情况不同。

面盘幼虫的消化管是由一个漏斗形的口、一个袋状的胃、两个肝叶及肠所构成。口内及胃壁都被有活动的纤毛,肠在幼体的后方开口(图版Ⅱ,17)。

面盘幼虫贝壳的铰合部在早期是直的(图版Ⅱ,20),到后期,壳的铰合部渐渐变成微微弯曲的形状(图版Ⅱ,21)。

面盘幼虫的闭壳肌起初只有一个简单的前闭壳肌,以后后闭壳肌出现,而前闭壳肌渐渐消失。当面盘即将消失时,足即生出。幼体发育28天左右时,可以伸出长足在皿底匍匐而行。此时贝壳高为134微米,长为146微米。我们在实验中,只有两个幼体生活到了这个时期。

面盘幼虫的最早期不太活泼,常常在培养皿底静卧或旋转。当游泳盘完全长成后,幼虫才有向一定方向游泳的能力。这时它的两个贝壳张开,游泳盘伸出,借纤毛的运动而游泳(图版Ⅱ,18、19)。幼体游泳很快,若不施行麻醉,在显微镜下很难观察。用肉眼观察培养在玻璃皿中的幼体,仅能看到海水中有许多黄白色小点游来游去的情形。这种幼体喜爱微光,但怕强烈的光线。

目前,在实验室中我们还没能把这些幼体培养成小扇贝,但是在1955年9月,在东楮岛测量当年6月初用篓养在那里的扇贝个体时,曾发现很多贝壳高度为4~7毫米的小扇贝附着。根据产卵季节推算,这些个体自卵子排出发育到这个时期,最多也不过4个月。这时的贝壳表面粗肋还没出现,只有同等大小的肋纹近30条(图版Ⅲ)。这种幼小的个体在海水中常迅速开合双壳,做蝴蝶飞翔式的游泳。

三、栉孔扇贝的生长

了解栉孔扇贝的个体从卵子孵化以后到长成所需的时间,和它在一生发育的过程中各个阶段生长的速度,对我们了解如何适当地利用现有的资源以及今后养殖事业的发展,都有一定的意义。因此,我们除了了解它的繁殖习性以外,对这种扇贝的生长情况,也逐年按期地做了测量工作。经过对三年来测量的大小不同的五组扇贝生长的资料(表1)和另外的一些零星记录的分析,可以看出这种扇贝的生长速度在不同季节、不同年龄、不同地区,甚至不同的个体之间都有差异。另外,从表1的分析,还可以看出这种扇贝在出生后至第五年的各个年份的生长情况。

表1 栉孔扇贝生长测量统计表　　　　　　　　　（单位:mm）

测量与统计 年月 \ 组别		第一组 6.0~9.9 (壳高)40个	第二组 15.0~22.0(壳高)45个	第三组 46.0~50.9 (壳高)50个	第四组 61.0~65.9 (壳高)75个	第五组 66.0~70.9 (壳高)30个
1953年11月 平均大		壳高 × 壳长	壳高 × 壳长	壳高 × 壳长	壳高 × 壳长	壳高 × 壳长
		8.67 × 7.40	17.40 × 14.62	49.03 × 44.17	63.36 × 57.97	67.86 × 61.98
12月	增长	4.28 × 3.57	5.35 × 4.71	3.56 × 3.98	1.50 × 1.98	1.19 × 1.06
	平均大	12.95 × 10.97	22.75 × 19.33	52.59 × 48.15	64.86 × 59.98	69.05 × 63.04
1954年 1月	增长	1.47 × 1.47	2.01 × 1.91	2.41 × 2.76	1.87 × 1.98	1.53 × 1.13
	平均大	14.42 × 12.44	24.76 × 21.24	55.00 × 50.91	66.73 × 61.93	70.58 × 64.17
2月	增长	—	—	—	—	—
	平均大	14.42 × 12.44	24.76 × 21.24	55.00 × 50.91	66.73 × 61.93	70.58 × 64.17
3月	增长	1.21 × 0.69	0.40 × 0.68	—	—	—
	平均大	15.63 × 13.13	25.16 × 21.92	55.02 × 50.57	66.39 × 61.30	69.85 × 63.68

续表

测量与统计 年月	组别	第一组 6.0～9.9（壳高）40个	第二组 15.0～22.0（壳高）45个	第三组 46.0～50.9（壳高）50个	第四组 61.0～65.9（壳高）75个	第五组 66.0～70.9（壳高）30个
4月	增长	2.04 × 1.78	2.75 × 2.05	1.76 × 1.15	0.09 × 0	—
	平均大	17.67 × 14.91	27.91 × 23.97	56.76 × 52.06	66.82 × 61.61	69.96 × 64.08
5月	增长	4.46 × 3.54	2.99 × 2.92	0.98 × 1.52	0.18 × 0	—
	平均大	22.13 × 18.45	30.90 × 26.89	57.74 × 53.58	67.00 × 61.43	70.11 × 63.98
6月	增长	4.42 × 4.04	2.38 × 2.05	0.87 × 0.74	0.67 × 0.33	—
	平均大	26.55 × 22.49	33.28 × 28.94	58.61 × 54.32	67.67 × 62.26	70.26 × 64.25
7月	增长	5.76 × 6.32	3.99 × 4.23	1.57 × 1.35	0.31 × 0.10	0.10 × 0
	平均大	32.31 × 28.81	37.27 × 33.17	60.18 × 55.67	67.98 × 62.36	70.68 × 63.80
8月	增长	3.83 × 2.67	1.84 × 1.58	—	—	—
	平均大	36.14 × 31.48	39.11 × 34.75	—	67.85 × 62.03	70.30 × 63.96
9月	增长	2.34 × 1.13	3.22 × 2.93	0.32 × 0	0.11 × 0	0 × 0.84
	平均大	38.48 × 32.61	42.33 × 37.68	60.50 × 55.63	68.09 × 62.30	70.47 × 65.01
10月	增长	4.20 × 5.55	3.34 × 3.47	2.01 × 2.00	0.66 × 0.59	0.87 × 0
	平均大	42.68 × 38.16	45.67 × 41.15	62.51 × 57.67	68.75 × 62.95	71.55 × 64.74
11月	增长	3.64 × 4.16	4.15 × 3.29	1.55 × 1.58	0.17 × 0.73	0.46 × 0.44
	平均大	46.32 × 42.32	49.82 × 44.44	64.06 × 59.25	68.92 × 63.68	72.01 × 65.45
12月	增长	0.88 × 0	0 × 0.35	0.78 × 0.88	1.35 × 0.87	0.49 × 0.63
	平均大	47.20 × 42.00	49.55 × 44.79	64.84 × 60.13	70.27 × 64.55	72.50 × 66.08
1955年 1月	增长	0.13 × 0.17	0.19 × 0.04	0.22 × 0.29	0.14 × 0.38	—
	平均大	47.33 × 42.49	50.01 × 44.83	65.06 × 60.42	70.41 × 64.93	72.43 × 66.09
2月	增长	—	—	—	—	—
	平均大	47.11 × 41.97	49.58 × 44.47	64.75 × 60.15	70.21 × 64.50	72.03 × 65.82
3月	增长	—	—	—	—	—
	平均大	46.88 × 41.98	49.33 × 44.38	64.66 × 60.02	70.12 × 64.39	72.08 × 65.44
4月	增长	0.48 × 0.14	—	—	—	—
	平均大	47.81 × 42.63	49.81 × 44.82	64.92 × 60.14	70.11 × 64.38	71.74 × 64.98
5月	增长	3.50 × 4.13	1.91 × 2.22	1.87 × 1.81	0.94 × 0.66	—
	平均大	51.31 × 46.76	51.92 × 47.05	66.93 × 62.23	71.35 × 65.59	72.58 × 65.98
6月	增长	1.25 × 0.85	2.53 × 2.17	0.41 × 0.41	0.85 × 0.74	0.54 × 0.13
	平均大	5.56 × 47.61	54.45 × 49.22	67.34 × 62.64	72.20 × 66.33	73.04 × 66.21
7月	增长	1.06 × 0.94	0.81 × 0.99	—	—	0.45 × 0.63
	平均大	53.62 × 48.55	55.26 × 50.21	67.23 × 62.77	72.02 × 66.39	73.49 × 66.84
8月	增长	0.78 × 0.65	1.18 × 1.31	—	—	—
	平均大	54.40 × 49.20	56.44 × 51.52	67.24 × 62.49	72.23 × 66.31	73.44 × 66.26

续表

测量与统计 \ 组别 年月		第一组 6.0～9.9 （壳高）40个	第二组 15.0～22.0 （壳高）45个	第三组 46.0～50.9 （壳高）50个	第四组 61.0～65.9 （壳高）75个	第五组 66.0～70.9 （壳高）30个
9月	增长	0.19×0	—	—	—	—
	平均大	54.59×49.12	56.49×51.13	66.80×61.79	72.09×65.95	72.00×66.19
10月	增长	1.57×1.28	1.40×0.61	—	0.14×0	—
	平均大	56.16×50.40	57.84×52.13	66.89×61.63	72.34×66.33	73.30×66.21
11月	增长	3.76×4.31	3.41×4.44	1.77×1.87	0.78×1.59	1.74×2.74
	平均大	59.92×54.71	61.25×56.57	69.11×64.51	73.12×67.92	75.23×69.58
12月	增长	3.13×4.14	2.94×3.04	1.32×0.83	2.97×3.04	1.51×0.42
	平均大	63.05×58.85	64.19×59.61	70.43×65.34	76.09×70.96	76.74×70.00
1956年 1月	增长	0.91×0.60	0.45×0.15	—	1.17×0.18	—
	平均大	63.96×59.45	64.64×59.76	70.16×64.85	77.26×71.14	76.70×69.59
2月	增长	—	0.10×0.08	—	0.18×0.15	—
	平均大	—	64.74×59.84	70.26×65.16	77.44×71.29	76.64×69.26
3月	增长	—	—	—	0×0.12	—
	平均大	—	64.60×59.65	70.00×65.07	77.34×71.41	76.53×69.35
4月	增长	—	—	—	—	1.23×0.33
	平均大	—	64.64×59.69	—	—	77.97×70.33
5月	增长	—	1.01×0.93	—	—	—
	平均大	—	65.75×60.77	—	—	77.80×69.80

（一）季节的生长变化

根据每月测量的记录看来，各月份的生长速度是很不相同的。它的生长速度与水温有着很密切的关系，在水温较高的月份生长迅速，而水温较低的月份生长较慢，在寒冷的月份则完全停止生长。我们在青岛地区测量的结果，说明每年从3月以后，水温开始逐渐增高时，扇贝的生长也逐渐加速，到7月份生长速度达到最高点。8、9月份水温达到25 ℃以上时，生长速度稍减，10、11月份又稍增速。到12月以后，随着海水温度的逐渐降低，生长速度又逐渐减慢。在2、3月份海水温度降到5 ℃以下时，扇贝的贝壳几乎没有增长（图2）。

（二）生长年龄和各龄个体的生长速度

根据每月测量的各组扇贝贝壳的生长记录分析，可以看出这种扇贝在受精孵化以后，当年（生长6～7个月）可以生长到壳高达22.75毫米以上，第二年可以生长到49.55毫米，第三年可达64.19毫米，第四年可达70.27毫米，第五年可达76.09毫米（表1，图版Ⅳ）。扇贝的年龄，一般也可以从它贝壳表面遗留的生长线表示出来（图版Ⅳ）。根据这个逐年生长的数字，还可以看出各种年龄的个体生长的速度是有很大差别的。如果以五年生长的总数为100，那么第一年生长的数字占29.9%⁻（5月底产卵，实际上只生长半年），第二年占35.2%⁺，第三年占19.2%⁺，第四年占8.0%⁻，第五年只占7.6%⁺（图3）。这说明愈是年

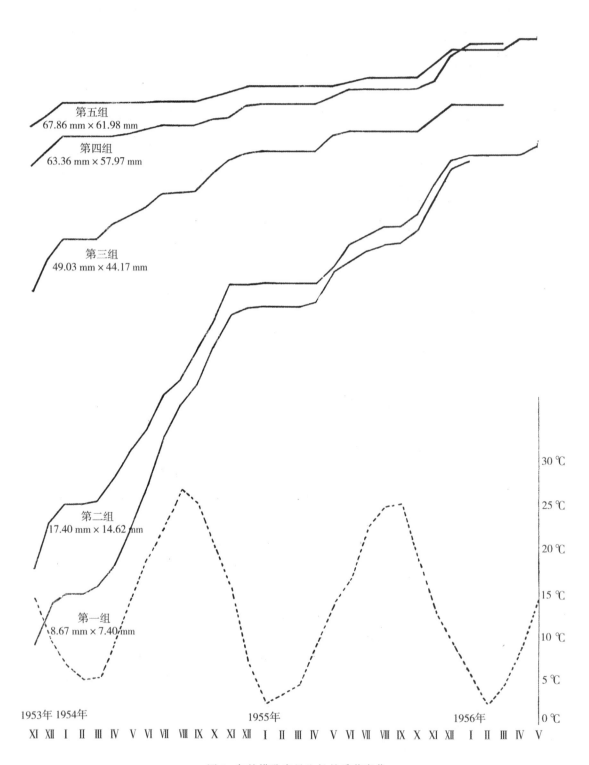

图 2 各龄栉孔扇贝生长的季节变化

老的个体,生长愈慢,同时也说明由第一年受精孵化以后发育生长到第五年末(实际只生长四年半),生长还没有停止。从栉孔扇贝的群体组成的统计也可以看出,80毫米以上的个体仍占有一定的数量,所以我们肯定这种扇贝的生活年龄至少是可以超过五年的。

(三)生长速度的地区差异

我们根据青岛和俚岛以及青岛和东楮岛差不多同一季节的测量材料来做比较,证明这种扇贝在俚岛和东楮岛地区生长速度比青岛快。

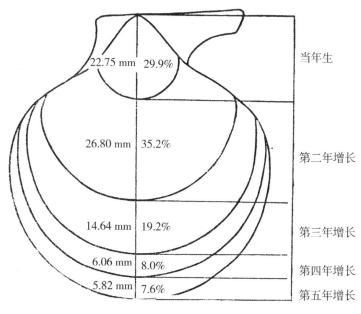

图3　栉孔扇贝各龄个体的生长速度

1951年12月19日放在俚岛的贝壳平均高度为23.4毫米的小扇贝,至1952年8月4日测量,结果贝壳的平均高度增长至48.3毫米,而1953年12月18日(与俚岛的材料虽不同年,但季节相同)放在青岛的贝壳平均高度为22.75毫米以上的小扇贝,在1954年8月18日只增长到贝壳平均高度39.11毫米。1954年6月18日在青岛测量的贝壳平均高度26.55毫米的24个扇贝个体,至1955年6月18日测量贝壳平均高度生长至52.56毫米,而1955年6月4日在东楮岛测量的贝壳平均高度24.15毫米的57个个体到1956年6月6日测量,贝壳平均高度增长至64.37毫米。这些材料说明这种扇贝在不同的环境中生长速度是有显著差异的,但是对它的生活环境的具体分析,还有待将来的研究。

(四)不同个体间生长速度的差异

养在同一区域的同一大小的扇贝,生长速度也未必一样。我们在青岛曾将同样大小的15个扇贝个体(壳高均为12毫米)同时放置在一个篓内,置于海中饲养,经过一个阶段以后测量,结果说明它们之间生长的速度相差很大。在五个月中(1955年10月19日—1956年3月19日)原来贝壳高度均为12毫米的个体,生长有达到20毫米的,有达到30毫米的。

(五)栉孔扇贝的群体组成

了解在自然情况下,渔民捕捞的扇贝的群体组成,对扇贝的渔业可以提供近于合理的资料。因此,我们曾在不同的两个年度中,分别用1 508个(1954年5月)、1 500个(1955年5月)、1 710个(1955年9月)栉孔扇贝做了群体组成的统计。三次统计的资料基本上是一致的,都是以贝壳高度60~80毫米的个体为最多,其中尤以65~75毫米的个体为最多。贝壳高度在65~75毫米的个体约占全数的25%,在85毫米以上的和50毫米以下的个体都极少,在整个数目中所占的比例都在2%以下(图4)。

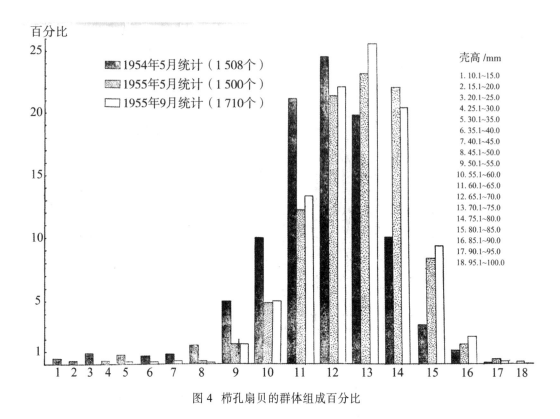

图4 栉孔扇贝的群体组成百分比

(六)贝壳和闭壳肌大小的关系

从上面的材料,我们已经可以了解到栉孔扇贝贝壳生长的情况了。但是作为制造干贝的闭壳肌的生长情况如何呢? 它和贝壳的生长是否完全一致呢? 利用哪种年龄的个体制造干贝最为合适呢? 这些问题与合理地利用这种扇贝资源,也有一定的关系。我们在1952年曾经做过以下的分析。

分别于春、夏、秋三个季节在出产干贝的地区,利用渔民采捕的扇贝一副(渔民采捕的单位,约合25千克),按贝壳的高度分为甲、乙、丙、丁、戊、己六组,将闭壳肌取出,用同一方法制成干贝,然后比较它们的重量。除了闭壳肌以外,对其余的软体部分(渔民称为干贝边)的重量也做了三组比较。情况见表2~表4。

表2 1952年春(5月22日)贝壳大小与干贝重量关系表

组别	贝壳高度 /mm	个数	干贝总重 /g	每个干贝平均重 /g
甲	40～49	10	2.3	0.23
乙	50～59	39	21.3	0.55
丙	60～69	201	116.0	0.83
丁	70～79	228	289.3	1.24

续表

组别	贝壳高度 /mm	个数	干贝总重 /g	每个干贝平均重 /g
戊	80～89	52	86.5	1.66
己	90～99	5	10.0	2.00
总计		535	575.4	1.07

表 3　1952 年夏(7 月 14 日)贝壳大小与干贝重量关系表

组别	贝壳高度 /mm	个数	干贝总重 /g	每个干贝平均重 /g
甲	40～49	12	3	0.25
乙	50～59	55	28	0.50
丙	60～69	215	167	0.70
丁	70～79	220	242	1.10
戊	80～89	75	122	1.63
己	90～99	11	26	2.36
总计		588	588	1.00

表 4　1952 年秋(10 月 30 日)贝壳大小与干贝重量关系表

组别	贝壳高度 /mm	个数	干贝总重 /g	每个干贝平均重 /g
甲	40～49	49	10.5	0.215
乙	50～59	271	97.5	0.36
丙	60～69	558	318.0	0.57
丁	70～79	445	350.0	0.78
戊	80～89	146	163.0	1.11
己	90～99	6	7.5	1.25
总计		1475	946.5	0.64

从以上三个表的比较,很显然可以看出:栉孔扇贝春季和夏季比较肥,每个个体所产的干贝平均重量都在1克以上,在秋季比较瘦,每个个体出产的干贝平均重量只有0.64克。干贝边的情形也是一样。表2所列的一组535个个体,干贝边共重633克,平均每个重1.18克;表3所列的一组588个个体,干贝边共重665克,平均每个重1.13克;表4所列的一组1 475个个体,干贝边共重1 393克,平均每个重0.94克。这种情形说明栉孔扇贝的闭壳肌和其他的软体部分是在冬季生长起来的,到春季产卵以后,就逐渐消瘦下去,夏季比春季略瘦,秋季比夏季更瘦。如果把这种情形和贝壳的生长情形比较一下,可以发现它们的生长时期肯定是不相同的。贝壳的增长已如前述,大致是与海水的温度成正比的。海水温度愈高,贝壳的增长愈迅速。因此,在春季以后一直到秋季的这个阶段,贝壳的生长都很快,在冬季贝壳的增长则极慢或完全不生长。与此恰恰相反,闭壳肌和其他软体部分,在春季

以后到秋季的这一阶段,不但没有增长,而且还消瘦了许多,在冬季则是有显著的增长。

表2～表4三个表的资料分析,还可以给我们另外一个启示,就是利用很小的个体制造干贝很不经济。像三个表里所列的丙组以上的个体,在肥的季节,每个扇贝所产的干贝都在1克以下;而丁组以下的个体,除了瘦的季节以外,每个扇贝所产的干贝都超过1克。最近(1956年5月下旬)我们又做了一个简单的统计,用贝壳高度80毫米和60毫米的两种大小的扇贝个体做材料,计算它们每个个体所产干贝的平均产量。结果是72个80毫米的个体做出来的干贝共重130克,平均每个个体产的干贝重量为1.85克;123个60毫米的个体做出的干贝共重111克,平均每个个体只产干贝0.9克,不到前者的1/2。从这些资料看来,应该采捕何种大小的扇贝制造干贝才比较经济,是值得考虑的一个问题。我们认为贝壳高度在60毫米以下的个体肯定是不相宜的,60～69毫米的个体,严格说来也是不十分相宜的。根据图4,从栉孔扇贝的群体组成百分比来看,这种扇贝是以贝壳高度65～75毫米的个体为最多。如果在80毫米以下的个体都不采,在生产实践上可能是比较困难的。所以我们初步认为可以考虑在70毫米以下的个体不采,采到70毫米以下的小个体时应该重新把它放回海里,使它们生长到70毫米以上时(从受精卵发育约生长三年半时间)再采捕利用。

(七)其他与生长有关的问题

(1)食料。食料与任何动物的生长速度都有直接关系,栉孔扇贝也不能例外。我们曾做了这种扇贝的食料分析[1],在扇贝的胃中找到的浮游生物计有矽藻类、双鞭毛藻类、桡足类等,而以矽藻类的角毛属(*Chacetoceras*)、圆筛属(*Coscinodiscus*)、舟形属(*Navicula*)、尼氏属(*Nitzschia*)及曲肋属(*Pleurosigma*)等为最多。这些食料的季节变化和数量多少都影响到扇贝的生长情况,但是究竟哪一种食料的影响如何,或影响到什么程度,还需要更进一步的研究。

(2)寄生虫。根据我们几年来的观察,在栉孔扇贝的贝壳上找到两种寄生动物。一种是环节动物,属于蛰龙介科(Terebellidae)蛰龙介属的一种 *Terebella* sp.,是在贝壳靠近顶部的内面穿孔寄生。它的生活情形与木下虎一郎[3]所记载的在 *Pecten* (*Patinopecten*) *yessoensis* Jay 的贝壳中寄生的环形动物——Spionidae科中的 *Polydora ciliata* (Johnston) 相似。另一种是海绵动物,属于穿贝海绵科(Clinidae)穿贝海绵的一种 *Cliona* sp.,在贝壳内穿孔生活。这种穿贝海绵在扇贝贝壳上寄生的情形,要比蛰龙介普遍得多。由于这两种动物的寄生,栉孔扇贝的生活和生长都受到一定影响。今后对这个问题,还需要做进一步的探讨。

四、讨论

在文首我们曾提到这种扇贝的产量不大,而且过去还有逐年减产的趋势。这种减产的原因,据估计可能是捕捞过度。最近几年来,山东省水产部门在俚岛附近划定了禁捕区域,因为连续有一个时期没有进行捕捞,到1955年开始采捕时,便得到了空前的大丰收。这

---

① 郭玉洁同志代为分析,谨表谢意。

种情形就愈加说明过去逐年减产的原因是酷渔滥捕了。因此,如何根据动物的生活与生长习性来制定有关栉孔扇贝的繁殖保护条例,使干贝的产量保持逐年的平衡和增长,就成为干贝生产上的一个重要问题了。我们根据几年来的研究结果,愿意把以下的意见提出讨论。

(一)关于禁捕日期的问题

我们通过对栉孔扇贝生殖习性的观察,已经确定它在青岛地区的繁殖季节是自5月中旬起7月中旬止,而产卵最盛的时期为5月下旬。东楮岛、俚岛等地区的海水温度与青岛地区没有多大差别,而且根据调查和从生殖腺的检查来看,扇贝在这些地区的产卵时期不会有什么区别。可是在山东半岛,渔民捕捞栉孔扇贝的季节是从5月中下旬开始。这样就使一大部分的扇贝得不到产卵的机会,因而也就严重地影响了它正常的繁殖,因此,我们考虑在制定栉孔扇贝的繁殖保护条例时,应该把它的捕捞期定在产卵盛期以后,最早是在6月初开始,因为这样就能使最大多数的扇贝得到产卵的机会,而且产卵后的个体用来制造干贝,对干贝的产量和质量也没有影响。

(二)关于采捕个体大小的问题

根据栉孔扇贝生长的速度和它各种大小出产干贝重量的比较研究,我们认为比较幼小的个体采来制造干贝是很不经济的。贝壳高度为60～69毫米的个体每个产的干贝平均重量都在1克以下,而70毫米以上的个体每个产的干贝平均重量都在1克以上。贝壳高度80毫米的个体,比60毫米的个体每个所产的干贝重量要多出1倍以上。因此,肯定地说,扇贝的个体愈大用来制造干贝愈是合算,但是由这种扇贝的生长记录看来,个体愈大,生长愈慢。如果等待它长到最大限度时再来利用,似乎需要的时间太长。同时,根据渔民采捕的栉孔扇贝的群体组成来看,它是以65～75毫米的个体为最多的,80毫米以上的个体最多也不过占全数的10%,75毫米以上的个体最多占全数的30%左右。因此,若规定贝壳高度在80毫米或75毫米以下的个体都不采,那就有90%或70%以上的现在所采的个体,都要重新放回海里去了。虽然这种情形在停捕数年以后,或者可以得到改变,但是目前施行,在生产实践上可能还是比较困难的,所以我们考虑贝壳高度在70毫米以下的不采,可能是比较合适的。这样对于出产干贝的重量影响很小,而且70毫米以上的个体(从卵孵化生长约三年半)在群体组成中所占的比例也在50%以上。

参考文献

[1] 木下虎一郎. ホタテ貝の産卵と温度との関系. 北水试旬報, 1934, 230.

[2] 木下虎一郎, 渋谷三五郎, 清水二郎. ホタテガと *Pecten (Patinopecten) yessoensis* Jay の産卵誘発に関する試験. 日本水産学会誌, 1943, 11(5/6).

[3] 木下虎一郎. ホタテガとの増殖に関する研究. 1948, 1-106.

[4] Belding D L. The scallop fishery of Massachusetts. (Including an account of the natural history of the common scallop). *Marine Fisheries Series, Commonwealth of Massachusetts*, 1910(3): 151.

[5] Dakin W J. Pecten. *Liverpool Mar. Biol. Com., Mem.*, 1909, 17: 1-136.

[6] Dalmon J. Note sur la biologie du pétoncle (*Chlamys varia* L.). *Rev. Trav. Pêch. Marit.*, 1935,

8(3): 268-281.

［7］ Dalmon J. Divers modes de sexualité chez les Mollusques Lamellibranches de la famille des Pectinides; changement de sexe et hermaphrodisme transitoire chez *Chlamys varia* L., C. R. *Acad. Sci. Paris*,1938, 207 (2): 181-183.

［8］ Gibson F A. Tagging of Escallops (*Pecten maximus* L.) in Ireland. *Journ. Conseil*, 1953,19 (2): 204-208.

［9］ Jones S K H, Preston H B. List of Mollusca collected during the commission of H. M. S. "Waterwitch" in the China seas, 1900-1903, with descriptions of new species. *Proc. Mal. Soc. London*, 1904, 6 (3): 138-151.

［10］ Tang S F. The breeding of the scallop *Pecten maximus* (L.) with a note on the growth rate. *Proc. & Trans. Liverpool Biol. Soc.* 1941, 54: 9-28.

［11］ Yamamoto G. Induction of spawning in the scallop, *Pecten yessoensis* Jay. *Sci. Rep. Tonoku Univ.*, 1952, ser. 4, 19 (1): 7-10.

［12］ Yamamoto G. Further study on the ecology of spawning in the scallop, in relation to lunar phases, temperature and plankton. *Ibid.*,1952,19 (3): 247-254.

RECHERCHES SUR LA REPRODUCTION ET LA CROISSANCE D'UN PÉTONCLE COMESTIBLE-
Chlamys farreri (Jones & Preston)

TCHANG-SI, TSI CHUNG-YEN ET LI KIE-MIN

(*Marine Biological Laboratory, Academia Sinica*)

Chlamys farreri (Jones & Preston) est la seule espèce comestible de la famille des Pectenidae exploitée dans la partie du Nord de Nos côtes. Elle a été exploitée depuis l'antiquité par des pêcheurs chinois qui fabliquent le "Kinpei" avec le muscle adducteur de ce mollusque. Le "Kinpei" est une marchandise alimentaire marine délicieuse et bien connue en Chine. Ce pétoncle comestible était très abondamment reparti dans les côtes du Nord de la Chine et surtout dans les côtes de Shantung, de Shitao à Jungchung; mais depuis certaines années la production de ce mollusque diminue beaucoup, la marchandise "Kinpei" devenue rare et son prix augmente de plus en plus. La biologie de *Chlamys farreri* est encore mal connue, surtout l'étude de sa reproduction et sa croissance, au point de vue de la protection et de l'élevage, devient très nécessaire et importante. C'est ainsi que nous avons pris cet objet depuis 1951 à 1956. Dans cette note nous avons précisé quelques phases importantes de reproduction et de croissance de la coquille, qui fournissent d'utiles renseignements sur l'âge et la valeur comestible de ce mollusque.

REPRODUCTION

(1) Sexualité-Chez certaines espèces de genre *Chlamys* les sexes sont séparés, chez d'autres ils sont hermaphrodites, *Chlamys farreri* est une espèce dioique. La proportion du nombre d'individus des deux sexes est à peu près égale, mais le nombre des femelles est un peu supérieur à celui des mâles (52.44%) d'après les statistiques de 6025 individus au moment de ponte, le sexe ne peut être identifié qu'à la saison de reproduction par la différence de couleur des glandes génitales (Mâle blanc laiteux, et femelle orangé).

(2) La périodicité de reproduction et la fécondation.—Nous avons précisé la date de reproduction de *Chlamys farreri*. La ponte s'effectue une fois par an, la phase active commence de mai en juillet, la pleine activité de reproduction est au mois de mai. L'animal est en état de reproduire dès l'âge d'un an (hauteur de coquille 38 mm. environ), quelquefois plus tard.

La glande génitale est volumineuse et la quantité des éléments sexuels émis est considérable,ce sont généralement les mâles qui émettent les premiers,et la présence de leur sperme dans l'eau de mer provoque l'émission des oeufs. Le changement brusque de température,diminution ou augmentation de 5 ℃ , provoque aussi l'émission des produits génitaux. La dispersion des produits émis est favorisée par le claquement des valves, des oeufs et des spermatozoides peuvent être ainsi chassés jusqu'à certaine distance de leur point de départ (voir la fig. 1, F, M). Les oeufs sont fécondés dans l'eau de mer, il est différent de ce qu'il passe chez *Chlamys varia* (L.), dont les oeufs sont fécondés dans la cavité palléale des femelles.

(3) Evolution embryonnaire et larvaire.—L'oeuf a un diamétre de 69 à 72 millimètres. La fécondation a lieu dans l'eau de mer, elle ne s'effectue pas dans la cavité palléale comme *Chlamys varia* étudié par Dalmon (1935). Dans chaque des deux premières divisions des oeufs la lobes polaire est bien observée (Pl. Ⅰ. fig. 5,6,8,9) comme chez certaines espèces des autres Lamellibranches: *Mytilus edulis* L., *Ostrea cucullata* Born et *Atrina pectinata japonica* (Reeve). Dans la stade de larve véligère, un long flagellum (quelquefois plusieurs) apparait au centre de vélum (Pl. Ⅱ. fig. 16 à 19) et disparait un ou deux jours après. C'est ce qu'il diffère avec *Mytilus edulis* L. dont le flagellum persitste plus de 10 jours. Au bout de 4 semaines, les valves de larve véligère a une hauteur de 134 μm et une longueur de 146 μm, le pied est formé, la larve rampe sur le fond de vase.

MODALITÉ DE LA CROISSANCE

La vitesse d'accroissement n'est pas uniforme, mais dépend de l'âge, des saisons,des conditions de milieu et des individus. Nous avons fait l'élevege en cage d'une série de lots à l'âge différent de *Chlamys farreri*. Ces cages ont été déposées, au fond rocheux, d'une profondeur de dizaine de metres, dans les différentes baies de Shantung. L'examen mensuel et annuel de la croissance de ces divers âges de pétoncles peut permettre de reconstituer leur existence et de déterminer leur âge (voir le tableau de croissance de la coquille et la figure 2).

L'accroissement de la taille varie avec l'âge, la croissance est nulle pendant la phase de la vie embryonnaire, et elle ne commence à se manifester que dès la larve commence à se nourrir. La croissance de la coquille est plus active pendant la phase de jeunesse. Lorsque intervient la pleine maturité sexuelle, la croissance se ralentit (voir les courbes de la croissance). Le jeune pétoncle à 6 mois possède une coquille dont le diamètre dorso-ventrale varie de 12 à 22 millimètres; le pétoncle à un an possède une coquille dont le diamètre varie de 26 à 33 millimètres; à un an et demi, 47 à 49 millimètres; à deux ans, 52 à 54 millimètres; à deux ans et demi, 63 à 64 millimètres; à trois ans, 67 millimètres; à trois ans et demi, 70 millimètres; à quatre ans, 72 millimètres; à quatre ans et demi,76 millimètres (voir le tableau de croissance de la coquille). La durée de sa vie est au moins cinq ans, car nous avons trouvé des coquilles plus grandes (voir le graphique de population). Dans bien des cas, les mollusques atteignent à l'âge adulte une taille limite qu'il ne dépassera plus, dans d'autres cas, ils accroissent leur taille jusqu'à la fin de leur vie, *Chlamys farreri* appartient à ce dernier cas. Si l'on compare la taille de larve trochophore (taille 74 µm) avec la taille de l'adulte de l'âge à quatre ans et demi (76 mm) donc la taille de *Chlamys farreri* à quatre ans et demi est mille fois plus grande que sa taille primitive.

Les stries d'accroissement de la coquille de *Chlamys farreri* ont été bien observées (Pl. Ⅳ). L'arrêt de croissance en hiver est une dénivellation brusque entre deux zônes d'accroissement, on peut connaître le nombre d'hivernation et par consequent l'âge du *Chlamys farreri*.

L'influence de la température sur la croissance de la coquille est très nette. *Chlamys farreri* a son optimum thermique de croissance très ample (de 14 ℃ à 22 ℃), quand les températures qui s'éloignent de cet optimum provoquent la diminution, puis l'arrêt de la croissance. Les arrêts d'hiver (au-dessous de 5 ℃) de *Chlamys farreri* se remarquent dans les courbes de croissance qui sont en escalier (voir les courbes de croissance Ⅰ - Ⅴ).

Les conditions de milieu ont une influence très remarquable sur la croissance de la coquille, la baie de Litao et la baie de Tungchutao sont plus convenables que Tsingtao, car les pétoncles élevés à Tsingtao accroissent moins vite qu'à Litao et à Tungchutao, le plankton, nouriture de *Chlamys farreri*, excerce sans doute sur la croissance une influence de premier ordre.

Nous avons placé 15 jeunes pétoncles de même âge et de même grandeur (hauteur de la coquille à 12 millimètres) dans une même cage d'élevage, après cinq mois (de 19 octobre 1955 à la mars 1956), les uns atteignent à 20 millimètres de hauteur et les autres à 30 millimètres, donc la croissance varie de 8 à 18 millimètres de hauteur.

Les coquilles de grande taille sont recouvertes très souvent d'une couche de commensaux de tous orders, et quelquefois trouées par *Cliona* et *Terebella.* Ces animaux freinent certainement l'accroissement du pétoncle.

DISCUSSION

En basant sur les phases de reproduction et de croissance, nous considérons que la date de l'exploitation annuelle de *Chlamys farreri* doit commencer au mois de juin après la pleine activité de ponte.

C'est principalement le muscle adducteur qui forme la partie comestible du pétoncle. Les meilleures qualités pour la consommation se rencontrent chez des individus au muscle adducteur encore tendre d'une part et au muscle adducteur à dimension assez grande d'autre part. Ce sont les pétoncles adultes, mesurant audessus de 70 millimètres (hauteur de la coquille) qui possèdent ces qualités. Audessous de 70 millimètres, l'animal est encore en pleine activité et son muscle adducteur n'est pas assez grand. L'exploitation est déplorable, si l'on pêche des pétoncles d'un moule inférieur à 70 millimètres, les pétoncles de cette taille doivent être protegés et défendus de capturer.

图版 I（×400）

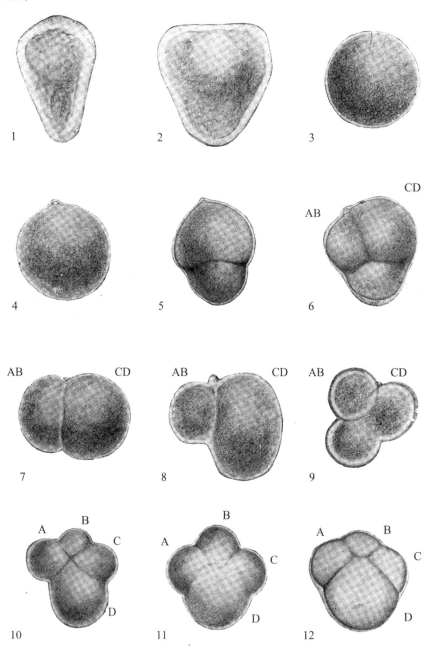

1. 由已近成熟的雌体内吸取出的卵子；
2. 由雌体取出放入海水后的卵子；
3. 受精的卵子；
4. 第一极体生出后的卵子；
5. 第一极叶完全伸出；
6. 第一次分裂在动物极分出 AB 和 CD 两个大小不等的细胞，第一极叶起首向 CD 细胞退回；
7. 第一次分裂完成，第一极叶缩入 CD 细胞内，形成 AB 和 CD 两个细胞；
8-9. 第二极叶由 CD 细胞生出；
10. 第二次分裂正在进行，第二极叶开始向 D 细胞缩入；
11-12. 第二次分裂完成，形成 A、B、C、D 四个细胞，第二极叶几乎完全缩入 D 细胞内。

图版 II（×400）

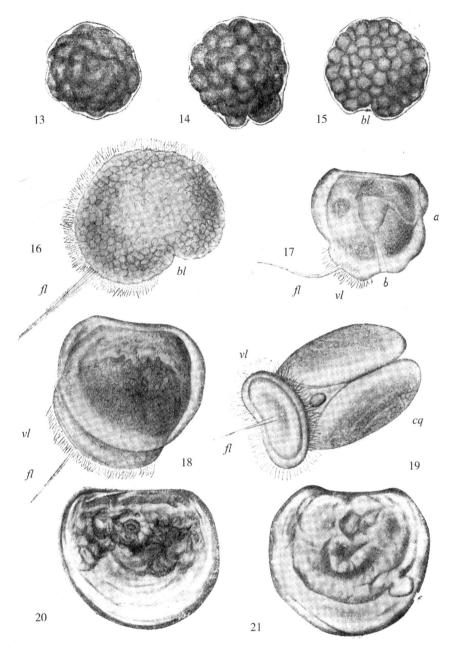

13. 卵子继续分裂形成近似桑葚胚；
14. 囊胚（Blastula）；
15. 原肠胚（Gastrula），bl. 胚口；
16. 担轮幼虫（Trochophore），bl. 胚口，fl 鞭毛；
17. 面盘幼虫（Veliger），a. 肛门，b. 口，fl. 鞭毛，vl. 游泳盘；
18-19. 游泳状态的面盘幼虫，cg. 贝壳，fl. 鞭毛，vl. 游泳盘；
20. 发育 10 天左右的面盘幼虫，游泳盘缩入壳内，壳的铰合线呈直线（直线铰合幼虫）；
21. 发育更前进的面盘幼虫，贝壳的铰合线稍凹。

图版 Ⅲ

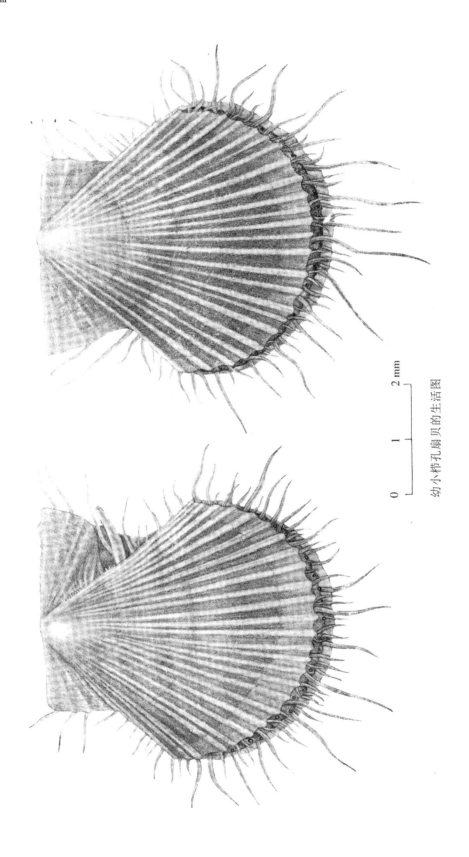

幼小栉孔扇贝的生活图

图版 Ⅳ

栉孔扇贝的各龄个体

1.6 个月(当年生);2.1 年;3.1 年 6 个月;4.2 年;5.2 年 6 个月;6.3 年;7.3 年 6 个月;8.4 年;9.4 年 6 个月;10.5 年。

问题解答①

问：软体动物中蚌、螺蛳或田螺的生殖经过是怎样的？——生殖器官、生殖过程和生殖季节是怎样的？

答：软体动物包含的种类极多，现在已经发现的有十几万种，是动物界中仅次于节肢动物的一个大门。它的分布很广：有的生活在高山，有的生活在平原，有的生活在池沼或江湖中，也有的生活在海洋中。它的生活方式也有许多种：有的营固着生活，有的穴居，有的在草原、森林或水底爬行，有的在水中自由游泳，还有少数种类营寄生生活。因此它们所表现的特征和习性便有千差万别了。

在分类学上软体动物分为五纲：

双神经纲：是最原始的软体动物，完全是海产，包括石鳖类。

腹足纲：包括具有一个贝壳的软体动物，有陆生、淡水生和海生，例如蜗牛、田螺和鲍鱼等。

掘足纲：贝壳形状如牛角，完全为海产，例如角贝。

瓣鳃纲：包括具有两个贝壳的软体动物，有淡水生和海生，如蚌、蚶、牡蛎等。

头足纲：包括自由游泳的一群软体动物，完全为海产，例如乌贼（墨鱼）和章鱼。

从这五纲所包括的不同类型的代表，我们便可以了解软体动物所包括的种类是如何复杂了。虽然如此，它们在一些主要特征上却还是一致的，例如它们的神经系统一致、都有作为保护器官的外套膜和由外套膜分泌的贝壳以及大部分种类都有齿舌等，所以它们还是应该包括在一个门的范围之内。

软体动物的繁殖情形也随着种类的不同有很大差别，蚌是雌雄异体，有一对生殖腺，位于足的上部包于消化管的外围，在生殖细胞成熟时生殖腺极肥大。繁殖季节约在秋季。卵子成熟后排至母体的外套腔内鳃叶之间，精子直接排至水中，由水流而进入雌体外套腔内与卵子遇合而受精。受精卵即在鳃叶间孵化，在那里形成带有两壳的瓣钩幼虫，瓣钩幼虫即在鳃叶间越冬，至第二年春季排至水中寄生在鱼类的鳍上，经一两个月后再离开宿主，沉入水底发育成正常的蚌。

蚶和牡蛎与蚌都是属于瓣鳃纲的种类，繁殖情形大体相似，但也有不同。蚶的卵子和精子成熟后完全排至海水中受精。卵子发育经过自由游泳的幼虫时期而变为成体。牡蛎的繁殖情形有两类：有的和蚶相同，卵子和精子成熟后都排至海水中受精，称为卵生型；有的卵子成熟后排至母体鳃叶间受精，幼体在鳃叶间发育，称为幼生型。蚶和牡蛎都与蚌不

① 齐钟彦：载《动物学通报》，1957年第3期，科学出版社。

同,没有寄生的阶段。

　　田螺是雌雄异体,有一个生殖腺,位于内脏囊的背面顶部,雄性的右触角较左侧者粗短,形成交接器,繁殖季节可能是在春季。经交尾而受精。卵子在子宫中发育,称为卵胎生,情形如来信所说。蜗牛不同,卵子是成粒排至掘好的土穴中。

　　软体动物中除了瓣鳃类以外都有齿舌(其中也有个别种类没有齿舌,但为数是极少的)。因此有人将双神经纲、腹足纲、掘足纲和头足纲共称为有舌类,而将瓣鳃纲称为无舌类。软体动物尤其是腹足类齿舌的形态是区别种类的重要特征。螺蛳和田螺都属于腹足纲,都有齿舌。你没有找到是因为没有找对地方或是找到了而不能辨认。自吻的背面剪开,可以见到口腔中有发达的红色肌肉球,称为口球,在口球中央有一长的带状器即为齿舌。齿舌基部包于一肌肉鞘中,上端外露。因为齿舌上附着有肌肉,齿舌的形态不易观察,应该放在百分之十的苛性钾溶液中(或用碱亦可)煮一下,使附着的肌肉脱落就可以看清楚了,因为齿舌一般都不大,须放在解剖镜或显微镜下观察。田螺的齿舌上排列着很多小齿。这些小齿排列得非常整齐,纵列为一百多列,横列为七排,中央一个宽而短,略呈四方形,称为中央齿,中央齿两侧各有一个长方形的侧齿,侧齿外侧各有两个长形缘齿,这些小齿的尖端都具有齿尖(图)。蜗牛的齿舌上具有更多的舌齿,形态更为复杂。

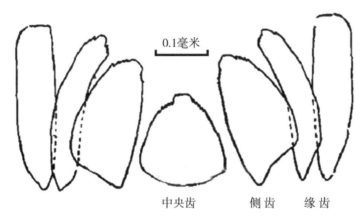

0.1毫米

中央齿　　　侧齿　　缘齿

图　田螺科螺蛳 *Margarya melanoides* Nevill 的舌齿
与田螺的齿舌基本相同。这是一横列,整个齿舌包括这样的横列一百多行

中国南部沿海船蛆的研究 I [1]

这篇文章是继《中国北部沿海的船蛆及其形态的变异》(1955),对我国沿海船蛆种类记载的另一篇报告。在我国北部沿海船蛆的种类很少,只有船蛆[Teredo (Teredo) navalis L.] 和萨摩亚船蛆[Teredo (Lyrodus) samoaensis Miller] 两种。但是在我国南部沿海,特别是南海地区,因为邻近热带,船蛆的种类是比较多的。可惜截至本篇文章发表以前,对这一区域内的船蛆种类还一直没有记载过。我们从 1953 年到 1957 年曾先后在浙江省、广东省、北部湾、海南岛、江苏省、福建省沿岸进行了软体动物的采集和调查工作,对船蛆科的种类也特别进行了搜集。本文所叙述的种类是这些材料中的一部分,另外一部分因为标本和文献都需要再为补充,所以还有待于今后陆续整理发表。

在这篇文章中我们一共记述了 10 种,分别属于 2 属 6 亚属,其中有一个亚属是新亚属——假双杯亚属 Subgenus *Pseudodicyathifer*。这些种类中除船蛆[Teredo (Teredo) navalis L.] 一种以外,在我国沿海都是首次记录。

种属的检索表

甲．铠片由许多节组成···节铠船蛆属 Genus *Bankia*

 乙．铠柄粗短,铠片各节呈 V 形,节间排列紧密···

         密节铠船蛆 *Bankia (Bankiella) saulii* (Wright)

 乙乙．铠柄细长,铠片各节呈钟形,节间排列不紧密···

      钟形节铠船蛆 *Bankia (Bankiella) campanellata* Moll & Roch

甲甲．铠片不分节···船蛆属 Genus *Teredo*

 乙．铠片末端具有伞状肋·················杓铠船蛆 *Teredo (Teredora) clava* Gmelin

 乙乙．铠片末端无伞状肋

  丙．铠片石灰质部分呈杯状,末端凹陷呈弧口

   丁．铠片末端边缘整齐,中央线上无裂缝或突起

    戊．铠片由一个杯体组成

     己．铠片较短,基部向下延伸包被铠柄成鞘状········长柄船蛆

     Teredo (Teredo) parksi Bartsch

[1] 张玺、齐钟彦、李洁民(中国科学院海洋生物研究所):中国科学院海洋生物研究所调查研究报告第57 号。载《动物学报》, 1958 年 9 月第 10 卷第 3 期, 242 ~ 264 页,科学出版社。

马绣同同志参加了标本采集工作,赵霭劬和李琪两位同志担任了制图工作,谨表谢意。

己己．铠片较长，基部不向下延伸包被铠柄……………………船蛆

Teredo (*Pseudodicyathifer*) *navalis* Linné

戊戊．铠片由两个杯体重叠组成……………………………套杯船蛆

Teredo (*Teredo*) *massa* Jousseaume

丁丁．铠片末端边缘不整齐，中央线上有突起及裂缝…………裂铠船蛆

Teredo (*Pseudodicyathifer*) *manni* (Wright)

丙丙．铠片石灰质部分不呈杯状，末端边缘不凹陷成弧口

丁．铠片末端分叉………叉铠船蛆 *Teredo* (*Lyrodus*) *furcifera* Martens

丁丁．铠片末端不分叉

戊．铠片呈指甲形…………………………………………狄氏船蛆

Teredo (*Teredora*) *diederichseni* Roch

戊戊．铠片近长方形………………巨铠船蛆 *Teredo* (*Psiloteredo*)

megotara Hanley

节铠船蛆属 Genus *Bankia* Gray，1840

Subgenus *Bankiella* Bartsch, 1921

一、密节铠船蛆 *Bankia* (*Bankiella*) *saulii* (**Wright**)

（图版Ⅰ，图 1～5）

1866 *Nausitora saulii* Wright, Trans. Linn. Soc. London, XXV, p. 567, pl. LXV, figs. 9-15.

1875 *Teredo saulii* (Wright), Sowerby in Reeve, Conch. Icon. XX, pl. Ⅲ, figs. 10a, b, c, d.

1920 *Xylotrya saulii* (Wright), Calman, Proc. Zool. Soc. London, p. 398, figs. 4,5.

1926 *Nausitora saulii* Wright, Lamy, Journ. de Conchy. vol. 70, p. 272.

1931 *Nausitora saulii* Wright, Moll & Roch, Proc. Malac. Soc. London, XIX, p. 211, fig. 28.

1931 *Nausitora saulii* Wright, Roch und Moll, Miteil. Zool. Staats. Zool. Mus. Hamburg, 44, pl. 16.

贝壳：根据我们所检查过的 40 多个标本看来，壳的变异不是很复杂。大多数的材料可用图版Ⅰ，图 1、3 为代表说明；前者是较老的壳，也是在我们的标本中比例数较多的壳；后者是较年轻的壳。

较老的贝壳相当强大，坚厚。背部边缘有广阔的侵蚀痕。前区相当大，其背部边缘遭受破坏的痕迹显著，胅胝窦（或称前前区）中等大、浅，覆盖于壳面的部分狭。前区的刻肋粗，可见的近 40 条，此区与中区的缝合线凹入中区深。前中区广大，约为中中区与后中区之和的 1.5 倍，表面具粗壮的刻肋近 40 条；中中区表面粗糙，微显凹陷；后中区甚狭窄，生长纹可见。后区极狭窄，仅可辨别其存在。壳内面中中区的界限不明显，后区伸入中区的部分很深，内缘腹侧与中区愈合，背侧游离，具有纵行的、极细的生长纹。壳内柱宽，呈舌

刮状。

较年轻的贝壳,前区和前中区的刻肋间还略显透明。前中区比老年的贝壳窄得多,后中区略大于前中区。后区比老年的贝壳大。

另外我们还检查了一个遭受严重破坏的贝壳,这个壳小而薄。在背部边缘,侵蚀痕极严重,并形成一深沟。前区强大,胁胝窦深,其附近表面具有强大的压痕,在壳面上并有一宽而浅的沟。前区与中区的缝合线几乎成为斜向中区背侧的一条直线。中中区、后中区及后区已完全被侵蚀,仅余前中区。前中区表面有强大的刻肋30余条。由测量表第3号标本可知此贝壳与同一动物的铠相比较显然是太小了。

铠:铠因年龄的不同有显著的差异。较年轻的标本铠的杯体表面具有显明的肋状突起,这种突起随年龄的增长而逐渐消失,以至完全不显。

较老年的铠(图版Ⅰ,图2)铠片长大,外侧突出,内侧扁平,由18个杯体套合而成。每一杯体的杯壁坚厚,表面没有肋状突起。杯体的外侧游离缘整齐,中央凹陷,两侧略伸展,呈Ⅴ形。杯体内侧游离缘亦整齐,略呈波状弯曲。铠片末段中部常被磨损露出中轴,铠柄很短,约为铠片长度的2/5,基部尖细,呈锥状。

较年轻的铠(图版Ⅰ,图4),与较老的铠主要区别是:杯体的壁很薄,外面具有显明的肋状突起。此种肋状突起在基部杯体上较少而渐至末端渐多。

以上两种情况的铠所显示的区别毫无疑问是很大的,但是在它们中间有许多个体具有或多或少的、显明或不显明的肋突(图版Ⅰ,图5),如果联系这些中间的形态就很难划清它们中间的界限了。

贝壳和铠的测量:

测量部位 标本号数	壳高 /毫米	壳长 /毫米	铠全长 /毫米	铠片长 /毫米	铠片宽 /毫米	铠柄长 /毫米
1	7.3	7.4	14.0	10.0	2.6	4.0
2	4.3	4.9	10.5	7.6	2.1	2.9
3	3.9	3.2	14.0	9.4	1.6	4.6
4	6.8	6.3	12.0	8.5	2.3	3.5
5	4.5	4.3	9.6	8.0	1.4	1.6

分布:据记载,这种船蛆仅在南半球发现,分布在澳大利亚、新西兰及秘鲁等地。我们的标本采自浙江省黄岩县的海门和广东省的珠海县及宝安县。浙江省的标本全部是从木材中采得;广东省的标本除采自木材中的以外,还有采自生活在河口附近的红树(Mangrove)中的。在100多个标本中动物的体长最大的是830毫米。

附注:以往著者大多将这种船蛆归于 *Nausitora* 属中,但根据他们所给的图来看则是与 *Nausitora* 属有差别的,应该是与 *Bankia* 属中的 *Bankiella* 亚属相近的。*Nausitora* 属的主要特征是铠片外侧各节末端愈合并有一厚的壳质膜包被。这种船蛆的铠不是如此,拉密(Lamy)也曾提到这种船蛆的铠片各节排列甚密,末端游离缘呈Ⅴ形,无齿与 *Bankiella* 相似。因此我们将它置于 *Bankia* 属的 *Bankiella* 亚属中。

二、钟形节铠船蛆 *Bankia*（*Bankiella*）*campanullata* Moll & Roch

（图版 II，图 1～3；图版 III，图 1～3）

1875 *Teredo campanulata* Deshayes, Sowerby, in Reeve, Conchol. Icon. XX, pl. II, fig. 9 a, b,c.

1893 *Teredo campanulata* Deshayes, Clessin, Conch. Cab. 2nd ed., p. 69, pl. XIV, figs. 12–14.

1926 *Bankia campanulata* Deshayes, Lamy, Journ. de Conchyl. vol. 70, p. 274.

1931 *Bankia campanulata* Moll & Roch, Proc. Malac. Soe. London, vol. XIX, p. 215, pl. 25, fig. 43.

这种船蛆在北部湾的涠洲岛及海南岛的莺歌海都曾采到。涠洲岛的标本都是采自木柱里的,莺歌海的标本都是采自张网的竹架内的。这两个地区的标本贝壳和铠都有一定程度的差别(图版 II、III)。

贝壳:贝壳中等大,背部边缘侵蚀痕稍凹陷。前区中等大,胼胝窦浅,突出壳面的部分极低,表面具有刻肋约 40 条。前区与中区之间的缝合线稍凹入中区。前中区不宽,刻肋细,排列较紧密,约计 27 条;中中区狭窄,稍低于前中区而与后中区的分界处则几乎在一个平面上;后中区广大,生长轮脉不够明显。后区大,稍透明,有生长纹。壳内面中中区呈显明的带状,壳内柱呈宽片状,长度近于壳长的 2/3。

莺歌海的标本贝壳更向外凸,背部边缘侵蚀痕宽,并形成一深沟。前区大,胼胝窦大、深,表面具有较大的刻肋 70 余条。前区与中区的缝合线凹入中区深。中区相当宽:前中区宽,刻肋细密,约计 41 条;中中区中等宽,微微凹陷;后中区的宽度小于前中区,表面有细密的生长纹。后区很小,透明。

铠:铠极细长,铠片由多数被有黄褐色角质膜的钟形体组成,这些钟形体的中央为铠柄延伸的中轴贯穿成串,我们所检查的标本除图版 II 图 3 以外,末端均已折断。每一钟形体的基部细,末端稍膨大,末端的游离缘中央凹陷形成弧口,外侧的弧口较内侧者深。每两个钟形体之间可露出中轴。铠柄细长,呈棒状。

莺歌海的标本铠的形状稍有不同。钟形体较宽而短,两个钟形体之间的中轴不显露(图版 III,图 2、3)。

贝壳和铠的测量:

测量部位 标本号数	壳高 /毫米	壳长 /毫米	铠全长 /毫米	铠片长 /毫米	铠片宽 /毫米	铠柄长 /毫米
1	5.2	5.4	20.4	9.7	0.8	10.7
2	4.7	4.8	14.0	7.3	1.3	6.7
3	5.1	4.8	10.8	4.9	1.2	5.9
4	5.5	4.7	14.1	7.2	0.8	6.9
5	4.0	4.8	8.0	5.0	1.0	3.0

分布：据我们所知，记载这种船蛆的文献中对它的产地都不详。我们的标本采自北部湾的涠洲岛和海南岛的莺歌海。

船蛆属 Genus *Teredo* Linné，1758

Subgenus *Teredo* Linné

三、船蛆 *Teredo*（*Teredo*）*navalis* **Linné**

1758 *Teredo navalis* Linné, Syst. Nat., ed. X, p. 651.

1825 *Teredo navalis* Linné, Blainville, Man. Malac., p. 579, pl. 81, figs. 6a-6b.

1851 *Teredo batavus* Spengler, Gray, Ann. Mag. Nat. Hist., 2nd ser. VIII, figs. 3-4.

1856 *Teredo navalis* Linné, Fischer, Journ. de Conchyl., V, p. 134.

1858 *Teredo navalis* Linné, A. Adams, The genera of recent mollusca, Bd. 2, p. 333.

1860 *Teredo marina* Sellius, Jeffreys, Ann. Mag. Nat. Hist., ser, 3, Bd. 6, p. 124.

1860 *Teredo marina* Sellius, Jeffreys, Ibid., p. 291.

1860 *Teredo marina* Sellius, Reeve, Elements of Conchology, pp. 172-174. pl. 46, fig. 248.

1862 *Teredo navalis* Linné, Chunu, Man. Conch., II, p. 11, fig. 59.

1862 *Teredo navalis* Linné, Tryon, Proc. Acad. Nat. Sc. Philad., XIV, p. 468.

1865 *Teredo navalis* Linné, Jeffreys, British conchology, III, p. 171.

1865 *Teredo navalis* Linné, var. occlusa, Jeffreys, Ibid., p. 172.

1869 *Teredo navalis* Linné, Jeffreys, Ibid., V, p. 194, pl. LIV, fig. 2.

1875 *Teredo navalis* Linné, Sowerby, "Monograph of the genus Teredo" in Reeve: Conchologia iconica. XX, pl. I, fig. 1a-1b & pl. 2, fig. 1a.

1883 *Teredo navalis* Linné, Daniel, Journ. de Conchyl. 31, p. 224.

1887 *Teredo navalis* Linné, Fischer, Manuel de Conchyliologie et de paleontologie conchyliologique ou histoire naturelle des mollusques vivants et fossiles. Paris, p. 1138.

1893 *Teredo navalis* Linné, Clessin, "Die Familie Pholadea" in Martini-Chemnitz: Systematisches Conchylien-Cabinet. 2nd, XI, p. 67, pl. 15, figs. 3-6.

1893 *Teredo japonica*, Clessin, Ibid., p. 78, pl. 20, figs. 9,10,11.

1898 *Teredo navalis* Linné, Bucquoy, Dautzenberg, Dollfus, Les Mollusques marins du Roussillon II, p. 805.

1900 *Teredo navalis* Linné, Pallary, Coquilles marines du littoral du department d'Oran. Journal de Conchyliologie, 48, p. 413.

1920 *Teredo navalis* Linné, Calman, Proc. Zool. Soc. London, p. 392-394, fig. 1.

1922 *Teredo navalis* Linné, Lamy, Bull. Mus. Nat. Hist. Nat. 28, p. 177.

1922 *Teredo navalis* Linné, Bartsch, Bull. U. S. Nat. Mus. 122, pl. 32, fig. 2.

1922　*Teredo* (*Teredo*) *beaufortana*, Bartsch, Ibid., p. 22, pl. 32, fig. 1.

1922　*Teredo* (*Teredo*) *beachi*, Bartsch, Ibid., p. 18, pl. 20, fig. 1.

1926　*Teredo navalis* Linné, Lamy, Journ. de Conchyl. vol. 70, pp. 215-219.

1929　*Teredo navalis* Linné, Roch & Moll, Mitt. Zool. Staatsinst. u. Zool. Mus. Hamburg, 44, p. 12-13.

1929　*Teredo sinensis* Roch, Roch & Moll, Ibid., p. 13, pl. Ⅱ, fig. 11.

1931　*Teredo navalis* Linné, Arkiv. for Zoologi, Vol. 22a, n. 13, pp. 16-17.

1931　*Teredo navalis* Linné, forma borealis, Roch, Ibid., pp. 27-28.

1931　*Teredo navalis* Linné, Moll & Roch, Proc. Malac. Soc. London, 19, p. 209.

1934　*Teredo navalis* Linné, Roch, Teredinidae Морей СССР Зоологический Журнал, 13(3), pp. 442-445.

1935　*Teredo navalis* Linné, Roch, Die Terediniden des Schwarzen Meeres. Mitt. a. d. Kgl. Natwiss, Instituten Sofia, vol. 8, p. 8-15, pl. 1, figs. 3-5.

1936　*Teredo navalis* Linné, Calman, Marine boring animals injurious to submerged structures, British Museum (Natural history) Economic series no. 10, p. 8, fig. 1; p. 16, fig. 5.

1940　*Teredo navalis* Linné, Moll, Die Teredinen im Koeniglichen museum fuer naturkunde zu Bruessei, Mus. Royal d'Histoire naturelle de Belgique, ⅩⅥ, n. 22, p. 2.

1940　*Teredo navalis* Linné, Roch, Die Terediniden des Mittelmeeres, Thalassia, Rovigno Ⅳ, 3 pp. 25-37, fig. 7.

1955　*Teredo navalis* Linné, 张玺, 齐钟彦, 李洁民, 中国北部海产经济软体动物, p. 71-72, pl. ⅩⅩⅢ, figs. 1-2。

1955　*Teredo navalis* Linné, 张玺, 齐钟彦, 李洁民, 中国北部沿海的船蛆及其形态的变异, 动物学报, 7 卷 1 期, p. 4-12, pl. Ⅰ- Ⅲ。

贝壳小,长度较高度略大。壳前区小,表面具有刻肋 15 ～ 20 条。前中区表面的刻肋有 15 条左右,后中区宽,表面光滑,后区的变化甚大。壳内面后区伸入中区的部分游离,壳内柱长度约为壳长的 1/2。

铠呈桨状,铠片外侧圆突,内面平,从铠片基半部的末端环生若干层互相黏着的角质膜,角质膜的末端向两侧延伸成为两角,两角之间凹陷呈弧口状,中空呈环状,弧口的外缘较内缘为低。铠柄呈棒状,长度约为铠长的 1/2。

分布:这种船蛆分布较广,整个欧洲沿海自英国、挪威以至黑海、地中海都有;非洲的阿尔及利亚,美国东、西岸,秘鲁,亚洲的日本等地均有分布。我国沿海分布亦甚广,自渤海、黄海至南海都曾发现。东、南海的标本采自浙江省的象山石浦、玉环坎门、乐清,福建省的霞浦、平潭、厦门,广东的汕头、汕尾,广西的涠洲岛、防城,海南的清澜港、莺歌海、西沙群岛等地。

四、长柄船蛆 *Teredo*（*Teredo*）*parksi* **Bartsch**

（图版Ⅳ，图 7～9）

1921 *Teredo* (*Teredo*) *parksi*, Bartsch, Proc. Biol. Soc. Washington, 34: 25.

1924 *Teredo parksi* Bartsch, Miller, Univ. Calif. Publ. Zool. 26: 146, pl. 9, figs. 6-15.

1926 *Teredo parksi* Bartsch, Lamy, Journ. de Conchyl. 70: 224.

1938 *Teredo* (*Teredo*) *parksi* Bartsch, Dall, Bartsch & Render, Bernice P. Bishop Mus. Bull. p. 153, pl. 53, figs. 1-3.

1942 *Teredo* (*Teredo*) *parksi* Bartsch, Edmondson, Occ. pap. Bernice P. Bishop Mus. pp. 106-108, figs. 3a-c.

贝壳很小。近球形。背部边缘侵蚀痕凹陷浅。壳前区中等大，胖胝窦大而深，覆于壳面的部分相当宽，表面刻肋可见的 38 条，肋间距离不很紧密。前中区的宽度约占中区的 1/3，刻肋约计 20 条，排列紧密；中中区中等宽，稍凹陷，呈带形；后中区的宽度约等于前中区及中中区之和，生长轮脉可见。后区大，半透明，生长轮脉清楚。贝壳内面中中区清楚，带状。后区伸入中区的部分的边缘游离。壳内柱很宽，其长度约为壳长的 2/3。

铠小，铠片宽而短，略呈长方形，末端中央凹陷呈深杯状。铠柄长，呈棒状。铠片可分为两个部分：基半部由石灰质构成，白色，略透明，基部延伸成鞘状套于铠柄上；末半部由角质构成，黄褐色，末端游离缘向两侧延伸成角状，两角之间形成弧口，弧口外侧的较内侧的为深。在铠片的基半部和末半部之间有一凹陷的浅沟，在浅沟的上方，角质部分的外侧具有一个弧形的突起。

贝壳和铠的测量：

测量部位 标本号数	壳高 /毫米	壳长 /毫米	铠全长 /毫米	铠片长 /毫米	铠片宽 /毫米	铠柄长 /毫米
1	3.6	3.5	3.4	1.3	0.9	2.1
2	3.7	3.6	3.7	1.5	1.0	2.2
3	—	—	3.8	1.3	1.1	2.5
4	2.0	2.1	1.6	0.6	0.9	1.0
5	2.2	2.2	2.1	0.8	0.7	1.3

分布：分布于太平洋诸岛，曾在马来西亚、菲律宾群岛、夏威夷群岛发现。我国沿海只在南海发现。标本采自广西的防城企沙、广东的汕尾和海南岛的莺歌海。防城企沙的标本系采自在沿岸生活的红树中；汕尾的标本是从海中漂来的木柱中采到的；海南岛莺歌海的标本是从渔民的张网竹架中采到的。

五、套杯船蛆 *Teredo*（*Teredo*）*massa* **Jousseaume**

（图版Ⅳ，图 3～6）

1923 *Teredo massa* Jousseaume, Lamy, Bull. Mus. Hist. Nat. ⅩⅩⅨ, p. 176.

1926　*Teredo massa* Jousseaume, Lamy, Journ. de Conchyl. 70:222.

1931　*Teredo massa* Jousseaume, Roch und Moll, Mitt. Zool. Staats. Zool. Mus. Hamburg, 44；14, fig. 13.

贝壳很小,近球形,背部边缘侵蚀痕清楚。前区中等大,胼胝窦小而深,边缘稍突出壳面,表面刻肋相当粗,约40条,排列相当密。前区与中区间的缝合线凹入中区。前中区宽,具刻肋21条;中中区表面粗糙,呈带状浅沟;后中区较前中区稍宽,具生长轮脉。后区小,半透明,边缘不翻卷。贝壳内面后区深入中区的部分相当宽,游离缘腹侧与中区贴合,背侧仍游离。

铠小,铠片宽短,末端稍大,由两个漏斗状体互相套合所构成,外面的漏斗状体由石灰质构成,内面的漏斗状体(图版Ⅳ,图6)由角质构成,壁厚,黑色,基半部套入外面的石灰质的漏斗内,末半部突出向两侧延伸成钝角。两侧钝角之间的边缘凹陷呈弧口状,内外缘弧口的深度略相等。铠柄粗,呈棒状,长度约与铠片相等。

贝壳和铠的测量:

测量部位 标本号数	壳高 /毫米	壳长 /毫米	铠全长 /毫米	铠片长 /毫米	铠片宽 /毫米	铠柄长 /毫米
1	2.5	2.5	1.9	0.9	1.1	1.0
2	2.9	2.7	1.9	1.1	0.9	0.8
3	3.3	3.2	3.2	1.6	1.2	1.6
4	3.0	3.7	2.9	1.6	1.2	1.3
5	—	—	2.4	1.2	1.0	1.2

分布:红海、南非的德班(Durban)。我们的标本共采到6个,全是采自海南岛莺歌海张网的竹架内的。

Subgenus *Pseudodicyathifer* Subgenus nov.

铠片宽短,呈盘状,铠片的外壁外侧圆凸,末端边缘凹陷呈新月形;内壁内侧平,内壁外侧中央具有一个纵的、低微的嵴状突起,突起末端显明,常裂开形成一个浅缝。突起的两侧边缘稍凹。铠柄粗壮,呈棒状。

模式种:*Teredo manni* (Wright)

六、裂铠船蛆 *Teredo*（*Pseudodicyathifer*）*manni*（**Wright**）

（图版Ⅴ,图1～5;图版Ⅵ,图1～4）

1866　*Kuphus? manni* Wright, Trans. Linn. Soc. London, XXV, p. 565, pl. LXV, figs. 1-8.

1893　*Kuphus manni* Wright, Clessin, Conch. Cab., 2nd ed., p. 80,. pl. 21, figs, 1-6 et figs. 10-11.

1920　*Teredo manni* (Wright), Calman, Proc. Zool. Soc. London, 1920 p. 395, text- figs. 2-3.

1926 *Teredo manni* (Wright), Lamy, Journ. de Conchyl, vol. 70, p. 205, 240, 243, 251, 284.

1936 *Dicyathifer caroli* Iredale, Iredale, Destruction of timber by marine organisms. Sydney Chapter Ⅱ, p. 38, pl. Ⅰ, figs. 16-25.

壳较大,近球形,表面具有棕色外皮,背部边缘侵蚀痕宽。较老的壳(图版Ⅵ,图1),前区较大,胼胝窦很浅,翻贴于壳面的胼胝部分很小,但其附近有广阔的压痕;表面刻肋粗壮,排列紧密,可见的有60余条。前区与中区的缝合线凹入中区较深。前中区极宽,刻肋粗壮,排列较前区上的更加紧密;中中区中等宽,表面粗糙;后中区极狭,略宽于中中区。后区极狭,多少可看出其存在。壳内面后区伸入中区的部分与中区完全愈合,但从这一标本还能看出愈合的痕迹,因而可以断定后区伸入中区的部分是较深的。

较年轻的壳(图版Ⅵ,图2)与上面所描写的壳差异很大。这是遭受侵蚀很小的个体。壳的大小与前面所描写的相近似,但壳质薄,背部边缘侵蚀痕弱。前区与其强大的中区相比较显得相当小,略呈三角形,胼胝窦浅,表面刻肋较稀,可见的约计42条。前区与中区之间的缝合线微微凹入中区。前中区狭窄,约等于全中区的1/4,刻肋细密约25条;中中区狭;后中区宽大有生长轮脉。后区强大,边缘稍向外翻转。壳内面,后区伸入中区的部分与中区完全愈合,看不出痕迹,这是本种普遍的现象,上面所描写的能看出痕迹的情况是较个别的。壳内柱狭,呈片状,长度大于壳长的2/3。

铠相当大,健壮。铠片宽短,基部细,末端膨大,中空,呈盘状。铠片的外壁外侧圆凸,末端边缘凹陷极深呈新月形;内壁内侧平,末端边缘中央凸出形成左右两个很浅的弧口。内壁外面中央具有一个纵的、低微的嵴状突起,此突起在接近末端处较为显明并且裂开形成一浅缝(图版Ⅴ,图3、5)。这种浅缝一般在年青的个体较深而显明(图版Ⅴ,图5),在较年老的个体则逐渐缩短,不显明。但是也有一些个体年龄不一定老,裂缝也完全不显(图版Ⅴ,图4)。在同一动物体的两个铠有时也可以是一个有裂缝而另一个完全看不出裂缝的痕迹来(图版Ⅴ,图2、3)。铠片内壁外面中央线上的嵴状突起随个体不同差异也很大,有些个体可以完全看不出来(图版Ⅴ,图4)。铠柄粗壮,呈棒状。

贝壳和铠的测量:

测量部位 / 标本号数	壳高 /毫米	壳长 /毫米	铠全长 /毫米	铠片长 /毫米	铠片宽 /毫米	铠柄长 /毫米
1	6.8	7.5	8.8	4.4	3.5	4.4
2	8.1	8.5	6.2	2.8	3.0	3.4
3	5.0	5.0	10.6	6.4	4.0	4.2
4	6.6	6.8	5.5	3.3	3.5	2.2
5	11.3	11.4	7.6	3.4	3.6	4.2

分布:新加坡、澳大利亚的昆士兰(Queensland)。我们采到的约200个标本分别采自广东台山县的横山、阳江县的东平、东海县,广西北部湾内防城县的企沙,海南岛的清澜港

和三亚港等。其中除三亚港的标本是采自破船中的以外，全部是采自生活于河口附近的红树中的。标本最大的个体长达 221 毫米。

附注：这种船蛆是 1866 年瑞特（Wright）根据新加坡的材料而描写的，当时订名为 *Kuphus manni*。1920 年卡尔曼（Calman）用澳大利亚东岸布里斯班（Brisbane）的标本定名为 *Teredo manni* (Wright)。艾尔达尔（Iredale）1932 年在约克孙港（Port Jackson）软体动物船蛆科的分类报告里记载了昆士兰（Queensland）的一个新属 *Dicyathifer*，以卡尔曼的 *Teredo manni* 为属的模式种。其后艾氏（1936）又在南昆士兰的船蛆里研究了布里斯班的材料。他认为 *Kuphus manni* Wright 与昆士兰的材料极相似，只有极小的区别。但卡尔曼所给的水管的描写和图是两个水管的分歧从基部开始，而瑞特的图两个水管的基部是愈合的，所以他将卡尔曼的 *Teredo manni* 改称为 *Dicyathifer caroli* Iredale 作为 *Dicyathifer* 属的模式种。

我们检查了约 150 个标本，其水管的分歧都是从基部开始的，与卡尔曼的描写和图相符合。虽然如此，如果让我们把这些材料同瑞特的 *Kuphus manni* 区分出来却感到十分困难，而且要我们把 *Kuphus manni* Wright 和卡尔曼的 *Teredo manni* (Wright) 根据他们所给的图区分成为两种也有同样的困难。因此我们认为卡尔曼和瑞特所记载的材料应该是同属于一种的。

艾尔达尔所给的 *Dicyathifer* 属的名称在我们看来也有进一步商榷的必要，因为根据特征来看将它放在 *Teredo* 属中完全没有不适当的地方。但就亚属而言这种船蛆的特征是与已知的各个亚属都不相符的。就铠的形态来看它与 *Teredothyra* 亚属、*Zopoteredo* 亚属和 *Ungoteredo* 亚属都有相近之点，但也极不相同。*Teredothyra* 亚属的铠片呈双杯状，而这一种的铠片仅仅在内壁外面的中央线上有一条纵的嵴状突起，并不形成双杯状。艾尔达尔 1932 在记载 *Dicyathifer* 时，虽然曾经提到它的铠是双杯状的，但在 1936 年他又一次的记载这个属和这个属的模式种时也只是讲到杯体中央有嵴状突起，没有再提到双杯的问题。根据他所给的图也可以清楚地看出铠片并不真正是双杯形的。*Zopoteredo* 亚属的铠片宽短，呈盘状，和本种有些相似，但在 *Zopoteredo* 亚属铠片的外侧角质部分的中央有一裂痕，则与本种不同。本种是在铠片的内侧外面中央有一纵的嵴状突起及一末端的短裂。*Ungoteredo* 亚属的铠从外表来看与本种更为相近，但其铠片石灰质部分有与 *Teredothyra* 亚属相似的两个深杯，又与本种不同。因此我们以这种船蛆为模式种定为新亚属。艾尔达尔曾用 *Dicyathifer* 属名，因为这种船蛆的铠并不是真正双杯状的，所以我们用 *Pseudodicyathifer* 命名。

与这种船蛆相近的种过去记载得不多。西维克斯（Sivickis）1928 年曾记述了 *Teredo bartschi*、*Teredo dubia* 及一个未定名的种共三种和本种相近似。其中未定名的一种，按他所给的铠的照片来看与本种尤为相近。根据他的叙述这种未定名的种也是从红树中采到的，所以我们怀疑它很可能是与本种相同的。

Subgenus *Lyrodus* Gould, 1870

七、叉铠船蛆 *Teredo*（*Lyrodus*）*furcifera* Martens

（图版 Ⅳ，图 1、2）

1926　*Teredo furcifera* Martens, Lamy, Journ. de Conchyl. vol. 70, p. 224.

1931　*Teredo furcifera* Martens, Roch & Moll, Mitteil. Zool. Staats. Zool. Mus. Hamburg,

44, pp. 13-14, fig. 12.

1931 *Teredo furcifera* Martens, Moll & Roch, Proc. Malac. Soc. London, vol. 19, p. 210, fig. 22.

贝壳小,背部边缘的侵蚀痕弱。前区小,胼脉窦深,稍凸出于壳面,表面刻肋可见的有32条。前区与中区间的缝合线凹入中区。前中区中等宽,刻肋26条,排列紧密;中中区稍凹,呈带状;后中区宽。后区中等大,半透明。壳内面中中区清楚,带状,后区伸入中区的部分背侧边缘游离,腹侧边缘与中区愈合,壳内柱宽片状长度约为壳长的1/2。

铠细长。铠片两侧中部膨大,可清楚地分为两半部:基半部裸露,由石灰质构成,白色透明如水晶末端呈橡实状;末半部被有环生的多层角质膜,中央围成一扁平的深杯,两侧延伸成两角。在铠片石灰质的顶端还着生两个石灰质的棒状体,两棒状体彼此分离,埋于角质层内,这是本种很显明的特征。铠片末半部的角质膜常或多或少的被磨损脱落,因而使铠的末端呈双棒状。罗赫(Roch)和牟尔(Moll)1931年所给的图就是角质膜脱落比较严重的个体。铠柄细长。

贝壳和铠的测量:

测量部位 / 标本号数	壳高/毫米	壳长/毫米	铠全长/毫米	铠片长/毫米	铠片宽/毫米	铠柄长/毫米
1	3.6	3.4	3.6	1.9	1.0	1.7
2	3.8	3.1	3.9	1.7	1.1	2.2
3	3.3	3.2	4.0	2.4	1.1	1.6
4	—	—	2.6	1.6	0.8	1.0

分布:马来西亚马六甲附近的安泊那(Amboina)。我们的标本只有4个采自海南岛莺歌海渔民张网的竹架中。

Subgenus *Teredora* Bartsch, 1921

八、狄氏船蛆 *Teredo* (*Teredora*) *diederichseni* Roch

(图版Ⅶ,图3、4)

1931 *Teredo diederichseni* Roch, Roch & Moll, Mitteil Zool. Staats. Zool. Mus. Hamburg, 44, p. 6, pl. 1, fig. 2.

1931 *Teredo diederichseni* Roch, Moll & Roch, Proc. Malac. Soc. London, vol. 19, p. 205, fig. 8.

贝壳不大,近球形。背部边缘侵蚀痕不明显。前区很小,胼胝窦小而浅,凸出壳面稍许;表面刻肋粗,可计算的约20条,肋间的距离很宽。前区与中区间的缝合线不凹入中区而前中区极狭,具有刻肋9条;中中区宽,大于前中区,稍凹陷;后中区宽,其宽度大于前中区及中中区之和的2倍,表面光滑,生长纹可见。后区大,位置接近背缘,其腹缘较前区的腹缘稍高。在后区与中区的交接线处骤然下降,然后又极度弯曲,边缘向上翻卷致使中区与后区的游离缘之间形成一个宽沟。壳内面中中区呈带状。壳内柱厚而狭,末端膨大,长度约为壳长的 1/2,后区伸入中区的部分不宽,边缘翘起。

铠小而纤弱。铠片薄,扁平,两侧中央稍膨大,呈指甲状,基部中空,分内、外两层壁:外壁中央极度凹陷,两侧延伸。内壁末端圆突,外面具有同心环纹;内面稍凹陷,略呈匙形。铠柄细短,半透明,棒状。

贝壳和铠的测量:

标本号数 / 测量部位	壳高/毫米	壳长/毫米	铠全长/毫米	铠片长/毫米	铠片宽/毫米	铠柄长/毫米
1	4.7	4.7	6.4	4.6	2.9	1.8
2	3.8	3.3	3.7	3.0	2.3	0.7
3	—	—	10.4	7.4	4.8	3.0
4	12.1	9.9	12.0	8.6	5.0	3.4

分布:马尼拉至山大岛之间(Sanda Island)。我们的标本采自海南岛的清澜港及西沙群岛的永兴岛。

九、杓铠船蛆 *Teredo*(*Teredora*)*clava* Gmelin

(图版 V,图 6、7)

1856 *Teredo* (*Uperotus*) *clava* Gmelin, H. & A. Adams, Genera of recent mollusca, II, p. 333 & 659.

1856 *Teredo clava* Gmelin, P. Fischer, Journ. de Conch. vol. V, p. 139.

1862 *Uperotis clava* Gmelin, Tryon, Proc. Acad. Nat. Sc. Philad., XIV, p. 474.

1878 *Teredo nucivora* Spengler, Sowerby, in Reeve, Conch. Icon., pl. IV, fig. 17a-c.

1893 *Teredo nucivora* Spengler, Clessin, Conch. Cab., p. 72, pl. 17, figs. 15-18.

1893 *Teredo clava* Gmelin, Clessin, ibid, p. 78, pl. 20, figs. 4-8.

1926 *Uperotus clavus* Gmelin, Lamy, Journ. de Conch. vol. 70, p. 276.

1931 *Teredo clava* Gmelin, Roch & Moll, Mitteil Zool, Staats. Zool. Mus. Hamburg, 44, p. 8, fig. 9.

1931 *Teredo clava* Gmelin, Moll & Roch, Proc. Malac. Soc. London, vol. 19, p. 206-207, fig. 11.

贝壳中等大,背部侵蚀痕不显。前区小,胼胝窦浅,顶端边缘向外卷曲形成脐状,表面的刻肋由脐放出,计 17 条。肋突相当低,肋间距离极宽。前区与中区之间的缝合线微微凹入中区。中区狭,前中区极狭,宽度不及全中区的 1/4,具刻肋 9 条;中中区微显凹陷。宽度略与前中区相等。后中区较宽,表面光滑,生长轮脉粗。后区相当大,位置近于背缘,其腹缘高于前区的腹缘。后区与中区的交接线附近骤然下降,然后翻卷形成一宽沟。壳内面后区伸入中区的部分狭,边缘游离,极度翘起。壳内柱狭,长度约为壳长的 1/2。

铠不大,铠片宽,呈叶状。内侧光滑,中央凹陷,略呈勺状。外面稍凸,基半部表面光滑,末半部具有许多伞形肋突。这些肋突在中央部者较强大,常自行分叉。柄粗,半透明,呈棒状。

贝壳和铠的测量:

测量部位 标本号数	壳高 /毫米	壳长 /毫米	铠全长 /毫米	铠片长 /毫米	铠片宽 /毫米	铠柄长 /毫米
1	8.3	8.1	7.6	5.8	3.6	1.8
2	7.0	6.2	6.1	5.5	4.0	0.6

分布:印度、锡兰、法国等地。我们的标本只有两个,采自海南岛的清澜港。

附注:这种船蛆所应隶属的属在过去是比较混乱的。很多学者根据其石灰质管是旋转的,并且许多个体互相盘卷形成一块的特征把它单独成为一属。早在1770年盖达尔德(Guetard)就给了它 *Uperotus* 的属名,到1926年拉密(Lamy)还在沿用;有的作者则是将它放在 *Teredo* 属中。我们是同意后一种意见的。因为以往记载这种船蛆是在热带椰子壳内发现的,我们怀疑它的石灰质管盘卷的特征很可能是与它这种生活条件有关的。椰子壳很薄,如果附着很多个体,彼此绞在一起的情形会是难免的。根据船蛆分类的主要特征即铠的形态来看,很显然它应该是属于 *Teredo* 属,没有必要单独成为一属。

Subgenus *Psiloterdo* Bartsch, 1922

十、巨铠船蛆 *Teredo*(*Psiloteredo*)*megotara* **Hanley**

(图版Ⅶ,图1、2)

1856 *Teredo nana* Turt. Fischer, Journ. de Conch. vol. Ⅴ: 136.

1860 *Teredo megotara* Hanley, Jeffreys, Ann. Mag. Nat. Hist. ser. 3, vol. Ⅵ: 121.

1860 *Teredo nana* Turt, Jeffreys, ibid.: 122.

1860 *Teredo subericola* Macgulivray mss., Jeffreys, ibid.: 122.

1860 *Teredo megotara* Hanley, Reeve, Elements of conchology, vol. Ⅱ: 172-174.

1860 *Teredo nana* Turt, Reeve, ibid.: 172, 174.

1862 *Teredo subericola* Macgulivray, Tryon, Proc. Acad. Nat. Sc. Philadephia, ⅩⅣ: 462.

1862 *Teredo megotara* Hanley, Tryon, ibid.: p. 466.

1865 *Teredo megotara* Hanley, Jeffreys, British conchology, vol. 3, p. 176-181.

1865 *Teredo megotara* Hanley var. *excisa*, Jeffreys, ibid., p. 177.

1865 *Teredo megotara* Hanley var. *striatior*, Jeffreys, ibid., p. 177.

1865 *Teredo megotara* Hanley var. *mionota*, Jeffreys, ibid., p. 177.

1869 *Teredo megotara* Hanley, Jeffreys, ibid., vol. 5, p. 194, pl. 54, fig. 4.

1875 *Teredo megotara* Hanley, Sowerby, in Reeve, Conch. Icon. vol. ⅩⅩ, pl. Ⅰ, figs. 4a-b.

1883 *Teredo megotara* Hanley, Daniel, Journ. de Conch. vol. 31, p. 224.

1893　*Teredo megotara* Hanley, Clessin, in Martini-Chemnitz; Conchylien-Cabinet, vol. 11, p. 65, pl. 15, figs. 1-2.

1913-1914　*Teredo megotara* Hanley var. *subericola* Macg., Marshall, Journ. of Conchology, vol. 14, p. 208.

1926　*Teredo megotara* Hanley, Lamy, Journ. de Conch. vol. 70, p. 243-246.

1931　*Teredo megotara* Hanley, Roch & Moll, Mitteil, Zool. Staats. Zool. Mus. Hamburg, 44, p. 4-5.

1931　*Teredo megotara* Hanley, var. *mionota* Jeffreys, Roch & Moll, ibid., p. 5.

1931　*Teredo megotara* Hanley, Moll & Roch, Proc. Malac. Soc. London, vol. 19, p. 204-205, fig. 5.

1931　*Teredo mionota* Jeffr. (= *T. subericola* Macg.), Moll & Roch, ibid., p. 205, fig. 6.

1931　*Teredo megotara* Hanley, Roch, Arkiv for Zoologi, vol. 22, nr. 13, p. 13-14. fig. 3.

1931　*Teredo megotara* Hanley, var. *mionota* Jeffreys, Roch, ibid., p. 15, pl. 2, fig. 3.

1940　*Teredo (Teredora) megotara* Hanley, Roch, Die Terediniden des Mittelmeeres, Thalassia, Rovigno vol. 4, nr. 3, pp. 65-70, pl. 5, figs. 6-7.

　　贝壳大而薄,背部边缘侵蚀痕清楚。前区中等大,胛胝窦浅,胛胝体稍凸出壳面,表面刻肋可见的有 44 条,肋间距离约为肋宽的 2 倍,此区与中区的缝合线微微凹入中区。中区狭,前中区极狭,刻肋极细,肋间距离极密,计 30 条,此区刻肋与前区刻肋的连续情况极为显明;中中区表面粗糙,不凹陷;后中区宽,表面光滑。后区小,位置靠近背缘。壳内面后区伸入中区的部分与中区愈合完全看不出界限来。壳内柱宽片状,长度约为壳长的 1/2。

　　铠片大,略呈长方形。内侧中央凹陷呈勺状,外侧稍突,末端中央凹陷形成一个极浅的、略呈椭圆形的穴,基部两侧稍突出与柄间形成一个空隙。柄极粗而短。

　　贝壳和铠的测量:

测量部位 标本号数	壳高 /毫米	壳长 /毫米	铠全长 /毫米	铠片长 /毫米	铠片宽 /毫米	铠柄长 /毫米
1	5.0	4.8	5.0	3.2	2.1	1.8
2	4.7	4.2	4.7	3.1	1.7	1.6

　　分布:这种船蛆分布较广,欧洲沿海自北极圈内的斯匹次卑尔根(Spitzberg)至地中海,挪威、瑞典、丹麦、德国、冰岛、格陵兰、英国、黑海。美洲的加拿大及美国的布里敦角(Cape Breton)等地都有发现。我们的标本只有 2 个,采自广东的汕尾。

　　附注:罗赫(Roch) 1940 年将这种船蛆置于 *Teredora* 亚属中,我们研究的结果认为把它放在 *Psiloteredo* 亚属中可能更为恰当,因为根据它的贝壳后区与中区完全愈合和铠片末端仅有一个极小的凹陷的特征来看都是与 *Psiloteredo* 相近的。

参考文献

［1］ 张玺,齐钟彦,李洁民.1955.中国北部沿海的船蛆及其形态的变异.动物学报,7(1): 1-16,图版 1-4.

［2］ Adams H, Adams A. 1856. The genera of recent Mollusca. Ⅱ: 331-333.

［3］ Bartsch P. 1921. A new classification of the Shipworms and descriptions of some new boring mollusks. *Proc. Biol. Soc.* Washington, 34: 25-32.

［4］ Bartsch P. 1922. A monograph of the American Shipworms. *Bull. U. S. Nat. Mus.* 122: 1-48, pls. 1-37.

［5］ Bartsch P. 1923. Additions to our knowledge of shipworms. *Proc. Biol. Soc.* Washington, 36: 95-101.

［6］ Bartsch P. 1927. The shipworms of the Philippine Islands. *Bull. Smithsonian Inst. U. S. Nat. Mus.* 100: 533-562, pls. 53-60.

［7］ Calman W T. 1920. Notes on marine wood-boring animal. *Proc. Zool. Soc.* London, 391-403.

［8］ Clapp W F. 1924. New species of shipworms in Bermuda. Contr. Bermuda Biol. Station Research, 143: 279-294. pls, 1-3.

［9］ Clessin S. 1893. Die familie Pholadea. Systematisches Conchylien-Cabinet Ⅺ, Genus *Teredo* Linne, 63-79.

［10］ Dall W H, Bartsch P, Render H A. 1938. A munual of the recent and fossil marine Pelecypod mollusks of the Hawaiian Islands. Bernice P. Bishop Museum Bulletin, 153: 203-214.

［11］ Edmondson C H. 1942. Teredinidae of Hawaii. Occas. Pap. Bernice P. Bishop Museum Honolulu, Hawaii, 17: 97-150.

［12］ Fischer P 1856. Liste monographique des espèces du genre Taret. *Journ. de Conchyl.* Paris, 5: 129-140, 254-260.

［13］ Iredale T. Johnson R A, Mcneill F A. 1932. A systematic account of the Teredinid molluscs of Port Jackson. Destruction of Timber by marine organisms in the Port of Sydney, 24-39, pls. 1-3.

［14］ Iredale T. 1936. Queensland Cobra or shipworms. A systematic account of the Teredinid molluscs of South Queensland, 31-44, pls. 1-2.

［15］ Jeffreys J G. 1860. A synotical list of the British species of *Teredo*, with a notice of the exotic species. *Ann. & Mag. Nat. Hist.*, 6(3): 121-127.

［16］ Jeffreys J G. 1865‒1869. British Conchology, 3: 122-184; 5: 193-194, pl. 54.

［17］ Lamy E. 1923. Les Tarets de la mer Rouge. *Bull. Mus. Nat. Hist. Nat.*, 29: 175-178.

［18］ Lamy E. 1926. Revision des Teredinidae vivants du Museum National d'Histoire Naturelle de Paris. *Journ. Conchyl. Paris*, 70: 201-284.

［19］ Miller R C. 1924. Wood-boring mollusks of the Hawaiian, Samoan and Philippine Islands. *Univ. Calif. Pub. Zool.*, 26(7): 145-158, pls. 8-11.

［20］ Moll F. 1941. Zur Teredinenfauna der Japanischen Kuste. *The Venus*, 11(1): 11-25.

［21］ Moll F, Roch F. The Teredinidae of the British Museum, the natural history museums at Glasgow and Manchester, and the Jeffreys collection. *Proc. Malac. Soc.* London, 19: 201-218, pls. 22-25.

［22］ Roch F, Moll F. 1929. Die Terediniden der Zoologischen Museen zu Berlin und Hamburg. *Mitteil. Zool. Staats. Mus.* Hamburg, 44: 1-22, pls. 1-2.

［23］ Roch F. 1931. Die Terediniden der Skandinavischen Museums Sammlungen (Stckholm, Gothenburg, Kopenhagen, Oslo, Nidaros und Troms). *Ark. Zool.*, 22A (13): 1-29.

［24］ Roch F. 1934. Teredinidae Морей СССР. *Зоологический журнал*, 13(3): 437-452.

［25］ Roch F. 1940. Die Terediniden des Mittelmeeres. *Thalassia Rovigno*, 4(3): 1-147, pls. 1-8.

［26］ Sivickis P B. 1928. New Philippine shipworms. *Philippine Journal of Science*, 37: 285-298, pls. 1-3.

［27］ Sowerby G B. 1875. Monograph of the genus *Teredo*. in Reeve: Conchologia Iconica, 20.

［28］ Tryon G W. 1862. Monograph of the Family Teredidae. *Proc. Acad. Nat. Sci.* Philadelphia, 14: 453-482.

［29］ Wright E P. 1866. Contributions to a natural history of the Teredidae. *Trans. Linn. Soc.*, 25: 561-568, pls. 64, 65.

RECHERCHES SUR LES TARETS DES CÔTES DU SUD DE LA CHINE I

Par

TCHANG SI, TSI CHUNG-YEN et LI KIÉ-MIN

(Institut de Biologie Marine, Academia Sinica)

Nous avons publié en 1955, une note sur les Tarets des côtes du nord de la Chine et leurs variations morphologiques ont été également décrites. Il faut dire tout de suite que sur les côtes septentrionales, les espèces sont beaucoup moins nombreuses, nous en avons trouvé seulement deux: l'une très commune, *Teredo (Teredo) navalis* Linné, l'autre très rare, *Teredo (Lyrodus) samoaensis* Miller. Tandis que sur les côtes méridionales chinoises, surtout sur celles de Nai-hai (Mer sud), les Tarets sont relativement plus nombreux; cependant jusqu'à présent, une étude plus serrée n'a pas été faite. Depuis l'année 1953 à 1957 nous avons recueilli sur les côtes de Kiang-sou, Tchekiang, Fou-kien et Kouang-toung de nombreux exemplaires de Tarets, après les avior étudiés nous en avons attribués à 10 espèces appartenant à 2 genres et à 6 sous genres; parmi ces 10 espèces il y en a 9 [sauf *Teredo (Teredo) navalis* L.] qui ont été découvertes pour la première fois à nos côtes; parmi les 6 sous genres nous en avons un, *Pseudodicyathifer*, considéré comme nouveau.

Il y a certain nombre d'exemplaires que nous ne pouvons pas déterminer d'une facon exacte à cause de manque de certaines références à consulter d'une part, et de certains exemplaires à compléter d'autre part, nous les ferons plus tard.

Liste des espèces
Genre *Bankia* Gray, 1840
Sous genre *Bankiella* Bartsch, 1921

1. *Bankia (Bankiella) saulii* (Wright), Pl. I, fig. 1-5

C'est une espèce de taille gigantesque, le plus grand exemplaire que nous avons trouvé mesuré 830 mm. de la longueur. Ce Taret se trouve sur les côtes de Tche-kiang et de Kouangtoung, il creuse les bois immergés et les mangroves.

2. *Bankia (Bankiella) campanellata* Moll & Roch, Pl. II. fig. 1-3; Pl. III. fig. 1-3

L'habitat de cette espèce était inconnu, nous avons trouvé une centaine d'exemplaires sur les côtes de l'île Wei-tcheou et de l'île Hai-nai de la province de Kouang-toung. Leurs palettes et leurs coquilles présentent des variations assez grandes. Ces exemplaires sont récoltés dans les bois immergés et les bambroux servant à soutenir les filets des pêcheurs.

Genre *Teredo* Linné, 1758
Sous genre *Teredo* Linné

3. *Teredo* (*Teredo*) *navalis* L.

C'est une espèce à distribution la plus grande parmi les Tarets que nous avons trouvés, elle se trouve sur tous les côtes de notre pays.

4. *Teredo* (*Teredo*) *parksi* Bartsch, Pl. Ⅳ, fig. 7-9

Cette espèce se trouve seulement sur les côtes de Nai-hai, les exemplaires sont récoltés dans les bambroux servant à soutenir les filets de pêcheurs et dans les mangroves.

5. *Teredo* (*Teredo*) *massa* Jousseaume, Pl. Ⅳ, fig. 3-6

Nous avons récolté seulement 6 exmplaires de cette espèce, ils ont été recueillis tous sur les côtes de l' île Hai-nai dans les bambroux servant à soutenir les filets de pêcheurs.

Sous genre *Pseudodicyathifer*, Sous genre nov.

Lame de palette large et courte, en forme d'écope, face extérieure de la paroi externe de palette est ronde et convexe, le bord de l'extrémité terminale est cruex, en forme de croissant; face intérieure de la paroi interne (par rapport à l'animal) est aplatie, au milieu de la face extérieure de paroi interne (face intérieure par rapport à la palette) se forme une carène longitudinale séparant la palette en 2 parties, à l'extrémité libre de la carène se forme souvent une fente peu profonde; sur chaque côté de cette fente les bords sont légèrement creux.

Type: *Teredo manni* (Wright)

6. *Teredo manni* (Wright), Pl. Ⅴ, fig. 1-5; Pl. Ⅵ, fig. 1-4

Nous avons trouvé 200 exemplaires sur les côtes de Kouang-toung, l'animal vit dans les bois immergés et les mangroves; la taille de ce Taret est très grande, le plus grand animal que nous avons trouvé mesuré 221 mm de la longueur. La lame de palette est large et courte, en forme d'écope; au milieu de la face extérieure de la paroi interne (face intérieure par rapport à la palette) présente une carène faible longitudinale, disparue peu à peu vers la partie pédonculaire (paraît séparer la palette en deux coupes), sur le bord et au bout de la carène se forme souvent une fente peu profonde; sur chaque côté de cette fente les bords sont légèrement creux.

Cette espèce avait été établie en 1866 par Wright, basée sur les exemplaires provenant de Singapour; il avait l'appelée *Kuphus manni*, puis en 1920, Calman l'avait écrite de nouveau et mis au genre *Teredo*: *Teredo manni* (Wright) en se basant sur les exemplaires provenant de l'Australie (Brisbane); Iredale en 1932 a établi un nouveau genre: *Dicyathifer* et pris *Teredo manni* écrite par Calman comme type, plus tard en 1936, ce dernier auteur a considéré *Teredo manni* de Calman comme une espèce nouvelle: *Dicyathifer caroli*.

En se basant sur une grande quantité d'exemplaires (150) et comparant la description et les figures de Calman avec celles de Wright, nous ne pouvons pas distinguer la différence spécifique entre les deux espèces, *Kuphus manni* Wright et *Dicyathifer caroli* Iredale, séparées par Iredale. Elles sont identiques aux exemplaires que nous avons examinés, donc ces deux espèces doivent être considérées comme une même espèce, qui doit appartenir au genre *Teredo*, *Teredo manni* (Wright). Cette espèce ne convient d'être placée dans aucun sous genre connu, malgré elle se rapproche de sous genres *Teredothyra*, *Zopoteredo* et *Ungoteredo*. Ainsi nous créons *Pseudodicyathifer* comme un sous genre nouveau pour cette espèce de Wright.

Sous genre *Lyrodus* Gould, 1870

7. *Teredo* (*Lyrodus*) *furcifera* Martens, Pl. Ⅳ, fig. 1, 2.

Nous avons récolté 4 exemplaires de cette espèce dans les bamboux servant à soutenir les filets de pêcheurs de l'île Hai-nai.

Sous genre *Teredora* Bartsch, 1921

8. *Teredo* (*Teredora*) *diederichseni* Roch, Pl. Ⅶ, fig. 3, 4.

Nous avons récolté les exemplaires de cette espèce sur les côtes de l'île Hai-nai et les Archipels de Si-chia.

9. *Teredo* (*Teredora*) *clava* Gmelin, Pl. Ⅴ, fig. 6, 7.

Nous avons trouvé deux exemplaires de ce Taret sur les côtes de Hai-nai.

Sous genre *Psiloteredo* Bartsch, 1922

10. *Teredo* (*Psiloteredo*) *megotara* Hanley, Pl. Ⅶ, fig. 1, 2.

Cette espèce a une vaste distribution dans les divers pays. En Chine nous avons trouvé seulement sur la côte de Chan-wei (Kouang-toung).

图版 I

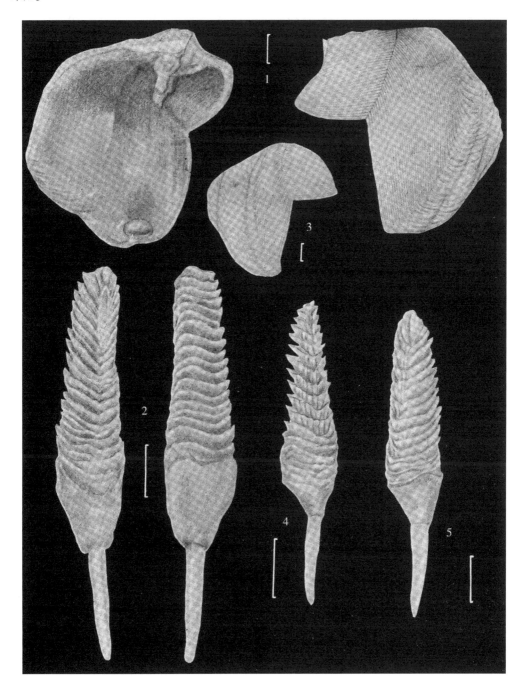

密节铠船蛆 *Bankia* (*Bankiella*) *saulii* (Wright)
1. 较老的贝壳；2. 较老的铠；3. 较年轻的贝壳；4. 较年轻的铠；5. 中年的铠

图版 Ⅱ

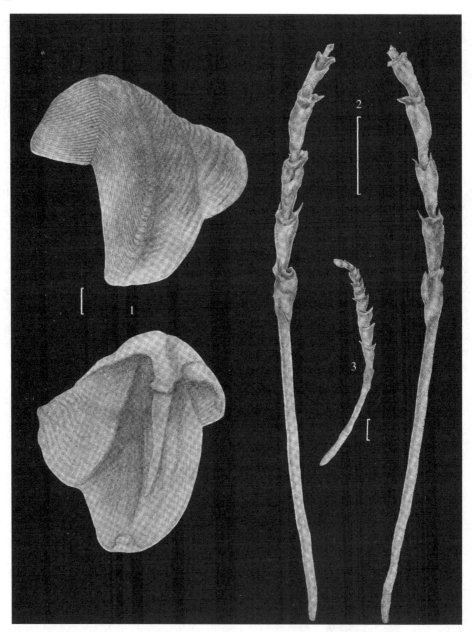

钟形节铠船蛆 *Bankia* (*Bankiella*) *campanellata* Moll & Roch (涠洲岛标本)
1. 贝壳；2-3. 铠

图版 Ⅲ

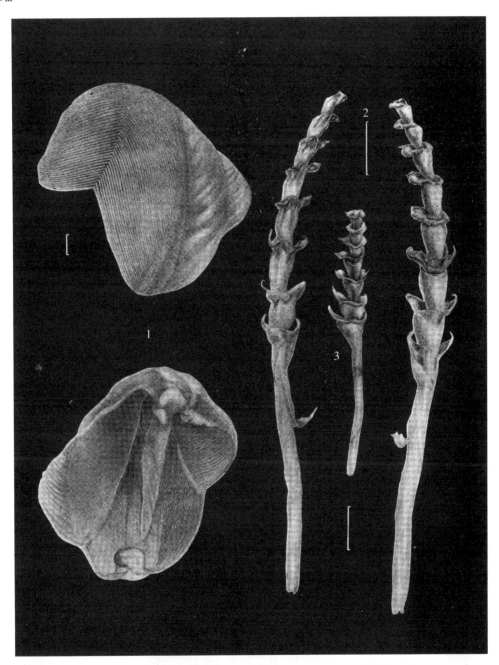

钟形节铠船蛆 *Bankia (Bankiella) campanellata* Moll & Roch (莺歌海标本)
1. 贝壳; 2-3. 铠

图版 Ⅳ

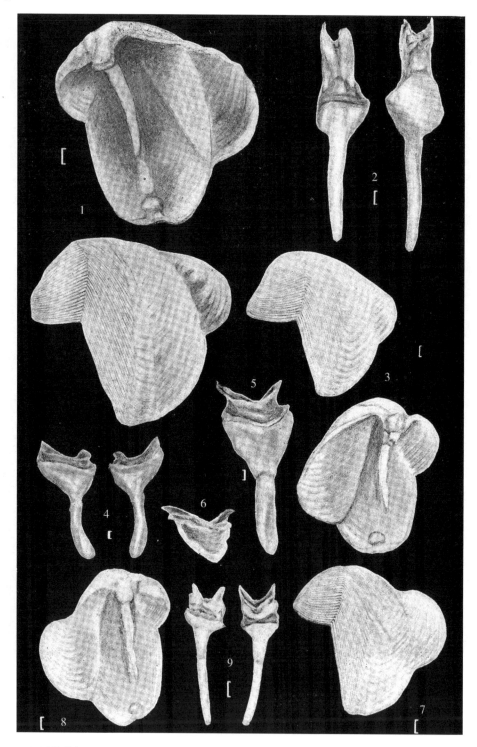

1-2. 叉铠船蛆 Teredo (Lyrodus) furcifera Martens, 1. 壳, 2. 铠;

3-6. 套杯船蛆 Teredo (Teredo) massa Jousseaume, 3. 壳, 4-6 铠;

7-9. 长柄船蛆 Teredo (Teredo) parksi Bartsch, 7-8. 壳, 9. 铠。

图版 V

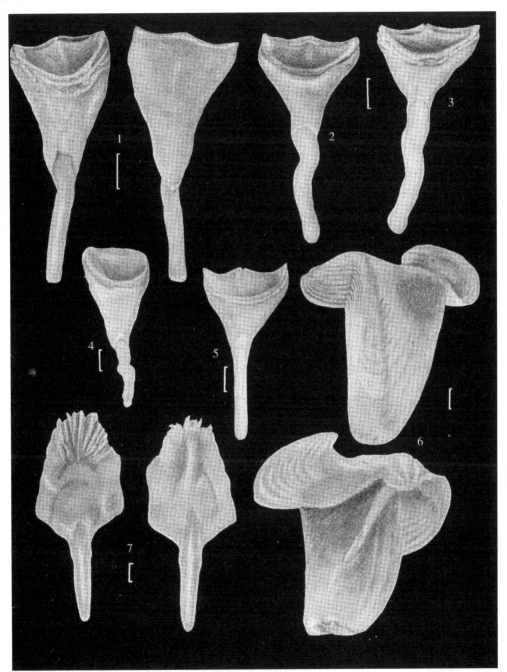

1-5. 裂铠船蛆 Teredo (Pseudodicyathifer) manni (Wright) 铠的变化；
6-7. 杓铠船蛆 Teredo (Teredora) clava Gmelin, 6. 贝壳，7. 铠。

图版 VI

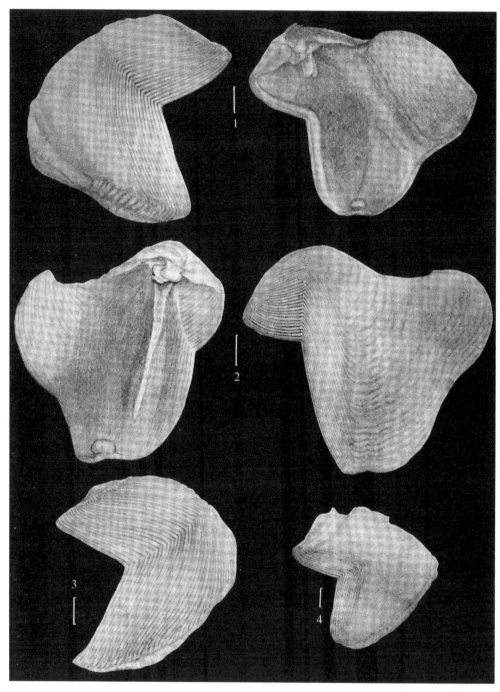

裂铠船蛆 *Teredo (Pseudodicyathifer) manni* (Wright)
1-4. 贝壳的变化

图版 Ⅶ

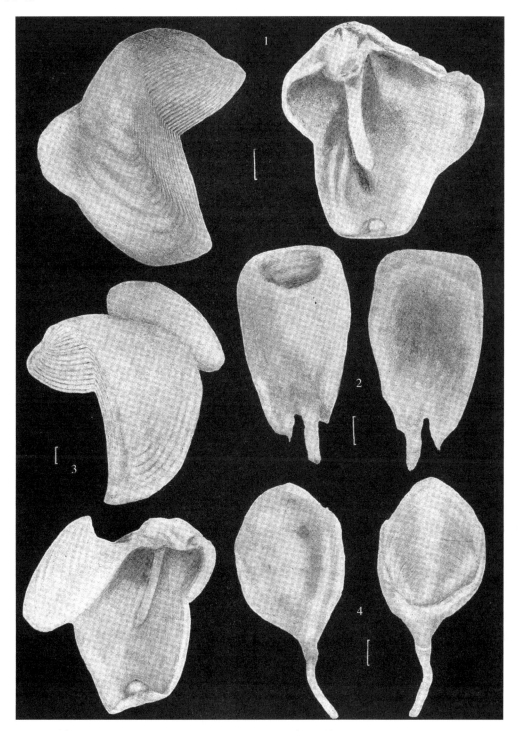

1-2. 巨铠船蛆 *Teredo (Psiloteredo) megotara* Hanley，1. 壳，2. 铠；
3-4. 狄氏船蛆 *Teredo (Teredora) diederichseni* Roch，3. 壳，4. 铠。

黄海潮间带生态学研究[①]

由苏联科学院动物研究所海洋生物学家 Е. Ф. 古丽亚诺娃、П. В. 乌沙科夫、О. А. 斯卡拉脱，原生动物学家 А. А. 斯特列尔科夫和寄生虫学家 В. Е. 贝霍夫斯基、Л. Ф. 那吉宾娜组成的考察队于 1957 年 5 月到中国青岛与中国科学院海洋生物研究所的科学工作者共同进行黄海动物区系的调查工作。考察队的主要任务是对黄海潮间带进行比较性的研究，此外还为苏联科学院动物研究所采集海洋无脊椎动物标本，以及一般地了解太平洋区亚热带海洋动物区系。

苏联于 1925 年在已故 К. М. 捷留金教授的领导下开始进行太平洋亚洲沿岸各海动物区系的调查工作，以后由他的学生 Е. Ф. 古丽亚诺娃，П. В. 乌沙科夫继续在上述地区进行工作，工作地点包括白令海、鄂霍次克海、日本海、科门多群岛、千岛群岛和南库页岛沿岸。工作内容主要是生态学性质的调查，同时也特别注意各动物种类和生物群落的垂直分布的研究。根据远东海各地区不同的潮汐类型、种类组成的变化以及由于受周围环境改变的影响而形成的潮间带动植物区系分布情况，找出垂直分布的规律性。同时也发现了有意义的地理分布方面的规律性；另外还着手进行太平洋北部地区潮间带动物地理分区工作。但是许多有关生态学的问题，特别是有关远东潮间带动物地理以及沿岸海洋生物地理分布规律性等问题要求苏联海洋生物学家不仅要对苏联海某些沿岸地区进行补充调查，同时也要求继续向南部地区对中国黄海、东海及南海进行调查。过去的调查显示出远东海沿岸温水动物区系成分同日本海及中国各海动物区系有密切联系。太平洋西北部各流域的河口地区的动植物区系有两个来源：它们不仅来自西伯利亚海，也来自中国海的半盐区。多库恰耶夫-贝尔格（Докучаев-Берг）地理分区法则很明显地表现在潮间带生活的动植物中；为了解决这个问题，就必须对亚热带和热带潮间带进行研究。这次调查工作证明，只有在调查中国海动物区系之后才能更全面地阐明苏联远东各海现代动物区系的起源和形成历史。因此，苏联远东海的动物区系、生态学、生物地理学和动物地理学等一系列重要问题都要求中苏两国海洋生物学家共同合作进行调查。

在中国，海洋无脊椎动物区系的调查是在 20 世纪 30 年代才开始的。中国动物学家在黄海、东海和南海完成了许多海洋无脊椎动物分类和区系工作，尤其是以张玺教授领导的考察团在这方面做的工作较多。他们在 1935 年开始进行山东半岛（青岛和烟台）潮间带无脊椎动物区系的详细调查，然后又在胶州湾潮下带进行了许多工作，这项工作一直延续

① Е. Ф. 古丽亚诺娃、刘瑞玉、О.А. 斯卡拉脱、П.В. 乌沙科夫、吴宝铃、齐钟彦：载《中国科学院海洋生物研究所丛刊》，1958 年第 1 卷第 2 期，1～43 页，科学出版社。

本文由吴浩然同志协助翻译，特此致谢。

到 1937 年,抗日战争爆发后工作不得已而停顿了。直到 1949 年后,海洋动物区系的调查工作才得以大规模地展开。在张玺教授的领导下,中国科学院海洋生物研究所的工作人员将他们的调查范围从渤海和黄海向南扩展到东海和南海,进行中国四大海区潮间带动物区系的调查研究工作。由于过去在中国海洋无脊椎动物区系的研究做得较少,生态学工作发展较差,又加这方面的工作人员也很少,所以目前单依靠中国海洋生物学家的力量不仅不能够充分地展开这项研究工作,而且也难以满足中国各海区大规模多方面调查的需要。沿岸生态学的研究对有计划地发展水产事业是非常必要的,因此,中苏两国海洋生物学家共同合作进行中国各海区潮间带生态学的研究也是十分必要的。另一方面,为了查明中国海洋无脊椎动物区系的特点、来源和形成历史,对中国和毗邻国家沿海动物区系进行比较性的研究工作是中国海洋生物学家渴望已久的。因此,苏联科学院动物研究所和中国科学院海洋生物研究所的目的是一致的,在中苏海洋动物学家联合对北太平洋潮间带进行比较性研究面前展开了辽阔的远景。中苏两国海洋生物学家共同合作进行考察对工作非常有利,因为中国同志非常熟悉黄海的动物区系,在野外工作时能够及时地把大多数动物标本鉴定出来,而苏联同志们具有丰富的海洋动物地理和生态学研究工作的经验,在进行生态学调查工作时,采用了在苏联沿海潮间带工作时所制订出来的方法。参加潮间带工作的除本文作者外,还有 A. A. 斯特列尔科夫教授和中国科学院海洋生物研究所的一些青年同志。张玺教授和古丽亚诺娃教授共同领导这次考察工作。张玺、齐钟彦和 O. A. 斯卡拉脱(软体动物)、刘瑞玉(甲壳类)、П. B. 乌沙科夫(多毛类)、吴宝铃(棘皮动物)等对重要种类进行初步的鉴定。海藻由张峻甫鉴定,鱼类由成庆泰鉴定。考察期间所采集的标本交给中国科学院海洋生物研究所和苏联科学院动物研究所的专家们进行鉴定,盐度由中国科学院海洋生物研究所海洋物理组测定。为了说明黄海潮间带动植物的水文气象条件的特点,我们引用了青岛观象台多年观测的资料、海图以及其他文献中的资料。潮间带的调查工作从 1957 年 5 月 20 日至 7 月 14 日在青岛、塘沽、烟台三地进行。对以上三地不同类型的海岸进行了研究,工作地区包括 19 个点。同时还进行了动物区系的数量计算工作,特别注意某些具有经济及食用意义的种类。在每一地区的潮间带选择一个可以作为进行比较性调查的标准区,进行调查工作,工作项目还需要重复进行,以便对此地区得到全面的了解。

1958 年 7 月,古丽亚诺娃、斯卡拉脱、刘瑞玉、齐钟彦、吴宝铃又在青岛、沧口进行了两次考察,在青岛中港岩石环境进行了三次工作。其中有两次是为校对和更详细地说明 1957 年的资料而特地安排的,按动植物区系的垂直分布,在海面上做了 12 小时连续观察,看出了海面和种类垂直分布最大高度是符合的。在调查时通过对基准面以上海面位置的测定(海滩上)和对动物种类垂直分布界限水平面的直接测量(岩石上)就可以确定动物种类的垂直分布。

在这个初步报告里,我们只能提出某些作为典型和可作为比较研究基础的地区的动物种的垂直分布表,同时对黄海潮间带生态学特点提出一般性论述。希望今后对这些资料除了再加以详细论述外,还需提出经过比较、分析、研究后的结论。

青岛、烟台两地的潮汐是规则的半日潮,日潮和半日潮的幅度之比 $\frac{H_{K1}+H_{O1}}{H_{M2}}$,决定着潮汐的类型,在两种情况下比值都小于 0.5。但是浅海引起了潮汐的变形,而形成了显著的混合高潮昼夜不等现象,退潮期较长于涨潮期。青岛的最大潮高为 4.7 米,烟台的为 3 米。潮汐的类型有规则的或不规则的,半日的、全日的或由气候特点形成的混合潮,它决定着海洋动植物区系种属成分的特点和潮间带种属的水平分布,因为最重要的生活条件(温度、盐度、底质内含的水分、光)都要受潮汐节奏的影响。具有最重要意义的情况是生物的栖息环境每天规律地变化着;在退潮的时候,潮间带的生物就暴露在空气中,在涨潮的时候重新被水掩盖。只有海洋的潮间带才有昼夜期间的环境交替变化的特征,所有的化学,物理学和生物学现象都受这种环境变化的节奏的制约,并具有周期性。如此,落潮时水面由高潮到低潮的下降是缓慢的,约在 6 小时完成这一过程;以后的 6 小时内海平面又重新升高[①]。位于基准面以上各种高度的海岸上的各个点在不同时间的周期内要受到空气的影响。高潮线上的各个点仅在很短的时间内被水掩盖,反之,接近基准面的点只有在很短的时间内才露出水面。生活在潮间带的动物和藻类在不同程度上都适应于这种空气条件(适应于高温和低温、干燥和寒冷),因此它们在潮间带的分布是非常规律的。适应力最强的种类栖息在潮间带的上部,对外界环境剧烈变化适应力最小的种类栖息在潮间带的下部。因此,在潮间带通常能看到层次分明的种类垂直分布层,且基准面以上一定平面形成大量种类的固定水平分布带,有时这种地带顺着海岸延伸很广。很久以前的学者记载过潮间带动植物区系垂直分层的现象,很多作者曾提出了潮间带垂直分层或分区各种原则,因此,找出一个划分的客观原则是非常重要的。划分的原则共有两种。一部分学者采用瓦扬(Vaillant,1891)的原则,这个原则依据在大、小潮期涨落潮的平均水位把潮间带划分为垂直区;一些学者采用斯替芬森(A. Stephenson,1949)的原则,这个原则是以生物学原则来作为潮间带垂直划分的基础,就是以数量大的动植物做特征来划分潮间带的区。我们要采用的是瓦扬原则,它提供完全客观的、精确的、排除在现象估计上有主观因素的标准。

根据我们所搜集的材料的初步分析,按照瓦扬原则,可以把黄海的潮间带划分为三个主要的垂直部分或者是三个区,其中每一区都具有本身特有的生活条件,栖息着其他两个区所未有的,或者在其他两区内极少见的种类。

上区或第Ⅰ区位于潮间带的最高部分,被潮水掩盖的时间很少,只有在大潮时才能被水掩盖。这一区的最高界限达最大潮时高潮的水面,最低的界限与小潮涨潮的平均水面相一致。中区或第Ⅱ区占海岸大部分地区,无论在大潮或在小潮的涨潮时,都是一昼夜两次被水掩盖,低潮时两次露出水面。它的上界和小潮涨潮的平均海平面一致,也就是上区的下界,它的下界是小潮退潮的平均海平面。这是非常重要和非常典型的潮间带地区,在这一区栖息的生物的生活条件在整月中都是两栖性的。每天有时浸在水中(涨潮时)有时暴露在空气中(落潮时),和上区不同,因为上区的动植物区系大部时间都生活在空气中,只有在大潮涨潮时才被水掩盖。下区或第Ⅲ区和上区完全相反,和中区的区别是几乎在所有时间都浸在水里,只有在大潮期落潮的短时间内露出水面。下区的界限是小潮退潮的平均海平面(上界)和从理论上看可能的最低海平面即基准面(下界)。这三区非常明显地表现

---

① 正规半日潮水界和气界的交替是具 6 小时周期性的特征;日潮为 12 小时的周期,混合潮每月中有 6
  小时及 12 小时周期的交替现象。

在青岛和烟台的潮间带,并具有自己的生物学标志(参阅表3、表4)。表3及表4上所选择的点是我们认为在比较研究上有代表性的具软底的海滩和岩石的生境。

黄海沿岸动物区系和位于温带的苏联远东海浅水动物区系不仅在种类组成上不同,而且由于栖息地的气候条件的差别,也各具其重要的生态学特点。经过我们对采集的标本初步的表面观察,说明在青岛和烟台的潮间带具有起源于热带的类型的巨大意义。这里有许多热带种、属的代表,有许多在热带地区分布很广的种,特别是蟹类,有许多北温带南部的种和一些风土性强的亚种型或变种。总之,这个动物区系可能在很大程度上与太平洋的热带"印度西太平洋区"的动物区系有关,同时它也具有一系列的地方"部"(провинция,province)的特征。

栖息着这一动物区系的地区的自然地理条件也有其特点,与苏联远东潮间带比较,这些条件使种类的垂直分布保持一般的平均状况。

山东半岛沿岸的气候是典型的季节性气候,冬季寒冷而干燥,夏季炎热而多雨。据青岛观象台四十年来定期观测的材料,年度平均气温为12.1 ℃。这个地区的纬度较低,冬季各月每月平均温度通常为负距常,12月—1月每月平均温度接近于零度,1月在零下(−1.5 ℃)。春季也是很冷的,但在4月特别是5月下旬温度增长得很快;夏季平均温度高于20 ℃且低于25℃,但秋季温暖,到11月为止温度才渐渐下降到8～9 ℃。因此一年中温度的变化是很不平衡的,最低温度很显著地表现在12、1、2三个月中。

对潮间带生物有重要意义的第二个气候特点——空气湿度较高,经常有雾,有雨,特别是在最热的月份(7月和8月),最热月份多云、晴日较少,有利于潮间带生物的发展。山东半岛潮间带的温度状况在退潮时是非常独特的——冬、秋、春季所有起源于温带和热带的种类都受到不正常低温的影响,这种低温能给予它们致命的影响。但是每年冬季(1月中至2月中)在半岛沿岸形成了岸冰;30～40厘米厚的坚固的冰层遮盖着潮间带。岸冰在青岛只一般出现于坡度较小,远伸于浅海中的海滩,在岩石海岸上和狭窄的陡底的沙滩上没有结岸冰。在青岛沧口冬季海岸的岸冰常常掩盖了整个海滩的上半部,在落潮时保护该处的栖息者免受温度急剧下降的影响。苏联科学家B. B. 库兹涅佐夫在白海进行的冬季观测证明,当落潮时岸冰下的温度大大高于冰上的温度,而接近于水温。在这种条件下,冰消除了因潮水的涨落而引起的温度变化,保护潮间带在落潮时免受寒冷的影响,同时对动植物起了良好的作用。这种现象特别是发生在冬季沧口泥滩的潮间带的上区和中区,显然,这种现象对黄海潮间带热带种类继续存在的可能性起了不小的作用。甚至在黄海的北部——渤海湾,气候大陆性,冬季比青岛冷,而且冷的时间也较长,在潮间带也栖息着热带种类;该区海水表层结冰,沿岸的岸冰非常坚固,它的保护作用也特别大。在每年最热的时候——夏季和秋季由于多雾、多雨、多云,空气湿度高,潮间带免受炽热的太阳光线致命的直接影响,也免受到过晒和过干的影响。这对潮间带上层的动植物区系非常重要,因为这一层大部分时间露在空气中,只在大潮时每昼夜两次短时间地被水掩盖。春季,当冬季季节风在3月为夏季季风所代替时,气温开始迅速上升,在个别的日子气温达到25～27 ℃(在5月),在最热的7月和8月,空气湿度达到最高点,云雾和雨量也增大。这种情况减低了冬夏季温度的显著差别,也便于适应性较狭窄的起源于热带的类型适应在温度季节变化

表1 青岛市1898年至1948年气象因素（根据青岛市观象台五十周年纪念特刊的资料，1948）

Таблица 1 Метеорологические элементы в Циндао за период 1898-1948гг
（по данным сборника в честь 50-летия обсерватории в Циндао, 1948)

气象因子 (Метеорологические элементы)		冬 (Зима)			春 (Весна)			夏 (Лето)			秋 (Осень)			总平均 (Среднегодовая многолетняя)
月份 (Месяцы)		12月 (Декабрь)	1月 (Январь)	2月 (Февраль)	3月 (Март)	4月 (Апрель)	5月 (Май)	6月 (Июнь)	7月 (Июль)	8月 (Август)	9月 (Сентябрь)	10月 (Октябрь)	11月 (Ноябрь)	
气温 / °C (Температура воздуха / °C) — 总平均 (Средняя многолетняя)		1.5	-1.2	0.0	4.4	10.2	15..7	20.0	23.7	25.2	21.4	15.9	8.6	12.1
最高温度 (Maximum)	绝对 (Абсолютная)	15.7	11.2	15.0	22.7	29.7	31.5	33.1	36.2	35.6	32.3	28.5	22.7	36.2
	平均 (Средняя)	12.2	8.7	9.7	15.9	21.6	27.2	29.7	31.3	32.1	29.1	25.3	19.4	21.8
最低温度 (Minimum)	绝对 (Абсолютная)	-14.1	-16.9	-12.8	-11.4	-4.3	3.2	10.9	14.5	13.2	8.7	0.9	-9.2	-16.9
	平均 (Средняя)	-8.1	-11.0	-9.1	-5.3	1.4	8.2	13.7	18.2	18.2	12.4	5.3	-2.8	-3.4
空气相对湿度 /% (Относительная влажность воздуха в %)		66	67	67	68	70	74	82	89	84	72	66	64	72
空气绝对湿度 / 毫米 (Абсолютная влажность воздуха в / мм)		3.56	2.9	3.21	4.30	6.47	9.60	14.10	19.39	19.81	13.78	9.05	5.67	9.33
多年沉积物平均 / 毫米 (Многолетняя средняя осадков в / мм)		16.4	10.7	9.9	20.5	31.8	43.5	74.3	152.3	150.4	82.6	32.4	22.4	647.2
云量 (Облачность в баллах)		4.1	4.1	4.5	5.0	5.4	5.6	6.3	7.0	6.1	5.1	4.0	3.8	5.1
日照 (Солнечное сияние в %)		63	61	62	61	59	52	44	53	62	70	65	59	59
气压 / 毫米 (Атмосферное давление в / мм)		764.3	764.9	763.5	760.6	756.6	752.8	749.3	748.6	749.6	755.1	759.9	762.4	757.3
主要风向 (Преобладающее направление ветра)		北 N	北 N	北 N	南 S	南南东 SSE	南南东 SSE	南南东 SSE	南南东 SSE	南南东 SSE	北 N	北 N	北 N	南南东 SSE
蒸发量 / 毫米 (Испарение в / мм)		65.1	58.8	64.8	106.5	150.9	181.1	173.4	153.7	164.9	150.9	138.2	89.3	1497.6

表2　烟台1936年气温与水温（根据张修吉1937年的报告）

Таблица 2　Температуры воздуха и воды в Янтае за 1936 г. (по работе Чжан Сиу-чи, 1937)

温度/℃ (Температура /℃)		冬 (Зима)			春 (Весна)				夏 (Лето)		秋 (Осень)			年度平均 (Среднегодовая многолетняя)
月份 (Месяцы)		12月 (Декабрь)	1月 (Январь)	2月 (Февраль)	3月 (Март)	4月 (Апрель)	5月 (Май)	6月 (Июнь)	7月 (Июль)	8月 (Август)	9月 (Сентябрь)	10月 (Октябрь)	11月 (Ноябрь)	
气温 (Температура воздуха)	平均 (Средняя)	4.27	-2.74	-1.81	3.5	12.3	21.11	25.6	26.84	26.76	24.21	19.55	11.65	12.4
	最高 (Максимальная)	12.0	7.0	10.0	16.0	25.5	32.0	36.0	36.0	35.5	30.5	26.0	19.0	
	最低 (Минимальная)	-3.5	-11.5	-8.0	-8.5	1.0	6.5	15.0	17.0	18.0	15.0	6.5	-0.5	
深度5米的水温 (Температура Воды на глубине 5 метров)	平均 (Средняя)	4.61	-0.3	-1.13	0.63	6.33	11.36	14.2	18.64	23.63	22.92	18.29	11.69	
	最高 (Максимальная)	8.2	1.0	-0.6	3.2	8.9	18.7	17.2	21.2	25.0	24.9	21.7	15.3	
	最低 (Минимальная)	2.8	-1.3	-1.3	-1.4	3.8	9.2	11.8	15.7	21.4	20.3	15.2	8.15	

注：1936年12月的数字置于该年1月的数字之前，这样便能更好地说明烟台潮间带冬季的温度条件

Данные за декабрь 1936 г. поставлены внереди данных за январь 1936 г., чтобы было удобнее охарактеризовать зимние температурные условия жизни на литорали

表 3 青岛沧口地区泥滩夏季动物区系垂直分布表（6月—7月）

Таблица 3 Вертикальное распределение фауны на илистом пляже Цанкоу (район Циндао) в летний период (июнь-июль)

潮带 (Литораль)	区和层 (Горизонты и этажи)	底质 (Грунты)	栖息于滩间带不同区、层及潮上带的种类 (Виды, обитающие в различных горизонтах и этажах литорали и в супралиторали)	基准面以上的高度米 (Высота над нулем глубин в м)
潮上带 (Супралитораль)	第 I 区或上区（I 或上带 горизонт）第 1 层 этаж 1	疏松干燥的红色砂质，杂以少量砾石。Плотный сухой илистый песок красноватого цвета с примесью мелкого гравия	草本植物（Phragmites communis Trin.; Zoysia macrostachya Franch. et Sav.）и насекомые (Orthoptera). Sesarma (Parasesarma) picta (de Haan), Helice tridens tiensinensis Rathbun, Sesarma (Parasesarma) plicata Latreille.	4.7
	第 2 层 этаж 2	疏松干燥的红色砂质。Плотный сухой илистый песок красноватого цвета	禾草及昆虫 Helice tridens tiensinensis Rathbun, Sesarma (Parasesarma) picta (de Haan); Sesarma (Parasesarma) plicata Latreille, Scopimera globosa longidactyla Shen	4.4
		盐土植物 Солончаковые Statice bicolor Bung, Sueda salsa Pall, Sueda glauca Bung	双翅目幼体 Helice tridens tiensinensis Rathbun, Scopimera globosa longidactyla Shen	4.2
	第 I 区或中区（II 或中带 горизонт）第 1 层 этаж 1		疏松的干泥，杂以干裂的泥块。Плотный сухой глины тый ил и с прослойкой сухой глины	双翅目幼体 Личинки Diptera; Helice tridens tiensinensis Rathbun; Macrophthalmus japonicus de Haan	Helice tridens tiensinensis Rathbun, Cleistostoma dilatatum de Haan, Scopimera globosa globosa de Haan, Scopimera globosa longidactyla Shen, Perinereis sp., Cerithidea sinensis (Philippi)	3.8
	第 2 层 этаж 2	无色黏泥 Важный глинистый серыйил	Helice tridens tridens (de Haan), Hemigrapsus penicillatus (de Haan), Hima dealbata (A. Adams), Perinereis sp., Cirratulus cirratus (O. F. Müller), Nemertini	Laomedia astacina de Haan; Ilyoplax dentimerosa Shen; Uca arcuata (de Haan); Glaucoma sp.; Aloidis sp.; Macrophthalmus japonicus (de Haan); Diopatra neapolitana Delle Chiaje; Lingula anatina Bonnguere; Ilyoplax pingi Shen; Macrophthalmus dilatatus de Haan; Amphiura vadicola Matsumoto; Venerupis variegata Sowerby; Balanoglossus sp.; Upogebia major (de Haan)	3.2
	第 3 层 этаж 3	潮湿的深黑色砂泥，表面有薄层积泥 Влажный темный песчаный ил с тонким слоем жидкого ила на поверхности	Tritodynamia rathbuni Shen, Philyra pisum de Haan, Philyra carinata Bell., Hemigrapsus penicillatus (de Haan), Macrophthalmus dilatatus de Haan, Alpheus brevicristatus de Haan, Callianassa japonica Ortmann; Hima dealbata (A. Adams), Bullacta exarata (Philippi), Solen gouldi Conrad, Mactra quadrangularis Deshayes, Dosinia japonica Reeve, Cyclina sinensis Gmelin, Anatina pechiliensis Grabau et King, Natica fortunei Reeve, Glycera sp., Amphitrite sp., Lumbriconereis sp., Marphysa sp., Goniada sp.	2.0
	第 III 区或下区（III 或下带 горизонт）第 1 层 этаж 1	潮湿，杂而积有积泥 Влажный песчаный слабо заиленный на поверхности	Philyra pisum Haan, Philyra carinata Bell., Alpheus hoplocheles Contier, Ogyrides orientalis (Stimpson), Callianassa japonica Ortmann, Diogenes sp., Hima dealbata (Adams), Bullacta exarata (Philippi), Natica maculosa Lamarck, Solen gouldi Conrad, Mactra quadrangularis Deshayes, Solen sp., Dosinia japonica Reeve, Anatina pechiliensis Grabau et King, Alectrion variciferus (Adams), Neverita didyma (Bolten), Umbonium thomasi (Grosse), Philine kinglipini Tchang, Potamilla sp., Lumbriconereis sp., Marphysa sp., Armandia sp., Cavernularia sp.	1.5
	第 2 层 этаж 2	稀泥，杂而积有积泥 Илистый песок слабо заиленный на поверхности	Philyra pisum de Haan, Philyra carinata Bell., Diogenes sp., Crangon sp. Juv., Palaemon macrodactylus (Rathbun), Dorippe japonica Siebold, Charybdis japonica M.-Edw., Squilla oratoria de Haan, Dosinia japonica Reeve, Lucina sp., Anatina pechiliensis Grabau et King, Solen gouldi Conrad, Mactridae gen. sp., Raeta sp., Pectinaria sp., Chaetopterus sp., Lumbriconereis sp., Amphitrite sp., Marphysa sp., Sabellidae, Nemertini, Caudina sp.	1.15
			Upogebia wuhsienweni Yu, Lingula sp., Branchiostoma belcheri var. tsingtaoensis Tchang	0.5
				基准面 (О глубин)

注：黑体字印刷的种名系优势种。1958 年 7 月 18 日观测的低潮水位为 1.15 米

Жирным шрифтом набраны руководящие Формы. Наблюденный уровень малой воды 18 июля 1958 года

幅度较宽的黄海地区生存,这对亚热带纬度来说是反常的。

沿岸表层海水温度的季节变化这样大,以致当涨潮时在潮间带栖息的动植物受到了影响。冬季水温比气温高 3～4℃,海岸的温度近于 0℃;相反地夏季水温低于气温,但水温具有热带性质而变化在 25～27℃之间。晴天当退潮时,留在潮间带的水沼被太阳晒得很热,水温上升到 27℃以上。这样一来,假如冬季在山东半岛潮间带影响热带种类正常生存的不利条件占统治地位的话,那么,在夏秋两季对热带种类的发展和繁盛就有很大的可能性,并且比热带地区具有更有利的条件,在热带地区通常阳光和炎热影响了在这一区栖息的动植物。

在山东半岛北部沿岸的烟台,气候在温度、湿度和雨量上有剧烈的季节变化。这里冬季较冷,但是夏季较热,且较干燥。根据 1936 年的记录平均年度气温是 12.4℃,最冷月份(1 月)平均气温为 －2.74℃,但最热月份(7、8 月)的平均气温为 26.8℃。

表 1 和表 2 清楚地说明了山东半岛沿岸水温和气温的不稳定性。这里看到温度不仅季节性变化幅度大,而且在每个月内,特别是春季当温带型的冬季转向近乎热带型的夏季时,温度变化幅度更大。

冬季沿岸表面海水盐度平均为 31～32,夏季下降到 31～30。对沿岸植物的发育有密切关系的海水透明度和岩相底质的发展程度,对潮间带生态学有重大意义。在黄海,海水透明度低,沿岸地区不超过 6.5 米,有时不超过 2 米,岩相发展得相当弱,同时,广阔的沙质和泥沙质滩涂占绝对优势。

在进行调查时,我们非常注意种类的垂直分布,因此,在采集查清动、植物区系和进行数量计算的据点工作时,我们是与一定海平面联系起来进行的。这些据点分布在从潮间带上界(在青岛是基准面上 4.5 米,烟台是基准面上 3.0 米)到每次野外工作当天的低潮水面之间的各断面上。由于在采集动植物区系标本时采用了在断面上布站的方法,我们便能立刻制出各种动植物垂直分布表、栖息密度表和生物量表。我们以重复的调查来进一步肯定和检查已经得到的资料。下面的动物区系分布表是在重复调查的材料的基础上制成的。我们共制出青岛地区十个站的分布表:①沧口泥滩;②沙子口沙滩和岩岸;③麦岛沙滩和岩岸;④薛家岛沙滩和岩岸;⑤黄岛沙滩和岩岸;⑥黑澜岩礁;⑦贵州路岩岸;⑧第一浴场(汇泉)沙滩;⑨第二浴场沙滩及岩礁;⑩栈桥沙滩岩和岩岸,以及栈桥的墙和桩。

在烟台调查了下面 6 个点:①东山岩岸;②东山附近的石滩;③芝罘地峡东岸泥沙滩;④芝罘地峡西岸泥沙滩;⑤芝罘岛东角岩石;⑥烟台山岩岸。在这些地点中每处都做了动植物区系垂直分布表。除此以外,为了解决北太平洋西部地区河口动物区系的起源问题,我们曾在塘沽港白河口的三个点进行了调查工作。①南浪堤附近的海滩;②南浪堤附近的河滩;③白河口南岸的沙滩。在这里也采集了动物区系垂直分布的材料,并进行了数量计算工作,采集了海水样品,为了搜集温度和盐度按潮汐的变化资料,曾进行两个昼夜的水文观察工作。

这样对潮间带各种不同生态类型——浪击的、被岩石保护的和各种海滩(岩石滩、砾石滩、沙滩、泥滩)和大河的河口区进行了调查工作。我们这次在黄、渤海的调查具有很重要的意义,因为张玺教授于 20 年前在青岛和烟台潮间带进行过动物区系的调查工作,并且发表过无脊椎动物调查报告,此外还附有某些地区具有重要意义的种类的产地的图表,(张玺,1935,1936,1949)对这些地区进行重复的调查,并观察经过 20 多年动物区系是否有了变化,是非常有意义的。只有将采集的标本经过详细的整理、加以分析后才能回答这个问题。经过我们初步的比较研究证明,这些地区的动物区系基本上没有什么大的变化。但毫无疑问,张玺教授的无脊椎动物报告中的种类得到了很大的补充,因为我们对大量的多毛类、端足类、等足类、涟虫类和小型动物区系等过去没有被调查过的材料进行了研究。在这些种类中很可能会发现新种。

在这个初步报告内我们只能提出各沿岸基本生态类型潮间带种类的典型垂直分布表和简单分析。将来我们准备对已往调查过的潮间带地区再做详细的描述,并且在对这些材料做比较性研究分析的基础上,找出黄海潮间带生物的一般规律性。

在上面我们也曾提过,烟台和青岛的潮汐虽然是正规半日潮,但是浅海使它有了变形而产生了不论是大潮或小潮时的日潮不等现象。在青岛强烈地表现出低潮的日潮不等现象:当大潮时达到 1 米,因此两相邻的大潮具有几乎相同的高度(潮高基准面上 4.1～4.2米);当小潮时,这种不平衡现象逐渐消失,低潮日潮不等,不高于 0.5 米。根据这种情况潮间带的第Ⅱ区很自然地分成三层。它的上层在小潮时每昼夜露出水面一次,具有昼夜性的节奏。中层(第 2 层)在全月中都是每昼夜两次露出水面,永远有生命的半日节奏。第Ⅱ区的下层,同第 1 层一样,在小潮时有昼夜的节奏,仅在低低潮时露出水面。大的大潮和小的大潮的高度差别也是很大的,因此,潮间带的上区(第Ⅰ区)和下区(第Ⅲ区)都可分成两个部分,上区的上层只有在大的大潮时才被水掩盖,其余的 24～25 天都露在空气中。上区的下层在大的或小的大潮时都被水掩盖,因此,上区的上层除半日周期的交替外还有半月周期的水和空气环境的交替。

潮间带第Ⅲ区(下区)情况相似,也有两层,具有不同的退潮时露出水面的节奏:上层(第 1 层)在平常的大潮时有昼夜节奏,即仅在低低潮时露出水面,在大的大潮时有半昼夜节奏,在低低潮或高低潮时都露出水面;第Ⅱ区第 2 层位置低于海面 0.5 米仅在各季最大大潮时才露出水面,在低低潮时每昼夜仅一次露出。

软底质相的种类的分布及其垂直分布界限和我们根据瓦扬原则进行理论上的潮间带分区分层是完全符合的。我们提出胶州湾东北岸的沧口泥滩表作为例子。表 3 根据 1957年的材料初步制成,于 1958 年 7 月又仔细地加以校对。我们初步用曲线划出 1958 年 6 月17 日至 7 月 26 日一个多月的时间里潮汐水位变化,这一段时间相当于从阴历某个月 1 日至下个月中间开始的时间。根据潮汐表画出了高潮和低潮的潮高(图 3),然后用图线画出大、小潮期高低潮的平均水位,这样就得出按瓦扬原则划分的区和层。1958 年 7 月 18 日古丽亚诺娃、斯卡拉托、齐钟彦、刘瑞玉在沧口海滩对插在滩上的测水位高度标志(带号码的木桩)由水位下降而露出水面的时间至涨潮时被水淹盖的时间进行了 12 小时的观测。在我们的每个工作据点上也采集了定性和定量的底栖动物样品。我们一共分三个断面。每断面分 17 个(第Ⅲ断面)或 12 个(第Ⅰ及第Ⅱ断面)据点。标志插在一眼就可以看出动物区系变化情况的地方和在主要标志之间的许多点上。这样,在整理了采集的资料,并对每个站的种类名录进行校对之后,就可以推测出与一定标志号数相符合的每种动植物的

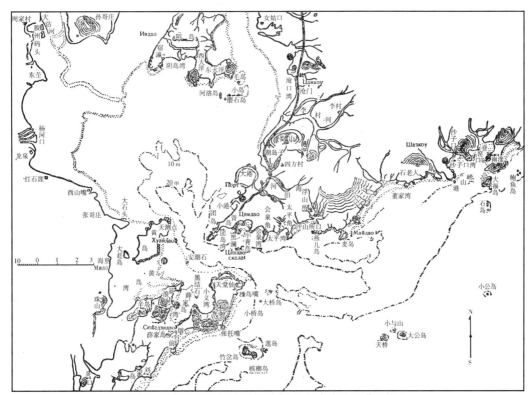

图 1　青岛附近潮间带工作地点图（黑色点为工作地点）
Рис. 1. Места исследования литералн в районе Циндао (отмечены черным цветом)

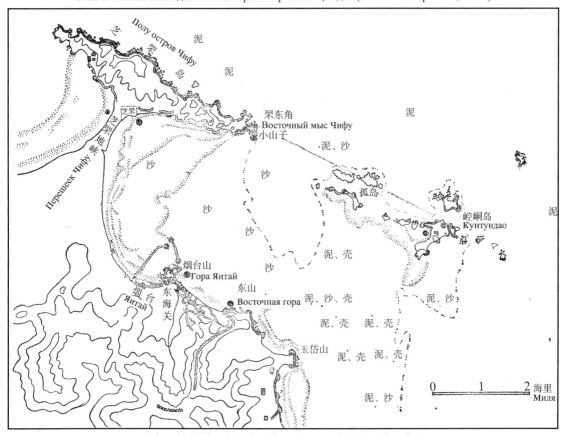

图 2　烟台附近潮间带工作地点图（黑色点为工作地点）
Рис. 2. Места исследования литорали в районе Янтая (отмечены черным цветом)

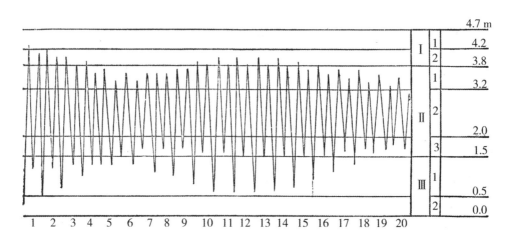

图 3　青岛 1957 年 7 月 1 日至 20 日潮汐水位变动曲线及根据瓦扬原则对潮间带进行的分区与分层

Рис. 3.　Кривая приливных колебаний моря 1-20 июля 1957 г.в Циндао и вертикалвное подразделение литорали на горизонты и зтажи по принципу Вайана

垂直分布界限[①]。把我们进行观测的时间和所得到的与我们工作地点最近的潮表所确定的时间对比后,我们可以得出种类的垂直分布界限与基准面相关的高度。同时种类的垂直分布界限和潮间带各区和层的界限很相近,实际上可以说是完全符合。在晴天和无风的天气里进行潮间带的观察工作,在一定程度上保证了我们免受离岸风或向岸风所引起的海面的变化的可能性。

　　观察表 3 之后可以看出动物种类按潮间带各区各层明显地垂直分层情况。在第一次野外工作时我们已经看出了动物垂直的交替情况,分成宽阔的上部"蟹滩"、较窄的"沙蚕滩"和"泥螺滩"(在一定的高度上立即出现了大量泥螺),随它之后是"蝼蛄虾滩",最后是"宽身大眼蟹滩"。1958 年 7 月 18 日仔细地检查证明出上述海滩彼此相关的位置和其垂直交替是符合于黄海潮间带分区分层原则的。蟹滩位于第 I 区,沙蚕滩位于第 II 区的第 1 层,泥螺滩位于蝼蛄虾层的上部地区而相当于第 II 区第 2 层。宽身大眼蟹是此层的标志,占小潮时平均低低潮水面上的潮间带下部地区,也就是在第 II 区第 3 层。上部界限高于基准面 1.5 米的第 III 区,在我们共同工作期间(1957 年 5 月至 6 月和 1958 年 7 月)在白昼只露出高于基准面 1.2 米的水面,它位于基准面与 1.2 米水面之间的下部地区只在深夜时才露出水面 0.5 米,而潮间带最低的部分,第 III 区第 2 层,通常只在冬季大潮落潮时才露出水面,因此,苏联科学院动物研究所的同志们没能在这个时候亲自来调查。仅就中国科学院海洋生物研究所的同志们所进行的间断的冬季观察和 1935 年张玺教授所进行的潮间带及潮下带上区的动物区系调查的资料使我们有可能提出对沧口滩潮间带最低部地区的一些说明。种的垂直分布界限和潮间带各区、层的界限非常符合,表明这种区、层界限是潮间带动物的临界线。这一临界线限制了绝大多数种类向上部地区分布,而自第 II 区扩大分布到潮间带下部地区的种类差不多延伸到基准面。除一两种动物外,所有的多毛类,绝大

---

① 这种研究潮间带种类垂直分布的方法,古丽亚诺娃在苏联北部及远东各海曾使用过。

多数的软体动物,及有经济意义的种类的甲壳类和唯一的棘皮动物的代表——滩栖蛇尾都是这样分布的。不允许它们向潮间带上部地区分布的临界线是小潮低高潮(最小的涨潮)的最低水位,也就是在潮高基准面上 3.2 米。在这种情况下此线不是平均线而是最低线并证实了它是临界线,动物不能分布到高于此线的地方,甚至也不可能分布到小潮的低高潮的平均水面。某些种类有非常明显的上下临界线,例如,软体动物 *Glaucomya* sp.、*Aloidis* sp.,蟹类 *Uca arcuata*,两种 *Ilyoplax*,*Scopimera*,异尾类的 *Laomedia astacina*,还有 *Lingula anatina*。这些种类栖息在海滩上的狭窄地带,按垂直方向延伸不超过 0.5 米(*Glaucomya*、*Aloidis*、*Uca*、*Laomedia*)或 1 米(除上述以外的种类)。

　　蟹类多和某些种属的显明的垂直交替现象是黄海潮间带的特征,这种现象发生在 *Helice*、*Scopimera* 及 *Ilyoplax* 各属。根据潮间带各区和层所表现出清楚的生物学的界限,我们才能分出潮间带上部和下部地区的差别。在上部,生物学标志以某些种类和另一些种类的交替很好地划分出区和层的界限,其实从第Ⅱ区第 2 层上部界限(基准面上 3.2米)开始几乎所有的种类都分布到基准面附近,而且在下一区和层的界线上,除了保存代表上一区和层的种类外,也还有一些其他种类出现。这样栖息动物的成分中有 *Alphaeus hoplocheles*、*Ogyrides orientalis*、*Umbonium thomasi*、*Mactra* sp.、*Cavernularia* 出现时就成为 2.0 米水面(第Ⅱ区第 3 层的上界)的标志。*Crangon*、*Palaemon*、*Dorippe*、*Pectinaria*、*Chaetopterus*、*Balanoglossus* 的出现是第Ⅲ区开始(1.5 米)的标志。位于基准面上 3.2 米或 2.0 米之间的第Ⅱ区的第 2 层,有极大的实际意义。这里是主要经济种 *Upogebia major*、*Solen gouldi*、*Mactra quandrangularis* 的采捕场所。这一区每昼夜两次露出水面,当水面开始低到高于基准面 3 米时,当地居民即来采集。由于潮间带这一部分是可以通行的,居民们经常地,特别是从温暖季节开始(冬季采集工作进行得较少)便在此地挖掘蝼蛄虾和双壳类软体动物。在夏季这里的动物区系分布不平衡,呈现出完全空白地区和动物区系未被采集过的地区的互相交替的现象,因此,夏季动物区系的分布是镶嵌型的。

　　在岩相的潮间带也显示出这种规律性。为了确定岩相种类的垂直分布,我们采用在沧口用的同一方法,于 1958 年 7 月 11 日用红漆把记号涂在一些有代表性种类的垂直分布的上界和下界以及在低潮时的海面上(1.6 米)。7 月 17 日低潮时在 1.4 米的水面上又涂上了补充标记。7 月 18 日进行了 12 小时的观测,同时记录 10 个标号中的每一标号退潮时露出水面的时间和涨潮时重新被淹盖的时间。像在沧口一样,把这些资料和在潮汐表上得到的水位进行对比以后,我们才有可能把种类的垂直分布和海水潮汐面联系起来。进行观测的地区是中港经常被新鲜海水所冲洗但又不受浪击的垂直的石墙(中港油脂公司的石墙)。

　　数量多的种类的垂直分布界限也完全与潮间带各区和层的界限相符合。第Ⅰ区完全被滨螺(*Littorina*)所占据,但这种软体动物向下一直分布到第Ⅱ区第 2 层;白纹藤壶(*Balanus amphitrite albicostatus*)和戴氏小藤壶(*Chthamalus dalli*)带占据第Ⅱ区第一层,其中有少数进到牡蛎带;黑偏顶蛤(*Volsella atrata*)开始与藤壶一起在第 1 层形成密集的栖息区。特别是牡蛎的栖息处同第Ⅱ区第 2 层的界限完全相符合;并且牡蛎带的上界和下界沿着整个墙形成了水平的直线。但是还不明了为什么这一区域牡蛎带分为两部分——上面的部分达到基准面 2.5 米的水面,完全由大的老牡蛎组成,它的下部则仅为幼小个体所占据,其中连一个大的个体也没有。在其他地区,例如在前海栈桥的桥桩上和海带养殖场地区,大的、同年龄的牡蛎占据整个地带。中港墙上牡蛎带下部地区的牡蛎的死亡原因现在还不清楚。在冬季的条件下可能找出这种现象的解释。总之非常有必要注意在带的下部岩石上生活的在 7 月长度为 15 ～ 20 毫米的幼小牡蛎的命运。牡蛎的下界与陡墙和石块交界的极度吻合并不能作为自这条线以下的牡蛎死亡的解释。因为碎石堆的各处与陡墙一样也栖息着牡蛎。自基准面到 1.2 米的潮间带下部的岩石和砾石环境未进行研究,因为在我们工作的期间最近水位是 1.15 米。

在烟台,我们也和青岛一样对潮间带不同的生态类型进行了研究。但是由于停留的日期较短,工作进行得不够详细,另外根据瓦扬原则对烟台潮间带进行垂直分区很困难,还需要补充的计算,因为每月的潮汐曲线是如此复杂,要完成和我们在青岛所做的那样的图表,其结果将是粗糙而不准确的。因此在表 5 我们只提出种的分区,并指出分区种类垂直分布按潮汐表基准面计算的比较高度。

各种动物带的连续交替和青岛相同。与表 4（青岛）相比较。在烟台山岩石上没有 *Balanus amphilrite albicostatus*,虽然在烟台其他岩石地区有这一种,但它和青岛一样常常同 *Chthamalus dalli* 栖息在一起。在烟台山的上带不是由 *Littorina brevicula* 组成,而是由小的 *Littorina granularis* 组成。在青岛中港的墙上没有这一种,虽然在青岛其他地区有它。很有趣的是 *Ostrea* 属另外的类型占据了烟台的牡蛎地带,它或者是青岛种 *Ostrea cucullata* 的特别型种,或者也可能是另外一种。非常有意义的是在烟台山的岩石上栖息着凿穴蛤 *Barnea fragilis*,这种凿穴蛤一般在基准面附近大量密集,形成狭窄而又明显的地带。在青岛也有这一种,同样也是栖息在潮间带的下区。表 5 表示在一块和其他在海中突出的个别陡的岩石上的分布情形。A 图表示面向大海一面岩石的分区图。B 图表示岩石的另一面,即面向海岸不受浪击的一面。在图表上清楚地看出,当激浪增强时,动物带的全部体系与防护地区相比较向上移动 25 ～ 30 厘米,其分层未受破坏。我们只引证表 5 作为烟台的例子,完全没有涉及我们在其他潮间带地区所采集的需要加以细致整理的材料。我们已经指出,从潮间带生态学观点来看,在非常复杂的潮汐海面升降变化的条件下,动植物的垂直分布极为有趣。在烟台,当小潮时高低潮和低低潮水面的差别几乎每天都有变化。从大潮向小潮过渡是很复杂的。在潮间带出现了补充层,每层按其本身节奏进行气境和水境的交替,在上区和下区发生昼夜节奏,水面变化幅度比青岛小。烟台搜集的材料的比较分析,对解决潮间带动、植物区系的分区问题有重要意义,但需要采用特殊的方法。

在黄海潮间带工作中我们普遍采用了动物区系数量计算方法,由于进行这一工作我们得到了黄海潮间带生物量和分布密度的第一手的资料。从这些资料上的数字可以看出这个地区生物数量缓慢发展的现象。在苏联各海北温带地区的条件下潮间带生物量通常达到数百克或数千克的很高数量,但在黄海勉强才能达到 150 ～ 200 克。在我们调查的地区内只有白河口遇到高达 600 克 / 米^2 的生物量。根据所采集的材料,由我们制出的图表可以清楚地说明这一事实,同时也特别证实当地居民采光了潮间带动物区系的重要意义。如果仔细地观察一下我们的材料就可以看出最大的生物量 1 769.29 克 / 米^2 是从青岛黑澜得到的,这里是禁区,当地居民不能来;在塘沽新港南浪埧的黏泥滩上生物量是 1 120 克 / 米^2,这里离

表 4　青岛中港石墙岩石上动植物区系垂直分布（7月）

Таблица 4　Вертикальное распределение фауны и флоры на фации скал в июле месяце на внутренней стенфе порта Циндао

					4.7 m
第 I 区（горизонт I）	第1层（этаж 1）	*Littorina brevicula* Philippi		*Littorina brevicula* Philippi ∞	4.2 m
	第2层（этаж 2）		*Balanus amphitrite albicostatus* Pilsbry	*Balanus*, *Chthamalus*, *Littorina brevicula* (Juv. 幼小个体) ∞	3.8 m
第 II 区（горизонт II）	第1层（этаж 1）	*Ostrea cucullata* Born		*Chthamalus dalli* Pilsbry — *Balanus*, *Chthamalus*, *Littorina brevicula* (Juv. 幼小个体)　*Volsella atrata* Lischke	3.2 m
	第2层（этаж 2）		*Ostrea cucullata* (adult 成体)	老 *Ostrea*, *Balanus*, *Chthamalus*, *Volsella* Microfauna　石墙与石块的交界线 （граница между вертикальной стеной мола и камнами）	2.5 m
			Ostrea cucullata (juv 幼小个体)	Камни 石块 — *Patelloida schrenkii* (Lischke), *Thais clavigera* (Küster), *Monodonta labio* (L.), *Turbo coronatus granulatus*, *Heteropanope makiana* Rathbun, *Hemigrapsus penicillatus* (de Haan), Paguridae, Isopoda, *Lepidonotus* sp., Nereidae, *Spirorbis*	2.0 m
	第3层（этаж 3）			*Patelloida schrenkii* (Lischke), *Thais clavigera* (Küster), *Monodonta labio* (L.), *Pyrene martensi* (Lischke), *Acanthochiton* sp., *Ischnochiton* sp., *Trapezium* sp., *Turbo coronatus granulatus* Gmelin, *Hemigrapsus penicillatus* (de Haan), Paguridae, Nereidae, *Lepidonotus* sp., *Spirorbis*	1.5 m
第 III 区（горизонт III）	第1层（этаж 1）	*Enteromorpha linza* L.	*Ulva pertusa* Kjelly	Камни 石块 — *Turbo coronatus* granulatus Gmelin, *Chlorostoma rustica* (Gmelin), *Pyrene martensi* (Lischke), *Patelloida schrenkii* Lischke, *Acanthochiton* sp., *Ischnochiton* sp., *Thais clavigera* (Küster), *Arca* sp., *Trapezium* sp., *Rapana thomosiana* Crosse, *Gaetice depresssus* (de Haan), *Hemigrapsus penicillatus* (de Haan), *Halosydna nodulosa*	1.15 m
				1958 年 7 月 18 日最低水面 （уровень малой воды 18/ Ⅶ 58）	0.5 m
	第2层（этаж 2）				

表 5 烟台烟台山岩石动物区系垂直分区

Таблица 5 Вертикальная зональность на фауни скал у горы Янтайшен (Чифу)

基准面上 3.45 米水面 (уровень 3.45 над 0 глубин)	基准面上 3.30 米水面 (уровень 3.30 над 0 глубин)

粒滨螺带 (*пояс Littorina granularis* Gray)		3.0 m		3.0 m
戴氏小藤壶带 (пояс *Chthamalus dalli* Pilsbry)	仅有戴氏小藤壶 (только *Chthamalus dalli* Pilsbry)		粒滨螺带 (пояс *Littorina granularis* Gray)	2.70 m
	Chthamalus dalli Pilsbry, *Volsella atrata* Lischke, *Littorina brevicula* Philippi, *Patelloida* sp., Nereidae; Myriopoda, *Ligia exotica* Roux 1.60 m		戴氏小藤壶带 (пояс *Chthamalus dalli* Pilsbry) *Volsella atrata* Lischke, *Littorina brevicula* Philippi, *Patelloida* sp., *Ligia exotica* Roux 1.45 m	
牡蛎带 (пояс *Ostrea* sp.)	少 Релкие *Ostrea* sp. *Chthamalus* *Volsella*	*Volsella atrata* Lischke *Littorina brevicula* Philippi *Acanthochiton* sp. 1.25 m	牡蛎带 (пояс *Ostrea* sp.) *Volsella, Chthamalus, Littorina, Ostrea* 1.1 m	
	分布稠密 густые поселения *Ostrea* sp.	*Hemigrapsus sanguineus,* Neriidae, Phyllodocidae, Serpulidae, Polynoinae, Nemertini Bryozoa, Synascidiae 0.55 m	0.55 m	
绿藻：浒苔石莼带 (пояс зеленых водорослей *Enteromorpha* и *Ulva*)		*Stichopus japonicus* (juv. 幼小个体), *Hemicentrotus, pulcherrimus, Ophiothix marenzelleri, Pugettia* sp. 0.2 m	绿藻带 (пояс Зеленых водорослей) *Enteromorpha, Ulva* 0.2 m	
凿穴蛤带 [пояс *Barnea fragilis* (Sowerby)] 基准面 (0 глубин)			凿穴蛤带 [пояс *Barnea fragilis* (Sowerby)] 基准面 (0 глубин)	
Phyllospadix scouleri 及马尾藻带 (пояс *Phyllospadix scouleri* и *Sargassum* sp.)			马尾藻带 (пояс *Sargassum*)	
A. 岩石受浪击面 (А. Открытая прибою сторона скалы)			B. 岩石不受浪击面 (В. Защищенная от прибоя сторона скалы)	

农村远,路也难行,所以当地居民也不到这里来。实际上后一地区的生物量主要是由不适于食用的小型软体动物 *Aloidis* sp. 组成的。400 ～ 600 克 / 米^2 的生物量不仅在塘沽海滩有,在沧口的上部地区也发现过。非常有意义的是每天有居民采集的沧口滩的中部地区的底栖动物生产量仅达到 50 ～ 100 克 / 米^2,而当落大潮时才露出水面的下部地区的底栖动物生物量则仍然可以达到 400 克 / 米^2。不作为食用对象种类的生物量(例如泥螺 *Bullacta exerata*、壳蛞蝓 *Phyline kinglipini* 和多毛类)同食用种类比起来经常是较高的,数量也达到很高的数值。

非常有趣味的是不被群众采集的蟹类(厚蟹 *Helice*、大眼蟹 *Macrophthalmus* 和股窗蟹 *Scopimera*)有很大的数量,而被群众充分采集的食用种大蝼蛄虾(*Upogebia major*)虽然有相当大的数量和生物量,但还没有达到像苏联千岛群岛那么多,因为在千岛群岛的种类没有人去采食,可以自由增殖,所以具有很高的个体重量和总的生物量。

在采集动物生物量和数量计算的标本时,我们使用了两种方法:直接的和间接的。直接方法是从每一单位面积内采集所有的动物种类;间接的方法是先计算个体数量和计算种的个体的平均重量,然后计算每一单位面积的总生物量。在计算不大运动的和容易采到的种类(软体动物、蠕虫)的生物量时采用第一种方法;在计算运动较快的或不易采到的种类,如蟹的生物量时,常常采用第二种方法。但是第二种方法并不太准确,因为雌雄和不同大小的个体都混在一起,每一个体的重量也不同,根据洞穴也不可能认出哪个是雌性或雄性。确定每种个体的平均重量的重要性是为了将来计算生产量和大约估计种的资源的储备情况。

在观察潮间带种类分布时首先要注意的是大多数种类无论在岩石底质或在软体的底质的表面分布得非常不平衡。特别引人注意的是软体动物腹足类分布的镶嵌情况。它们在所有地区分布得并不很平衡,而是形成个别的聚集,在夏季它们集中在岩石和石块下面,隐匿在缝隙和低凹处或聚集在海藻间。在泥滩上,例如在沧口,泥螺、壳蛞蝓、*Allertrion variciferus* 和其他腹足类常常聚集在被太阳晒着的低处的小水沼里。计算它们的数量要取 20 ～ 25 平方米面积为一单位,然后再计算出 1 平方米中的数量。

栖息在海底泥、沙内的动物(蠕虫、双壳类)分布得比较平衡,但是这里也可以看到一些镶嵌情况,特别是由于当地居民的采集而造成的食用种类的镶嵌情况。这种镶嵌分布现象在潮间带也有。在胶州湾用采泥器采到的样品首先说明了底栖动物生物量非常小,在胶州湾由水深 1 ～ 38 米所选的 28 个工作站中,总生物量的平均数量是 17.6 克 / 米^2。为了比较,可以指出,在苏联鄂霍次克海同样水深处的总生物量为 100 ～ 200 克 / 米^2。在这种生物量中蠕虫、甲壳类和软体动物和个别的棘皮动物占最大成分;在胶州湾潮下带位于杂色蛤 *Venerupis variegata* 捕捞场附近的第 11 站得到 146 克 / 米^2 的最大生物量。根据我们的材料来看,青岛文昌鱼(*Branchiostoma belcheri* var. *tsingtaoeusis*)数量最多,超过 200 个 / 米^2 (第 22 站,沙质,深度 31 米)。在渤海湾潮下带(烟台地区和塘沽港)的底栖动物量也很低(7 ～ 15.5 克 / 米^2),种的分布也呈镶嵌现象。潮下带和潮间带各个种类的密度也是非常不同的。例如栖息在沧口潮间带下部地区的大的 Sabellidae、*Cavernularia* sp. 等,密度最多不超过 1 ～ 2 个 / 米^2,有时每 3 ～ 4 平方米只有 1 个。最能表现黄海潮间带特点的大形多毛类巢沙蚕 *Diopatra* 每平方米有 2 ～ 3 个标本,反之,小型多毛类 *Perinereis*、*Audouinia* 都达到 100 个,而很小的 *Armandia* 每平方米达到 1 669 个。非常明显地表现出密度大小取决于动物个体的大小。各种动物栖息在不同深度的海底,可是动物越大,钻进海底也愈深,这种情况尤其是在多毛类——长度 5.8 毫米,栖息在沙的上层的 *Armandia* 更为显著。而形成很长管道的 Sabellidae,深入海底 1 米以下。

底上动物(Эпифауна)为避免炎热的阳光和干热成堆地集聚在阴湿的地方或在残余的水沼里,底内动物(Инфауна)比较平均地分布在同一类型的底质里。但是黄海的海滩是坡度很小,具有广阔而平坦的底,并联系其他原因而具有镶嵌现象。在平坦的滩上有轻微降低和升高的底,积水的和经常被潮水和水流冲击的地方,这就决定了有时是泥滩、有时是沙滩、有时是细沙滩、有时是粗沙滩等的底质分布的镶嵌现象。这种情况影响底内动物的分布:这个地区的底质和与其相邻地区的底质虽然差别不大,但也会随之发生某些种类的消失和另外一些种类的出现。很显然,动物种类的繁多加剧了种间的竞争,并引起它们分布的镶嵌现象。

在黄海潮间带进行动物的数量计算工作不像在苏联远东海那样简单,如这里活动性很大的蟹类很多,对于这些蟹类的数量便很难计算,很难捕到栖息在深达 1 米或 1 米以上的许多种类。它们的洞穴并不垂直而是又斜又有分叉的。要想采到像磷沙蚕(*Chaetopterus*)或 Sabellidae 科中的大型多毛类,必须在 2 ～ 2.5 平方米的面积内向下挖到 1 米或 1 米以上。在我们调查过的地区,青岛、烟台和塘沽都采集了有关的个别种动物的生物量和密度分布的材料。现在我们只选两个断面的材料——沧口泥滩(见表 6)和青岛港的岩石环境(见表 7)作为例子来说明。当大潮时,我们在这些地点所有的断面都采集了定量和定性的样品。定性的样品按断面在每个平面到处普遍地采集;定量的样品只在每个工作面的几个典型地点采集,每点取 2 ～ 3 份样品。在表中给出平均数值。所有的样品都是根据每小时对海面的观测而采的。将观察的水位同根据潮汐类型从理论上预先计算出的水位,也同大潮和小潮的水位相比较,使我们根据瓦扬原则能够总结出各个种的垂直分布栖息密度和生物量的规律性。

表 6 1958 年 7 月青岛沧口泥滩潮间带底栖生物栖息密度及生物量分布

Таблица 6 Распределение плотностей поселений и биомассы бентоса на литорали илистого пляжа Цанкоу (Циндао) в июле 1958

带和区 (Зоны и горизонт)			生物 (Организмы)	每平方米标本数目 (Число экземпляров на 1 m²)	每平方米生物量克数 (Биомассы в г. на 1m²)	总生物量 (Общие биомассы)	基准面以上高度 / 米 Высота в м над 0 глубин
潮上带 (Супралитораль)			Brachyura	11	25.3	25.3	4.7
潮间带 (Литораль)	第 I 区 (горизонт I)	第 1 层 (этаж 1)	Brachyura	33	28.1	28.1	4.2
		第 2 层 (этаж 2)	Brachyura Vermes *Glaucomya* sp.	117 8 1 621	19.21 2.9 391.0	413.1	3.8
	第 II 区 (горизонт II)	第 1 层 (этаж 1)	Brachyura Vermes *Aloidis* sp.	7 44 2 588	2.5 7.4 49.2	59.1	3.2
		第 2 层 (этаж 2)	Vermes Brachyura *Upogebia* Anomura Mollusca Amphiura *Lingula*	12 7 33 13 14 4 2	4.2 7.5 9.7 6.1 23.2 4.36 1.2	56.26	2.0
		第 3 层 (этаж 3)	Vermes Brachyura *Upogebia* Anomura Mollusca	12 4 78 7 11	4.6 2.6 14.35 3.7 22.5	47.75	1.5
	第 III 区 (горизонт III)	第 1 层 (этаж 1)	Vermes Brachyura *Upogebia* Anomura Mollusca *Lingula* *Amphiura* *Cavernularia*	16 2 3 11 32 2 4 4	9.4 9.0 11.3 2.5 121.5 0.4 3.8 73.2	231.1	1.15
			1958 年 7 月 18 日低潮水面为 1.15 米 (Уровень отлива 18/ VII 58. 1.15 m)				

表 7 青岛中港石墙潮间带生物栖息密度及生物量分布(7 月)

Таблица 7. Распределение плотностей поселений и биомассы на литорали в июле на каменной стенке
мола в порту Циндао

潮间带的区及层 (Горизонты и этажи литорали)		种类 (Виды)	每平方米标本数目 (Число экземпляров на 1m²)	每平方米生物量克数 (Биомассы в г. на 1 m²)
I	第 1 层 (этаж 1)	*Littorina brevicula* Philippi	1 865	190
II	第 1 层 (этаж 1)	*Littorina brevicula* Philippi (juv. 幼小个体) *Chthamalus dalli* Pilsbry *Balanus amphitrite albicostata* Pilsbry *Volsella atrata* Pilsbry	28 630 — —	4 587 — —
	第 2 层 (этаж 2)	*Ostrea cucullata* Born (adult 成体)	2 400	6 155
		Ostrea cucullata Born (juv. 幼小个体) Mollusca-gastropoda Paguridae	870 174 4	3 750 87.7 4.6
	第 3 层 (этаж 3)	*Enteromorpha linza* L.	—	湿重 (Сырой вес) 620 干重 (Сухой вес) 151.6
		Mollusca Crustacea Vermes	216 17 10	130.7 5.25 $\left.\right\}$ 136.35 0.4
III	第 1 层 (этаж 1)	*Ulva pertusa* Kjell man	—	湿重 (Сырой вес) 2 211.8 干重 (Сухой вес) 489.6
		Mollusca Crustacea Vermes	181 31 18	122.5 33.3 $\left.\right\}$ 157.7 1.0 1.15 m

表 6 说明 7 月份沧口泥滩底栖动物各区和层的生物量和栖息密度分布的情况。第 I
区几乎全是蟹类,每平方米的生物量不超过 30 克,栖息密度为 110～120 个,大多数都是
小的类型——*Scopimera globosa* 和 *Ilyoplax dentimerosa*,个体重量不超过 0.3 克。第 I 区
第二层蟹类的栖息密度和生物量急剧下降,但是此地分布的镶嵌现象达到很高的程度。因
为在海滩的这一部分有分布不平衡的各种类型的底质:细密而干的黏沙和稀黏泥以及栖息
着许多双壳类软体动物 *Glaucomya* sp. 的软的被水浸过的大粒沙互相交替。*Glaucomya* sp. 从
10 次取样计算的栖息密度平均为 1 840 个 / 米 ²,生物量为 556 克 / 米 ²。这些群落形成
界限鲜明的狭窄地带,个别地区的密度达到 2 576 个 / 米 ²,生物量达到 1 005 克 / 米 ²。
具有个体平均重量 2～11 克(大的雄性 *Macrophthalmus*)的大型蟹类 *Macrophthalmus
japonicus*、*Cleistostoma dilatatum*、*Uca arcuata* 栖息得也不平衡。个别群落密集在一定类
型的底质里。例如 *Uca arcuata* 以不超过 7 个的群落栖息在湿泥底质,在我们的断面的

取样面积里,这种群落最高数为 17 个个体,这样群落的生物量已超过 50 克。但 *Uca* 的群落是彼此相隔数米的疏散在海滩上的。大的、成年的 *Cleistostoma* 和 *Macrophthalmus* 也是成点的分布而且主要是在稀而泥泞的底质沿着积满水的洼地边缘分布的。*Ilyoplax dentimerosa* 的个体重量约为 0.01 克,虽然这种蟹分布得相当平衡,但是它对总生物量的大小影响不大。

在第Ⅱ区动物区系有显著的变化。蟹类的数量下降而多毛类占据优势,因为蠕虫的重量不大,而且除去蟹类和蠕虫以外只出现了一些上面没有的,或是极小如 Aloidis,或是单独出现具有极小栖息密度的种类,因此在第Ⅱ区第 1 层看到最小的生物量,由于各种蠕虫动物、软体动物和甲壳类动物的出现,从第Ⅱ区第 2 层开始生物量迅速上升。潮间带泥滩是栖息最密的地方,这是本地居民采集食用种类,特别是 *Upogebia major* 的地方。但是在 7 月份此地的生物量很低,平均勉强达到 60 克。我们在生产 *Upogebia* 最旺盛的 5 月的调查表明这一种的潜在生物量达 140 ~ 150 克,其平均栖息密度为每平方米 14 ~ 15 个个体。最大动物的长度约为 80 毫米,个体重量近于 10 ~ 12 克。在 7 月份成长的 *Upogebia* 几乎都不见了,因为当地居民把它捉得净光。在 7 月他们已经不采了。我们特别找了一下 *Upogebia*,仅仅在某几个采集者那里找到了几个,最大的长度是 88 毫米。在与老的一代被消灭的同时,7 月份的海滩上又出现了许多新一代的个体,这些个体的平均长度是 12 ~ 20 毫米,动物个体的重量不超过 0.3 克。不久以前完成变态的 *Upogebia* 幼小个体的密度平均为 188 ~ 200 个 / 米^2,在某些地点达到 344 个 / 米^2[①]。

这种情况在软体动物方面也发现 *Solen gouldi*、*Mactra quadrangularis* 等。在 5 月份,*Solen gouldi* 在 65 个 / 米^2 的情况下生物量达到 114 克 / 米^2,但是在 7 月份在密度 8 ~ 12 个 / 米^2 及幼小个体占优势时,其生物量总共只有 21 克 / 米^2。由于动物的生长,在 9 月份其生物量增加到 28.5 克 / 平方米,因为其栖息密度依旧(11 个 / 米^2)。7 月份软体动物的生物量低的原因主要是当地居民在前一个月已经采集光了,*Upogebia* 也是如此。

在第Ⅱ区第 3 层也同样有这种情况,但是总的生物量更低(47.7 克 / 米^2),这不仅是因为此地是无脊椎动物的捕捞区,居民时常来采集软体动物和甲壳类,同时还有自然的原因:由于第 3 层的上界是很多种类的临界线,所以此地与本区第 1 层一样也发生动物区系的交替现象;另外此地的底质变得更富于沙质,而新的、第一次在此地出现的种类——大型的多毛类(*Potamilla*、*Chaetopterus*)和海仙人掌(*Cavernularia*)的栖息密度很低(多毛类 0.5 ~ 1 个 / 米^2,海仙人掌 2 ~ 3 个 / 米^2),它们的分布不均匀,呈点状,像是群集,而在相当大的海滩上可能完全没有它们。

根据上述的一些事实,第Ⅲ区的生物量比前区增加 5 倍是很有趣的。这一区位于基准面上 1.5 米,只在大潮落潮时才短时间露出水面,大部分时间居民不能来采集动物,因此在 7 月份软体动物的资源没有耗尽。特别是在落潮线在基准面以上 1.2 ~ 1.3 米的高度,

---

① 如果仅允许一半幼体的长度达到 80 毫米,平均重量达到 10 克,亦即其大部分不被采集,那么来年春季其生物量将不少于每平方米 1 000 克。

它们更为丰富。海滩的这一部分总共露出水面 15 ～ 20 分钟,当地居民不下去,仅在海滩的 1.4 米的水面上采集 *Solen*、*Mactra* 及其他种类。该区当落潮时有 1 小时半时间露出水面(1958 年 7 月 18 日在此地插的标号在 11 时 30 分露出水面,在 13 时又被海水重新掩盖),到达这个水面的居民随着潮水的退落收获很丰富,在此水平面的区域内进行 2 小时工作,某些当地居民采到近 10 千克的 *Solen* 和 *Mactra*,他们挖掘海滩至半米深,有顺序地一铲一铲地把动物挖出来,不放过一个软体动物[①]。

在工作期间除去采样之外我们还对某些居民采集的软体动物加以计算,给他们划出 1 或 0.5 平方米的面积并计算这个面积内所采到的全部软体动物。在某些情况下所得的数字是非常大的,最大的数字是在落潮时露出水面最低线上得到的。但是此地大落潮连续好几天,并且每天有数百人在海滩上采集,动物区系成簇状——被破坏的地区和或多或少还保持其自己动物区系的地区互相交替。从 7 个取样面积中我们把软体动物采集者的工作也估计在内,平均每 0.5 平方米的面积有 36 个 *Solen gouldi*,也就是 72 个 / 米 ^{2}。每一个酒精固定后的标本称重后平均重量是 2.5 克。因之在 7 月份 *Solen* 的生物量平均是 180 克 / 米 ^{2}。依照我们的请求,采集者取了 3 个 0.25 平方米的面积,在低潮线上,也就是基准面上 1.15 米的水平面,每一单位面积的数字更大,因此动物的分布很平衡,不是簇形。在每一面积中平均挖出 26 个 *Solen*,即 104 个 / 米 ^{2},生物量是 260 克 / 米 ^{2}。

对其他的经济软体动物 *Mactra quadrangularis*,我们也得到了相同的结果。在居民还未去过的低潮线,平均生物量为 295 克 / 米 ^{2},平均密度 24 个 / 米 ^{2}。采集软体动物的居民聚集在基准面上 1.3 ～ 1.4 米的较高地区的海滩上,17 个面积中 *Mactra quadrangularis* 的平均生物量只有 25.1 克,平均密度 3 个 / 米 ^{2}。因此 *Mactra* 的分布是呈簇形的。每一群落有 1 ～ 12 个,并且在 17 个面积中只有 5 个面积有这种软体动物,且以幼小的个体占大多数。

在落潮时每天不断地采集不能不严重地影响其他动物区系。我看到用铣、锄、三齿耙以及其他用具把动物挖出或钩出,钻到底质里的蠕虫被连泥土共同抛在地面上,较其他动物少受些苦。综合以上所说情况,经济种类的采集和挖掘所有的底质可能是海滩上生物量低的主要原因。只在第 Ⅰ 区和第 Ⅱ 区第 1 层不进行动物采集仍然是完整的地区,才会得出自然的生物量,在海滩的其他地区,特别是在蝼蛄虾滩上,夏季采集非常多。因此在温暖季节每天的实际生物量是要比潜在的、可能的生物量低好几倍。

这种情况也发生在岩石和砾石环境中而且更为严重些。在居民区附近双壳类软体动物、牡蛎、海藻也被采去,甚至对小的种类如 *Balanus* 和 *Volsella* 也被从岩石上刮下来作为鸭子或其他家禽的饲料。在青岛市内的岩石上可以看到牡蛎的下壳痕迹,稀少的 *Thais*、*Patelloida* 的个体。只有在居民不能去采集的地方才能得到自然的栖息密度和生物量。

表 7 提出了青岛中港石墙上生物量的资料,主要动物群落的生物量每平方米达到 4 ～ 6 千克。只在低部地区石块上动物的生物量不到 200 克。这部分地区每平方米藻类

---

① 根据我们的观察,在烟台芝罘地峡西岸在一次退潮时间,儿童用特殊的末端有钩的小型尖铁丝很快地插入软体动物的穴中把它拔出地面,可采集到 2 ～ 2.5 千克 *Solen gouldi*。

的湿重(绿藻)达到 620 克和 2 千克,根据这个材料我们可以推算出硬相动物群落的潜在生物量。

我们在 1958 年 8 月的苏维埃社会主义共和国联盟、中华人民共和国、朝鲜人民民主主义共和国和越南民主主义共和国所举行的会议上的报告里,已经指出我们搜集的材料对于经营水产事业有着如何重大的意义。中华人民共和国新的发展国民经济的计划对潮间带的研究工作具有非常重大的意义。

在发展水产事业的计划里重点是养殖无脊椎动物和藻类,因此要深入地、全面地调查,才能在潮间带养殖出许多重要的经济种类。为了计划海田和养殖场的生产量,为了确定出哪怕是大概的数字,必须首先要得到种类在自然条件下生产量的资料,这只有在开辟潮间带禁区,并在禁区内进行季节性的观测的情况下才能做到。

参考文献

［1］ 张玺 . 1934. 烟台海滨动物之分布 . 国立北平研究院动物学研究所中文报告汇刊第 7 号 .

［2］ 张玺 . 1935. 胶州湾海产动物采集团第 1 期采集报告 . 国立北平研究院动物学研究所中文报告汇刊第 11 号 .

［3］ 张玺,马绣同 . 1936. 胶州湾海产动物采集团第 2 期及第 3 期采集报告 . 国立北平研究院动物学研究所中文报告汇刊第 17 号 .

［4］ 张玺,马绣同 . 1949. 胶州湾海产动物采集团第 4 期采集报告 . 国立北平研究院动物学研究所中文报告汇刊第 23 号 .

［5］ 张修吉 . 1936. 渤海海洋生物研究室概况 . 国立北平研究院动物学研究所中文报告汇刊第 15 号 .

［6］ 张修吉 . 1937. 渤海海洋生物研究室第 2 次年报 . 国立北平研究院动物学研究所中文报告汇刊第 19 号 .

1948. 青岛观象台 40 周年纪念特刊 .

［7］ Дерюгин К. М. 1928. Фауна Белого моря и условия её существования. Исслед. морей СССР, вып. 7-8.

［8］ Дерюгин К. М. 1928. Литораль в Чёрном море. Тр. Ⅱ Всес. Гидрол. Съезда в 1928, ч. Ⅲ, 1930.

［9］ Дерюгин К. М. 1939. Зоны и биоценозы залива Пётра Великого (Японское море). Сборник посвящённый Н.М. Книповичу.

［10］ Герценштейн С. Я. 1885. Метериалы к фауне Мурманского берега и Белого моря. 1. Моллюски.

［11］ Гурьянова Е. Ф. 1935. Командорские о-ва и их морская прибрежная фауна и флора. Природа, № 11.

［12］ Гурьянова Е. Ф. 1935. Краткая характеристика бентоса в районе о-ва Петрова в Японском море. Вестник Дальнев. фил. АН СССР, № 12 (в статье Линдберга Г. У.).

［13］ Гурьянова Е. Ф. 1947. Гидробиологические работы на южном Сахалине в 1946 г.

Вестник Лен. Гос. унив., № 1.

［14］ Гурьянова Е. Ф. 1949. Закономерности состава и распределения фауны и флоры западного (Кандалакшско-Онежского) района Белого моря. Раб. Морск. Биол. станции К.-Ф. Гос. унив., в. 1.

［15］ Гурьянова Е. Ф., Закс И. Г., Ушаков П. В. 1925. Литораль Кольского залива (предварительное сообщение). Раб. Мурм. Биол. станции, т. I .

［16］ Гурьянова Е. Ф., Закс И. Г., Ушаков П. В. 1925. Сравнительные исследования литорали русских северных морей. Раб. Мурм. Биол. станции, т. I .

［17］ Гурьянова Е. Ф., Закс И. Г., Ушаков П. В. 1928. Литораль Кольского залива, часть I. Описание основных площадок литорали. Тр. Ленингр. общ. естествоиспыт., т. LVIII , вып. 2.

［18］ Гурьянова Е. Ф., Закс И. Г., Ушаков П. В. 1929. Литораль Кольского залива, ч. II . Сравнительное описание литорали залива на всем его протяжении. Тр. Ленигр. общ. естествоисп., т. LIX , вып. 2.

［19］ Гурьянова В. Ф., Закс И. Г., Ушаков П. В. 1930. Литораль Кольского залива. ч. III . Условия существования на литорали Кольского залива. Тр. Ленингр. общ. естествоисп., т. LX, вып. 2.

［20］ Гурьянова Е. Ф., Закс И. Г., Ушаков П. В. 1930. Литораль западного Мурмана. Исслед. морей СССР, вып. 11.

［21］ Lурьянова Е. Ф., Ушаков П. В. 1929. Литораль восточного Мурмана. Исслед. морей СССР, вып. 10.

［22］ Закс И. Г. 1927. Предварительные данные о распределении фауны и флоры в прибрежной полосе залива Петр Великий в Японском море. Тр. I Конфер. по изучению производит. сил Дальн. Востока, вып. IV .

［23］ Закс И. Г. 1929. К познанию донных сообществ Шантарского моря. Изв. Тихоок. научно-пром. станции, т. III , 2.

［24］ Кузнецов В. В. 1947. Влияние ледяного покрова на морфологию и население литоральной зоны. Докл. Ак. наук СССР, т. 58, № 1.

［25］ Кузнецов В. В. 1941. Влияние зимнего ледяного припая на морфологию, фауну и флору литорали Белого моря. Раб. Мор. Биол. станции К.-Фин. Гос. унив., вып. I.

［26］ Кусакин О. Г. 1956. К фауне и флоре осущной зоны острова Кунашир. Тр. пробл. и тематич. совещ. ЗИН АН СССР, вып. V .

［27］ Кусакин О. Г. 1958. Сезонные изменения на литорали южных Курильских о-вов. Вестник Лен. Гос. универс., № 3.

［28］ Мокиевский О. Б. 1949. Пресноводная литораль Амурского лимана и ее фауна. Докл. АН СССР, т. 66, № 6.

［29］ Мокиевский О. Б. 1953. К фауне литорали Охотского моря. Тр. Инст. Океанологии

АН СССР, т. Ⅶ.

[30] Мокиевский О. Б. 1956. Некоторые черты литоральной фауны материкового побережья Японского моря. Тр. Пробл. и темат. совещ. ЗИН АН СССР, вып. Ⅵ.

[31] Ушаков П. В. 1925. Сезонные изменения на литорали Кольского залива. Тр. Ленингр. общ. естествоисп., т. LⅣ, вып. 1.

[32] Ушаков П. В. 1951. Литораль Охотского моря. Докл. АН СССР, т 76, № 1.

[33] Шапова. Т. Ф. 1956. Донная флора литорали Японского моря. Тр. Пробл. и температ. совещ. ЗИН, вып. Ⅵ.

[34] de Beauchamp M. P. 1914. Apercu sur la repartition des êtres dans la zône des marées a Roscoff. Bull. Soc. Zool. France, v. 39.

[35] Gisela Torsten. 1943, 1944. Physiographical and ecological Investigations concerning the Littoral of the Northern Pacific. Ⅰ, Ⅱ. Kung. Fysiogr. Sölleskap. Handl. N. F., Bd. 54, N 5; Bd. 55, N 8.

[36] Ricketts and Calvin. 1952. Between Pacific Tides. 3-e ed.

[37] Stephenson T. A. and Stephenson A. 1949. The universal features of zonation between tidemarks on rocky coasts. Journ. of Ecology, v. 37, N 2.

[38] Vaillant L. 1891. Nouvelles etudes sur les zônes littorales. Ann. du Sci. Nat. Zool., ser. 7, v. 12.

КРАТКАЯ ХАРАКТЕРИСТИКА ЛИТОРАЛИ ЖЕЛТОГО МОРЯ

Е. Ф. Гурьянова　　Лиу Жуй-юй

О. А. Скарлато　　П. В. Ушаков

У Бао-лин　　Чи Чжун-ен

(*Институт морской биологии АН КНР и Зоологический Институт АН СССР*)

В мае 1957 года группа сотрудников Зоологического института АН СССР—морские гидробиологи Е. Ф. Гурьянова, П. В. Ушаков, О. А. Скарлато, протистолог А. А. Стрелков и паразитологи Б.Е. Быховский и Л. Ф. Нагибина были командированы в Институт морской биологии АН КНР (Циндао) для работы по фауне Желтого моря. Помимо сбора коллекций морских беспозвоночных для Зоологического института АН СССР и общего ознакомления с морской субтропической фауной Тихого океана, одной из главных задач экспедиции были сравнительные исследования литорали Желтого моря.

Исследования прибрежной фауны приазиатских морей Тихого океана в СССР, начатые в 1925 году под общим руководством покойного проф. К. М. Дерюгина, были продолжены в последующие годы его учениками Е. Ф. Гурьяновой и П. В. Ушаковым и охватили побережье Берингова, Охотского и Японского морей, Командорские и Курильские острова и побережье Южного Сахалина.Эти исследования носили биономический характер,причем особое внимание уделялось изучению вертикального распределения видов и биоценозов. Были установлены закономерности вертикального распределения в зависимости от различий в типах приливов в разных районах Дальневосточных морей и изменений видового состава и распределения литоральной фауны и флоры под влиянием изменений окружающей среды; наметились так же интересные закономерности географического характера и приступлено к зоогеографическому районированию литорали северной части Тихого океана. Однако,многие возникшие вопросы биономии и особенно зоогеографии дальневосточной литоральной зоны, а также проблема географических закономерностей биологии морского побережья требовали не только дополнительных исследований некоторых участков побережья в советских водах, но и продолжения работ далее на юг в Желтое, Восточно-Китайское и Южно-Китайское моря. Исследования показали, что тепловодные элементы морской прибрежной дальневосточной фауны тесно связаны с фауной Японии и Китая; что заселение эстуарных районов рек бассейна северо-западной части Тихого океана шло, повидимому, из двух источников, не только из сибирских морей, но и из солоноватоводных районов Китайских морей; что закон географической зональности Докучаева—Берга очень ярко проявляется в литоральной жизни и для разработки этого вопроса необходимо изучение субтропической и тропической литорали; наконец, эти исследования показали, что происхождение и история формирования современой фауны Дальневосточных морей могут быть наиболее полно освещены лишь при условии исследований фауны Китайских морей. Таким образом важейшие проблемы фаунистики, биономии, биологической географии и зоогеографии советских Дальневосточных морей требовали совместных исследований советских и китайских морских гидробиологов.

В Китае исследования фауны морских беспозвоночных начались в тридцатых годах двадцатого столетия; китайские зоологи выполнили большую исследовательскую работу по систематике морских беспозвоночных и фаунистике Желтого, Восточно-Китайского и Южно-Китайского морей. Особенно большие исследования в этом отношении провела экспедиция, возглавляемая проф. Чжан Си.Эта экспедиция в 1935 году начала детальное изучение фауны беспозвоночных на литорали Шаньдунского полуострова (районы Циндао и Янтая) и провела большие работы в сублиторали залива Киаочао. Эти исследования продолжались до антияпонской войны (1937), и были вынуждены прекратиться с началом военных действий. Только после освобождения всей территории Китая морские фаунистические исследования получили возможность развернуться в большом масштабе.

Сотрудники Института морской биологии АН КНР под руководством проф. Чжан Си расширили исследования фауны Желтого моря и продолжили их далеко на юг в Восточно-Китайское и Южно-Китайское моря, охватив таким образом прибрежную фауну всех трех морей Китайской Народной Республики. В результате недостаточной изученности фауны морских беспозвоночных и слабого развития биономических работ в Китае в прошлом, в настоящее время такого рода исследования не могли быть развернуты в полной мере только силами китайских морских биологов. В этих условиях было трудно удовлетворить возникшую в КНР потребность в быстром развитии широких и разносторонних исследований морских акваторий страны. Изучение биологии морского побережья было необходимо для перестройки и планового развития морского водного хозяйства. Встала настоятельная необходимость провести биономические исследования литоральной зоны Китайских морей совместными силами китайских и советских гидробиологов. С другой стороны сравнительное изучение фауны отечественных морей и морей соседних стран, которое позволило бы выяснить особенности китайской фауны, морских безпозвоночных и осветить ее происхождение и историю формирования было давней мечтой китайских биологов. Таким образом интересы двух институтов-Зоологического института АН СССР и Института морской биологии АН КНР полностью совпадали, и при объединении китайских и советских специалистов в сравнительных исследованиях северотихо-океанской литорали открывались широкие перспективы. Совместные исследования были особенно удобны и позволяли быстрее и лучше собрать и обработать необходимые материалы, т. к. специалисты Института морской биологии АН КНР, хорошо знакомые с фауной Желтого моря, уже во время полевых работ могли давать определения большинства видов, что особенно важно при биономических работах, а сотрудники Зоологического института АН СССР, имея солидный опыт биономических и зоогеографических морских исследований, могли применить специальную методику, разработанную прч исследованиях литорали советских морей. В работах на литорали приняли участие, кроме авторов статьи, также А. А. Стрелков и младшие сотрудники Института морской биологии АН КНР; общее руководство исследованиями осуществлялось проф. Чжан Си и Е. Ф. Гурьяновой. Предварительные определения наиболее важных видов производились—проф. Чжан Си, Чи Чжун-ен и О. А. Скарлато (моллюски), Лиу Жуй-юй (ракообразные), П. В. Ушаковым (многощетинковые черви), У Бао-лин (иглокожие); водоросли были определены Чжан Чжюн-фу, рыбы Чен Чин-тай. Основные коллекции, собранные во время наших исследований, переданы для обработки специалистам Института морской биологии АН КНР и Зоологического института АН СССР. Пробы на соленость обрабатывались в гидрохимической лаборатории Института морской биологии АН КНР; для характеристики гидрометеорологических условий обитания на литорали Жёлтого моря использованы многолетние наблюдения Обсерватории Циндао, данные лоций и других литературных источников. Работы производились в период с 20 мая по 1 июля 1957 в районе Циндао, порта Тангу и в Янтае. В каждом из этих районов исследованы различные типы литорали, всего в 19 пунктах. Работы сопровождались количественным учетом фауны; особое внимание уделялось видам, имеющим экономическое и пищевое значение. В каждом районе были выбраны участки литорали, которые служили эталоном при сравнительных исследованиях и которые повторными посещениями были изучены наиболее полно. В июле 1958 г. Е. Ф. Гурьянова, О. А. Скарлато, Лиу, Жуй-юй, Чи Чжун-ен и У Бао-лин провели 2 экскурсии в Цанкоу и 3 экскурсии в порту Циндао на фацию скал и камней. Две из этих экскурсий, организованных со специальной целью проверки и уточнения данных 1957 г. по вертикальному распределению фауны и флоры, имели характер 12-ти часовых наблюдений над уровнем моря и преследовали цель точного определения предельных высот распространения видов по вертикали.

Распределение видов по вертикали устанавливалось при помощи определения положения уровня моря над нулем глубин в данный момент исследования (на пляжах) и прямых измерений границ распространения видов по вертикали относительно этого уровня (на скалах).

В предварительном сообщении мы даем таблицы вертикального распределения видов лишь для мест, выбранных нами в качестве наиболее типичных и служащах основой для сравнения, и самые общие замечания об особенностях жизни желтоморской литорали, надеясь в будущем дать полное описание и результаты сравнительного анализа полученного материала.

Приливы в обоих исследованных районах—Циндао и Янтае имеют правильный полусуточный ход. Отношение суточных и полусуточных составляющих $\frac{H_{K1} + H_{O1}}{H_{M2}}$, определяющее тип прилива, в обоих случаях < 0.5; однако мелководность моря вызывает искажения приливной волны, обусловливая значительное суточное неравенство смежных полных вод и более длительное по сравнению с приливным отливное течение. Максимальная высота прилива в Циндао 4.7 м, в Янтае 3.0 м. Тип прилива, т.е. будут ли прилувы правильные или неправильные, полусуточные, суточные или смешанные, в сочетании с характерными чертами климата, определяет особенности видового состава фауны и флоры и вертикальное распределение видов на литорали, т.к. важнейшие условия жизни (T, S, содержание влаги в грунте и даже свет) подчинены ритму приливов. Первостепенное значение имеет то обстоятельство, что среда обитания ежедневно регулярно меняется: во время отлива все обитатели литорали оказываются в воздушной среде, во время прилива снова попадают в водную среду. Только литоральная зона моря характеризуется регулярной сменой среды в течение суток, и все физические, химические и биологические явления подчинены ритму этой смены и имеют периодический характер. Так как понижение уровня с отливным течением идет постепенно от полной воды к малой и завершается приблизительно в течение 6 часов, а затем в течение следующих 6 часов уровень моря снова говышается,[1] то различные точки морского побережья, находящиеся на разной высоте над нулем глубин, подвергаются воздействию воздушной среды в течение разных периодов времени. Точки, расположенные на уровне полной воды, покрываются водой лишь на короткое время; наоборот, точки, которые лежат близко к нулю глубин, обнажаются на очень короткое время и быстро вновь покрываются водой. Все животные и водоросли, обитающие на литорали, в различной степени приспособлены к условиям воздушной среды (к воздействию высоких и низких температур, к высыханию и замораживанию) и поэтому распределение их в пределах литорали строго закономерно. Наиболее стойкие виды заселяют верхнюю литораль, наимение приспособленные к сильным изменениям внешней среды обитают в нижней ее части. В результате на литорали, как правило, наблюдается ярко выраженная

---

[1] Шестичасовая периодичность смены водиой среды на воздушную характерна при правильных полусуточных приливах; при суточных — периодичность 12-ти часовая;при смешанных приливах в течение месяца наблюдается смена 6-ти часовой на 12-ти часовую периодичность.

стратификация видов по вертикали и массовые виды образуют на определеных уровнях над нулем глубин горизонтальные пояса, которые тянутся вдоль берега иногда на огромные расстояния.

Явление ветикальной стратификации фауны и флоры на литорали отмечалось исследователями с давних времен, и различными авторами были предложены разные принципы для разделения литоральной зоны на вертикальные отделы или горизонты. Важно было найти объективный критерий для этого деления. Существует два разных критерия для этого деления. Одни авторы кладут в основу принцип Вайана (Vaillant), который выделяет вертикальные горизонты литорали, связывая их со средними уровнями сизигийных и квадратурных приливов и отливов. Другие авторы пользуются критерием Стивенсона (A. Stephenson), который кладет в основу вертикального деления литорали биологический принцип, выделяя горизонты по характерным для них массовым видам животных и водорослей. Мы предпочитаем пользоваться принципом Вайана, который дает совершенно объективный и точный критерий, исключающий субъективный момент в оценке явлений.

Предварительный анализ собранного нами материала позволяет выделить согласно принципу Вайана 3 основных вертикальных отдела на литорали Желтого моря, или 3 горизонта, каждый из которых обладает своими особенностями условий обитания и заселен определенными видами, отсутствующими в двух других горизонтах или встречающимися в этих последних в значительно меньших количествах.

Верхний или Ⅰ горизонт занимает самую верхнюю часть литорали, которая покрывается приливом редко и только в период сизигийных приливов; верхняя граница этого горизонта проходит на уровне полной воды максимального возможного прилива; нижняя граница совпадает со средним уровнем квадратурных приливов. Средний или Ⅱ горизонт занимает наибольшую часть побережья, ежедневно 2 раза в сутки покрывается приливом и обнажается во время отлива как в сизигию, так и в квадратуру; верхняя его граница совпадает со средним уровнем квадратурных приливов, т.е. одновременно является нижней границей Ⅰ горизонта, а нижняя граница-это средний уровень квадратурных отливов. Это наиболее важный и самый типичный горизонт литорали, где условия жизни в течение всего месяца амфибиотичны. Обитатели этого горизонта ежедневно регулярно оказываются то под водой (в прилив), то на воздухе (в отлив) в противоположность первому горизонту, фауна и флора которого все время находятся на воздухе и только в сизигию покрываются приливом. Ⅲ горизонт является полной противоположностью первому и отличается от Ⅱ горизонта тем, что почти все время находится под водой и только в период сизигий обнажается во время отлива на короткое время. Границами Ⅲ горизонта являются средний уровень квадратурных отливов (верхняя граница) и максимально низкий теоретически возможный уровень моря, т.е.

нуль глубин (нижняя граница). Все три горизонта отчетливо выражены на литорали Циндао и Янтая и имеют каждый свои биологические показатели (см. таблицы 3–4). Эти таблицы составлены для мест, принятых нами за тип при сравнительных исследованиях и характеризуют пляжи с фациями мягких грунтов и биотопы скалистых грунтов.

Прибрежная фауна Желтого моря резко отличается от фауны мелководий советских Дальневосточных морей, расположенных в умеренной зоне, не только по составу видов, но и весьма существенными биономическими особенностями, связанными с отличиями в климатических условиях обитания. Уже предварительный поверхностный просмотр собранных коллекций показывает, что в литоральной фауне Циндао и Янтая приобретают большое значение формы тропического происхождения; здесь много представителей тропических семейств и родов, много видов, широкораспространенных в тропиках, особенно среди крабов; имеются также виды южнобореальные и некоторое число эндемичных подвидов и форм или варьитетов. в целом эта фауна может быть охарактеризована как очень тепловодная, связанная в значительной степени с тропической индовестпацифической фауной Тихого океана; в тоже время она обладает рядом особенностей провинциального ранга.

Физико-географические условия, в которых обитает эта фауна, также носят своеобразный характер, обусловливая по сравнению с дальневосточной литоралью уклонения от средней нормы общей картины вертикального распределения видов.

Климат у берегов Шаньдунского полуострова типично муссонный с относительно холодной и сухой зимой и жарким дождливым летом. По данным обсерватории в Циндао, проводившей регулярные наблюдения в течение 50 лет, среднегодовая температура воздух =12.1 ℃ . Сравнительно низкая для данных широт среднегодовая температура обусловлена отрицательной аномалией среднемесячных температур в зимние месяцы, близких к нулю в декабре и феврале и отрицательных (−1.2 ℃) . в январе. Весна так же холодная и характеризуется быстрым нарастанием тепла в апреле и особенно в Ⅲ декаде мая; лето с ровными температурами выше 20 ℃ −25 ℃ , а осень теплая с медленным постепенным понижением температуры до 8 ℃ −9 ℃ в ноябре. Таким образом распределение тепла в течение года очень неравномерно с резко выраженным минимумом температур в декабре-январе-феврале.

Вторая особенность климата, имеющая важное значение для жизни литорали— высокая влажность воздуха и частые туманы и дожди особенно обильные в наиболее теплые месяцы июль и август. Значительная облачность и относительно малое число ясных солнечных дней в наиболее жаркие месяцы благоприятно сказываются на развитии литоральной жизни.

Температурный режим на литорали Шаньдунского полуострова во время отливов чрезвычайно своеобразен—зимой и весной все тепловодные, тропические по происхождению виды попадают под воздействие ненормально низких температур, могущих оказать на них губительное действие.Однако каждую зиму с середины января и до середины февраля у берегов полуострова образуется припай, накрывающий литораль прочным ледяным щитом толщиною до 30–40 см. Припай в Циндао образуется только на очень пологих пляжах с выступающими далеко в море мелководьями; у скалистых берегов и на узких с крутым падением дна пляжах ледяного припая не бывает. В Цанкоу зимний береговой припай часто накрывает всю верхнюю половину пляжа, защищая его обитателей во время отлива от резкого понижения температуры. Зимние наблюдения советского исследователя В. В. Кузнецова на Белом море показали, что во время отлива температура воздуха под ледяным шитом припая значительно выше, чем над поверхностью льда, и сохраняется близкой к температуре воды. В таких условиях лед сглаживает приливо-отливные колебания температуры на литорали, защищает литораль во время отливов от воздействия морозов и оказывает благотворное влияние на фауну и флору. Это имеет место зимой в частности на илистом пляже в Цанкоу, в I и II горизонтах литорали и, повидимому, играет не малую роль в возможности выживания тропических форм на литорали Желтого моря. Даже в его северной части— Бохайском заливе, где климат носит континентальный характер, где зимой морозы сильнее и продолжительнее, чем в Циндао, на литорали обитают тропические виды; здесь замерзает поверхность моря, береговой ледяной припай более мощный и его защитная роль особенно велика.

В наиболее теплое время года—летом и осенью во время отлива литораль защищена от губительного прямого воздействия горячих солнечных лучей и чрезмерного перегрева и высыхания частыми туманами, облачностью, высокой влажностью воздуха и дождями. Это особенно важно для фауны и флоры I горизонта литорали, который большую часть времени обнажен и покрывается водой лишь на короткое время два раза в сутки только в периоды сизигий. Как раз весной, когда со сменой зимнего муссона на летний в марте начинается быстрый подъем температуры воздуха и в отдельные дни она достигает $25\,℃\,$–$27\,℃$ (в мае), увеличивается влажность воздуха, облачность и осадки, которые достигают максимума в наиболее жаркие июль и август месяцы. Это обстоятельство смягчает резкую разницу между зимними и летними температурами, облегчая приспособление относительно стенобионтных тропических по происхождению форм к широким амплитудам сезонных колебаний температуры в Желтом море, аномальных для субтропических широт.

Столь же велики и сезонные изменения температуры поверхностных прибрежных вод, воздействию которых подвергаются обитатели литорали во время прилива. Зимой вода теплее воздуха на $3\,℃\,$–$4\,℃$ и температура у берега около°; летом, наоборот, температура воды ниже температуры воздуха, но носит тропический характер и колеблется около $25\,℃\,$–$27\,℃$. В солнечные дни во время отлива лужи, оставшиеся на литорали, сильно прогреваются и температура воды в них поднимается выше 27 ℃. Таким образом, если зимой на литорали Шаньдунского полуострова господствует режим неблагоприятный для нормальной жизнедеятельности тепловодных тропических форм, то летом и осенью имеется полная возможность для их развития и процветания и даже более благоприятные условия, чем в тропиках, где солнце и зной препятствуют, как правило, заселению верхнего горизонта.

На северном побережье Шаньдунского полуострова в Янтае климат с более резкими сезонными колебаниями температуры, влажности и осадков. Здесь зима холоднее, а лето жарче и суше; по данным 1936 года среднегодовая температура воздуха = 12.4 ℃; средняя температура наиболее холодного месяцы − 2.74 ℃ (январь) а средняя температура наиболее теплого месяца (июль и август) = 26.80 ℃ .[①]

Обе таблицы (табл.1 и табл. 2 на стр. 4 и 6) хорошо иллюстрируют неустойчивость температурного режима воздуха и воды на побережье Шаньдунского полуострова. Здесь наблюдаются значительные амплитуды колебаний температуры не только сезонные, но и в течение каждого месяца, особенно весной при переходе умеренного типа зимы к почти тропическому лету.

Соленость прибрежных поверхностных вод зимой в среднем 31-32. летом она понижается до 31-30. Большое значение в биономии литорали имеют прозрачность воды и степень развития скалистых грунтов; с ними тесно связано развитие прибрежной растительности. В Желтом море прозрачность воды низкая, у берегов не превышает 6.5 м и часто не более 2 м; фация скал развита довольно слабо и решительное преобладание получают песчаные и илистопесчаные обширные пляжи.

При исследованиях мы особенно большое внимание обращали на вертикальное распредение видов и поэтому при сборе коллекций для выяснения состава фауны и флоры, а также при количественном учете, точки (станции), в которых мы производили работы, привязывались к определенным уровням моря; станции располагались по разрезам от верхней границы литорали (4.5 м над нулем глубин в Циндао и 3.0 м над нулем глубин в Янтае) до уровня малой воды в каждый данный день полевых работ. Благодаря такому методу разрезов и распределению станций при взятии проб фауны и флоры, мы могли сразу же составлять таблицы вертикального распределения видов, плотностей поселения и биомассы. Повторными экскурсиями мы уточняли и проверяли полученные данные. Приводимые таблицы распределения фауны составлены на основании материалов повторных экскурсий. Такие таблицы составлены нами для 10 пунктов в районе Циндао: ① Илистый пляж Цанкоу; ② Песчаный пляж и скалы Шазкоу; ③ Песчаный пляж и скалы Майдао; ④ Песчаный пляж и скалы Сюйедзядау; ⑤ Песчаный

---

① По данным 1936, работы Чжан Сиу-чи, 1937.

пляж и скалы на острове Хуандау; ⑥ Для скал острова Черная скала; ⑦ Скалистый пляж у улицы Квейчжоулу; ⑧ Песчаный участок первого городского пляжа; ⑨ Песчаный и каменистый участки второго городского пляжа; и ⑩ Песчаный пляж и скалы у городского мола, а так же стена и сваи самого мола.

В Янтае мы исследовали 6 пунктов: ① Скалы у Восточной горы; ② Каменистый пляж у Восточной горы; ③ Илистопесчаный пляж на восточной стороне перешейка Чифу; ④ Песчаный пляж на западной стороне перешейка Чифу; ⑤ Скалы на Восточном мысе Чифу; и ⑥ Скалы у горы Янтай. Для каждого из этих мест так же составлены таблицы вертикального распределения фауны и флоры. Кроме того для разработки проблемы происхождения эстуарной фауны западной части бассейна северного Тихого океана мы провели работы в эстуарии реки Пайхо в районе порта Тангу в трех пунктах: ① Морской пляж у южной дамбы; ② Речной пляж у южной дамбы и ③ Песчаный пляж к югу от устья реки Пайхо. Здесь также собирался материал для изучения вертикального распределения фауны, производился количественный учет, собирались пробы солености и были проведены две суточные годрологические станции для получения данных по приливным колебаниям температуры и солености.

Таким образом исследованы различные биономические типы литорали—прибойные и защищенные скалы и пляжи (скалистые, каменистые, песчаные, илистые) и эстуарий крупной реки. Наши исследования представляли значительный интерес также и потому, что литораль Циндао и Янтая фаунистически были исследованы 20 лет тому назад проф. Чжан Си, который опубликовал списки беспозвоночных и для некоторых пунктов дал карты мест нахождения наиболее интересных в разных отношениях видов (Чжан Си, 1935, 1936, 1949). Большой интерес представило повторить исследование в этих местах и выяснить имеются ли изменения в составе литоральной фауны за истекший период.Ответить на этот вопрос можно будет лишь после полной обработки собранных коллекций, однако, предварительное сравнение показало, что в наиболее существенных чертах фауна осталась прежней. Несомненно списки проф. Чжан Си будут сильно пополнены, т.к. впервые будут детально обработаны большие материалы по Polychaeta, а так же по Amphipoda, Isopoda, Cumacea и микрофауне, которые ранее не были исследованы. Вероятно будут обнаружены и новые виды.

В данном предварительном сообщении мы приводим лишь типовые таблицы вертикального распределения видов на литорали основных биономических типов побережья и краткий анализ этих таблиц. В дальнейшем мы предполагаем дать полное описание литорали обследованных нами участков и на основании сравнительного анализа этих данных вывести общие закономерности жизни литорали Желтого моря.

Как мы указывали выше, приливы в Циндао и Янтае, хотя и носят характер правильных полусуточных, но мелководность моря настолько искажает их, что возникает большое суточное неравенство смежных как полных, так и малых вод. В Циндао резко выражено суточное неравенство смежных малых вод, которое в сизигии достигает 1 метра; при этом обе полные воды обладают почти одной и той же высотой (4.1–4.2 м над нулем глубин); в квадратуру это неравенство сглаживается, и разница между высотами смежных малых вод не более 0.5 м. В соответствии с этим Ⅱ горизонт литорали, естественно распадается на три этажа. Верхний из них в квадратуру обнажается один раз в сутки и имеет суточный ритм; средний или 2-й этаж обнажается 2 раза в сутки ежедневно в течение всего месяца и имеет всегда полусуточный ритм жизни; нижний этаж Ⅱ горизонта, как и его 1-й этаж, в период квадратуры имеет суточный ритм, обнажаясь во время низкой малой воды.

Значительна так же и разница в высотах между большими сизигийными приливами и сизигийными приливами малыми; в соответствии с чем и Ⅰ (верхний), и Ⅲ (нижний) горизонты литорали каждый распадается на две части; 1 этаж Ⅰ горизонта покрывается водой лишь в периоды больших сизигийных приливов, а остальные 24–25 дня находится под влиянием воздуха. Нижний же этаж покрывается водой и в большие и в малые сизигийные приливы; следовательно, 1-й этаж Ⅰ горизонта кроме полусуточной имеет еще и полумесячную периодичность при смене водной среды на воздушную.

Аналогичным образом в Ⅲ горизонте литорали имеют место также 2 этажа, которые отличаются друг от друга ритмом обнажений с отливами: 1-й этаж (верхний) в обычные сизигийные отливы имеет суточный ритм, т.к. обнажается только во время низких малых вод, и полусуточный ритм в период больших сизигийных отливов, обнажаясь во время как низких, так и высоких малых вод; 2-й этаж Ⅲ горизонта, расположенный ниже уровня 0.5 м, обнажается только зимой в период максимально больших сизигийных приливов и обнажается тогда только раз в сутки во время низкой малой воды.

Распределение видов на фациях мягких грунтов и границы их вертикального распределения обнаруживают хорошее совпадение с теоретически выделенными нами по принципу Вайана горизонтами и этажами литорали. В качестве примера мы приводим таблицу 3 (стр.10) для илистого пляжа Цанкоу на северо-восточном побережье залива Киаочао. Эта таблица, составленная предварительно по материалам 1957 г., была тщательно проверена нами в июле 1958 г. Предварительно была вычерчена кривая приливных колебаний уровня за промежуток времени, охватывающий немного более одного лунного месяца, с 17 июня по 26 июля 1958 г., что соответствует периоду с 1 числа одного месяца по начало второй декады следующего месяца лунного календаря. На график были нанесены в соответствии с таблицами приливов высоты полных и малых вод (рис. 3); затем графически были найдены средние уровни малых и полных вод сизигийных и квадратурных приливов, и таким образом получены горизонты и этажи, выделенные по принципу Вайана. 18 июля 1958 г. на пляже Цанкоу Е. Ф. Гурьянова, О.

А. Скарлато, Лиу Жуй-юй и Чи Чжун-ен провели 12-ти часовые наблюдения за временем обнажения с понижением уровня и временем покрытия водой с приливом реперов, расставленных на пляже (деревянные колышки с номерами) в местах наших станций, на которых брались качественные и количественные пробы бентоса. Всего было 3 разреза. На этих разрезах станции брались в 17 (разрез Ⅲ) или 12 точках (разрезы Ⅰ и Ⅱ). Реперы были поставлены в местах, где изменение фауны было заметно на глаз и в ряде точек, расположенных между главными реперами. Таким образом после обработки собранных проб при сличении списков видов, составленных для каждой из станций, были установлены границы вертикального распределения каждого вида, которые соответствовали определенным номерам репера.[1] Сопоставив отметки времени наших наблюдений с отметками времени на кривой, полученной в этот день при помощи установленного в ближайшем соседстве с местом нашей работы мареографа, мы получили высоты границ вертикального распространения видов относительно нуля глубин. При этом совпадение границ распространения видов по вертикали с границами горизонтов и этажей литорали оказалось настолько близким, что можно в сущности говорить о полном совпадении их. Наблюдения на литорали производились при ясной штилевой погоде, что до некоторой степени гарантировало нас от возможных изменений уровня моря сгонно-пагоными явлениями.

Рассматривая таблицу 3, можно видеть очень четкую стратификацию видов по горизонтам и этажам литорали. Уже в первые же экскурсии мы отмечали на глаз смену фауны по вертикали, выделяя обширный верхний «крабовый пляж», сравнительно узкий «нереидный пляж», «буллактовый пляж»—по появлявшемуся сразу на определенной высоте массовому виду *Bullacta exarata*, следующий за ним «упогебиевый пляж» и, наконец, «пляж *Macrophthalmus dilatatus*». Положение этих пляжей относительно друг друга и смена их по вертикали, как показала тщательная проверка 18 июля 1958 г., соответствует системе горизонтов и этажей на литорали Жёлтого моря: «Крабовый пляж» занимает Ⅰ горизонт; «нереидный пляж» расположен в 1-й этаже Ⅱ оризонта; «буллактовый пляж» занимает верхнюю часть «упогебиевого пляжа» и соответствует 2 этажу Ⅱ горизонта; пляж, показателем которого является краб *Macrophthalmus dilatatus*, занимает нижнюю часть литорали, ограниченную средним уровнем низких малых вод квадратурных отливов, т.е. 3-й этаж Ⅱ горизонта. Ⅲ оризонт, верхней границей которого является уровень в 1.5 м над нулем глубин, в период наших совместных работ (март—июнь 1957 г. и июль 1958 г.) в дневное время обнажался лишь до уровня 1.2 м над нулем глубин и поэтому исследован недостаточно; нижняя его часть, расположенная между уровнем 1.2 м и нулем глубин,

---

[1] эта методика изучения вертикального распределения литоральных видов применялась ранее Е. Ф. Гурьяновой при исследованиях литорали северных и дальневосточных морей Советского Союза.

обнажалась до уровня в 0.5 м только глубокой ночью, а самая нижняя часть литорали (2-й этаж III оризонта), как правило, обнажается лишь в период зимних сизигийных отливов, и была для нас совсем недоступной. Только отрывочные зимние наблюдения сотрудников Института морской биологии АН КНР, и данные проф. Чжан Си, производившего в 1935 году фаунистические исследования литорали и верхнего горизонта сублиторали, позволили нам дать некоторую характеристику самой нижней части литорали пляжа Цанкоу.

Очень близкое совпадение границ вертикального распространения видов с границами горизонтов и этажей литорали указывает на то, что эти последние являются критическими уровнями для литоральных животных. Характерно, что эти уровни ограничивают верхний предел распространения большинства видов, тогда как распространение в нижнюю часть литорали у многих видов II горизонта простирается почти до нуля глубин. Таково распространение всех многощетинковых червей, за исключением 1–2 видов, подавляющего большинства моллюсков, ракообразных, в том числе промысловых, и единственного представителя иглокожих—*Amphiura vadicola*. Критическим уровнем, который не допускает распространение их в верхнюю часть литорали, является минимальный уровень малых полных вод квадратурных приливов, т.е. 3.2 м над нулем глубин. Именно то обстоятельство, что этот уровень не средний, а минимальный, и подтверждает вывод, что он является критическим, выше которого животные не могут распространиться даже до среднего уровня малых полных вод квадратуры. Некоторые виды имеют очень четко обозначенные критические уровни, и верхний и нижний,например, моллюски—*Glaucomya* sp., *Aloidis* sp., крабы—*Uca arcuata*, оба вида *Ilyoplax*, *Scopimera*, представитель Anomura—*Laomedia astacina*, наконец, *Lingula anatina*. Эти виды занимают на пляже узкие полосы,простирающиеся по вертикали не более 0.5 м (*Glaucomya*, *Aloidis*, *Uca*, *Laomedia*) или 1 м (остальные из выше указанных видов).

Характерной чертой литорали Желтого моря является обилие крабов и отчетливая смена видов одного и того же рода по вертикали; это имеет место у родов *Helice*, *Scopimera*, *Ilyoplax*. Обращает на себя внимание различие между верхней и нижней частями литорали в четкости, с которой выражены биологически границы горизонтов и этажей литорали. В верхней части биологические показатели хорошо отграничивают горизонты и этажи сменой одних видов другими, тогда как начиная с верхней границы 2 этажа II горизонта (уровень 3.2 м над нулем глубин) почти все виды распространены почти до нуля глубин, и границы следующего горизонта и этажей отмечаются лишь появлением добавочных видов при сохранении видов, характерных для выше лежащего этажа или горизонта. Так показателем уровня 2.0 м (верхняя граница 3 этажа II горизонта) служит появление в составе населения *Alphaeus hoplocheles*, *Ogyrides orientalis*, *Umbonium thomasi, Mactridae* gen. sp., *Cavernularia*. Показателями начала Ⅲ горизонта (1.5 м), служит появление *Crangon, Palaemon, Dorippe, Pectinaria, Chaetopterus, Balanoglossus*.

Наиболее важным в практическом отношении является средний, т.е. 2 этаж Ⅱ горизонта, между отметками 3.2 м и 2.0 м над нулем глубин; здесь расположены промысловые поля важнейших съедобных видов — *Upogebia major, Solen gouldi, Mactra quadrangularis*. Этот горизонт ежедневно обнажается два раза в сутки и сюда приходят за добычей местные жители, как только уровень моря начинает падать ниже 3 м над нулем глубин. Вследствие того, что эта часть литорали наиболее доступна, и жители постоянно выбирают здесь упогебию и двустворчатых моллюсков, перекапывая грунт, особенно начиная с теплого времени (зимой сбор идет значительно менее интенсивно), летом фауна распределена здесь не равномерно, а гнездами; совсем опустошенные участки чередуются с участками, где фауна была не тронута; в результате летняя картина распределения фауны мозаична.

Те же закономерности проявляются и на скалистой литорали. Для уточнения вертикального распределения видов на фации скал был использован тот же метод, который применялся в Цанкоу; реперы (отметки красной краской) были поставлены 11 июля 1958 г. на верхних и нижних границах вертикального распределения массовых показательных видов и на уровне моря в малую воду (1.6 м). 17 июля в малую воду была поставлена дополнительная отметка на уровне 1.4 м 18 июля были проведены 12-ти часовые наблюдения и зафиксировано время, когда каждая из 10-ти поставленных отметок—реперов открывалась с отливом и вновь покрывалась с приливом. Сопоставления этих данных с уровнями, полученными мареографом, как и в Цанкоу, дали возможность связать вертикальное распределение видов с приливными уровнями моря. Местом наблюдений была вертикальная каменная стена мола в порту, омываемая постоянно приходящей с моря свежей водой, но защищенная от прибоя.

Границы вертикального распространения массовых видов так же обнаруживают хорошее совпадение с границами горизонтов и этажей литорали. Ⅰ горизонт целиком занят литоринами в чистом виде, но этот моллюск распространяется и ниже вплоть, до 2-го этажа Ⅱ горизонта; пояс *Balanus amphitrite albicostata* + *Chthamalus dalli* занимает 1 этаж Ⅱ горизонта; в небольшом количестве оба они заходят в пояс устриц; *Volsella atrata* начинаясь вместе с баланусами, образует густые поселения в 1 м этаже. Особенно точно совпали с границами 2-го этажа Ⅱ горизонта поселения устриц; и верхняя, и нижняя граница пояса устриц образуют прямые горизонтальные линии вдоль всей стены мола. Остается, однако, неясным почему в данном районе пояс *Ostrea* распадается на две части—верхняя часть до уровня 2.5 м образована сплошными поселениями крупной старой устрицы, тогда как нижняя его часть занята только молодыми особями, среди которых нет ни одной старой. В других местах, например, на сваях городского мола и в районе ламинариевого завода густые поселения старых одновозрастых устриц занимают весь пояс. В чем причина вымирания устриц прошлого года на стенке мола в нижней части пояса устриц янеясно; может быть объяснение этого явления можно найти в зимних условиях; во всяком случае совершенно необходимо проследить за судьбой молодых устриц, осевших на камни в нижней части пояса и в июле достигших в длину около 15-20 мм. Совпадение резкой нижней границы колоний Ostrea с переходом отвесной стены мола в нагромождения камней не может дать объяснения вымиранию устриц, начиная от этой границы вниз, т.к. всюду фация камней заселяется так же, как и отвесные скалы. Нижний отдел литорали фации скал и камней от 1.2 м до нуля глубин не был исследован, т.к. самый низкий уровень в период наших работ был 1.5 м.

В Янтае мы исследовали так же как и в Циндао различные биономические типы литорали, но из-за краткости пребывания там, менее подробно. Кроме того выделение вертикальных подразделений литорали по принципу Вайана для Янтая очень затруднено и требует ещё дополнительных вычислений, т.к. месячный ход кривой приливов настолько сложен, что выполнить это графически, как мы делали в случае Циндао, было бы слишком грубо и не точно. Поэтому в таблице 5 (стр. 14) мы приводим лишь зонарность видов, указывая высоты пределов их распространия по вертикали относительно принятого в таблицах приливов нуля глубин.

Последовательность смены поясов видов такая же, как и в Циндао. По сравнению с таблицей 4 (Циндао) здесь на скалах у Янтайшен нет *Balanus amphitrite albicostata*, хотя в других местах скалистых участков Янтая он имеется и, так же как и в Циндао, обычно поселяется вместе с *Chthamalus dalli*; у Янтайшен верхний пояс образует не *Littorina brevicula*, а мелкая *Littorina granularis*; на стенке порта в Циндао ее нет, хотя она имеется в других местах района Циндао. Очень интересно, что пояс устриц в Янтае занят другой формой рода *Ostrea*; это либо особая форма *Ostrea cucullata*, т.е. вида характерного для Циндао, либо, возможно, другой вид. Большой интерес представляет присутствие на скалах Янтайшен сверлильщика *Barnea fragilis*, который образует узкий, но очень ярко выраженный пояс около нуля глубин с большими плотностями поселений. В Циндао этот вид имеется, и так же в нижнем горизонте литорали. В таблице 5 отражена зональность на одной и той же одиночной крутой скале, выдвинутой в море. Схема А отражает картину зональности на обращенной к морю стороне скалы; схема В характеризует другую сторону этой скалы, защищенную от прибоя, обращенную к берегу. На схемах прекрасно видно, что при усилении прибойности вся система поясов животных смещается вверх на 25-30 см по сравнению с защищенными местами без нарушения их стратификации. Мы приводим для Янтая в качестве примера лишь одну таблицу 5, совершенно не касаясь материалов, собранных нами в других участках литорали, т.к. они требуют особо кропотливой обработки. Мы уже указывали, что наибольший интерес с точки зрения биономии литорали представляет вертикальное распределение фауны и флоры в условиях очень сложных приливных колебаний уровня моря. В Янтае разница в уровнях высоких и низких малых вод в период квадратуры меняется почти ежедневно; переход от сизигийных вод к квадратурным сложен; на литорали появляются добавочные этажи, каждый со своим особым ритмом смены воздушной среды на водную; в верхнем и нижнем горизонтах возникает суточный ритм; амплитуда колебаний уровня меньше, чем в Циндао и т.д. Сравнительный анализ собранного в Янтае материала даст много интересного для проблемы зональности фауны и флоры осушной зоны, но потребует применения особого метода.

При работах на литорали Желтого моря мы широко использовали метод количественного учета фауны. В результате этих работ получены первые данные по биомассе и плотностям поселений на литорали Желтого моря. Эти данные подтвердили в цифровом выражении общее впечатление о слабом количественном развитии жизни в этом районе. Если в условиях бореальной области в советских морях биомассы на литорали, как правило, достигают больших величин, измеряемых сотнями граммов и килограммами, то в Желтом море они едва доходят до 150–200 г, и при наших работах мы встретились с высокими до 600 г/м^2 биомассами лишь в эстуарии реки Пейхо. Прилагаемые таблицы, составленные нами на основании собранного материала, ярко иллюстрируют этот факт и подтверждают в частности большое значение «выедания» литоральной фауны местным населением. Просматривая внимательно наши материалы, мы могли видеть, что самые большие биомассы на скалах получены на островке Черная скала, который не посещается жителями и является заповедником (1769, 25 г/м^2), и на вязком глинистом пляже у южной дамбы порта Тангу (1120 г/м^2), который также недоступен для местного населения (далеко от поселков, подойти к нему трудно и бродить по нему очень тяжело); правда в последнем случае биомасса состоит из очень мелких моллюсков *Aloidis* sp., непригодных как пищевой объект. Другие пробы, характеризующиеся цифрами биомасс в 400–600 г/м^2, также относятся к пляжу в Тангу, а так же к верхнему горизонту пляжа Цанкоу. Очень характерно, что в среднем горизонте пляжа Цанкоу, который ежедневно посещается жителями, биомассы бентоса едва достигают 50–100 г/м^2, и только в его нижней части, которая обнажается лишь в большие отливы, максимальные биомассы бентоса опять доходят до 400 г/м^2. Биомассы видов, которые не потребляются в пищу (например, из моллюсков *Bullacta exarata*, *Philine kinglipini* и полихеты) всегда оказываются относительно большими и численность их достигает значительных величин по сравнению с видами съедобными.

Весьма интересно, что литоральные крабы (*Helice*, *Macrophthalmus*, *Scopimera*), которые не собираются жителями, обладают высокой численностью, тогда как съедобная и в изобилии собираемая жителями *Upogebia major*, хотя и обладает довольно большой численностью и биомассой, но не достигает таких крупных размеров, как например в наших водах на Курилах, где она никем не собирается и процветает, и поэтому обладает более высоким индивидуальным весом и общей биомассой.

При сборе материала по биомассе и численности животных мы пользовались двумя методами—прямым, т.е. сбором всей фауны с единицы площади, и косвенным, при подсчете числа особей и вычислении среднего веса особей вида. Первый метод применялся нами при определении биомассы малоподвижных и легко добываемых форм (моллюски, черви), второй способ мы не редко применяли при определении биомассы крабов, когда подсчитывалось число их норок на единицу поверхности; определялся средний вес особи, и затем вычислялась общая биомасса на единицу площади. Однако второй способ не дал надежных результатов, т.к. самцы и самки и разные размерные группы обладают различными индивидуальными весами, а по отверстию норки невозможно определить кому из них самцу или самке она принадлежит. Определение среднего веса особей вида необходимо главным образом для того, чтобы в дальнейшем вычислять продукцию и оценивать приблизительно сырьевые запасы вида.

Рассматривая распределение видов на литорали можно прежде всего отметить, что для большинства видов свойственно очень неравномерное размещение по поверхности как на скалистых грунтах, так и на мягких фациях. Особенно бросается в глаза мозаичность распределения у брюхоногих моллюсков, которые не рассеяны по всей площади более или менее равномерно, а образуют отдельные скопления; в летнее время они концентрируются под обломками скал и камней, забиваются в щели и выбоины, или скапливаются под водорослями. На илистых пляжах, например, в Цанкоу, *Bullacta exarata*, *Philine kinglipini*, *Alectrion variciferus* и другие брюхоногие моллюски, скапливаются в мелких прогретых солнцем лужах в понижениях дна. Для количественного учета их, поэтому приходилось брать площадки в 20–25 кв. м и затем пересчитывать на один квадратный метр.

Более равномерно распределены животные, обитающие в толще грунта (черви, двустворчатые), однако и здесь наблюдается некоторая мозаичность, особенно съедобных форм, обусловленная, сбором их местным населением.

То же явление мозаичности распределения наблюдается и в сублиторали. Дночерпательные пробы, взятые в заливе Киаочао, показали прежде всего крайне низкие биомассы бентоса[1]. Средняя величина общей биомассы из 28 взятых станций на глубинах от 1 до 38м, всего 17.6 г; для сравнения можно указать, что средняя величина общей биомассы в Охотском море на тех же глубинах равна 100–200 г на кв. м. Наибольшую роль в

---

[1] Полученные величины средней биомассы возможно несколько занижены из-за несовершенства сбора материала—очень малая площадь дночерпателя и слабое зарывание его в грунт.

этой биомассе играют черви, ракообразные и моллюски, в редких случаях иглокожие; максимальная, встреченная нами в сублиторали залива биомасса, была на станции 11, расположенной в районе промысловых полей *Venerupis variegata*, здесь она достигала 146 г на кв. м. Наибольшей численностью по нашим материалам обладал ланцетник *Branchostoma belcheri* var. *tsingtauensis*—свыше 200 экз. на кв. м. (станция 22, песок, глубина 31 м). Биомасса бентоса в сублиторали Бохайского залива (районы Чифу и порта Тангу) также были очень низки (от 7 до 15.5 г на кв. м) и виды здесь так же обнаруживали некоторую мозаичность в распределении.

Плотности поселений очень различны для разных видов и в сублиторали и на литорали. Так, например, крупные Sabellidae, поселяющиеся в нижнем отделе литорали Цанкоу, морские перья *Cavernularia* и др. имеют плотности поселений не более 1–2 особей на кв. м, а часто даже 1 особь на 3–4 кв.м. Крупный и весьма характерный для литорали Желтого моря многощетинковый червь *Diopatra* по 2–3 экз. на кв. м; наоборот, мелкие черви—*Perinereis, Audouinia*—до 100, а очень мелкие *Armandia* до 1669 экз. на кв. м. Зависимость плотностей поселений от величины животного выражена очень ярко. Различна и глубина, на которой обитают в грунте различные виды. Можно было заметить, что чем крупнее животное, тем на большую глубину оно зарываются в грунт. Это особенно характерно для Polychaeta, —червь *Armandia*, длина которого 5.8 мм, обитает в поверхностном слое наилка, а Sabellidae строят очень длинные трубки, пронизывающие грунт на глубину до 1 м.

В противоположность эпифауне, которая образует скопления, избегая жарких лучей солнца и высушивающего действия зноя, и концентрируется в затененных, сохраняющих влагу местах или просто в остаточных лужах, инфауна распределена более равномерно в пределах одного и того же типа грунта. Однако и здесь, где в условиях Желтого моря широко развиты плоские пляжи с очень слабым уклоном дна, имеется мозаичность, связанная, однако с другими причинами. На плоских пляжах имеются легкие понижения и повышения дна, места застойные и более промываемые приливами и течениями и это обусловливает мозаичность распределения грунтов, то заиленных, то более песчаных, то тонких, то более грубых и т. д. Это сейчас же сказывается на распределении. инфауны; даже небольшие уклонения характера грунта от грунта рядом расположенных участков сопровождаются исчезновением одних и появлением других видов. Повидимому, большое видовое богатство фауны обостряет конкуренцию между видами и в результате возникает мозаичность их распределения.

Производить количественный учет фауны на литорали Желтого моря не так просто, как в условиях Дальневосточных морей; обилие очень подвижных крабов, перебегающих с места на место, затрудняет их учет; очень трудно добывать многие формы, живущие в норах, уходящих глубоко, иногда до 1м и более, в грунт и часто не вертикально, а под углом нередко, далеко в сторону и с ответвлениями. Для того, что бы добыть, например, *Chaetopterus* или крупную полихету из сем. Sabellidae, вырывались ямы в метр и больше глубиною и в 2–2.5 кв. м площадью.

Во всех обследованных нами пунктах в районах Циндао, Янтая и Тангу собран материал по плотностям поселений и биомассам фауны и отдельных видов. Здесь мы приводим в качестве примера лишь данные по двум разрезам—для илистого пляжа Цанкоу (таблица 6, стр. 17) и для фации скал в порту Циндао (таблица 7, стр. 18). В этих местах были выполнены полные разрезы в период сизигий с качественными и количественными пробами. Качественные пробы по разрезу брались сплошь и широким фронтом на каждом уровне; количественные пробы брались более редко в местах типичных для каждого 《фронта》, для каждой точки не менее 2–3 пробы. В таблице даются осредненные цифры. Все пробы приведены к ежечасным уровням моря, наблюденных в тоже самое время. Сопоставление наблюденных уровней с теоретическими предвычислениями уровней в зависимости от фаз прилива и с уровнями сизигийных и квадратурных приливов позволило нам обобщить закономерности вертикального распределения видов, их плотностей поселений и биомассы на основе принципа Вайана.

В таблице 6 приводится распределение плотностей поселений и биомассы бентоса по горизонтам и этажам на илистом пляже Цанкоу для июля месяца. I горизонт заселен почти исключительно крабами с биомассами не более 30 г и плотностью их поселений в 110–120 экз. на кв. м; здесь по преимуществу мелкие формы—*Scopimera globosa* и *Ilyoplax dentimerosa*, индивидуальный вес которых не более 0.3 г. Переходный 2 этаж I горизонта, характеризуется резким понижением и плотностей поселений и биомассы крабов, но здесь мозаичность распределения достигает очень высокой степени, т.к. В этой части пляжа особенно велико разнообразие типов грунта, которые распределены весьма неравномерно: плотный сухой глинистый песок чередуется с площадями жидкого глинистого ила и рыхлого, пропитанного водой более крупнозернистого грунта густо заселенного двустворчатым моллюском *Glaucomya* sp.; плотности поселений *Glaucomya* в среднем из 10 площадок 1840 экз. на кв. м и биомасса 556 г. Эти поселения тянутся узкой полосой с очень четкими границами и местами их плотность достигает 2576 экз., а биомасса 1005 г. Крупные крабы *Macrophthalmus japonicus*, *Cleistostoma dilatatum*, *Ucaarcuata* со средним индивидуальным весом от 2 до 11 г. (крупные самцы *Macrophthalmus*) так же поселяются не равномерно, а отдельными колониями, концентрируясь в определенных типах грунта. Так, например, *Uca* селится небольшими колониями по 5–7 особей во влажном илистом грунте; максимальное число особей в такой колонии в пределах площади наших разрезов было 17; уже одна такая колония дает биомассу более 50 г, но колонии *Uca* рассеяны по пляжу на расстоянии нескольких метров друг от друга. Крупные взрослые *Cleistostoma* и *Macrophthalmus* так же распределены отдельными пятнами и по преимуществу по краю углублений, наполненных водой, в жидком вязком глинистом грунте. *Ilyoplax dentimerosa* обладает индивидуальным весом около 0.01 г и несмотря на то, что этот крабик распределен довольно равномерно, он оказывает очень слабое влияние на величину общей биомассы.

При переходе во Ⅱ горизонт фауна резко меняется, численность крабов падает и преобладание получают Polychaeta; т.к. вес червей незначительный, а кроме крабов и червей появляются лишь несколько новых видов, которых нет выше, и они или очень мелки, как например *Aloidis*, или встречаются отдельными особями с очень малыми плотностями поселений, то в 1 м этаже Ⅱ горизонта наблюдается минимальная биомасса. Резкое увеличение биомассы начинается со 2 этажа Ⅱ горизонта за счет появления разнообразной фауны червей, моллюсков и ракообразных. Это наиболее густо населенная часть илистой литорали, где расположены основные места сбора местным населением пищевых видов и в частности *Upogebia major*. Однако и здесь в июле месяце биомассы низкие, едва достигающие в среднем 60 г. Наши исследования в мае месяце, в разгар промысла *Upogebia*, показали, что хотя бы по этому виду потенциально возможные биомассы достигают 140–150 г, так как плотности поселений этого рака в среднем 14–15 экз. на кв. м при максимальной длине животных около 80 мм и индивидуальном весе около 10–12 г. В июле месяце взрослые *Upogebia* почти исчезают, т.к. местное население выбирает их начисто. В июле их уже не добывают; мы специально искали *Upogebia*, и только у нескольких сборщиков было по несколько штук этого рака с максимальной длиною 88 мм. Наряду с уничтожением старого поколения, пляж в июле изобиловал особями нового поколения со средней длиною 12–20 мм и индивидуальным весом животного не более 0.3 г. Плотности молодых недавно закончивших метаморфоз упогебий достигали в среднем 188–200 особей на кв. м, а в некоторых местах доходили до 344.[1]

Такая же картина наблюдается и в отношении моллюсков—*Solen gouldi*, *Mactra quadrangularis* и др. Биомасса *Solen* в мае достигала 114 г при плотностях в 65 экз. На кв. м, а в июле всего 21 г при плотностях в 8–12 экз. и при преобладании мелких молодых особей; в сентябре их биомасса увеличилась до 28.5 г. за счет роста животного т.к. плотности их поселений сохранились в общем те же (11 экз. На кв. м). Главная причина низких июльских биомасс моллюсков та же, что и для *Upogebia* — сбор урожая моллюсков в предыдущие месяцы местным населением.

В 3 этаже Ⅱ горизонта наблюдается то же самое, но общие биомассы ещё более низкие (47.7 г); это объясняется не только тем, что здесь расположены промысловые

---

[1] Если допустить, что только половина молоди достигнет длины в 80 мм и среднего веса в 10 г, т.е., что ее больше не будут собирать, то к весне будущего года их биомасса была бы не менее 1 кг. на 1 м^2.

поля беспозвоночных, очень часто посещаемые жителями для сбора моллюсков и ракообразных, но так же и естественными причинами, —здесь наблюдается, как и в случае 1 этажа этого горизонта, смена фауны, связанная с тем, что верхняя граница 3 этажа является критическим уровнем для многих видов; кроме того здесь меняется грунт, становясь более песчаным,а новые, впервые появляющиеся здесь виды — крупные полихеты (*Potamilla, Chaetopterus*), морские перья (*Cavernularia*) — имеют очень низкие плотности поселений (0.5–1 экз. на кв. м у Polychaeta и 2–3 экз. у *Cavernularia*); распространены они не равномерно, а пятнами, как бы колониями и значительные площади пляжа вовсе лишены их.

Чрезвычайно большой интерес в свете сообщенных выше фактов приобретает увеличение биомассы в Ⅲ горизонте более чем в 5 раз по сравнению с предыдущим. Этот горизонт лежит ниже уровня 1.5 м над нулем глубин и обнажается сравнительно редко, только в сизигийные отливы и большую часть времени недоступен для сбора животных. Поэтому в июле месяце запасы моллюсков были еще не исчерпаны. Особенно велики они оказались непосредственно у линии отлива, на высоте 1.2–1.3 м над нулем глубин. В эту часть пляжа,которая обнажается всего на 15–20 минут, местные жители не спускались и собирали *Solen, Mactra* и другие виды лишь до уровня 1.4 м на пляже, который остается обнаженным во время отлива около $1\frac{1}{2}$ часов (метка поставленная нами в этом месте 18 июля 1958 г. обнажилась в 11 ч. 30 м. и снова покрылась водой с приливом в 13 ч. 00 м). Местные жители, спустившиеся на этот уровень, следуя за отливом, собрали очень большой урожай; за 2 часа работы в районе этого уровня некоторые из местных жителей собирали до 10 кг. *Solen* и *Mactra*, перекапывая грунт на глубину до полуметра, выбрасывая его последовательно лопату за лопатой и не пропуская буквально ни одного моллюска [①] . Мы, кроме взятия наших проб, произвели учет моллюсков во время работы у нескольких сборщиков, выделяя для них площадки по 1 или 0.5 кв. м и производя подсчет всех моллюсков, собранных на этой площадки. Цифры получилмсь в некоторых случаях очень высокие, и наиболее высокие из них были получены для наиболее низкого обнажившегося в отлив уровня. Однако и здесь, поскольку большие отливы продолжались уже несколько дней подряд, а на пляж ежедневно выходили многие десятки людей, фауна сохранилась гнездами—опустошенные участки чередовались с участками еще сохранившими более или менее свою фауну. Из 7 площадок, на которых мы учитывали работу сборщиков моллюсков, в среднем на каждую, ровную 0.5 кв. М, приходилось по 36 экз. *Solen gouldi*, что составляет 72 экз. на кв. метр. Средний

---

① В Янтае по нашим наблюдениям на западном пляже перешейка Чифу дети за один отлив собирают до 2–2.5 кг. Solen gouldi, при помощи своеобразной маленькой проволочной остроги с крючком на конце, быстро всовывая ее в норку моллюска и рывком вытаскивая его на поверхность.

спиртовый вес 1 экземпляра, после взвешивания оказался равным 2.5 г, следовательно средняя биомасса *Solen* составляла в июле 180 г на кв. м. Взятые сборщиком по нашей просьбе 3 площадки по 0.25 кв. м каждая над линией отлива в малую воду, т.е. на уровне 1.15 м над нулем глубин, дали еще более высокие цыфры и при этом животные были распространены очень равномерно, а не гнездами. На одну площадку в среднем было выкопано 26 экз. *Solen*, т.е. 104 экз. на 1 кв. м, что дает биомассу равную 260 г.

Такие же результаты мы получили и для другого промыслового моллюска-*Mactra quadrangularis*. У линии отлива, где расположены места еще не тронутые жителями, биомасса в среднем оказалась 295 г. При средней плотности 24 экз. на кв. м. В более высоком горизонте пляжа на уровне 1.3–1.4 м над нулем глубин, где были сосредоточены добывающие моллюсков жители, на 17 площадках средняя биомасса *Mactra* оказалась всего 25.1 г при средней плотности 3 экз. на 1 кв. м. При этом *Mactra* была распределена гнездами от 1 до 8-12 экземпляров на гнездо и из 17 площадок только 5 содержали этого моллюска и по преимуществу молодых особей.

Ежедневное перекапывание грунта во время отлива не может не сказываться губительно и на другой фауне; мы наблюдали, как лопатами, матыгами, трехзубцами, цапками и прочими орудиями давились и рвались животные; менее других страдали черви, которые выбрасывались вместе с грунтом на поверхность. Все это вместе взятое—сбор промысловых видов и перекапывание грунта, вероятно, и является главной причиной низких биомасс на пляжах. Только Ⅰ горизонт и 1-й этаж Ⅱ горизонта, где сбора животных не производится, остаются нетронутыми и дают естественные биомассы; во всей другой части пляжа, и особенно на упогебиевом пляже, где сбор идет очень интенсивно, и в теплое время почти ежедневно, фактические биомассы в несколько раз ниже потенциально возможных.

То же самое, но только в еще большей степени, наблюдается и на фации скал и камней. Здесь вблизи населенных мест собирается всё –брюхоногие моллюски, устрицы, водоросли; даже такие мелкие формы, как *Balanus* и *Volsella* нацело соскребаются со скал для корма уток и другой домашней птицы. В черте города Циндао на скалах можно видеть остатки нижних створок устриц, редкие единичные особи *Thais, Patelloida*. Только в местах, недоступных для посещения жителями для сбора даров моря, можно получить представление о естественных плотностях поселений и биомассах.

На таблице 7 (стр. 18) приводятся данные количественного учета на стенке мола в порту. Биомассы, которые дают основные биоценозы, достигают 4–6 кг на кв. м, и только в нижней части на фации камней биомассы животных не достигают и 200 г, хотя биомасса водорослей (в данном случае зеленых) доходит до 620 г и 2 кг сырого веса на 1 кв. м. По этим цифрам можно судить о потенциально возможных продукциях биоцензов твердых фаций.

В докладе на Пленуме Комиссии СССР, КНР, КНДР и ДРВ в августе 1958 г. мы уже указывали, какое важное значение для практики водного хозяйства имеют полученные нами данные. Изучение литорали получает особо важное значение в свете нового плана развития народного хозяйства КНР. Ставка в этом плане на искусственное разведение беспозвоночных и выращивание водорослей требует глубокого и всестороннего исследования осушной зоны, где будет культивироваться ряд хозяйственно важных видов. Для определения хотя бы приблизительных исходных цифр для планирования продукции морских огородов и плантаций, необходимо получить для начала размеры естественной продукции видов. Это можно сделать только при введении заповедных участков литорали, на которых следует поставить наблюдения в сезонном аспекте.

近江牡蛎的摄食习性[①]

　　牡蛎(Ostrea)是重要的经济贝类之一,我国广东、福建沿海个别地区养殖的近江牡蛎(O. rivularis Gould)为其中经济价值巨大的一种。

　　世界学者们在牡蛎的研究方面已经做了许多工作,对牡蛎的养殖生产曾起了很大的推动作用;但目前在基础理论和实际应用方面,都还存在着很多需要研究和争论未决的问题。牡蛎的摄食习性就是其中之一。

　　当牡蛎摄食状况(摄食率和食量等方面)发生变化时,就会引起它的生长,特别是软体部肥瘦的变化。某些养殖的牡蛎往往由于摄食不够强盛和不够普遍,即摄食状况不良,最后软体部达不到肥满的要求,因而使产品的质和量都受到很大影响,这种现象,引起了我们对牡蛎摄食习性的注意。通过对摄食习性的了解,就可以进一步人为地满足牡蛎的摄食要求,从而达到增产的目的。

　　关于牡蛎的摄食习性,学者们曾有过许多研究和观察,也有许多不同的看法和论断。Loosanoff 等[11]提到, Nelson 等[②]曾对美洲牡蛎(O. virginica Gmelin)摄食习性进行过观察,并指出这种牡蛎在夜晚和黎明不摄食,退潮的时候也只少量摄食。

　　后来根据 Loosanoff 和 Nomejko[11] 等的工作结果,得出和 Nelson 等不一致结论。根据他们的观察,美洲牡蛎无论在涨潮期间或退潮期间,包括高潮期、低潮期、平潮期的任何时间都在摄食,摄食率和摄食量在所有潮期都没有显著差别。水底大多数的牡蛎(一般在90% 以上),胃内经常都有食料,空胃的牡蛎只是偶尔可以遇到。日、夜、傍晚和黎明对牡蛎的摄食强弱也没有影响。Loosanoff 等曾写道:"当地牡蛎的摄食率既不受潮汐影响,也不受时间的影响。"Loosanoff 等的工作是在 6、7、8 三个月份进行的,这时正是这种牡蛎的繁殖期。因此我们可以得知,美洲牡蛎在繁殖期间摄食机能是很强的。

　　Kellogg[②]以为在混浊的海水中,牡蛎对食料的摄取是困难的。赞同这种说法的有妹尾秀实、堀重藏等[3]。他们说,在海水澄清的条件下,软体部生长得肥满。我国也流行着这种说法。但 Glave[③]和 Nelson 却认为海水的混浊并不导致牡蛎摄食的困难。

　　后来, Loosanoff 和 Engle[12]进行了海水中微小生物的密度和牡蛎摄食关系的研究。

━━━━━━━━━━

① 张玺、齐钟彦、谢玉坎(中国科学院海洋研究所):载《海洋与湖沼》,1959 年第 2 卷第 3 期,163 ～ 179 页,科学出版社。中国科学院海洋研究所调查研究报告第 100 号。工作期间承当地水产机构和各方面人力、物力的支援,我所技术人员何进金同志始终辛勤地工作,崔可铎同志测定过部分盐度资料,山东大学戴国雄同志帮忙参与一段时间的现场工作,均此致谢。

② 我们没有见到原作,只是间接从文献 [11]、[3] 和 [6] 等见到这种结果。

③ 见于文献 [12]。

他们认为在一定限度内的混浊海水中牡蛎仍能摄食,但也可能由于混浊而摄食率降低以致最后停止;对 Kellogg 的在澄清的海水中摄食更为有效的看法,他们表示赞同。

另外,如水温、盐度和摄食的关系等,都是有关牡蛎摄食习性的比较重要的问题,应该结合我国养殖的牡蛎种类进行研究。

我们于 1957—1958 年在珠江口及其附近海湾对近江牡蛎的摄食习性连续进行了一年多的了解,初步得到了一些结果,为牡蛎养殖生产,尤其是在养成场、肥育场的海区选择或改良等方面提供了资料。

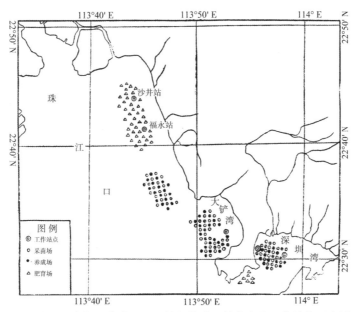

图 1　珠江口东部及其附近近江牡蛎养殖区的分布和工作站位置略图
Fig. 1　Bancs d'ostréiculture et stations d'observation dans
l'embouchure de Chu Kiang

一、材料和方法

我们观察和检查的样本,是取自珠江口东部及其附近深圳湾的近江牡蛎,大多是 3～4 龄的个体。有时也观察了其他年龄的个体。这些牡蛎原是野生的种苗,后来被大批采集到养殖场自然养成长大的。

周年连续的取样一般是在水深 0.5～1 米的海区,采捕在水底生活的近江牡蛎。分别在离岸 200 米左右和 1 500 米左右的海面,设立取样的站点。个别必要的取样则是到离岸较远的海区。

在检查日夜内摄食率的变化时,为了检查胃内容物的准确和可靠起见,我们没有采用 Loosanoff 等用吸管穿破体壁到胃内吸取的方法,而是比较仔细地、不厌其烦地在取样的现场,即时剖开消化道各段检视内容物的存在与否。在检查各季节摄食率的变化时,我们还采用过另一方法,即将取出水面的近江牡蛎,即时打破贝壳剥出软体部,投入浓福尔马林(20%)内杀死,带回实验室检查。我们特别注意用胃内容物的有无去证实当时牡蛎是否有过摄食。我们一般只记录当时有无摄食,从胃内容物的新鲜程度和数量也能够判断出当时是否摄食。另有一部分结果,是花费了较多的时间、人力,分别将胃内容物分为有、无、多、少记录的。

为了解决日夜以及在潮汐周期内近江牡蛎的摄食变化,我们选择了某些时候,日夜不停地每过一小时取样一次(每次样本一般为 10 个个体,或更多),每过 4 小时取样一次进行观测,检查其摄食和海水悬浮物质含量、流速、盐度、潮汐以及日夜明暗的关系。

悬浮物质的数量是将取来的样本经过静置沉淀后以容量计算的。每次在离水底上约 25 厘米处,用采水瓶取样 1 000 毫升,一律加入福尔马林固定(到福尔马林含量达 4% 为止)。在水底上 25 厘米附近采取水样,刚好是近江牡蛎栖息环境的最靠近的最有代表性的样品。在沉淀后的悬浮物质中,包含受水流携带进入水中的泥沙和颗粒较大的有机物质、细小的浮游生物和有机碎屑(détritus Organiques)等,无个体较大的生物在内。因为实际上这些物质共同造成了海水的混浊,对牡蛎的摄食产生总的影响,因此一并计算在悬浮物质内。

水温、盐度(用硝酸银滴定法测定)、密度、透明度、流速(用流速仪测量)等,皆用一般海洋调查的方法进行了观测。水深为当场直接测量的深度。流速只测离水底约 25 厘米处。

二、结果

(一)近江牡蛎日夜摄食变化的连续检查

日夜连续的检查、观测工作,在 1957 年进行了两次,1958 年进行了三次,但在 1958 年所用的方法只有一次是和 1957 年的相同。这种检查的目的在于观察在日夜、水深和不同潮期上,近江牡蛎的摄食率的变化。摄食率是表示当时有摄食的个体的总数占总检查数的百分数。和摄食率相对的一面是空胃百分率。

第一次工作是在 1957 年 5 月 7 日至 8 日进行的,完整记录 24 次(表 1)。

可以看出,近江牡蛎在 5 月,也即正当繁殖初期的时候,摄食率总平均高于 65%,也即是在这时期平均每个个体每一整日约有 16 小时的摄食时间,或是相当于当地栖息的所有牡蛎的 65% 以上的数量,是经常不断在进行摄食的。

涨潮期间,摄食的牡蛎占总数的 63%,停歇摄食的数量占 37%。退潮期间,摄食的牡蛎数量高于 67%,停歇摄食的数量不及 33%。白昼摄食率平均是近 68%,夜间摄食率平均将近 63%。

这些结果表明了近江牡蛎摄食率的一般情形,但个别摄食率的数值有时相差不小,如 7 日深夜、8 日中午和 8 日初夜,都出现过所有牡蛎同时摄食的摄食率为 100% 的现象。8 日子夜也出现过数量占 80% ~ 90% 的空胃牡蛎。

在 1957 年 8 月 5 日至 6 日,又在同一站点重复了一次日夜连续的检查(表 2)。

这时是夏末,正值近江牡蛎的繁殖盛期。摄食率总平均高于 67%,涨潮期间的平均摄食率高于 64%,退潮期间平均摄食率是 70%,白昼摄食率平均高于 73%,夜间的摄食率平均将近 62%。其中还有全部牡蛎同时都摄食的情况,例如,在 5 日午后的连续 3 个小时和 6 日将近正午的 1 个小时内全数牡蛎都在摄食。可是 6 日的黎明后和近中午前的 2 次都是空胃牡蛎的百分率最高,达 80%。

　　除以上 2 次外,1958 年 2 月 10 日至 11 日,又在深圳湾使用同样方法进行了一次检查（表 3 ）。

　　表 3 是关于近江牡蛎冬季摄食情况的统计。摄食率总平均近 80%。涨潮期间平均摄食率高于 77%,退潮期间平均摄食率将近 82%,整个白昼平均摄食率为 76%,夜间平均摄食率高于 82%。在 10 日中午后连续 2 次、初夜 2 次和 11 日黎明前后 3 次,合计整日 24 小时内,有 7 个小时是摄食率达 100% 的。只在 11 日早晨 1 次,空胃百分率最高,达 60%。由此可知近江牡蛎在冬季的摄食活动是正常的。

表 1　近江牡蛎日夜摄食率的检查（深圳湾 1957 年 5 月 7 日 19:30 至 8 日 18:30）

Tableau 1　Pourcentage de l'alimentation diurne et nocturne de l'*Ostrea rivularis*
(Shenchen Baie, les 7–8 mai 1957)

时间	摄食率 /%	空胃百分率 /%	水深 /m	潮汐	备注
19:30	80	20	2.0	退潮	进入黑夜
20:30	90	10	1.7	退潮	
21:30	70	30	1.6	退潮	
22:30	100	0	1.1	退潮	
23:30	70	30	1.0	退潮	
24:30	80	20	1.0	平潮	
平均	81.7	18.3	1.4	退潮期	
1:30	20	80	1.4	涨潮	
2:30	10	90	1.8	涨潮	
3:30	50	50	2.3	涨潮	
4:30	70	30	2.5	涨潮	进入黎明
5:30	50	50	2.5	平潮	
平均	40	60	2.1	涨潮期	
6:30	40	60	2.3	退潮	进入白昼
7:30	30	70	2.3	退潮	
8:30	40	60	2.0	退潮	
9:30	50	50	2.0	退潮	
10:30	40	60	2.0	退潮	
11:30	60	40	1.9	退潮	
平均	43.3	56.7	2.1	退潮期	
12:30	100	0	2.0	涨潮	
13:30	60	40	2.1	涨潮	
14:30	90	10	2.4	涨潮	
15:30	90	10	2.5	涨潮	
16:30	90	10	2.6	涨潮	进入傍晚
平均	86	14	2.3	涨潮期	
17:30	90	10	2.5	退潮	
18:30	100	0	2.4	退潮	进入黑夜
平均	95	5	2.5	退潮期	

时间	摄食率 /%	空胃百分率 /%	水深 /m	潮汐	备注
总平均	65.4	34.6	2.0		
涨潮期平均	63	37			包括个别平潮
退潮期平均	67.1	32.9			包括个别平潮
白昼平均	67.7	32.3			包括傍晚
夜晚平均	62.7	37.3			包括黎明

表 2 近江牡蛎日夜摄食率的检查(深圳湾 1957 年 8 月 5 日 12∶30 至 6 日 11∶30)

Tableau 2 Pourcentage de l'alimentation diurne et nocturne de l'*Ostrea rivularis*

(Shenchen Baie, les 5-6 Août 1957)

时间	摄食率 /%	空胃百分率 /%	水深 /m	潮汐	备注
12∶30	100	0	1.3	退潮	白昼
13∶30	100	0	1.2	退潮	
14∶30	100	0	1.1	退潮	
平均	100	0	1.2	退潮期	
15∶30	90	10	1.2	涨潮	
16∶30	70	30	1.4	涨潮	进入傍晚
17∶30	80	20	1.7	涨潮	
18∶30	80	20	1.8	涨潮	进入黑夜
19∶30	70	30	2.0	涨潮	
20∶30	90	10	2.1	涨潮	
平均	80	20	1.7	涨潮期	
21∶30	60	40	1.8	退潮	
22∶30	30	70	1.7	退潮	
23∶30	40	60	1.7	退潮	
24∶30	50	50	1.6	退潮	
1∶30	70	30	1.6	退潮	
2∶30	80	20	1.6	退潮	
平均	55	45	1.7	退潮期	
3∶30	70	30	2.0	涨潮	
4∶30	80	20	2.3	涨潮	进入黎明
5∶30	20	80	2.6	涨潮	
6∶30	30	70	2.8	涨潮	进入白昼
7∶30	30	70	2.8	涨潮	
平均	46	54	2.5	涨潮期	
8∶30	70	30	2.6	退潮	
9∶30	20	80	2.4	退潮	
10∶30	90	10	2.1	退潮	
11∶30	100	0	1.9	退潮	
平均	70	30	2.2	退潮期	

时间	摄食率 /%	空胃百分率 /%	水深 /m	潮汐	备注
总平均	67.5	32.5	1.9		
涨潮期平均	64.5	35.5			包括个别平潮
退潮期平均	70	30			包括个别平潮
白昼平均	73.3	26.7			包括傍晚
夜晚平均	61.7	38.3			包括黎明

表3　近江牡蛎日夜摄食率的检查（深圳湾 1958 年 2 月 10 日 13:00 至 11 日 12:00）

Tableau 3　Pourcentage de l'alimentation diurne et nocturne de l'*Ostrea rivularis*

(Shenchen Baie, les 10-11 Février 1958)

时间	摄食率 /%	空胃百分率 /%	水深 /m	潮汐	备注
13:00	100	0	2.0	涨潮	白昼
14:00	100	0	2.1	涨潮	
15:00	70	30	2.2	涨潮	
平均	90	10	2.1	涨潮期	
16:00	70	30	2.1	退潮	进入傍晚
17:00	80	20	1.8	退潮	
18:00	90	10	1.6	退潮	进入黑夜
19:00	90	10	1.1	退潮	
20:00	100	0	1.1	退潮	
21:00	100	0	0.9	退潮	
22:00	80	20	0.8	退潮	
平均	87.1	12.9	1.3	退潮期	
23:00	90	10	1.0	涨潮	
24:00	50	50	1.1	涨潮	
1:00	50	50	1.2	涨潮	
2:00	60	40	1.3	涨潮	
3:00	60	40	1.3	涨潮	
4:00	80	20	1.4	涨潮	
5:00	100	0	1.5	涨潮	
平均	70	30	1.3	涨潮期	
6:00	100	0	1.3	退潮	进入黎明
7:00	100	0	1.1	退潮	
8:00	40	60	1.0	退潮	进入白昼
9:00	50	50	0.8	退潮	
10:00	80	20	0.8	平潮	
平均	74	26	1.0	退潮期	
11:00	90	10	1.0	涨潮	
12:00	80	20	1.2	涨潮	
平均	85	15	1.1	涨潮期	

时间	摄食率 /%	空胃百分率 /%	水深 /m	潮汐	备注
总平均	79.6	20.4	1.3		
涨潮期平均	77.5	22.5			包括个别平潮
退潮期平均	81.7	18.3			包括个别平潮
白昼平均	76	24			包括傍晚
夜晚平均	82.1	17.9			包括黎明

（二）近江牡蛎各季节摄食变化的连续检查

这部分检查是自 1957 年 3 月起至 1958 年 3 月止，中间经过了一年多连续的、大体上定期的工作，一般是每过一周进行一次检查，个别几次是每过一个月检查一次的。

工作站点除深圳湾近中部以外，在深圳湾西岸养殖场内也同时取样，在大铲湾东岸养殖场内，也有更频繁的取样检查。珠江口也另有个别不定期的取样检查。

检查结果是按消化管的不同部位分段记录的（图 2），最后以内容物在整个消化道内分布的段数总和，来表示全部消化道内容物分布的多、少或空虚，做相对的比较。

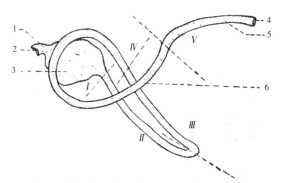

图 2　近江牡蛎摄食检查的消化道分段略图
Ⅰ-Ⅴ. 第一段 ~ 第五段；1. 食道；2. 口；3. 胃；
4. 肛门；5. 直肠；6. 肠
Fig. 2　Division du tube digestif de l'*Ostrea rivularis* Gould
Ⅰ-Ⅴ. Partie Ⅰ-partie Ⅴ；1. oesophage；2. bouche；
3. estomac；4. anus；5. rectum；6. intestin

根据深圳湾近中部几乎全年连续检查的结果，整个消化道内存在多量内容物的时间，平均占近全年的 67%，也即相当于当地栖息的近江牡蛎中，有 67% 是全年内经常摄食和消化道内含有多量内容物的。消化道经常有少量内容物的，平均约占总数的 27%。消化道内经常空虚的，平均约占全年总数的 5%。一般自 8 月底至翌年 4 月间消化道内容物含量最多，6—7 月间次之，5 月左右最少。5 月底消化道完全空虚的数量最多（表 4）。

表 4　近江牡蛎周年摄食的检查（深圳湾 1957 年 3 月 10 日至 1958 年 3 月 31 日）

Tableau 4　Alimentation annuelle de l'*Ostrea rivularis*

(Shenchen Baie, le 10 mars 1957 à 31 mars 1958)

日期	消化道内容物的含量			备注
	多量 /%	少量 /%	空虚 /%	
3 月 10 日	20	80	0	
26 日	70	30	0	
4 月 3 日	100	0	0	
9 日	90	10	0	
16 日	60	40	0	
23 日	20	80	0	
30 日	50	50	0	
5 月 7—8 日	70	30	0	日夜摄食率平均
16 日	0	80	20	
24 日	30	70	0	
30 日	0	0	100	
6 月 7 日	80	20	0	
13 日	20	70	10	
20 日	90	10	0	
28 日	80	20	0	
7 月 9 日	90	10	0	
20 日	20	80	0	
30 日	80	20	0	
8 月 5—6 日	70	30	0	
15 日	40	60	0	
30 日	90	10	0	
9 月 30 日	90	0	10	
10 月 31 日	100	0	0	日夜摄食率平均
11 月 30 日	90	0	10	
12 月 30 日	100	0	0	
2 月 10—11 日	80	20	0	
22 日	100	0	0	
3 月 1 日	90	10	0	
15 日	90	0	10	
31 日	100	0	0	
平均	67.1	27.6	5.3	缺 1 月份材料

在深圳湾近西岸养殖场内，所得的结果，一般的也是 8 月至翌年 4 月中旬前后，整个消化道内容物含量最多。在 6 月上旬也曾出现过一次 100% 的饱食现象。消化道全部空虚的情形仍出现于 5 月底(表 5)。

表 5 近江牡蛎周年摄食的检查（深圳湾西养殖场 1957 年 3 月 18 日至 1958 年 3 月 31 日）

Tableau 5 Alimentation annuelle de l'*Ostrea rivularis*

(Banc d'ostréiculture, Shenchen Baie, le 18 mars à 31 mars 1958)

日　期	消化道内容物的含量			备注
	多量 /%	少量 /%	空虚 /%	
3 月 18 日	90	10	0	
26 日	100	0	0	
4 月 3 日	90	10	0	
9 日	100	0	0	
16 日	100	0	0	
23 日	90	10	0	
30 日	30	70	0	
5 月 16 日	0	80	20	
23 日	0	90	10	
30 日	0	0	100	
6 月 7 日	100	0	0	
20 日	40	60	0	
28 日	0	80	20	
7 月 9 日	20	80	0	
30 日	20	30	50	
8 月 15 日	90	10	0	
30 日	100	0	0	
10 月 1 日	10	90	0	
11 月 ? 日	100	0	0	日期记录遗失
12 月 9 日	100	0	0	
3 月 8 日	100	0	0	
15 日	100	0	0	
31 日	100	0	0	
平均	64.3	27.0	8.7	缺 1、2、9 月份材料

这地带平均消化道内有多量内容物的时间占全年总时间的 64% 以上，即平均全年有 64% 以上的个体是不断摄食的。消化道内有少量内容物的，全年占 27%。消化道内空无一物的，全年平均约占 9%。

大铲湾内栖息的近江牡蛎，全年平均在消化道内有多量内容物的时间，占总时间的 57%，有少量内容物的，全年平均占 37%，全空虚的全年平均有 6%（表 6）。整年始终没有出现过所有个体的消化道内都空无一物的时候。只在 5 月下旬，有过一次空胃牡蛎占总数 60% 的记录。10 月底和 12 月底至翌年 3 月，都分别有过牡蛎消化内容物 100% 是多量的情况，因而这几个月就成了全年内消化道内容物最多的月份，也就是牡蛎摄食较经常和较多的月份。

表 6 近江牡蛎周年摄食的检查（大铲湾 1957 年 3 月 10 日至 1958 年 3 月 30 日）

Tableau 6 Alimentation annuelle de l'*Ostrea rivularis*

(Ta-chean Baie, le 10 mars 1957 à 30 mars 1958)

日　期	消化道内容物的含量			备注
	多量 /%	少量 /%	空虚 /%	
3 月 10 日	100	0	0	
16 日	100	0	0	
4 月 12 日	20	80	0	
5 月 26 日	10	30	60	
6 月 1 日	0	100	0	
9 日	60	40	0	
16 日	10	90	0	
23 日	0	70	30	
29 日	20	80	0	
7 月 6 日	30	70	0	
13 日	20	60	20	
22 日	0	60	40	
30 日	70	30	0	
8 月 7 日	0	80	20	
14 日	30	70	0	
21 日	70	30	0	
28 日	30	50	20	
9 月 15 日	50	50	0	
30 日	80	20	0	
10 月 15 日	70	30	0	
30 日	100	0	0	
11 月 15 日	50	50	0	
30 日	70	30	0	
12 月 15 日	90	10	0	
30 日	100	0	0	
1 月 15 日	100	0	0	
30 日	50	50	0	
2 月 15 日	100	0	0	
22 日	100	0	0	
3 月 6 日	100	0	0	
12 日	100	0	0	
18 日	50	40	10	
24 日	90	10	0	
30 日	70	30	0	
平均	57.0	37.0	6	

　　在珠江口肥育区内，1957 年也有过 3 次个别的抽样检查。3—4 月消化道内容物量多的个体总数平均占 63% 以上，在 4 月初以前消化道内容物量很多。到了 4 月下旬，绝大部分个体的消化道则是空虚的（表 7）。

表7 近江牡蛎摄食的抽样检查（珠江口东部沙井站 1957 年 3 月 3 日、4 月 1 日和 26 日）

Tableau 7　Alimentation de l'*Ostrea rivularis* (Station Sha-tsing, le 3 marset les 1, 26 avril 1957)

日期	消化道内容物的含量			备注
	多量 /%	少量 /%	空虚 /%	
3 月 3 日	100	0	0	皆零星抽样的检查
4 月 1 日	90	10	0	
26 日	0	10	90	
平均	63.3	6.7	30	

（三）近江牡蛎肥育阶段摄食的检查

生长到一定大小以后,用人工将近江牡蛎迁移到食料丰富和摄食适宜的海区,进行肥育,是近江牡蛎养殖过程中的一个重要阶段。这阶段软体部的生长很快。一般在珠江口东部及其附近,近江牡蛎到了 3 龄以后,西部可在满 2 龄以后,迁移到肥育场去。由于各肥育场所处的海区位置不同,环境差异,往往引起摄食强弱的差别,最后导致这一阶段软体部生长快、慢、肥、瘦的差异。

对不同肥育场牡蛎摄食状况和潮汐、日夜周期、海水悬浮物质含量、流速等几方面的关系,我们在 1958 年 3 月进行了一般的观测。在肥育场选择了两个观测站点,这两个站点都在珠江口的东北部,相距约 5 000 m,定名为福永站和沙井站(图 1)。

珠江口福永站一天半摄食率平均大于 82%,其中胃内容物多量或饱食的平均占一半以上。摄食率 100% 的时间出现 3 次,这 3 个时间内海水悬浮物质的含量分别是 0.18%、0.52%、0.34%;水深分别是 0.35 米、1.25 米、1.75 米;透明度自数厘米至 0.3 米之间不等,平均 0.15 米;流速 0 ~ 0.3 米 / 秒,平均 0.2 米 / 秒;盐度在一天半内的变化范围为 11.15 ~ 12.14。水温平均在 23.5 ℃上下;密度平均 1.015 千克 / 米³(表 8)。

表8 近江牡蛎的摄食率变化和环境诸条件的连续检查和观测(珠江口东部福永站 1958 年 3 月 22 日、23 日、24 日)

Tableau 8　Variatione de pourcentage de l'alimentation de l'*Ostrea rivularis* avec les facteurs de l'eau de mer (Station Fu-yung, les 22, 23, 24 mars 1958)

日期时间	摄食率 /%	胃内容物含量（N = 20）			海水悬浮物质含量 /（mL/L）	水温 /℃	密度 /（kg/m³）	盐度	水深 /m	透明度 /m	流速 /（m/s）	潮汐	备注
		多量或饱食	少量	空胃									
3 月 22 日													
7:00	100	19	1	0	3.4	22.5	1.019	12.14	0.35	→ 0*	→ 0**	退潮	几日内东南风 3 ~ 5 级,有时阴雨
11:00	90	15	3	2	3.0	24.0	1.018	11.15	2.00	0.4	0.30	涨潮	
15:00	100	18	2	0	1.8	24.5	1.017	11.06	1.75	0.3	0.24	退潮	
19:00	85	16	1	3	4.2	24.0	1.012	12.14	0.35	→ 0	→ 0	退潮	
23:00	85	14	3	3	6.8	24.0	1.016	11.06	1.68	→ 0	0.30	涨潮	
23 日 3:00	30	5	1	14	3.6	23.0	1.019	11.33	1.57	→ 0	0.30	退潮	
24 日 6:50	65	4	9	7	5.0	22.3	1.013	11.74	0.85	0.1	→ 0	退潮	
10:50	100	12	8	0	5.2	23.3	1.017	11.15	1.25	0.2	0.30	涨潮	
14:50	85	10	7	3	1.8	22.7	1.010	12.14	1.55	0.3	0.35	涨潮	
平均	82.2	12.5	3.9	3.6	3.86	23.5	1.015	11.54	1.26	0.15	0.2		

注:* 海水很混浊,透明度在数厘米以内;** 流速仪感觉不出水的流动

沙井站一天半检查和观测的结果,平均摄食率是略多于 69%,胃内容物多量或饱食的,平均只有 14%。也出现过 3 次 100% 摄食的时间,这三个时间的情况是:海水悬浮物质含量分别为 0.2%、0.24%、0.32%,水深分别为 0.25 米、0.32 米、1.00 米,透明度由 0 ～ 0.3 米,流速在退潮期内几近于 0 米 / 秒。在一天半内盐度变化在 9.43 ～ 12.76 之间,水温平均 22.8 ℃左右,密度平均 1.017 千克 / 米^3,水深平均 1.35 米,透明度平均 0.4 米,流速平均小于 0.1 米 / 秒(表 9)。

表9 近江牡蛎的摄食率变化和环境诸条件的连续检查和观测(珠江口东部沙井站 1958 年 3 月 20 日、21 日、23 日)

Tableau 9 Variationes de pourcentage de l'alimentation de l'*Ostrea rivularis* avec les facteurs de l'eau de mer
(Station Sha-tsing, les 20, 21, 23 mars 1958)

日期时间	摄食率 /%	胃内容物含量 (N = 20)			海水悬浮物质含量 / (mL/L)	水温 /℃	密度 / (kg/m³)	盐度	水深 /m	透明度 /m	流速 / (m/s)	潮汐	备注
		多量或饱食	少量	空胃									
3 月 20 日													
18:00	100	3	17	0	3.20	23.0	1.019	12.76	0.32	→ 0*	→ 0**	退潮	几日内东南风 3 ～ 5 级,有时阴雨
22:00	15	0	3	17	1.00	23.0	1.019	11.38	1.90	0.6	0.13	涨潮	
21 日 2:00	80	0	16	4	1.70	23.0	1.018	11.33	1.66	0.5	→ 0	退潮	
6:00	100	2	18	0	2.40	22.0	1.016	12.67	0.25	→ 0	→ 0	退潮	
10:00	80	2	14	4	1.80	23.0	1.018	11.49	1.55	0.5	0.10	涨潮	
14:00	50	2	8	10	1.00	23.5	1.017	11.47	1.75	0.6	→ 0	涨潮	
23 日 10:00	80	7	10	3	1.40	22.7	1.017	10.25	1.42	0.5	→ 0	退潮	
14:00	15	1	2	17	1.00	22.7	1.016	9.43	2.30	0.6	0.13	涨潮	
18:00	100	8	12	0	2.00	22.7	1.016	10.70	1.00	0.3	→ 0	退潮	
平均	69.4	2.8	11.1	6.1	1.72	22.8	1.017	11.24	1.35	0.4	< 0.1		

注: * 透明度在数厘米以内;** 流速仪感觉不出水的流动

比较福永站和沙井站的观测结果,可以看出这两个站牡蛎的摄食率相差很多,福永站较沙井站约大 12%,空胃的平均数量也比沙井站少 1/3 以上。福永站比沙井站的海水悬浮物质含量较多,平均超过 1 倍。沙井站平均透明度比福永站大 1 倍以上;平均流速则是福永站比沙井站大 1 倍以上。据当地牡蛎养殖生产者称,当时这两站点的近江牡蛎的肥瘦,也是有差别的。

(四)近江牡蛎在不同海区肥育后肥瘦的比较

根据当地牡蛎生产者反映,珠江口福永站和沙井站两区的近江牡蛎,1958 年收获时肥瘦的差别较大。我们就两站点同时抽样,进行了重量的比较。

材料皆用 4 龄的个体。它们是在肥育期,即秋季以后才从别的海区迁移来的。取样的时间,于 1958 年 3 月和摄食率等的检查、观测同时进行。

选用参加称量的近江牡蛎样本,皆清洗除去壳外的污秽和附着物。贝壳、软体两部分重量的和为总重,去壳软体部为湿重,经过 80 ℃烘干至重量不变为干重,以 100 个近江牡蛎为一组(表 10)。

表 10　不同肥育场近江牡蛎肥瘦的比较（珠江口东部福永站和沙井站 1958 年 3 月，*n* ＝ 100）

Tableau 10　Comparaison de deux stations d'engraissement de l'*Ostrea rivularis*
(Fu-yung et Sha-tsing, mars,1958)

编号	总重 /kg	湿重 /kg	干重 /kg	湿重 / 总重 /%	干重 / 总重 /%	干重 / 湿重 /%	备注
福永站	26.99	5.11	0.70	18.9	2.6	13.7	皆 4 龄个体
沙井站	23.10	3.58	0.34	15.5	1.5	9.5	

从表 10 可以看出，福永站每 100 个近江牡蛎总重比沙井站的约多 10%，湿重约多 20%，干重约多 1 倍，成干率(干重 / 湿重)福永站的约多 40%。

三、讨论

(一)近江牡蛎摄食和日夜周期的关系

根据我们几次检查的结果看来，近江牡蛎的摄食在日夜周期内没有显著的不同，这和 Nelson 等认为的牡蛎在夜晚不摄食或很少摄食的说法是不相符合的。在第一次的检查中(表 1)，夜晚(包括黎明)的摄食率平均在 60% 以上，只少于白昼 5% 左右。从摄食率强弱变化的曲线(图 3)来分析，也看不出从白昼到夜晚有逐渐减弱的趋势。虽然黑夜里曾有过一次摄食率的低峰，但大部分时间都是颇高的，况且有两次摄食率曾达 100% 的高峰。

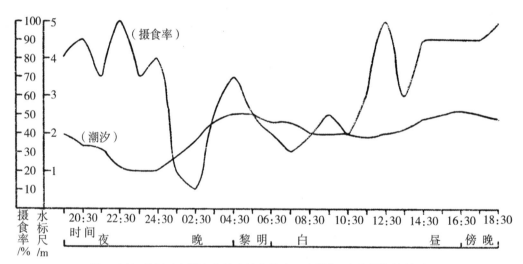

图 3　近江牡蛎日夜摄食率的连续变化和日夜周期、潮汐周期的关系
(深圳湾 1957 年 5 月 7 日—8 日)

Fig. 3　Courbes montrant la relation de l'alimentation diurine et nocturne de l'*Ostrea rivularis* avec le cycle des marées
(Shenchen Baie, les 7–8 mai 1957)

第二次检查结果(表 2)，总的摄食率平均比前一次有所增长，白昼和夜晚平均摄食率相差也较大(11.6%)。但从摄食率的曲线(图 4)看来，白昼的摄食率低峰比黑夜的更低。

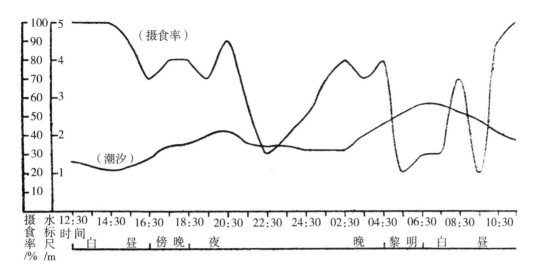

图 4 近江牡蛎日夜摄食率的连续变化和日夜周期、潮汐周期的关系
（深圳湾 1957 年 8 月 5 日—6 日）

Fig. 4 Courbes montrant la relation de l'alimentation diurne et nocturne de l'*Ostrea rivularis* avec le cycle des marées

(Shenchen Baie, les 5–6 Août 1957)

1958 年 2 月，即第三次检查的结果（表 3 及图 5）说明在这个时期平均摄食率较高，达 80%，黑夜摄食率稍高，平均超过 82%，白昼稍低，平均为 76%。1958 年 3 月的两次检查工作（表 8、9，图 6、7）还可以用来补充说明牡蛎在黑夜里的摄食并不停止，有时虽比白昼的摄食低些，但有时反而较高。

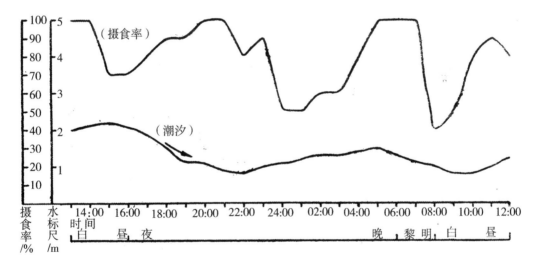

图 5 近江牡蛎日夜摄食率的连续变化和日夜周期、潮汐周期的关系
（深圳湾 1958 年 2 月 10 日—11 日）

Fig. 5 Courbes montrant la relation de l'alimentation diurne et nocturne de l'*Ostrea rivularis* avec le cycle des marées

(Shenchen Baie, les 10–11 Février 1958)

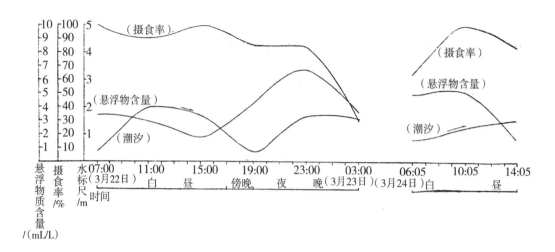

图 6 近江牡蛎摄食率的连续变化和日夜周期、潮汐周期以及海水悬浮物质含量的关系
（珠江口东部福永站，1958 年 3 月 22、23、24 日）
Fig. 6 Courbes montrant la relation de l'alimentation diurne et nocturne de l'*Ostrea rivularis* avec le cycle des marées et la quantité de détritus suspendus de l'eau de mer
(Fu-yung station, les 22, 23, 24 mars 1958)

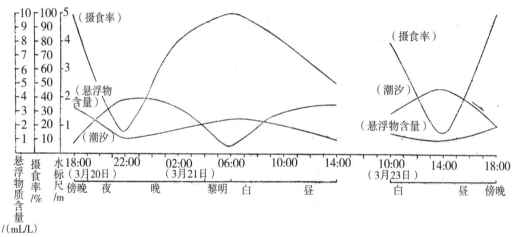

图 7 近江牡蛎摄食率的连续变化和日夜周期、潮汐周期以及海水悬浮物质含量的关系
（珠江口东部沙井站，1958 年 3 月 20、21、23 日）
Fig. 7 Courbes montrant la relation de l'alimentation diurne et nocturne de l'*Ostrea rivularis* avec le cycle des marées et la quantité de détritus suspendus de l'eau de mer
(Sha-Tsing station, les 20, 21, 23 mars 1958)

　　所有以上结果，都说明近江牡蛎在白昼或黑夜，都几乎是以相差不大的强度在摄食的。这种情形与 Loosanoff 等所提出的黑夜和白昼对牡蛎摄食没有影响的说法是一致的，但 Loosanoff 等[11] 提出的牡蛎的摄食率一般在 90% 以上的说法，在近江牡蛎是达不到的，我们检查的结果这种牡蛎的平均摄食率最高达 80% 或稍高。

（二）近江牡蛎摄食和潮汐周期的关系

　　Nelson 等提出，在退潮期间牡蛎摄食不多。Loosanoff 等[11] 在后来又提出不同意见，即认为在退潮期间摄食也是多量的。在我们的调查结果中（表 1、2、3、8、9，图 3、4、5、6、7），只有个别情形是涨潮期内比退潮期内的平均摄食率较大，其他的都相反。这意味着仅单纯的海水水位的上涨或下降，以至于造成流向相反方向的改变和流速一定限度内的改变等潮汐现象，对牡蛎摄食的影响都不明显。

（三）近江牡蛎在周年内摄食变化和水温、盐度变化的关系

Nelson、妹尾秀实、堀重藏、Savage 等检查美洲牡蛎、长牡蛎(*Ostrea gigas* Thunberg)等的结果，都认为牡蛎在夏季的生活力较强，而冬季水温降低，生活力也随之减低，摄食很少或甚至不摄食。

我们周年检查珠江口东部大铲湾及其附近的近江牡蛎的结果是和他们的结果相反的（表 4、5、6 和图 8）。冬季摄食旺盛的现象，从这种牡蛎的养殖过程、收成季节来看也是相符的。收成期主要是在每年的春节前后，而且肥育期是在前一年的秋后开始。在肥育期软体部确实是得到了快速的增长。如果冬季至春季牡蛎生活力不强，摄食又很弱，那么软体部这时的大量增长，就很难解释了。所以这几位学者的结论，或有事实来源，但并不适用于近江牡蛎和我国南海近热带气候的环境。

我们曾注意到大铲湾盐度周年变化对牡蛎摄食的影响，发现当地盐度的消长一般和近江牡蛎的摄食强弱是相伴出现的。一般盐度高的月份也就是当地近江牡蛎摄食强的月份。在深圳湾牡蛎摄食强的季节，也是正当盐度较高的时期。可见，近江牡蛎虽是栖息于河口附近的动物，对盐度变化有广泛适应的能力。但当海水盐度低到一定限度以下，摄食就变得很弱。有的检查、观测结果，盐度在 10 左右时摄食仍很旺盛，但在盐度再降低，到平均为 5 左右时，则摄食最差。

（四）近江牡蛎摄食和海水悬浮物质含量的关系

在牡蛎养殖场内悬浮物质的存在，能直接或间接供给牡蛎食料。但 Kellogg 等以为在混浊的海水中，实际即指在悬浮物质多的海水中，牡蛎对摄食是困难的。即认为在混浊的海水中牡蛎不能正常摄食。这种看法引起了我们的怀疑和注意，因为珠江口及其附近养殖近江牡蛎，正是在海水很混浊的肥育场内肥育的。

Glave 和 Nelson 等与 Kellogg 的说法相反，他们一般认为，海水混浊并不引起牡蛎摄食反常。我们通过观测（表 8、9，图 6、7），在海水悬浮物质含量 0.18%、0.20%、0.24%、0.32%、0.34%、0.52% 的不同时间，都检查到牡蛎有 100% 的摄食率，而且摄食也是多量的。海水悬浮物质含量高达 0.68% 时，摄食率也高达 85%。可是有时海水悬浮物质含量少，摄食率却反而低。这种情形说明，在当地一定范围内悬浮物质存在多少并不妨碍牡蛎正常的摄食。Kellogg、Loosanoff 等所说的海水由混浊至澄清，摄食率也应该是随之增高的情况与我们所观测的结果是不相符合的。

（五）近江牡蛎摄食强弱和软体部的肥瘦

在同一时间栖息于不同海区的牡蛎，软体部的肥瘦差异有时是很显著的。从表 10 可以看出，在福永和沙井两肥育场各自经过不长时间的肥育后，即表现了软体部肥瘦的较大的差别。若以成干率表示，则福永站几乎超过沙井站的 1.5 倍。摄食状况比较检查的结果，

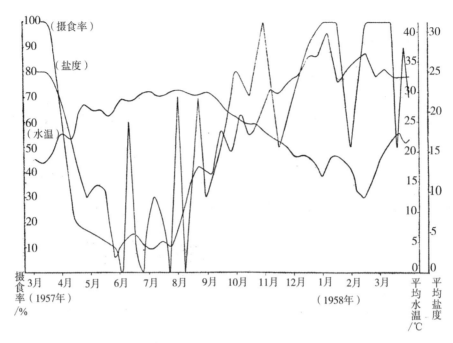

图 8 大铲湾近江牡蛎全年内摄食的变化并表示与水温、盐度的关系
（水温和盐度的正式记录从略）

Fig. 8 Courbes montrant la variation annuelle de l'alimentation de l'*Ostrea rivularis* avec la relation de la température et salinité de la Baie Ta-chean

又发现福永站平均摄食率是 82% 以上（表 8），而沙井站是 70% 以下（表 9），福永站经常多量摄食或饱食的占 60% 以上，而沙井站的只有 10% 多；相反地，沙井站的牡蛎空胃的数量，比福永站平均要多 50% 以上。由此可见摄食强弱的差别，会直接决定牡蛎生长的快慢，影响软体部的肥瘦，决定了牡蛎养殖生产最后收成的情况。所以给牡蛎以适宜的摄食条件，是养殖生产者应该予以重视的。

四、结论

（1）珠江口及其附近的近江牡蛎，摄食的强弱与白昼或黑夜都没有关系。根据我们试验的结果，无论白昼和夜晚，牡蛎的摄食率都没有显著的变化。这个结果与 Nelson 等的看法不同，和 Loosanoff 等的意见基本一致。

（2）根据多次整昼夜的连续检查，珠江口及其附近近江牡蛎在自然生活中，每天有平均占总时间的 65% ~ 80%，即 16 ~ 19 小时的摄食时间。相反，每天平均有占总时间 20% ~ 35%，即 5 ~ 8 小时是间歇摄食的，但并非有规则的间歇。

（3）近江牡蛎的摄食，一般没有发现与潮汐周期性的水位升降有相互的关系。在各潮期内摄食率的高低不成一定的规律。这方面 Nelson 等关于退潮期内不摄食或少量摄食的论点，对我们也是不适用的。

（4）在水温较高的季节（正值繁殖季节），近江牡蛎的摄食是较弱的。而当 25 ℃ 以下和 10 ℃ 以上之间，是摄食的适温范围。在珠江口附近，这个水温范围一般出现在 10 月至翌年 4 月前，所以这些月份摄食旺盛。在夏季前后，是自然生活的近江牡蛎的繁殖季节，摄食最弱。

（5）自然生活的近江牡蛎，虽然能适应低盐度的环境，但在周年内，摄食旺盛的时期，是处在盐度偏高的季节，也是当水温较低的时期。盐度较低的夏季前后，摄食是不够强的。珠江口及其附近的近江牡蛎，一般适应的盐度范围是 5 ～ 30。

（6）海水悬浮物质的一般增多和造成较大程度的混浊，在珠江口并不引起近江牡蛎摄食的困难，相反，会使它获得更多食料和生长更好的机会。在我们的记录中，当海水悬浮物质含量多达 0.52% 时，还出现了所有牡蛎都在同时进行摄食和多量摄食或饱食现象。因此今后似应打破只选择水质澄清的海区养殖牡蛎的做法，在相当混浊的海区养殖牡蛎，至少对近江牡蛎反而更为有利。我们应该有意识地利用许多水质相当混浊的海区养殖牡蛎，而不应使这些海区荒废。

参考文献

[1] 叶希珠,黄美叶,郑美丽,等.1954.厦门附近的牡蛎.厦门大学学报(海洋生物版),3: 56-80.

[2] 妹尾秀实.1922.牡蠣肉身肥满の研究.動物学杂誌,34(401): 346-355.

[3] 妹尾秀实,堀重藏.1927.垂下式养蠣試験报告,水产講習所試験报告,22(4): 211-261.

[4] 德島县水产試験場.1927.垂下式养蠣委託試験(临时报告).

[5] 畑井新喜司.1931.牡蠣の生理.岩波.

[6] 大谷武夫,富士川澪.1934.カキの研究.軟体動物の化学,厚生閣,152-204.

[7] 神奈川县水产試験場.1936.眞牡蠣身入状况竝生産量調查.神奈川县水产試験場业务报告.

[8] 高槻俊一.1937.貝の生活.河出.

[9] 高槻俊一.1949.牡蠣.技报堂.

[10] 古川厚.1957.最近の水中悬浊物测定に就いて.日本水产学会誌,23(2) 124-137.

[11] Loosanoff V L, Nomejko C A. 1946. Feeding of oyster in relation to tidal stages and to periods of light and darkness. Bio Bull, 90(3): 244-264.

[12] Loosanoff V L, Engle J B. 1947. Feeding of oysters in relation to dencity of microorganisms. Sci, 105(2723): 260-261.

[13] Orton J H. 1937. Oyster biology and oyster culture. London. 1-211.

MOEURS DE S'ALIMENTER CHEZ L'*Ostrea rivularis* Gould

TCHANG SI, TSI CHUNG-YEN et XIE YU-KAN

(*Institut d'Océanologie, Academia Sinica*)

L'*Ostrea rivularis* Gould est une huitre cultivée plus importante en Chine, elle comme les autres huîtres est une espèce des microphages sédentaires des Lamellibranches marins. Il est banal chez ces mollusques qui apportent les matières alimentaires vers leur bouche au moyen du courant d'eau assuré par les battements ciliaires de branchies. L'alimentation dépend souvent les facteurs des conditions océanographiques: température, salinité etc. D'après nos observations sur les moeurs de s'alimenter chez l'*Ostrea rivularis* cultivé à l'embouchure de Chu Kiang, Kouang-toung, nous avons obtenu quelques faits suivants.

L'*Ostrea rivularis* filtre son courant d'eau de façon presque continue: le jour et la nuit, mais il y a une période de repos sans regularité, en general, pendant les 24 heures diurnes et nocturnes, elle se nourrit 16-19 heures et s'arrêt 5-8 heures.

Notre huître s'alimente indifféremment pendant la mer haute et la mer basse. Durant la période de la haute température de l'eau de mer (Saison d'été et de reproduction) l'alimentation de l'*Ostrea rivularis* est faible. L'optimum de la température de l'eau de mar est de 10 à 25 ℃ pour l'*Ostrea rivularis*. Dans l'embouchure de Chu Kiang c'est au mois d'octobre jusqu'au mois d'avril de l'année prochaine, l'*Ostrea rivularis* s'alimente énormément.

L'*Ostrea rivularis* peut vivre très bien dans l'eau de mer à salinité faible, mais la meilleure condition de l'alimentation est la période de l'eau de mer à température un peu basse et à salinité un peu haute. En été, la mer à salinité basse, l'alimentation de l'*Ostrea rivularis est* relativement faible. L'optimum de la salinité pour l'*Ostrea rivularis* se trouve entre 5-30 dans l'embouchure de Chu Kiang.

L'augmentation de pourcentage de détritus organiques suspendus de l'eau de mer favorise l'accroissement de l'*Ostrea rivularis*.

海南岛双壳类软体动物斧蛤属的生物学[①]

  1958 年中苏海洋生物考查队,曾在中国南海的海南岛沿岸获得了双壳类软体动物斧蛤属(Genus *Donax* Linné)的 4 种代表:豆斧蛤(*Donax faba* Gmelin)、乏肋斧蛤(*Donax incarnatus* Chemnitz)、热带紫藤斧蛤新亚种(*Donax semigranosus* Dunker *tropicus* Scarlato ssp. nov.)和楔形斧蛤(*Donax cuneatus* Linné)。这 4 种蛤均在潮间带沙底生活,但是它们的生物学特性和在潮间带的分布则明显不同。

  在海南岛分布最广的为豆斧蛤。它通常在波浪弱的泥沙底质的潮间带边缘、狭窄的沙滩上生活,内港(新村)或在外海方向护有石岗、沙滩或珊瑚礁(三亚新盈)的沿岸对它特别有利。对它在潮间带分布的观察是在新村港内进行的,这里的潮间带按底质的特点明显地分为两个不同的部分:下部相当于第Ⅱ及第Ⅲ区,延伸数十米宽,为泥沙底质;上部相当于潮间带第Ⅰ区,倾斜角度很大,因此总共仅有数米宽,为沙底质。豆斧蛤只生活在潮间带的上部。为了更精确地查明它的分布,曾选定了一系列的 50 cm×50 cm 大小的标准取样面积,在退潮时期潮间带露出时,通过筛子筛洗这些取样面积中的底质至 15 厘米深。第一块取样面积在潮间带的上部边界,第二块稍下,紧接第一块,余类推接连至第十块[②](图 1)。与取样面积相当的潮间带的区[③]和潮间带调查地区的底质分布在图 1 和表 1 上列出。

  材料的分析表明,在退潮时间内,豆斧蛤仅在潮间带第Ⅰ区境内遇到,更准确地说是仅在这一区的下部遇到,其宽度占该区下面的 2/3。这时,这种软体动物的最大栖息密度达 452 个／米^2,在最下部的 1/3 密度即降低。豆斧蛤栖息密度最大的地带不为分点潮高潮平均水面所淹没,但随着涨潮的到来,它是处于众所周知的、斧蛤出现最为活跃的浪击带(зона заплеска)。在我们观察的情形下,豆斧蛤分布的下界不仅相当于潮间带第Ⅰ区和第Ⅱ区之间的界限,而且也和这个界限稍下的由纯沙更替为泥沙的界限相合。

  在查明豆斧蛤的分布时,顺便也获得了某些其他软体动物分布的资料。发现了与豆斧蛤生活在一起、但数量大为减少的 *Atactodea striata*(Gmelin)和在豆斧蛤分布的下界、泥沙底质的上界同时分布着的小蜒螺(*Neritina*)和尖锥螺(*Batillaria*)两种数量很多的腹足类软体动物。同样还遇到了其他少量的软体动物种类(图 1 和表 1)。

---

① O. A. 斯卡拉脱(苏联科学院动物研究所)著,齐钟彦译:载《海洋与湖沼》,1959 年第 2 卷第 3 期,180～189 页,科学出版社。中苏海洋生物调查队研究报告第 4 号。
② 为了更加确实可靠,曾考察了两列平行的取样面积。所有下面引证的数字,包括表 1 和图 1 的资料均为平均值。
③ 潮间带第Ⅰ区的上界由回归潮满潮遗留的弃物确定。潮间带第Ⅰ区和第Ⅱ区的界限系按调查之日分点潮满潮平均水面确定。

乏肋斧蛤生活在宽广的、有浪冲击的沙滩(三亚)。退潮时在潮间带搜集这种软体动物时看出,它在沿水线浪击带形成平均出现率达每平方米 50 个个体,最高达 120 个个体的最大群聚[①]。在浪击带以下,在水中寻找这种斧蛤未获成功。为了查明它的上部分布界限和它在退潮时潮间带各不同水平面的栖息密度,我们曾从浪击带和稍高一些的地方开始。调查了相邻取样面积之间相距 20 厘米的 13 个 50 厘米 ×50 厘米的标准取样面积(图 2)。在调查之日为分点潮低潮,因此当达到最低水面时,一般宽度达 20 米的潮间带第 Ⅰ和第 Ⅱ 区充分裸露,我们即选择这个时间开始取样。考查的结果得知,在退潮时,浪击带稍向上,乏肋斧蛤的数量显然下降,而且在距水线 9 ~ 10 米处完全消失。可惜由于时间不足没有弄清乏肋斧蛤分布的上界位置,亦即潮间带第 Ⅱ 区的上部界限。仅可断定在分点潮低潮时它位于潮间带第 Ⅱ 区境内。

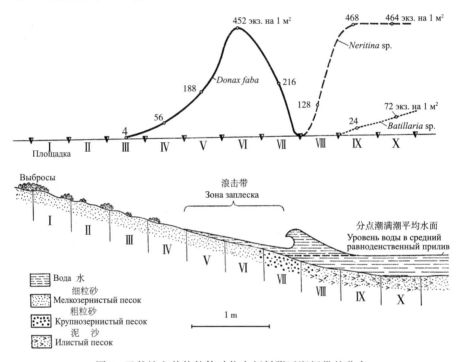

图 1　豆斧蛤和其他软体动物在新村附近潮间带的分布
上:豆斧蛤、小蜒螺、尖锥螺在潮间带各不同部位的数量分布;下:潮间带各取样面积的部位和底质分布
График 1. Распределение Donax faba Gmelin и других моллюсков на литорали в бухте около деревни Синцун.
Вверху: Количественное распределение Donax faba, Neritina sp., Batillaria sp. на отдельных площадках литорали.
Внизу: Расположение площадок и распределение грунтов на литорали.

热带紫藤斧蛤与乏肋斧蛤同时被发现,但其数量大约是后一种的 1/8。对它没进行特殊的观察。

最后,楔形斧蛤也生活在沙滩沿岸。在低潮时可以进入潮间带的中区,其出现率很低。例如,在海口附近的沙滩上,这种软体动物在数平方米中常遇不到 1 个。

---

① 在浪击带共考察了深达 15 厘米的 5 个 50 厘米 ×50 厘米大小的标准取样面积。无论是成年的或是幼年的个体,在统计时都以注意。

表 1 新村港潮间带第 I、第 II 区软体动物垂直分布表
Таблица 1 Вертикальное распределение моллюсков в I и II горизонтах литорали в бухте около деревни Синцун

样 号 No Площадок	大量的软体动物种类 Массовые виды моллюсков		少量的软体动物种类 Не массовые виды моллюсков		底质 Грунт	潮间带的区 Горизонты Литорали
	名 称 Название	每平方米的出现率 Частота Встречае-мости на 1 м кв	名 称 Название	每平方米的出现率 Частота Встречае-мости на 1 м кв		
I	—	—				
II	—	—				
III	*Donax faba*	4	*Atactodea striata*	4	细粒砂 Мелко Зернистый цесок	第 I 区 I-й горизонт
IV	*Donax faba*	56	*Atactodea striata*	8		
V	*Donax faba*	188	*Atactodea striata*	12		
VI	*Donax faba*	452	*Gafrarium* sp.	4		
VII	*Donax faba*	216	*Atactodea striata*, *Gafrarium* sp.	28 12	粗粒砂 Крупно Зернистый Песок	第 II 区 II-й горизонт
VIII	*Neritina* sp.	128	*Gafrarium* sp., *Corculum* sp., *Anomalocardia* sp.	4 4 4	微带泥的沙 Слабо заиленный песок	
IX	*Neritina* sp., *Batillaria* sp.	468 24	*Corculum* sp., *Nerita* sp.	8 4	微带泥的沙; 1 cm 深以下为黑色沙 Слабо эаиленный песок	
X	*Neritina* sp., *Batillaria* sp.	464 72	—	—	微带泥的沙; с глубины 1 см песок темногоцвета	

　　检阅文献得知,关于斧蛤属种类的生物学的研究,曾在某些调查报告中提到过。

　　日本学者 Mori (1938)[6]曾观察试验了紫藤斧蛤(*Donax semigranosus* Dunker)并且指出这种软体动物按下述方式实行正常的涨落潮迁徙:当涨潮时紫藤斧蛤在最大的击岸浪之前自沙中直接爬出,并且由浪携带向上部岸边移动;为了不被抛向岸边过高,当软体动物为浪携带时,它伸出足部阻止移动。向岸边的波浪运动速度刚一开始降低时,软体动物就很快地埋藏于底质中,因此由海滩向下滑行的波浪不能使它向后退至向海的方向。软体动物就是利用这种始终不渝的、多次的波浪力量,所有时间都在浪击带沿潮间带上升,迁徙的路程达 30 米长。Mori 推测软体动物从沙中爬出是大浪打击海岸底质震动的反应,他的假设已经为人工造成的大浪或简单的用足打击底质的实验所证实。在这两种情形下这种软体动物都从沙中爬了出来。继而 Mori 查明在退潮时紫藤斧蛤改变其行为,它在波浪前不再出现,相反的是在波浪自岸边向下滑动时自底质中爬出。这样它就随着潮间带的露出,向下被送至向海的方向。

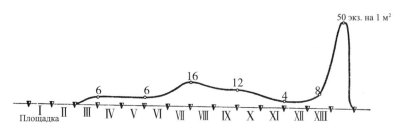

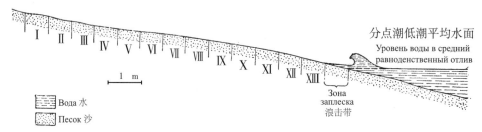

图 2　乏肋斧蛤在三亚海滩潮间带的分布
上:乏肋斧蛤在潮间带各不同部位的数量分布;下:潮间带各取样面积的部位
График 2. Распределение *Donax incarnatus* Chemnitz на песчаной литорали около города Санья.
Вверху: Количественное распределение *Donax incarnatus* Chemnitz на отдельных площадках литорали.
Внизу: Расположение площадок на литорали.

　　Mori（1950）[7] 在其第二次的同一问题的工作中,企图找到在涨落潮或落涨潮更换时,紫藤斧蛤行为改变的原因。他推测紫藤斧蛤具有与涨落潮周期同时发生的“内在节奏”（ Внутренним ритмом ）。

　　1942 年几位美国学者(Pearse、Humm、Wharton) [8] 共同报道了他们在大西洋沿岸北卡罗来纳州进行的 *Donax variabilis* Say 在涨落潮迁徙的观测。

　　另一美国学者(Hedgpeth, 1953) [4] 同样描写了关于墨西哥湾的 *Donax* sp. 的迁徙。

　　稍迟, Jacobson[5] 研究的纽约州沿岸的 *Donax fossor* Say 的报告出现(1955)。这一作者的结论是 *Donax fossor* 并不主动地自底质中爬出,只是被波浪自其中冲出并迁徙至任何方向。同时在这种软体动物被冲刷露出地面后,由于足和水管的作用,不致被抛至岸边。

　　最后,在最近刊印了 Turner 和 Belding (1957) [9] 两位作者的报告,报告中详细地描写了 *Donax variabilis* Say 的涨落潮的迁徙。观察是在北美洲大西洋沿岸北卡罗来纳州进行的。作者指出,在退潮时大部分 *Donax variabilis* 是在潮间带的下部、浪击带,只有个别的个体留在上部;随着涨潮,动物借沿潮间带向上的波浪的帮助移动。当顺序的大浪在水线分散掩盖其栖息地点时,大多数动物自沙内爬出。但是某些软体动物好像是对波浪的临近有预感，即当波浪冲击时它们立刻爬出，直到它们被水淹没时为止。*Donax variabilis* 由波浪帮助沿潮间带向上推进的情形，在 Mori 所描写的紫藤斧蛤也同样存在。Turner 和 Belding 认为使软体动物自沙中爬出来的刺激是波浪打击海岸所引起的声学的刺激，作者引用当用足打击沙时，在打击地点周围数英尺（ 1 英尺 =0.304 8 米 ）的范围内，软体动物从底质中爬出的实验来证明他的假定。这种实验只在水线附近、沙内充满水分的地点成功，在沙较不湿润的较高地域则未获成功。在退潮一开始 *Donax variabilis* 即以与紫藤斧蛤一样的方式沿潮间带开始下降。在潮间带上部仅留有个别个体。有趣的是在退潮期间，用足打击沙软体动物不爬至表面来。*Donax variabilis* 可在潮间带 50 米的区域内迁移。作者认为它们对一种周围环境代之以另一种周围环境时的特殊感觉为涨落潮循环过程中 *Donax variabilis* 不断地改变行为的原因。沙中任何方面湿度的改变对它们这种行为都有重要作用。

苏联也有关于斧蛤属的生物学的科学文献。Е. Ф. 古丽亚诺娃和 П. В. 乌沙科夫（ 1958 ）[3] 写的暹罗湾海洋潮间带动物区系里就曾提到豆斧蛤在沙滩上很多，并且永远在水线位置，随涨潮的波浪不断地上下移动。

根据我们在海南岛的观察和文献的报道可以做出某些结论，拟定进一步研究这类有趣的双壳类软体动物的生物学的任务。

由于时间不足，我们所有的观察仅涉及在退潮期间斧蛤属的种类在潮间带的分布。在认识这些软体动物的生物学方面，下一步很自然地就应该是研究它们在涨落潮过程中的行为。和已研究清楚的种类相比，可以预测海南岛的斧蛤是经常不断地进行涨落潮迁徙的。

豆斧蛤的观察表明在退潮时期这种软体动物的群集在潮间带的部位是介于第 I 和第 II 区之间的境内，并且在这个境界稍下就是纯沙改为泥沙的界线。因为斧蛤属的种类仅能在纯沙中生活，我们认为这种情形就妨碍它们在退潮时进入泥沙底质的潮间带第 II 区。进而根据 Е. Ф. 古丽亚诺娃和 П. В. 乌沙科夫（ 1958 ）[3] 的报道，豆斧蛤在暹罗湾纯沙滩可以自由地进行宽广的涨落潮迁徙。

在回归潮满潮时，潮间带第 I 区完全被水所淹没，豆斧蛤大约移动至潮间带第 I 区的上界，而随着退潮又下降至这一区的下界。

在分点潮涨潮时豆斧蛤每天两次短时间地在浪击带出现，大部分时间它是远离水线的。确定这种软体动物在底质内有无垂直移动是很有趣味的问题，亦即它是否与已发现的很多潮间带动物一样，在退潮和水面下降很低时埋于较深的底质中，在水面上升时又从深处上升至底质表面（ Е. Ф. 古丽亚诺娃和 П. В. 乌沙科夫，1926[2]；Е. Ф. 古丽亚诺娃、И. Г. 扎克斯和 П. В. 乌沙科夫，1929[1] ）。

查明与豆斧蛤同时遇到的双壳类软体动物 *Atactodea striata*（ Gmelin ）和 *Davila crassula*（ Reeve ）在涨落潮过程中的行为也很有趣，前一种在新村（ 图 1 ）和三亚发现，后一种仅在三亚发现。

关于在分点潮退潮时主要群落在浪击带水线位置的 *Donax incarnatus*（ 图 2 ），有趣的是建立它的迁徙界限，特别是弄清楚在回归潮退潮时它是否下降到潮间带的第 III 区和是否又随回归潮涨潮移至第 I 区。

如果不是这类动物太稀少，导致进行这一工作有困难，在海南岛其他地区对斧蛤也可以做类似的观察。

参考文献

［1］ Гурьянова Е Ф, Закс И Г, Ушаков П В. 1929. Литораль Кольского залива, часть 2. Труды Ленинградского общества естествоиспытателей, Ленинград, 59, 2: 47-82.

［2］ Гурьянова Е Ф, Ушаков П В. 1926. К экологии и географическому распространению Balanoglossus в русских северных морях. Русский гидробиологический журнал, Саратов, 5(1/2):11-17.

［3］ Гурьянова Е Ф, Ушаков П В. 1958. О поездке в Банкок на IX Тихоскеанский научный конгресс и о морской литоральной фауне Тайландского (Сиамского) залива. Зоологический журнал,37(10), 1586-1591.

［4］ Hedgpeth J W. 1953. An introduction to the zoogeography of the northwestern Gulf of Mexico with reference to the invertebrate fauna. Inst. Mar. Sci.,3: 186.

［5］ Jakobson M K. 1955. Observations on *Donax fossor* Say of Rockaway Beach, New York. The Nautilus 68: 73-77.

［6］ Mori S. 1938. *Donax semigranosus* Dkr. and the experimental analysis of its behavior at the flod tide. Dobutsugaku Zasshi,50(1):1-12.

［7］ Mori S. 1950. Characteristic tidal rhythmic migration of a mussel, *Donax semigranosus* Dkr. and the experimental analysis of its behavior. Dobutsugaku Zasshi, 59(4), 4: 88-89.

［8］ Pearse A S, Humm H J, Wharton G W. 1942. Ecology of sand beaches at Boaufort, North Carolina. Ecol. Monogr., 12: 135-190.

［9］ Turner H J, Belding D L. 1957. The tidel migrations of *Donax variabilis* Say. Limnology and Oceanography. Publ. Amer. Soc. Limnology and Oceanography,2(2):120-124.

中国南海经济软体动物区系①

  我国海岸包括渤、黄、东、南四海,跨经温带、亚热带和热带的海区。南海紧接东海向南至印度尼西亚与爪哇海相接。其北岸和西岸包括我国南方的福建南端和广东沿海、北部湾、越南沿海、暹罗湾、马来半岛及苏门答腊的一部分,其东岸包括我国的台湾南端、菲律宾和婆罗洲的西岸。这一海区位于印度洋与太平洋之间,属于太平洋西部的一部分,它是一个比较封闭的、与大洋循环隔开的水盆地。与黄海、东海比较,这里水比较深,面积也比较大。靠近我国大陆附近一般水深在200米以内,最大深度在中沙群岛东侧与菲律宾之间,可达4 400米。沿岸岛屿极多,靠近大陆的陆岛有南澳岛、南澎列岛、万山群岛、上川岛、下川岛、海陵岛、东海岛、硇洲岛、涠洲岛、海南岛等。离大陆较远的海岛有东沙、西沙、中沙、南沙诸岛。这些岛屿中,如西沙、中沙、南沙诸岛完全由珊瑚构成,在大陆和海南岛沿岸也生有珊瑚礁,并有一些海滩生有大量的红树。所有这些情况都形成了一些软体动物栖息的特殊环境,这是与我国其他三个海区不同的。

  南海的软体动物种类繁多,但过去对我国沿岸及沿海岛屿所产的种类的报告却很少,只有秉志、金叔初、阎敦建[16,19,27-30]等人的一些报告和零星记载。外国人如 Watson[26]、Sowerby[20-21]、Jones & Preston[15]、Melville[17-18]等对我国南海沿岸的软体动物种类或多或少都曾有过一些记载。在一些贝类学的专著或图鉴中也曾有过一些有关这个海区的种类的零星记载。但是这些报告和记载,距离种类繁多的南海软体动物说来还相差很远。

  1949年后,贝类科学工作者开展了我国沿海软体动物的调查工作,比较全面地收集了这类动物的标本和资料。南海调查从1954年开始,到1958年便已基本上掌握了这个地区沿岸和近岸浅海生活的种类的资料。并对某些经济价值比较大的类别如宝贝(张玺等,1959)、牡蛎[1,2]、贻贝(张玺、王祯瑞,1959)、竹蛏、海笋(张玺等,1959)、船蛆[3]、头足类等的种类做了分析研究。对个别地区的种类也有过一些报道(李国藩,1956;张玺,1959)。中苏合作的海南岛潮间带区系和生态的调查也搜集了不少软体动物材料,并已开始有报告发表(黄修明、庄启谦,1959)。1959年展开的全国海洋普查,在南海底栖动物的调查中也获得了大量的软体动物标本,这就使得我们所得的资料更趋完善。但是对这些材料的分析还不是短时间的事,必须逐步深入展开。目前,虽然我们还没有细致地对这些材料进行整理和分析,但大体上对南海软体动物区系,特别是经济种类的轮廓已有了初步的了解。

① 张玺、齐钟彦(中国科学院海洋研究所):载《海洋与湖沼》,1959年第2卷第4期,268~277页,科学出版社。中国科学院海洋研究所调查研究报告第117号。

一、我国南海主要的经济软体动物

Gastropoda 腹足纲

Cellana testudinaria (Linné) 龟甲蝛

Haliotis diversicolor Reeve 九孔鲍

Haliotis asinina Linné 耳鲍

Haliotis ovina Chemnitz 羊鲍

Trochus niloticus maximus Koch 大马蹄螺（公螺）

Trochus maculatus Linné 斑马蹄螺

Trochus pyramis Born 塔形马蹄螺（白面螺）

Chlorostoma rustica (Gmelin) 锈凹螺

Chlorostoma argyrostoma (Gmelin) 银口凹螺

Monodonta labio Linné 单齿螺

Turbo marmoratus Linné 夜光蝾螺

Turbo cornutus Solander 蝾螺

Turritella terebra Lamarck 笋尖锥螺

Turritella bacillum Kiener 拟尖锥螺

Strombus isabella Lamarck 水晶凤螺

Strombus luhuanus Linné 篱凤螺

Strombus urceus Linné 铁斑凤螺

Pterocera lambis (Linné) 蜘蛛螺

Pterocera chiragra (Linné) 水字螺

Natica alapapilionis Chemnitz 蝶玉螺

Natica maculosa Lamarck 斑玉螺

Natica macrostoma Philippi 大口玉螺

Neverita didyma (Bolten) 扁玉螺

Neverita albumen (Linné) 蛋白扁玉螺

Polinices zanzebarica (Recluz) 赞稷巴乳玉螺

Polinices simiae (Deshayes) 猿乳玉螺

Polinices opacus (Recluz) 暗乳玉螺

Polinices pyriformis (Recluz) 梨形乳玉螺

Cypraea tigris Linné 虎斑宝贝

Cypraea vitellus Linné 卵黄宝贝

Mauritia arabica (Linné) 绶贝（子安贝）

Erosaria caputserpentis (Linné) 蛇首眼球贝（初雪贝）

Erronea errones (Linné) 拟枣贝

Monetaria moneta (Linné) 货贝

Monetaria annulus (Linné) 环纹货贝

Amphiperas ovum (Linné) 卵螺

Charonia tritonis (Linné) 法螺

Cassis cornuta (Linné) 唐冠螺

Hemifusus tuba (Gmelin) 管角螺

Hemifusus spp. 角螺

Babylonia lutosa (Lamarck) 泥东风螺

Babylonia areolata (Lamarck) 方斑东风螺

Dolium zonatum Green 带鹑螺

Dolium chinense (Chemnitz) 中国鹑螺

Dolium fasciatum (Bruguière) 条鹑螺

Pirula dussumieri (Valanciennes) 杜氏琵琶螺

Pirula reticulata Lamarck 网纹琵琶螺

Pirula ficus (Linné) 琵琶螺

Mitra spp. 笔螺

Thais trigona (Reeve) 三角荔枝螺（辣螺）

Rapana bezoar (Linné) 绉红螺

Rapana thomasiana Crosse 红螺

Cymbium melo (Solander) 瓜螺

Harpa conoidalis Lamarck 蜀江螺

Oliva erythrostoma (Meuschen) 红口榧螺

Oliva mustilina Lamarck 伶鼬榧螺

Conus geographus Linné 地纹芋螺

Conus textile Linné 织锦芋螺

Turris spp. 塔螺

Terebra maculata (Linné) 斑笋螺

Aplysia spp. 海兔

Notarchus leachii freeri (Griffin) 蓝斑背肛海兔

Dolabella sp. 截尾海兔（铗壳）

Scaphopoda 掘足纲

Dentalium vernedei Sowbery 大角贝

Lamellibranchia 瓣鳃纲

Arca binakayanensis Faustino 比那蚶

Arca subcrenata Lischke 毛蚶

Arca granosa Linné 粒蚶（泥蚶）

Arca spp. 蚶

Mytilus smaragdinus Chemnitz 翡翠贻贝

Modiola barbata (Linné) 毛偏顶蛤

Modiola philippinarum Hanley 菲律宾偏顶蛤

Modiola metcalfei Hanley 麦氏偏顶蛤

Modiola tulipa Lamarck 郁金香偏顶蛤

Modiola vagina Lamarck 鞘偏顶蛤

Modiola atrata (Lischke) 黑偏顶蛤

Brachidontes emarginatus (Benson) 刻缘短齿蛤

Branchidontes aquarius (Grabau & King) 水彩短齿蛤

Septifer bilocularis (Linné) 孔雀隔贻贝

Septifer virgatus (Wiegmann) 条纹隔贻贝

Lithophaga curta Lischke 短石蛏

Lithophaga teres (Philippi) 光石蛏

Amussium pleuronectes (Linné) 日月贝

Amussium japonicum (Gmelin) 日本日月贝

Chlamys radula (Linné) 齿舌栉孔扇贝

Chlamys cuneatus (Reeve) 楔形栉孔扇贝

Chlamys spp. 栉孔扇贝

Spondylus imperialis Chenu 堂皇海菊蛤

Spondylus spp. 海菊蛤

Pinna attenuata Reeve 羽状裂江珧

Pinna atropurpurea Sowerby 紫色裂江珧

Pinna vexillum Born 旗江珧

Pteria margaritifera (Linné) 珍珠贝

Pteria martensi (Dunker) 马氏珍珠贝

Ostrea denselamellosa Lischke 密鳞牡蛎

Ostrea hyotis Linné 舌骨牡蛎

Ostrea imbricata Lamarck 覆瓦牡蛎

Ostrea sinensis Gmelin 中华牡蛎

Ostrea mordax Gould 咬齿牡蛎

Ostrea echinata Quoy et Gaimard 棘刺牡蛎

Ostrea cucullata Born 僧帽牡蛎

Ostrea gigas Thunberg 长牡蛎

Ostrea rivularis Gould 近江牡蛎

Placuna placenta (Linné) 窗贝

Tridacna squamosa (Lamarck) 鳞砗磲

Tridacna elongata (Lamarck) 长砗磲

Hippopus hippopus (Linné) 砗蚝

Chama spp. 猿头蛤

Cardium spp. 鸟蛤

Venus puerpura Linné 胀帘蛤

Venerupis philippinarum (Adams & Reeve) 蛤仔

Venerupis varietata (Sowerby) 杂色蛤仔

Cyclina sinensis (Gmelin) 青蛤

Gomphina aequilatera (Sowerby) 等边浅蛤

Meretrix meretrix Linné 文蛤

Dosinia japonica Reeve 日本镜蛤

Gafrarium pectinatum (Linné) 栉状花篮蛤

Mactra antiquata Spengler 西施舌

Mactra spp. 蛤蜊

Asaphis dichotoma (Anton) 对生蒴蛤

Tellina spp. 樱蛤

Sanguinolaria spp. 血蛤

Solen grandis Dunker 大竹蛏

Solen gouldi Conrad 长竹蛏

Sinonovacula constricta (Lamarck) 缢蛏（蛏）

Pholas orientalis Gmelin 东方海笋

Barnea candida Linné 全海笋

Barnea fragilis (Sowerby) 脆壳全海笋

Martesia striata Linné 马特海笋

Martesia ovum (Gray) 卵形马特海笋

Parapholas quadrizonata Spengler 四带拟海笋

Jouannetia spp. 铃海笋

Bankia saulii (Wright) 密节铠船蛆

Bankia campanullata Moll & Roch 钟形节铠船蛆

Teredo spp. 船蛆

Cephalopoda 头足纲

Nautilus pompilius Linné 鹦鹉螺

Loligo formosana Sasaki 台湾枪乌贼

Sepioteuthis lessoniana Férussac 拟乌贼

Sepiola spp. 耳乌贼

Sepiadarium kochii Steenstrup 后耳乌贼

Sepia tigris Sasaki 虎斑乌贼

Sepia hercules Pilsbry 白斑乌贼

Sepia subaculeata Sasaki 拟目乌贼

Sepiella maindroni de Rochebrune 无针乌贼

Octopus spp. 章鱼

Tremoctopus violaceus Delle Chiaje 紫水孔蛸

Argonauta spp. 舡鱼（船蛸）

上列各种大部分皆为食用种类，其中也有一些种类可做工艺品原料和做医药用，有些种类对港湾建筑、航运交通以及浅海贝、藻类的养殖有不同程度的危害。其中最重要的有下列几种。

1. 鲍鱼（*Haliotis*）

南海的鲍鱼产量较多的为杂色鲍，其次是耳鲍。前一种分布较广，在整个广东省沿海、海南岛沿岸的岩石底质的环境中几乎都可以遇到，它生活于潮间带的下区至基准面下2～3米的深度范围，以硇洲岛，涠洲岛，海南岛的儋县、崖县等地产量较大。南方市场上的鲍鱼干即为此种加工制成。目前许多地区已开始进行人工繁殖。后一种仅在海南岛及西沙群岛发现，附着于珊瑚礁上生活，其足部肌肉极为肥厚是良好的食用种。鲍鱼除肉食用外，其贝壳称"石决明"，是珍贵的药材。

2. 马蹄螺（*Trochus*）

这是马蹄螺科仅产于暖海的一个属，在我国南海种类很多，其中经济价值较大的当首推大马蹄螺。它的个体很大，仅分布于海南岛及西沙群岛等地，栖息于3～12米深度范围的岩礁上，在潮间带下区常可遇到其幼螺。这种螺的贝壳极为坚厚，珍珠层很厚而且光亮，可用以制造纽扣或螺钿制品。它的壳粉极光润，混入油漆中作为喷漆的填充剂非常珍贵。在海南岛和西沙群岛渔民均赤身潜入海底采捕。西沙群岛产量更为丰富，每年都有各地渔民到西沙群岛采集这种螺类。另外一种塔形马蹄螺用途与大马蹄螺相同，然个体较小，壳质较薄，质量较差，但分布较广，从广东沿海到海南岛、西沙群岛都有分布。

3. 夜光蝾螺（*Turbo marmoratus* L.）

这是分布于印度洋和太平洋西岸的、热带性的大型螺类，在我国南海目前仅在海南的三亚发现。生活于潮下带数米至十数米的岩石及珊瑚礁的浅海底，在潮间带下区及基准面附近的岩石缝或珊瑚礁的洞穴中常能采到其幼小个体。这种螺的贝壳大，珍珠层很厚，极为光亮，若将壳皮除去使珍珠层外露即成为美丽的观赏品，壳面还能雕刻各种花样制成珍贵的艺术品。其壳粉与马蹄螺相同，可混入油漆中作为填充剂，很珍贵，与马蹄螺贝壳一起同为出口的商品。肉肥厚，为极好的海产食品。

4. 牡蛎（*Ostrea*）

我国南海的牡蛎至目前发现的已有17种，其中经济意义最大的为近江牡蛎。这是分布很广、生活在河口附近的一种大型牡蛎。珠江口一带渔民对它进行了大量的人工养殖，产量很高，特别是在宝安县一带渔民养殖牡蛎的经验极为丰富，产品质量极好，加工制成的蚝豉、蚝油及各种罐头极受国际市场的欢迎。

5. 日月贝（*Amussium*）

日月贝是暖海性贝类,它的贝壳略呈圆形,右壳为白色,左壳为棕红色,因此得名。我国南海习见的有两种:一种为日本日月贝,一种为长肋日月贝。它们的闭壳肌极为发达。由于闭壳肌的伸缩可使两扇贝壳迅速开闭,借着贝壳开闭的排水作用,这种贝类可以很快地在水中行动,因此当地称之为"飞螺"。它的闭壳肌加工干制后称为"带子",与干贝相似,也是名贵的海产食品。日月贝在广东省沿海分布较广,但以北海市（北部湾）的产量为最多,生活于 15 ～ 20 米的沙质海底,每年 2—5 月以小船拖网捕捞。两种中以日本日月贝为多,长肋日月贝很少。

6. 珍珠贝（*Pteria*）

这是出产珍珠有名的海产双壳类,主要有珍珠贝 [*Pteria margaritifera* (L.)] 和马氏珍珠贝 [*Pteria martensi* (Dunker)] 两种,都是我国沿岸南海的特产。前一种产量较少,多以足丝固着于岩石或珊瑚礁上生活。且壳厚,除能产优质珍珠外,壳还可作为制造螺钿和纽扣的原料。后一种在合浦县白龙乡至西村一带产量较多,古代即以产珠有名,"合浦珠还"之语即出于此。这种贝生活于潮间带下区至 3 ～ 4 米深的砂砾底,渔民用拖网或耙采捕,近年产量很少,目前已计划进行人工养殖试验。

7. 翡翠贻贝（*Mytilus smaragdinus* **Chemnitz**）

这是从福建南部一直分布到越南、菲律宾等地的一种热带性种类,经济价值较大,肉加工干制后称为"淡菜",与其他种贻贝相同,为南海贻贝养殖的唯一对象。目前,我国沿海各地已经对它进行了人工养殖。

8. 台湾枪乌贼（*Loligo formosana* **Sasaki**）

这是一种大型的枪乌贼,在我国仅分布于福建南部和广东沿海,群体丰厚,形成专门的渔业。它的干制品称为"鱿鱼",较日本、朝鲜等地进口的鱿鱼（*Ommatostrephes sloani pacificus* Steenstrup）的质量尤佳。在我国南海的产区有二:一在饶平、普宁、陆丰沿海,以汕头外南澳岛外的南澎列岛附近最为丰富;一在雷北、合浦沿海,渔场主要集中于北部湾的涠洲岛附近。

二、南海经济软体动物的生态与分布

我国南海沿岸除了泥、沙、岩石的海岸以外,还有珊瑚礁、红树丛等特有的环境。在各种不同的环境中都生活着不同的软体动物种类。

珊瑚礁的软体动物种类极多,有些是附着在珊瑚礁表面或隐藏于珊瑚礁洞穴中的,它们一般可以在珊瑚礁表面爬行,如鲍鱼、珊瑚螺（*Coralliophila*）、芋螺、宝贝等。我们在海南岛发现一种在印度太平洋区分布的延管螺（*Magilus antiquus* Montfort）极为有趣,它的身体完全包被于珊瑚中,为了与外界环境相通,它的贝壳也随着珊瑚的生长而延长成为一个末端露于珊瑚外面的管子。动物的身体也随着延长的管向外移动,原来的螺形贝壳就成为一个充满石灰质的点缀品了。有些种类用坚固的足丝固着在珊瑚礁表面或洞穴中,它们很少能够移动位置,如蚶、锥蛤(*Isognomon*)、砗磲等。其中砗磲是在南海营这种生活的典型代表,它的贝壳背面前方有一个大的足丝孔,坚韧的足丝自孔伸出附着于珊瑚礁上,采集时必须先设法将足丝割断才能取下。有些在珊瑚礁生活的种类用贝壳固着,最普通而又可以作为南海代表的要算海菊蛤和猿头蛤了。前一类用它的右壳固着,两壳表面常生有许多棘,状如花瓣,极为美观;后一类贝壳常很不规则,用右壳或左壳固着不一。还有一些种类在珊瑚礁内穿洞穴居,其中以石蛏、开腹蛤(*Gastrochaena*)、马特海笋、拟海笋(*Parapholas*)、铃海笋(*Jouannetia*)等为最普遍,在这些种类中大多为南海特产,我国其他各海区没有分布。

红树丛的环境为泥滩,占潮间带的中、上区。这里生活着它独有的软体动物种类。牡蛎、金蛤(*Anomia*)常是红树干上固着的种类,蜒螺(*Nerita*)和拟滨螺(*Littorinopsis*)常能由红树基部爬至枝叶上,有时高度可达1～2米。红树的根茎内也常有船蛆穿凿。在泥涂上有成群的蟹守螺(*Cerithidea*),它们有的也能爬至红树树干1米以上的高度。拟沼螺(*Assiminea*)、粒蚶、蛏等也都是泥涂上常见的种类。

岩石环境常见的软体动物有笠贝(*Acmaea*)、蛾、鲍鱼、红螺、荔枝螺等,它们与珊瑚礁上生活的种类相似,都是用宽大的足部附着在岩石上爬行。双壳类中的牡蛎、贻贝、蚶、猿头蛤等也是常见的在岩石上固着生活的种类。

在沙滩上生活的种类以玉螺、榧螺、某些笔螺、芋螺、笋螺、帘蛤科(*Veneridae*)和樱蛤科(*Tellinidae*)的许多种类、江珧、某些偏顶蛤等为最普通。它们有的是在沙滩上爬行,有的是潜入泥沙穴居。某些种类如斧蛤(*Donax*)可以随着潮汐的涨落做垂直迁徙。

在南海浮游腹足类很多,如笔帽螺(*Creseis*)、海若螺(*Clione*)、龙骨螺(*Carinaria*)、明螺(*Atlanta*)等。在海南岛沿岸海蜗牛(*Janthina*)也很普遍,它们的贝壳呈蓝紫色,很薄,足部能分泌一个泡沫状的浮囊以便于在大洋中漂浮。鹦鹉螺和舡鱼等底栖而又能游泳的种类也是南海软体动物的特色。

按垂直分布而论,从潮间带直达潮下带数十米的深度是软体动物最为活跃的范围。虽然有很多种类能生活在很深的海底,但是一般说来,随着深度的增加种类是逐渐减少的。在南海潮间带的软体动物很丰富:分布在潮间带上区的较常见的有滨螺(*Littorina*)、粒滨螺(*Tectarius*)、平轴螺(*Planaxis*)、蜒螺、小蜒螺(*Neritina*)、石磺(*Onchidium*)、菊花螺(*Siphonaria*)、某些牡蛎、偏顶蛤等;分布在潮间带中区常见的有玉螺、某些宝贝、蛾螺、芋螺、多种的后鳃类(如海兔等)、某些帘蛤科的种类、竹蛏等;分布在潮间带下区至潮下带的有鲍鱼、马蹄螺、珍珠贝、丁蛎(*Malleus*)、江珧等;有些种类如日月贝、东方海笋、燕蛤(*Avicula*)、鹑螺、角螺、瓜螺、蛙螺(*Ranella*)等则是在潮间带找不到的种类。

三、我国南海经济软体动物的区系特点和与邻近海区的此较

我国南海软体动物的区系与黄、渤海和东海显然不同,它属于印度-西太平洋的热带区系范围。它的种类组成基本上与印度、印度支那、马来半岛、菲律宾、大洋洲等地区相同。例如有名的鹦鹉螺、夜光蝾螺、大马蹄螺以及耳鲍、很多种宝贝、凤螺、蜘蛛螺、水字螺、砗磲、东方海笋、卵形马特海笋等都是我国南海很普遍而在印度洋和太平洋的大洋洲、马来

半岛、菲律宾等地普遍分布的种类。

我国南海软体动物的种类,按其向北部沿海分布的情形可以分为三个类型。

(1)有些种类热带性很强,仅分布于南海区域,不向北部各海延伸。这些种类明显的代表着南海软体动物的特征。其中主要有鹦鹉螺、旋壳乌贼(*Spirula*)、舡鱼、耳鲍、大马蹄螺、夜光蝾螺、蜘蛛螺、水字螺、绝大多数的宝贝、凤螺、芋螺、蜀江螺、日月贝、珍珠贝、丁蛎、海菊蛤、某些牡蛎(如舌骨牡蛎、咬齿牡蛎、中华牡蛎)、大部分石鳖、某些偏顶蛤(如菲律宾偏顶蛤、鞘偏顶蛤)、砗蚝、砗磲、蒴蛤(*Asaphis*)、拟海笋、铃海笋等。

(2)另一些种类在南海分布很广而且能向北部延伸分布至东海沿岸,但不分布到黄、渤海。这些种类中主要有蜒螺、蛇螺(*Vermetus*)、瓜螺、少数的宝贝和榧螺、海兔、石磺、某些牡蛎(如覆瓦牡蛎、棘刺牡蛎等)、隔贻贝、某些石鳖、节铠船蛆、台湾枪乌贼、后耳乌贼等。

(3)还有一些种类分布极广,从南海向北一直分布到黄、渤海沿岸。这些种类中主要的有史氏笠贝[*Patelloida schrenckii* (Lischke)]、嫁蝛(*Cellana toreuma* Reeve)、单齿螺、锈凹螺、斑玉螺、扁玉螺、粒蚶、某些牡蛎(如近江牡蛎、密鳞牡蛎、僧帽牡蛎等)、某些偏顶蛤(如毛偏顶蛤、麦氏偏顶蛤、黑偏顶蛤)、蛤子、杂色蛤子、西施舌、大竹蛏、长竹蛏、缢蛏、脆壳全海笋、吉村马特海笋、拟乌贼、微鳍乌贼、无针乌贼等。

相反的,我国北部沿海,特别是黄、渤海的一些种类向南也不分布到南海,如盘大鲍(*Haliotis gigantea discus* Reeve)、福氏玉螺(*Natica fortunei* Reeve)、紫口玉螺(*Natica janthostoma* Deshayes)、香螺(*Neptunea cumingi* Crosse)、皮氏蛾螺[*Buccinum perryi* (Jay)]、大连牡蛎(*Ostrea talienwhanensis* Crosse)、栉孔扇贝[*Chlamys farreri* (Jones & Preston)]、紫贻贝(*Mytilus edulis* Linné)、厚壳贻贝(*Mytilus crassitesta* Lischke)、偏顶蛤(*Modiolus modiolus* Linné)、紫石房蛤[*Saxidomus purpuratus* (Sowerby)]、大沽全海笋[*Barnea davidi* (Deshayes)]、日本枪乌贼(*Loligo japonica* Steenstrup)、毛氏四盘耳乌贼(*Euprymna morsei* Verrill)等。

总之,根据我国沿海软体动物的分布情形初步可以看出,我国南海软体动物的种类组成与东海,特别是黄、渤海有显著不同。黄、渤海区的软体动物基本上属于温带性质,它的种类组成除了很少数的地方种和来自日本海的一些冷水性种以外,大部分是来自南方的、分布很广的种类,但是由于水温和水深的限制,北部的许多冷水性强的种类,如制造干贝有名的虾夷扇贝(*Pecten yessoensis* Jay)和太平洋僧头乌贼(*Rossia pacificus* Berry)以及许多蛾螺属(*Buccinum*)、珠螺属(*Margarites*)的种类都不分布到我国的黄、渤海区。同时一些暖水性种类如蜒螺、蛇螺、海兔、隔贻贝、节铠船蛆等,虽然都分布到我国的东海,但都达不到黄、渤海区。我国东海的软体动物具有亚热带的特征,这里已找不到分布在黄、渤海的某些来自日本海的冷水种,而暖水种类则是由北向南逐渐增加,至东海南部热带性即较强,但除了台湾东部和南端因受黑潮暖流的影响具有一些纯热带性的种类以外,在大陆沿岸还很少遇到纯热带性的种类。我国南海的软体动物基本上属于热带性质,但在大陆沿岸与海南岛,特别是与海南岛南部和东沙、西沙等岛屿也有不同。广东大陆沿岸较福建南部沿海的热带性种类有较显著的增加,但一些纯热带性的种类,如许多种宝贝、芋螺、凤螺、砗磲等也未曾发现。这可能与纬度有关,也可能与大陆沿岸有河流流入,带来大量泥沙使海水混浊有关。混浊的海水限制了许多清水种类的繁殖,同时也限制了珊瑚的生长,使得生活在珊瑚礁中的种类不能繁殖。

按种类而论,南海的软体动物较东海及黄、渤海丰富得多,但按数量而论则恰恰相反。根据全国海洋普查底栖生物 1959 年第一季度软体动物生物量的初步统计,黄、渤海区平均为 28.34 克 / 米 ^{2},东海区为 9.96 克 / 米 ^{2},而南海区仅为 4.37 克 / 米 ^{2}。又根据几种沿岸软体动物生物量的统计也可以看出南海软体动物生物量要低得多。在青岛僧帽牡蛎最大生物量为 6 580 克 / 米 ^{2},而在湛江仅为 1 544 克 / 米 ^{2}。黑偏顶蛤在青岛最大生物量为 4 832 克 / 米 ^{2},而在湛江则仅为 75 克 / 米 ^{2}。

参考文献

[1] 张玺,楼子康. 1956. 中国牡蛎的研究. 动物学报,8(1):65-95.

[2] 张玺,楼子康. 1959. 牡蛎(第一章:牡蛎的种类和分布). 科学出版社,3-17.

[3] 张玺,齐钟彦,李洁民. 1958. 中国南部沿海船蛆的研究 I. 动物学报,10(3):242-257.

[4] 张玺. 1959. 中国黄海和东海经济软体动物区系. 海洋与湖沼,2(1):27-34.

[5] 庄屏,何文. 1958. 海南岛海产重要贝类. 生物学通报,6:25-28.

[6] 李复雪. 1955. 中国东南沿海的窗贝. 厦门大学学报(自然科学版),3:151-156.

[7] 李国藩. 1956. 广东汕尾海产软体动物的初步调查. 中山大学学报,2:74-91.

[8] O. A. 斯卡拉脱. 1959. 海南岛双壳类软体动物斧蛤属的生物学. 海洋与湖沼,2(3):180-202.

[9] 广东省海南区亚热带资源开发委员会. 1956. 广东省海南岛热带、亚热带资源勘察资料汇集,第四部分水产.

[10] 广东省水产厅水产试验所. 1957. 北部湾水产资源调查报告(下). 广东水产研究,5:1-49.

[11] 大塚弥之助. 1936. 台湾南部の贝类. 日本贝类学杂志,6(3):155-162;6(4):232-239.

[12] Dautzenberg P H, Fischer H. 1905. Liste des Mollusques récoltés par M. le Carpitaine de Frégate Blaise au Tonkin et description d'espèces nouvelle. *J. de Conchiliol.*, 53(2): 85-324.

[13] Dautzenberg P H, Fischer H. 1905. List des Mollusques récoltés par M. H. Mansuy en Indo-Chine et au Yunnan et description d'espèces nouvelles. *J. de Conchiliol.*, 53(4): 343-471.

[14] Fischer P H. 1953. Visite malacologique en Chine. *J. de Conchiliol.*, 93(3): 107-108.

[15] Jones K H, Preston H B. 1904. List of Mollusca collected during the Expedition of H.M.S. "Waterwitch" in the China Seas, 1900-1903, with descriptions of new species. *Proc. Malac. Soc. London*, 6: 138-151.

[16] King S G, Ping C. 1931-1936. The Molluscan shells of Hong Kong I - IV, *Hong Kong Naturalist*, 2(1): 9-29; 2(4): 265-286; 4(2): 90-105; 7: 123-137.

[17] Melville J C. 1888. Descriptions of six new species and varieties. *J. of Conch.*, 5: 279-281, pl. II.

[18] Melville J C. 1894. Descriptions of 4 new species of Engina and a new species of Defrancice. *Proc. Malac. Soc. London*, 1: 226-227.

［19］ Ping C, Yen T C. 1932. Preliminary notes on the Gastropod shells of Chinese Coast. *Bull. Fan Memorial Inst. Biol. Peiping*, 3(3): 37–52.

［20］ Sowerby G B. 1894, Descriptions of new species of marine shells from Hongkong. *Proc. Malac. Soc. London*, 1: 153–159.

［21］ Sowerby G B. 1914. Descriptions of new species of Mollusca from New Caledonia, Japan, and other localities. *Ibid.*, 11: 5–10.

［22］ Sowerby A. 1935. Shells collecting on the China Coast. *China. J. Shanghai*, 23(2): 104–108, pls.

［23］ Tan K. 1930. On the outline of the marine Mollusca of Formosa. *Trans. Nat. Hist. Soc. Formosa*, 20(111): 376–380.

［24］ Tan K. 1932. A list of marine mollusca from the Bay of Suo, Taihiku, Prov. Taiwan. *Ibid.*, 22(120): 149–152.

［25］ Tchang Si. 1946. Progress of investigations of the marine animals in China. *American Naturalists*, 2(30): 593–609.

［26］ Watson R B. 1886. Scaphopoda and Gastropoda. Report on the Scientific result of voyage of H. M. S. Chalenger Zool. 15.

［27］ Yen T C. 1935. Notes on some marine Gastropods of Pei-Hai and Wei-Chow Island. *Notes Malac. Chinoise Shanghai*, 1(2): 1–47.

［28］ Yen T C. 1936. Additional notes on marine Gastropods of Pei-Hai and Wei-Chow, Island. *Ibid.*, 1(3): 1–13.

［29］ Yen T C. 1936. The marine Gastropods of Shantung peninsula. *Contr. Inst. Zool. Nat. Acad. Peiping*, 3: 165–255. pls. 14–23.

［30］ Yen T C. 1942. A review of Chinese Gastropods in the British Museum. *Proc. Malac. Soc. London*, 24: 170–289.

FAUNE DES MOLLUSQUES UTILES ET NUISIBLES DE LA

MER SUD DE LA CHINE

TCHANG SI ET TSI CHUNG-YEN

(*Institut d'Ocèanologie, Academia Sinica*)

La Mer Sud de la Chine est une mer chaude et formée par une partie de l'Océan Pacifique occidentale. Par ses latitudes basses, par ses immenses plages à mangroves, par ses myriades d'îles montagneuses et nombreux archipels à coraux, elle fournit une faune plus variée et bien différente de celle de la Mer Est surtout de la Mer Jaune et du golfe de Pohai. Les espèces de mollusques de la Mer Sud sont aussi un peu différentes de celles de l'Indochine et de l'Indonésie, à cause de débit des fleuves qui apportent de grandes quantités de limon et matiére organique dans cette mer, et empêchent, en bien des points, le développement de certaines espèces de mollusques qui exigent une eau pure, d'une part, et favorisent le développement de certaines autres espèces qui préfèrent les eaux de l'embouchure, d'autre part.

La Mer Sud de la Chine renferme une faune très riche et tropicale, mais la faune malacologique n'a pas été suffisamment explorée; de longue date, un petit nombre d'espèces ont été signalées par certains auteurs occidentaux et Chinois dans les diverses publications. La liste des mollusques a été sensiblement augmentée depuis ces dernières années par les scientistes Chinois qui sont encouragés par le Parti Communiste Chinois. On connait actuellement plus 150 espèces des mollusques utiles et nuisibles de la Mer Sud.

Parmi ces mollusques nous citons quelques espèces les plus importantes de cette mer: *Haliotis diversicolor* Reeve, *H. asinina* L., *Trochus niloticus maximus* Koch, *T. pyramis* Born, *Turbo marmoratus* L., *Ostrea rivularis* Gould, *Amussium japonicum* (Gmelin), *A. pleuronectus* (L.), *Pteria margaritifera* (L.), *P. martensi* (Dunker), *Mytilus smaragdinus* Chemnitz, et *Loligo formosana* Sasaki.

Dans les diverses conditions vivent les différentes espèces de mollusques. Dans les récifs de Madréporaires se trouvent nombreux gastropodes: *Haliotis*, *Coralliophila*, *Cypraea*, *Conus*, *etc.*, nous avons trouvé sur les côtes de l'île Hainan une espèce curieuse Indo-pacifique, *Magilus antiquus* Montfort, enfoncée dans les récifs de coraux qui l'entourent presque complètement. Les Lamellibranches sont remarquables par la prédominance des genres byssifères qui se fixent sur les récifs de polypiers par leur byssus, comme *Arca*, *Isognomon*, *Tridacna*, ou par leur valve, comme *Spondylus*, *Chama*, etc. Il y a des espèces qui perforent les récifs comme *Lithophaga*, *Gastrochaena*, *Martesia*, *Parapholas*, *Jouannetia*, etc. Parmi ces mollusques il y a un grand nombre d'espèces qui manquent dans les autres mers de la Chine.

Sur les mangroves qui vivent au fond vaseux de la zone supérieure ou moyenne de balancement des marées, se fixent certaines espèces d'*Ostrea* et d'*Anomia*. Tandis que *Nerita* et *Littorinopsis* grimpent souvent sur les mangroves jusqu'à 1-2 m. de hauteur, et certaines, espèces de *Teredo* creusent le tronc de cet arbre.

Sur les côtes de cette mer, on trouve la faune des vasières: *Cerithidea, Assiminea, Sinonovacula*; celle des rochers: *Acmaea, Cellana, Haliotis, Rapana, Thais* qui se fixent ou rampent sur les roches, et certains Lamellibranches: *Ostrea, Mytilus, Arca, Chama*, qui se fixent sur les roches, et celle des sables: *Natica, Oliva, Terebra* et certaines espèces de *Mitra, Conus, Veneridae, Tellinidae*; *Pinna, Modiolus*, qui rampent sur les plages ou s'enfoncent dans les sables. Il y a certaines espèces, comme *Donax*, qui se déplacent suivant la basse mer et la haute mer.

A côté de mollusques benthiques, la Mer Sud de la Chine produit un grand nombre de gastropodes pélagiques comme *Creseis, Clione, Carinaria, Atlanta* et *Janthina. Nautilus pompilius* L. et *Argonauta* spp. sont des Céphalopodes benthiques, mais ils nagent quelquefois. Tous ces mollusques sont assez communs dans la Mer Sud, mais ils n'atteignent pas les autres mers de la Chine.

Quant à la répartition bathymétrique, de la zone de balancement des marées jusqu'à quelques dizaines de mètres de profondeur, les mollusques sont plus abondants. Dans la zone de balancement des marées se trouvent *Littorina, Tectarius, Planaxis, Nerita, Neritina, Onchidium, Siphonaria*, etc., un peu plus bas on trouve Natica, certaines espèces de *Conus, Cypraea, Turbo, Aplysia, Veneridae, Solen*, etc. Au dessous de la zone à marée on trouve certaines espèces de *Haliotis, Trochus, Pteria, Malleus, Pinna, Amussium, Pholas orientalis, Avicula, Dolium, Hemifusus, Cymbium, Ranella*, etc.

Les mollusques de la Mer Sud de la Chine appartiennent à la grande faune Indo-pacifique. Les espèces principale de cette mer que l'on rencontrent ordinairement sur les côtes de l'Indochine et de l'Indonésie, mais elles sont différentes de celles de la Mer Est surtout de la Mer Jaune et du golfe de Pohai.

D'après la répartition de ces mollusques sur les côtes de nos mers, nous pouvons les diviser en 3 groupes suivants:

(1) Espèces tropicales: Elles se rencontrent dans la Mer Sud et ne se trouvent pas dans les autres mers de la Chine, nous avons: *Nautilus pompilius, Spirula, Argonauta* spp., *Haliotis asinina, Trochus niloticus maximus, Turbo marmoratus, Pterocera lambis, P. chiragra*, un grand nombre d'espèces de *Cypraea, Strombus*, et *Conus*; *Harpa conoidalis, Amussium, Pteria, Malleus, Spondylus, Ostrea hyotis, O. mordax, O. sinensis*, certaines espèces de *Modiolus*: comme *M. philippinarum, M. vagina, Hippopus hippopus, Tridacna, Asaphis, Parapholas, Jouannetia*, etc.

(2) Espèces à la répartition un peu plus étendue. Elles se trouvent dans la Mer Sud et se

propagent le long des côtes de la Mer Est de la Chine. Nous citons: *Nerita*, *Vermetus*, *Cymbium melo*, certaines espèces de *Cypraea*, *Oliva*, *Aplysia* et *Onchidium*, *Ostrea imbricata*, *O. echinata*, *Septifer*, certaines espèces de *Lithophaga*, et *Bankia*, *Loligo formosana*, *Sepiadarium kochii*, etc.

(3) Espèces à la répartition plus étendue: Elles se trouvent dans la Mer Sud et se trouvent aussi dans toutes les autres mers de la Chine. Nous avons *Patelloida schrenckii* (Lischke), *Cellana toreuma* Reeve, *Monodonta labio* L., *Chlorostoma rustica* (Gmelin), *Natica maculosa*, *Neverita didyma*, *Arca granosa*, *Ostrea rivularis*, *O. denselamellosa*, *O. cucullata*, *Modiolus barbatus*, *M. metcalfei*, *M. atrata*, *Venerupis philippinarum*, *V. variegata*, *Cyclina sinensis*, *Meretrix meretrix*, *Mactra antiquata*, *Solen grandis*, *S. gouldi*, *Sinonovacula constricta*, *Barnea fragilis*, *Martesia yoshimurai*, *Sepioteuthis lessoniana*, *Idiosepius paradoxa* (Ortman), *Sepiella maindroni*, etc.

Au contraire, il y a un certain nombre d'espèces qui se trouvent dans la Mer Jaune et le golfe de Pohai, elles ne se rencontrent pas dans la Mer Sud de la Chine. Par exemple: *Haliotis gigantea discus* Reeve, *Natica fortenei* Reeve, *Natica janthostoma* Deshayes, *Neptunea cumingi* Crosse, *Buccinum perryi* (Jay), *Ostrea talienwhanensis*, Crosse, *Chlamys farreri* (Jones & Preston), *Mytilus edulis* L. M. *Crassitesta*, Lischke, *Modiolus modiolus* L., *Saxidomus purpuratus* (Sowerby), *Barnea davidi* (Deshayes), *Loligo japonica* Steenstrup, *Euprymna morsei* Verrill, etc.

D'après la répartition générale des mollusques de nos mers, nous observons les faits suivants. Les espèces principales des mollusques de la Mer Jaune et du golfe de Pohai sont tempérées, elles se composent d'un petit nombre d'espèces propres de ces mers, un certain nombre d'espèces de la mer froide provenant de la Mer du Japon et un grand nombre d'espèces à la répartition plus grande provenant de la Mer Sud, mais à cause de l'eau peu profonde et tempérée, les espèces de la mer froide du Nord, comme *Pecten yessoensis* Jay, *Rossia pacifica* Berry et certaines espèces de *Buccinum* et *Margarites*, n'ont pas été trouvées dans la Mer Jaune et le golfe de Pohai. Au contraire, un certain nombre d'espèces de la mer chaude, comme *Nerita*, *Vermetus*, *Aplysia*, *Bankia*, etc., remontent dans la Mer Est, mais elles n'atteignent pas les mers du Nord de la Chine. Les mollusques de la Mer Est présentent une faune d'un caractère subtropical, on ne trouve plus les espèces à l'eau froide de la Mer du Japon que l'on rencontrent dans la Mer Jaune et la golfe de Pohai. On trouve dans la Mer Est des espèces à l'eau chaude de plus en plus nombreuses au voisinage de la Mer Sud.

La faune malacologique de la Mer Sud se compose d'espèces des mers chaudes, mais les espèces qui se trouvent sur les côtes continentales de la province de Kwangtung sont différentes de celles qui vivent sur les côtes de l'île Hainan et de l'Archipel Sisha. Les espèces communes qui vivent sur les côtes de la partie méridionale de l'île Hainan et celles de l'Archipel Sisha appartiennent exclusivement à la faune tropicale. Elles sont caractérisées par certaines espèces à grande taille comme *Tridacna elongata*, *T. squamosa*, *Hippopus hippopus*, *Cassis cornuta*, *Trochus niloticus maximus*, et *Turbo marmoratus* qui manquent sur les côtes continentales de Kwangtung.

Les espèces des mollusques de la Mer Sud sont plus nombreuses que les autres mers de la Chine, mais la biomasse d'une même espèce ou de la faune totale est moins grande, par exemple: la biomasse de mollusques de la Mer Jaune et du golfe de Pohai est en moyenne 28.34 gr., celle de la Mer Est est 9.96 gr., celle de la Mer Sud seulement 4.37 gr. Si l'on compare certaines espèces côtières, la biomasse de l'*Ostrea cucullata* à Tsingtao est au maximum 6 580 grammes par mètre carré, tandis que celle à Chiankiang (Mer Sud) seulement 1 544, 4 gr. La biomasse de *Modiolus atrata* à Tsingtao est 4 832 gr., Mais celle à Chiankiang, seulement 75 grammes.

十年来无脊椎动物的调查和研究工作①

着重于海洋部分

无脊椎动物的种类繁多,分布极广,无论是在有益的方面或是有害的方面与人类的关系都非常密切,因此无脊椎动物的调查研究对祖国社会主义建设有相当重要的意义。新中国成立以来在党的正确领导下,各研究机构、高等院校、水产部门、卫生部门对无脊椎动物的区系调查、生态习性、有益种类的养殖利用和有害种类的防除等方面都做了一些工作,并取得了一定的成绩。

一、无脊椎动物的区系调查

中国科学院海洋研究所对海洋无脊椎动物的区系调查和研究进行了一些工作,这个所从建立以来就开始在我国北部沿海进行调查,以后逐渐扩展到南方各海。到目前为止已在北自鸭绿江口南至西沙群岛的漫长的海岸进行了调查和采集,获得了各类无脊椎动物标本 6 万多号,其中包括以往从未在我国发现的很多种类,基本上对我国沿海的无脊椎动物的种类、分布和利用情况有了了解。每次调查都编有调查采集报告,并根据这些材料对软体动物、甲壳类动物、棘皮动物、环节动物进行了分析研究。

(1)在软体动物方面曾编写出版了《中国北部海产经济软体动物》,内容包括我国北部习见的经济种类 86 种,虽然这是一本一般性的调查报告,但是其中也有许多种类在我国是首次记载的。此外对角贝、牡蛎、船蛆等类进行了研究,写出了研究报告:在角贝的论文中记载了"胶州湾角贝"一新种;在牡蛎的报告中报道了我国沿海的牡蛎 13 种,其中有 3 种在我国是首次记录;在对我国北部沿海的船蛆的研究中,对分布广的船蛆 *Teredo*(*Teredo navalis* Linne)的形态变异做了详细的研究,并结合生活环境初步提出了它的变化原因,并首次记载了萨摩亚船蛆在我国的分布。在我国南部沿海船蛆的报告中提出了假双杯船蛆(*Pseudodicyathifer*)新亚属,在报道的 10 种中有 9 种在我国是首次发现。《南海的双壳类》和《中国动物图谱》中的双壳类也已基本完成。其他如对头足类、贻贝科、海笋科、竹蛏科、宝贝科等的专门研究也得到了一定的研究结果。《中国黄海和东海经济软体动物区系》与

---

① 张玺、齐钟彦,1959 年。

《胶州湾之海洋环境及其动物之分布》的研究对这个海区的软体动物及其他无脊椎动物的种类、分布提出了简要而全面的论述。

浙江师范学院曾对舟山地区的双壳类做过调查，报道了这个地区的蛤类46种。中山大学曾对广东汕尾的海产软体动物进行了了解，报道了这一地区的软体动物126种。

淡水和陆地软体动物的调查研究还没有正式展开，只是结合湖泊调查、水库研究的任务做了一些工作，搜集了一些标本。中国科学院动物研究所曾根据以往在云南搜集的资料整理发表了《田螺科螺丝属的检讨》和《云南淡水软体动物及其新种》两篇论文。前一篇全面地讨论了世界上仅分布在我国云南省的螺蛳属（ *Margarya* ）中的种类，描述了两个新种和两个新变种；后一篇记载了云南淡水软体动物39种，其中有3种为新种。目前中国科学院动物研究所对田螺科和蚌科已经开始了整理和研究。特别值得提出的是为了消灭血吸虫病，许多卫生部门、高等院校对这种寄生虫的中间宿主——钉螺的种类、形态和分布等做了较详细的调查，刊印了不少资料及研究报告。

在软体动物的解剖方面对乌贼、钉螺、鲍鱼、玛瑙螺等都有报告发表。

（2）在棘皮动物方面主要是中国科学院海洋研究所的工作。根据几年来所搜集的资料整理发表了《广东的海胆类》的专著，记述了分布在这个海区的海胆类30种、4亚种和3变种，对每种的形态特征、生活习性、产地分布以及在种类鉴定上存在的问题和经济价值等都加以叙述，在这些种类中有14种、1亚种和3变种在我国是首次记录。在《白海参、红海参和白海胆》的报告中说明这种海参（ *Stichopus japonicus* Selenka ）或海胆（ *Temnopleurus toreumaticus* Klein ）的体色变异并不构成另外的种属，统一了过去学者们的不一致的意见。在《大连及其附近的棘皮动物》中报道了这一地区的各类棘皮动物20种，其中3种在我国是首次发现。此外在《我国的海星》《中国的海胆》《我国的蛇尾》《我国的刺参》等一般性的论文中也报道了我国沿海的很多棘皮动物的种类、分布和利用的情况。

（3）甲壳类动物方面，中国科学院海洋研究所的甲壳组曾整理出版了《中国北部的经济虾类》，系统叙述了我国北部沿海所产和部分淡水所产的经济虾类40种的特征、分布、习性和经济用途等，是国内初次的比较系统的虾类研究报告。在《黄海虾类区系》的论文中说明了分布在这个海区的虾类特点及种类；在《黄海和渤海的毛虾》一文中对中国毛虾和日本毛虾的形态、分布及过去的学者在鉴定这两种毛虾时所发生的问题做了全面的讨论；在《中国之虾蛄类》的报告中记载了9种2变种分布在我国的虾蛄，其中1种在我国是首次发现。另外对糠虾类、磷虾类、对虾类等的研究也已获得了初步结果。

中国科学院动物研究所和水生生物研究所对甲壳类动物进行了很多工作。

浙江师范学院对舟山的甲壳类动物曾做了调查，报道了这一地区的蟹类44种、蔓足类11种。厦门大学对厦门附近的毛虾、萤虾、磷虾等甲壳类动物进行了研究，记载了这个地区的一些种类。

（4）在环节动物方面，中国科学院海洋研究所与苏联科学院动物研究所合作完成了《黄海多毛类环虫、叶须虫科和鳞沙蚕科》的研究报告，记述了黄海这两个科的环虫共30种，其中有6新种及11种在我国首次发现，3种在黄海首次发现。除了对每种的形态特征、地理分布和与邻近种的比较外，对黄海多毛类环虫的区系特点、地理分布、垂直分布等都进行了分析。南京大学《我国沿海桥虫类调查志略》的论文中记载了我国黄海和东海的桥虫类6种，其中4种为新种。

（5）腔肠动物方面，中国科学院动物研究所、山东大学生物系、厦门大学生物系都曾做了一些工作。在《烟台水螅水母类的研究》中记述了这个海区的33种水螅水母的形态、分布等，其中有25种在中国是首次记录。《中国南海栉水母类初志》中对两种栉水母的形态和生态进行了叙述。《山东沿海水螅水母类的研究》记载了这一地区的33种水螅水母，其中27种在我国是首次记录。

（6）原生动物方面，中国科学院海洋研究所曾就全国沿海棘皮动物肠内纤毛虫进行比较详细的调查研究。已发表的有《青岛马粪海胆肠内寄生纤毛虫的研究》论文一篇。除细胞构造上有前人未曾叙述的以外，分类位置亦提出了新的意见。又关于贝类寄生纤毛虫也进行了一些调查，已发表的有《裂铠船蛆（ *Teredo manni* ）外套腔内寄生弓形纤毛虫的一个新种》。对于有孔虫的分类、分布的研究做出了相当大的成就。此外，华东师范大学原生动物学教研室等发表了关于草履虫肛门的构造和草履虫口、腹缝及肛门形成的讨论，并在有名的日本住血吸虫的中间寄主钉螺体内，发现一种钉螺触毛虫的新种。

（7）对介于脊椎和无脊椎动物之间的原索动物文昌鱼的分类和生态，厦门大学和山东大学都做了些工作。

自1957年以来，苏联科学院动物研究所与中国科学院海洋研究所共同进行的我国沿海潮间带区系及生态的调查、我国第一艘海洋调查船"金星轮"所进行的底栖动物调查和在全国海洋普查办公室领导下进行的我国沿海底栖动物和浮游生物的调查，都为各类无脊椎动物的种类、生物量、分布等搜集了极为丰富而宝贵的材料。这些资料的进一步分析，对阐明我国沿海的动物区系和发展水产事业以及教学方面将提供充分的资料。

中苏合作的潮间带生态调查已共同写出了《黄海潮间带生态学研究》，阐明了黄海沿岸两个有代表性的地区——青岛和烟台的各类无脊椎动物在潮间带垂直分布的规律性，并对一些经济种类的生物量做了统计和分析，强调指出某些经济种类应该加以繁殖保护或人工养殖的必要性。

沿海各省如辽宁、河北、山东、福建、广东等都曾组织了高等院校、水产机构进行沿海的调查，并写了调查报告，为我国海洋无脊椎动物区系积累了很多资料，也为发展水产事业提供了很好的参考。

二、经济无脊椎动物的生态习性和人工养殖的研究

很多无脊椎动物，特别是海洋中的种类是很有价值的食品，人们不但懂得采捕天然产品，而且还用人工养殖的办法增加某些种类如牡蛎、蚶、蛏、海参、对虾等的产量。我国劳动人民对某些海产无脊椎动物的养殖有很丰富的经验，但对这些动物的生物学特点掌握不住，对这些宝贵的经验缺乏总结，所以长期以来养殖事业就只能停留在原有的基础上，不能迅速地提高。1949年以来，在大力发展水产养殖事业的形势下，在"以养为主"的方针下，以及在科学研究必须结合生产的正确思想指导下，中国科学院海洋研究所，水产部各个研究所，各省市的水产试验所、水产养殖场、高等院校都进行了一些工作。

牡蛎是世界各国极为重视的养殖贝类,近几年来中国科学院海洋研究所对我国南部沿海各地普遍养殖的近江牡蛎、僧帽牡蛎进行了调查和实验,对它们的繁殖和生长规律以及群众的养殖经验已获得基本的了解,曾发表僧帽牡蛎的繁殖和生长相关的论文两篇,写出《牡蛎》和《近江牡蛎的养殖》两本专著。厦门大学生物系对牡蛎的人工授精及杂交也进行了研究,这些研究结果对进一步开展牡蛎的研究及牡蛎的养殖提供了必要的参考资料。

栉孔扇贝是目前我国制造干贝的唯一种类,也是很好的养殖贝类。中国科学院海洋研究所对它的一般习性和繁殖、生长的规律进行了调查和研究,发表了《栉孔扇贝的繁殖与生长》的论文,对这种经济软体动物的繁殖保护和养殖提供了科学依据,创造了分龄篓养的方法,在一年中可以得出数年生长的结果。

蛏也是我国沿海的重要养殖种类,水产部黄海研究所对它的生态、习性进行了调查,并对福建省沿海群众的养殖经验做了总结,写出了调查研究报告。

海参是棘皮动物中最好的食用种类,也是浅海养殖的优良品种之一。中国科学院海洋研究所首先对刺参(*Stichopus japonicus* Selenua)的生活习性、繁殖、生长等做了调查,提出在天然条件下对这种海参的繁殖保护的建议。继而由1953年开始与河北省海洋水产试验场合作对刺参的人工授精、幼体发育及放养方法等进行了观察和试验,写出了《刺参的人工养殖和增殖试验的初步报告》。现在已能在养殖池中放养幼体,1958年5月已获得了第一批人工培育的参苗,为刺参的养殖开辟了途径。

除了以上的几种海洋无脊椎动物以外,科学院和各地的水产实验所、养殖场对贻贝、鲍鱼、蚶、蛤等软体动物和青蟹、对虾等甲壳类动物也都进行了实验和研究。辽宁省海洋水产科学研究所对毛虾的调查在毛虾渔业上产生了很好的影响。

三、有害无脊椎动物的防除研究

很多无脊椎动物可以对人类造成很大的危害,例如海洋中的很多附着生活的种类、穿孔生活的种类对国防、交通、筑港、渔业等方面都能造成严重的危害。因此如何防除这些种类就成了一个极有意义的问题。几年来的工作主要是由中国科学院海洋研究所进行的。

船蛆是穿凿木材,在木材里生活的一类软体动物,所以它对海洋中的木船、木质建筑等的危害极为严重。几年来对船蛆的种类、分布、生活史、生活习性、危害情况以及群众采用的防除措施等都做了全面的了解,同时也进行了防除的研究。目前已找到一些防除船蛆的方法,实验及实地使用的结果都证明是有效而又经济的。有关船蛆的研究曾先后发表了《船蛆》《船蛆的发育和生活习性》的报告,编写了《船蛆防除工作总结报告》及《怎样防除船蛆》的内部资料。

沿海工厂用的冷却管道以及其他的海水输送管道,往往海洋生物在管壁上附着生长而严重地影响了海水的输送。在管线附着生物中,贻贝是危害普遍而又非常严重的一类,通过对它的生态习性的了解和实验,提出了防除方法的建议。发表了《贻贝堵塞管道的防除研究》,生产部门已参考采用。

对穿凿岩石的海笋类动物的生态、习性进行了调查研究,证明它只能危害石灰岩,对花岗岩及水泥不能为害,为建港提供了参考资料。

海洋附着生物对国防、交通等方面影响很大,为清除这些生物,每年都要耗费大量资金。对于附着生物的种类、分布、生活史、生活习性以及防除的研究在1958年已经开始。为了研究附着过程、防除机制以及在外海非繁殖季节时在室内也能进行防除实验,曾进行了室内培养幼苗的工作,并编写了《几种海产无脊椎动物幼苗的培养方法》,供作有害生物的防除及有益生物养殖方面的研究参考资料。

参考文献

[1] 张玺,齐钟彦,李洁民.中国北部海产经济软体动物.科学出版社,1955:1-98.

[2] 张玺,齐钟彦,李洁民.中国北部沿海的船蛆及其形态的变异.动物学报,1955,7(1):1-16.

[3] 张玺,齐钟彦,李洁民.中国南部沿海船蛆的研究Ⅰ.动物学报,1958,10(3):242-257.

[4] 张玺,齐钟彦,李洁民.栉孔扇贝的繁殖与生长.动物学报,1956,8(2):235-253.

[5] 张玺,齐钟彦,李洁民.塘沽新港凿石虫研究的初步报告.科学通报,1953(11):59-62.

[6] 张玺,齐钟彦,李洁民.船蛆.科学通报,1954(2):55-58.

[7] 张玺,楼子康.中国牡蛎的研究.动物学报,1956,8(1):55-93.

[8] 张玺,楼子康.僧帽牡蛎的繁殖与生长.海洋与湖沼,1957,1(1):123-140.

[9] 张玺,楼子康.僧帽牡蛎肉质部的增长与季节关系的研究.海洋与湖沼,1958,1(2):239-242.

[10] 张玺,齐钟彦.田螺科螺蛳属之检讨.北平研究院动物研究所丛刊,1949,5(1):1-26.

[11] 张玺,齐钟彦.云南淡水软体动物及其新种.北平研究院动物研究所丛刊,1949,5(5):205-220

[12] 张玺,齐钟彦.中国海岸的几种新奇角贝.中国动物学杂志,1950,4:1-11.

[13] 张玺.黄海和东海经济软体动物的区系.海洋与湖沼,1959,2(1):27-34.

[14] 张玺.胶州湾之海洋环境及其动物之分布.中国动物学杂志,1949,3:55-61.

[15] 董聿茂.普陀诸岛动物的生态类型.浙江师范学院学报(自然科学版),1956,2:245-250.

[16] 董聿茂,毛节荣.浙江舟山蟹类的初步调查.浙江师范学院学报(自然科学版),1956,2:273-296.

[17] 董聿茂,毛荣节.浙江舟山蛤类的初步调查.浙江师范学院学报(自然科学版),1956,2:297-321.

[18] 郑重.厦门海洋浮游甲壳类的研究(一)毛虾.厦门大学学报,1953(2):37-44.

[19] 郑重.厦门海洋浮游甲壳类的研究(二)萤虾.厦门大学学报,1954(3):2-12.

[20] 郑重.厦门海洋浮游甲壳类的研究(三)磷虾.厦门大学学报,1954(3):13-20.

[21] 刘瑞玉.中国北部的经济虾类.北京科学出版社,1955:1-73.

[22]　刘瑞玉.黄海和渤海的毛虾.动物学报,1956,8(1):24-40.

[23]　刘瑞玉.中国之虾蛄类.北平研究院动物研究所丛刊,1949,5(1):27-47.

[24]　刘瑞玉.黄海及东海经济虾类区系的特点.海洋与湖沼,1959,2(1):35-42.

[25]　张凤瀛,赵璞.白海参、红海参和白海胆.中国水生生物学报,1951,1(2):37-47.

[26]　张凤瀛,吴宝玲.大连及其附近的棘皮动物.动物学报,1954,6(2):123-145.

[27]　张凤瀛,吴宝玲.广东的海胆类.中国科学院海洋生物研究所丛刊,1957,1(1):1-76.

[28]　张凤瀛,吴宝玲.我国的海星.生物学通报,1957(6):5-10.

[29]　张凤瀛,吴宝玲,廖玉林.中国的海胆.生物学通报,1957(7):18-25.

[30]　张凤瀛,廖玉林.我国的蛇尾.生物学通报,1958(11):16-22.

[31]　张凤瀛,吴宝玲,李万滋,王玉琪.刺参的人工养殖和增殖试验的初步报告.动物学杂志,1958,2(2):65-70.

[32]　毛守白,李霖.日本血吸虫中间宿主——钉螺的分类问题.动物学报,1954,6(1):1-14.

[33]　李赋京.日本血吸虫中间宿主钉螺的研究.解剖通讯,1955,1(2):81-115.

[34]　李赋京.钉螺的解剖.大众医学,1956(10):414-418.

[35]　徐秉锟.广东螺钉的形态和生态之初步研究.中华医学杂志,1955(2):117-125.

[36]　徐秉锟.环境与钉螺的形态和生态之关系的观察.中华医学杂志,42(11):1077-1081.

[37]　郭源华.血吸虫中间宿主——钉螺的分类问题.中华医学杂志,42(4):373-383.

[38]　康在彬,等.湖北省钉螺的形态及地理分布.动物学报,1958,10(3):225-241.

[39]　张玺.胶州湾潮面动物的初步报告.海洋湖沼学报,1951,1(1).

[40]　高哲生.胶州湾无脊椎动物分布概况.青岛观象台学术汇刊,(3):1-22.

[41]　高哲生.山东沿海水螅水母类的研究(一).山东大学学报,1958(1):75-118.

[42]　周太玄,黄明显.烟台水螅水母类的研究.动物学报,1958,10(2):173-191.

[43]　邱书院.厦门港浮游动物志,1.水螅水母类.动物学报,1954,6(1):41-48.

[44]　邱书院.中国南海栉水母类初志,动物学报,1957,9(1):85-100.

[45]　梁羡园.鲍鱼的解剖.生物学通报,1959(2):62-68.

[46]　王祯瑞.贻贝的生态习性及我国习见的种类.动物学杂志,1959(2):60-66.

[47]　董正之.青岛沿海两种八腕类的初步调查和养殖问题的探讨.动物学杂志,1959(3):110-114.

[48]　高哲生.山东沿海水螅虫的研究.山东大学学报,2(4):70-103.

[49]　张彦衡.乌贼的解剖.山东大学学报,1958.

[50]　张作人.青岛马粪海胆肠内寄生纤毛虫的研究.中国科学院海洋研究所丛刊,1959,1(3).

[51]　张作人.纤毛虫一新种(卷柏核弓形虫 *Biggarie caryoselaginelloides*)的报告.动物学报,1958,10(4).

[52]　张作人,唐崇惕.螺触毛虫一新种(钉螺触毛虫 *Cochliophilus oncomelaniae*)的报告.

动物学报,1957,9(4).

[53] 张作人,唐崇惕.草履虫肛门的构造.动物学报,1956,8(4).

[54] 张作人,唐崇惕.就草履虫分裂期间银线系的移动现象讨论,口、腹缝及肛门的形成.动物学报,1957,9(2).

[55] 娄康后,吴尚勲.船蛆防除工作总结报告(内部资料).

[56] 娄康后,吴尚勲,刘键.船蛆的发育和生活习性.中国科学院海洋研究所丛刊,1959,1(3).

[57] 娄康后,吴尚勲,刘健.怎样防除船蛆(内部资料).

[58] 中国科学院海洋研究所实验动物组实验生态实验室.几种海产无脊椎动物幼苗的培育法(未刊稿).

[59] 赵汝翼.大连沿海的腹足类.东北师范大学科学集刊,第1期(生物),1958:1-14.

[60] 张凤瀛,吴宝玲.我国的刺参.生物学通报,1955(6):28-31.

[61] 刘瑞玉.对虾.生物学通报,1955(5):17-20.

[62] 张玺,楼子康.牡蛎.生物学通报,1956(2):27-42.

中国的海笋及其新种[①]

　　海笋科（Famille des Pholadidae）的种类除极个别的能在距河口很远的淡水河流中生活以外，其余都是在海洋中生活的。它们栖息的环境随种类变化很大，泥沙滩、黏土、风化的岩石、坚硬的石灰石、木材，甚至海底电线、粗锚链的铅皮都是它们穿凿、栖息的场所。它们的肉味鲜美，尤其是个体较大的种类，较之牡蛎有过之而无不及，是优良的海产食品。由于有些种类在坚硬的石灰石和木材中穿孔生活，能使岩石或木材的坚固性和持久性受到很大影响，对港湾建筑及木船有较为严重的危害，所以这类动物常是特别引人注意的。

　　这一科动物和船蛆科（Famille des Teredinidae）的形态相近，生活习性相似，因此它们共同组成了海笋亚目（Sous-ordre des Pholadacea），或称凿穴蛤亚目（Sous-ordre des Adesmacea）。关于我国沿海的船蛆我们曾经有过一些报道。现在拟就过去几年来在我国沿海收集的海笋科的种类做一综合的报道，借供有关方面的参考。但是，因为时间和人力的限制，在各地调查时不能以这类动物为主。因此，掌握的资料还不够全面，文中所记述的种类也很难完全代表这一科动物在我国沿海分布的状况，今后还需要进一步调查和补充。

　　文中共记述了 19 种，大多为暖海种，分别属于 2 个亚科 7 个属，其中有 5 种为新种，9 种在我国为首次记录。在这 19 种中，马特海笋（*Martesia striata* L.）和卵形马特海笋 [*Martesia ovum* (Gray)] 分布在太平洋和印度洋，波纹海笋（*Zirfaea crispata* L.）分布在大西洋和太平洋两岸，全海笋（*Barnea candida* L.）分布在大西洋和太平洋西岸，四带拟海笋（*Parapholas quadrizonata* Spengler）分布在太平洋西岸和印度洋，其余的 14 种只分布在太平洋西岸。在我国沿海，这 19 种中仅分布于南海的有 9 种（东方海笋、长全海笋、隐壳斗海笋、小马特海笋、马特海笋、管马特海笋、四带拟海笋、铃海笋、球形铃海笋）。目前只在渤海发现的有 1 种（长板壳斗海笋），分布在黄海、渤海和南海的有 1 种（宽壳全海笋），只在东海发现的有 1 种（尖板壳斗海笋），分布在南海和东海的有 3 种（全海笋、小沟海笋、卵形马特海笋），分布在渤海、黄海和东海的有 1 种（大沽海笋），分布在黄海、东海与南海的有 1 种（波纹海笋），渤、黄、东、南四海沿岸均有分布的仅有 2 种（脆壳全海笋、吉村马特海笋）。在前人记述的我国的种类中，仅有 Lamy（1925）[25]提到在我国南方淡水中分布一种江马特海笋（*Martesia rivicola* Sowerby）[②]，我们未曾采到标本。

---

① 张玺、齐钟彦、李洁民（中国科学院海洋研究所）：载《动物学报》，1960 年第 12 卷第 1 期，63 ～ 87 页，科学出版社。中国科学院海洋研究所调查研究报告第 109 号。

② 这是能在距河口很远的淡水中生活的一种马特海笋，分布于印度恒河、锡兰（现斯里兰卡，这里保留原文）、暹罗湾、中国南海和大洋洲，穿蚀木材生活。其主要特征是原板为左右相称的两个近方形板。

壳斗海笋属(*Pholadidea*)的两个新种,在贝壳背面有一个完整的原板,表现很特殊,与以往记载的派都不相符,因此,我们根据这一个特点把它们建立了一个新派:单板派(Section *Monoplax* sect. nov.)。马特海笋属(*Martesia*)的两个种 *Martesia ovum* (Gray) 与 *Martesia pygmaea* sp. nov. 在比较研究之后看出,它们与 Lamy(1927)[26] 所发表的隐壳斗海笋在形态上有一定的联系,最主要的是在它们的贝壳末端都有一个延长的石灰质边缘,Lamy 认为这个边缘即相当于水管板。如此看来,我们所记述的这两种似乎也可以列在壳斗海笋属中,但是,由于它们具有腹板,更近于马特海笋属,所以我们暂时把它们置于马特海笋属之中。从这种情况看来,不难了解这些种类是联系壳斗海笋属和马特海笋属之间的种类了。

海笋科 Famille des Pholadidae

贝壳白色,左右两壳通常相等,前后端多少张开。壳面具表皮,常为 1 个或 2 个背腹沟将壳面分为 2 或 3 部分。壳顶前端贝壳背缘向外反卷,铰合部无齿,无韧带;在壳顶内窝中有一个附着肌肉的壳内柱(apophyse styloide)。贝壳具副壳,副壳随种类不同有原板(protoplaxe)、中板(mésoplaxe)、后板(métaplaxe)、腹板(hypoplaxe)与水管板(siphonoplaxe)之别。

外套膜边缘除足孔及水管以外全部愈合,水管极发达,两水管愈合。足柱状,末端平,呈截形,无足丝。除了前后两个闭壳肌以外,在腹面、外套膜湾的顶角与后闭壳肌相称的还有一个较小的闭壳肌。

我国已发现的亚科、属、种的检索表①

1（16）　贝壳前端腹面的开口终生不封闭………海笋亚科 Sous-famille des Pholadinae

2（3）　　贝壳顶部有向外反卷的第二层缘,第一层缘与第二层缘之间有许多小隔板……………………………………贝壳显然分为前后二部分,前部具肋,后部平滑,原板为一块…………………* 东方海笋 *Pholas (Monothyra) orientalis* Gmelin

3（2）　　贝壳顶部无向外反卷的第二层缘,无小隔板

4（13）　贝壳背面具一个原板,壳面无显著的背腹沟……………………全海笋属 Genre *Barnea* Leach

5（12）　贝壳长,后端渐瘦狭,末端圆

6（7）　　贝壳前端圆,腹面不张开………………* 全海笋 *Barnea (Barnea) candida* Linné

7（6）　　贝壳前端尖,腹面张开

8（9）　　壳面的放射肋明显,前、后均有………………………………………大沽全海笋 *Barnea (Anchomasa) davidi* (Deshayes)

9（8）　　壳面的放射肋不明显,仅前端有

———————————

① 种名前带有 * 符号的在我国系首次发现。

10（11）　贝壳长,前端腹面开孔小,原板小·····································长全海笋(新种)
　　　　　Barnea (Anchomasa) elongata sp. nov.

11（10）　贝壳短,前端腹面开孔大,原板大·····································脆壳全海笋
　　　　　Barnea(Anchomasa) fragilis (Sowerby)

12（5）　贝壳短,前后端高度略相等,后端呈截形·····································宽壳全海
　　　　　笋 *Barnea (Cyrtopleura) dilatata* Souleyet

13（4）　贝壳背面无原板,壳面有显著的背腹沟·················沟海笋属 Genre *Zirfaea* Leach

14（15）　贝壳小,壳顶位于中央·····················小沟海笋(新种) *Zirfaea minor* sp. nov.

15（14）　贝壳大,壳顶位于中部偏前·····················波纹沟海笋 *Zirfaea crispata* (Linné)

16（1）　贝壳前端腹面的开孔至成体时,为石灰质胼胝所封闭·····························铃海笋亚科
　　　　　Sous-famille des *Jouannetiinae*

17（26）　贝壳不具后板和腹板

18（23）　两壳相等,具有水管板或延长的石灰质边缘·····························壳斗海笋属
　　　　　Genre *Pholadidea* Goodall

19（20）　原板包被贝壳前端,贝壳末端有延长的石灰质边缘···························* 隐壳斗海笋
　　　　　Pholadidea (Calyptopholas) cheveyi Lamy

20（19）　原板不包被贝壳前端,贝壳末端有水管板

21（22）　贝壳前部的肋纹细密,腹面的胼胝极突出·····························长板壳斗海笋(新种)
　　　　　Pholadidea (Monoplax, sect. nov.) dolichothyra sp. nov.

22（21）　贝壳前部的肋纹粗、稀,腹面的胼胝较不突出·····························尖板壳斗海笋(新种)
　　　　　Pholadidea (Monoplax, sect. nov.) acutithyra sp. nov.

23（18）　两壳不相等,无水管板,右壳有一延长的石灰质突起

24（25）　右壳末端无齿裂·····························* 铃海笋 *Jouannetia cumingi* Sowerby

25（24）　右壳末端有齿裂·····················* 球形铃海笋 *Jouannetia globulosa* Quoy & Gaimard

26（17）　贝壳有后板和腹板

27（28）　贝壳表面有 2 个背腹沟,将壳面分为三区·····························拟海笋属 Genre
　　　　　Parapholas Conrad, * 四带拟海笋 *Parapholas quadrizonata* Spengler

28（27）　贝壳表面有一个背腹沟,将壳面分为二区·····························马特海笋属
　　　　　Genre *Martesia* Leach

29（34）　有后板,贝壳末端无延长的边缘

30（31）　有水管板·····························* 管马特海笋 *Martesia tubigera* Valenciennes

31（30）　无水管板

32（33）　木材中生活,原板近圆形,后端不分叉·············* 马特海笋 *Martesia striata* Linné

33（32）　岩石中生活,原板长形,后端分叉·····························吉村马特海笋
　　　　　Martesia yochimurai Kuroda & Teramachi

34（29）　无后板,贝壳末端有石灰质延长的边缘

35（36）　贝壳大,前端极膨胀,原板近方形·····························* 卵形马特海笋

Martesia ovum (Gray)

36（35）　贝壳小,前端不甚膨胀,原板西瓜子形,前端尖·······················小马特海笋
　　　　　　Martesia pygmaea sp. nov.

海笋亚科 Sous-famille des Pholadinae
海笋属 Genre *Pholas* Linné, 1857

一、东方海笋 *Pholas*（*Monothyra*）*orientalis* **Gmelin**（图 1）

Sowerby, 1849: 486, pl, C Ⅱ, figs. 3-4; 1872: pl. Ⅱ, figs. 5a-b; Gray, 1851: 382; H. & A. Adams, 1856: 326; Chenu, 1862: 4, fig. 16; Tryon, 1862: 205; Clessin, 1893: 12, pl. 2, figs. 3-4; Lamy, 1925: 34-35; Ablan, 1938: 379-385, pls. 1-2.

模式标本产地　印度洋阿拉伯海卡拉奇。

标本采集地　广东汕尾、汕头、东平,海南岛海口、莺歌海、三亚。

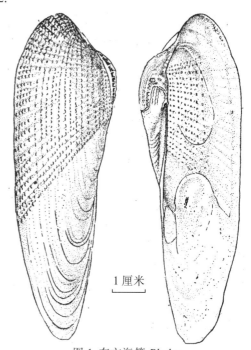

图 1 东方海笋 *Pholas*
(*Monothyra*) *orientalis* Gmelin
左,左壳外侧;右,同壳内侧

　　这种海笋个体较大,壳长达 125 毫米,前端边缘圆,腹面张开。壳面前半部具有鳞状的放射肋,后半部平滑,仅具有生长线。它的副壳有一个前端尖,后端呈截形的原板和一个狭长的后板。我们在各地采得的标本都是为波浪冲击至海滨的贝壳,副壳已不存在,但是从它们贝壳的形状和壳面前半部具肋,后半部平滑的特征就可以断定是属于这一种无疑。这是一种暖海种,分布于印度洋和太平洋的亚洲沿岸,巴基斯坦的卡拉奇、印度南端的穿盖巴尔(Tranquebar)、暹罗、摩鹿加群岛(Molugues)、菲律宾等地均曾发现。在我国南海尚系初次记载。

全海笋属 Genre *Barnea* Leach, 1826

二、全海笋 *Barnea*（*Barnea*）*candida*（**Linné**）（图 2）

Deshayes, 1943: 79, pl. 3, figs. 13-14; Sowerby, 1849: 488, pl. C Ⅲ, figs, 21-23; 1872: pl, 1, fig 1; Gray, 1851: 382; H. & A. Adams, 1856: 326; Chenu, 1862: 5, figs. 17 & 18; Tryon, 1862: 207; Jeffreys, 1869: 193, pl. Ⅲ, fig. 2; Clessin, 1893: 21, pl. 7, figs. 1-2; Bucquoy, Dautzenberg, Dollfus, 1896: 615-620, pl. 88, figs. 1-7; Lamy, 1925: 36-41; Calman & Crawford, 1936: 27, fig. 14.

模式标本产地　大不列颠（？）。

标本采集地　福建平潭、东山，广东汕头、水东、乌石，海南岛三亚。

贝壳细长，长度达 76 毫米。前端边缘圆，腹面不张开，背面具一个矢状原板。我们采到的标本都是海滨的贝壳，未见到原板。但从贝壳形态来看与全海笋 Barnea candida (L.) 很相似，与澳洲全海笋 Barnea australasiae (Gray) 也有部分相似。从分布地区来看后者产于大洋洲，与我国南海相近，但澳洲全海笋的贝壳较狭长，壳顶近前端，壳面有明显的放射肋和不明显的环形肋的特征同我们的标本相差较多，因此我们将它定为全海笋。

这是欧洲沿海习见的种类，分布于大西洋、从埃寇斯（Ecosse）至非洲西北角的摩加多尔（Mogador）、坎萨多（Cansado）湾、地中海以至黑海等地，在我国沿海尚系首次发现，在太平洋海区也是第一次记录。

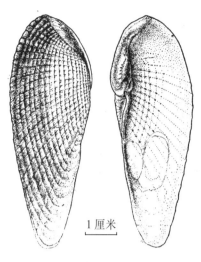

图 2　全海笋 Barnea (Barnea)
candida (Linné)
左，左壳外侧；右，同壳内侧

三、大沽全海笋 Barnea (Anchomasa) davidi (Deshayes)（图 3）

Deshayes, 1874: 7, pl. 1, figs. 2-2a; Lamy, 1925; 44-45 (B. birmanica var. davidi); 张玺，齐钟彦，李洁民，1955: 65-66, pl. 19, figs. 3-6; 吴宝华，1956: 316, pl. 9, fig. 3

模式标本产地　中国渤海大沽口。

标本采集地　辽宁盖平，河北昌黎，山东青岛、五垒岛，浙江泗礁。

这种大型的全海笋是 1874 年 Deshayes 根据 David 在我国河北省大沽口采到的标本定名的（Pholas davidi），它的贝壳宽而短，具有波状肋纹，长度达 120 毫米，前端尖，腹面大大张开。Lamy（1925）[25] 曾认为它是缅甸全海笋（Barnea birmanica Philippi）的一个变种，但是从它的贝

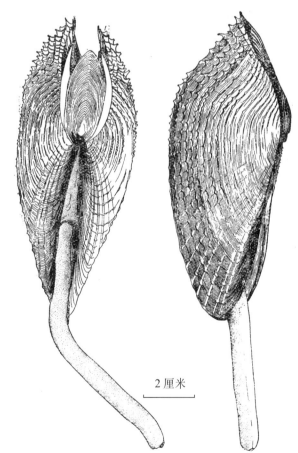

图 3　大沽全海笋 Barnea (Anchomasa) davidi (Deshayes)
左，背侧；右，左侧

壳宽而短,前端尖,腹面张开很大,后端边缘圆的特征来看,与 *B. birmanica* 还是显然不同的,这可能是中国黄海、渤海和东海的特有种,其他地区均未发现。

四、脆壳全海笋 *Barnea*(*Anchomasa*)*fragilis*(Sowerby)(图 4)

Sowerby, 1849: 488, pl. CⅧ, figs. 92-93; 1872: pl. Ⅲ, figs. 8a-b; Gray, 1851: 382; Clessin, 1893: 24, pl. 7, fig. 5; Lamy, 1925: 46-47; 张玺,齐钟彦,李洁民, 1955: 67-68, pl. 19, figs. 7-10; 吴宝华, 1956: 317, pl. 10, figs. 1-2.

模式标本产地 菲律宾。

标本采集地 辽宁海洋岛,山东长山八岛、烟台、镆铘岛、青岛,浙江泗礁、嵊山、玉环,福建平潭、厦门、东山,广东南澳、澳头。

贝壳中等大,长达 54 毫米,前端边缘尖,腹面开口很大,壳面具有与腹缘平行的环形细肋和只分布在前部的背腹肋。原板长卵形,前端尖瘦,后端呈截形。

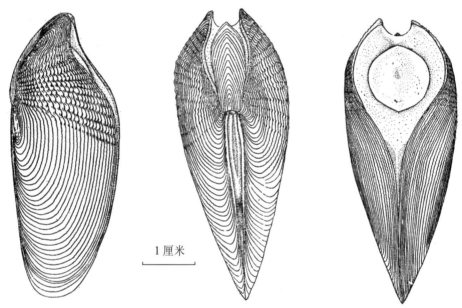

1 厘米

图 4 脆壳全海笋 *Barnea* (*Anchomasa*) *fragilis* (Sowerby) 左,
右侧;中,背侧;右,腹侧

这种凿穴蛤分布在菲律宾、日本及我国沿海,生活在潮间带的下区、基准面附近的辉绿岩或其他风化的岩石中。

五、长全海笋(新种)*Barnea*(*Anchomasa*)*elongata* sp. nov.(图 5)

标本采集地 广东澳头,海南岛三亚、琼山、曲口。

完模式标本及副模式标本(holotype & paratype)(三亚):保存于中国科学院海洋研究所。

贝壳中等大,最大的个体长达 60 毫米,细长,两壳抱合呈柱状,高度与宽度略相等,约相当长度的 1/3。壳顶近前端,由顶部至前端的距离约相当贝壳长度的 1/4,前端尖,腹缘的开口甚小,贝壳表面有排列相当整齐的、与腹缘平行的环状细肋,这种细肋系由小型的鳞片状突起连贯而成,前端近腹缘的肋具三角形的尖刺,背部及后部的环形肋几乎不显。放射肋极细微,很不清楚,原板狭小,呈披针形,前端尖,后端弯曲,表面生有生长纹。

这种全海笋仅分布于我国的南海,生活在潮间带的上区,风化的岩石或胶黏的泥质滩中。它与脆壳全海笋比较相近,但贝壳极薄而细长,壳顶更近前端,前端腹面开口小,原板狭小以及水管细,两水管之间有明显的界线,末端无褐色斑等特征则显然不同。此外,从这两种全海笋在潮间带栖息的垂直高度来看也是不同的。

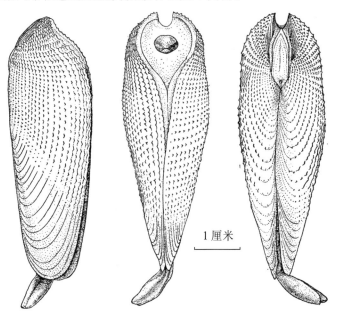

1 厘米

图 5　长全海笋(新种) *Barnea (Anchomasa) elongata* sp. nov.
左,右侧;中,腹侧;右,背侧

六、宽壳全海笋 *Barnea* (*Cyrtopleura*) *dilatata* Souleyet (图 6)

Sowerby, 1849: 489, pl. CⅢ, figs. 15-16; 1872; pl. 5, figs. 17a-b; Gray, 1851: 381; Chenu, 1862: 4, figs. 4-6; Tryon, 1862: 202; Clessin, 1893: 14, pl. 3, figs. 1-3; Lamy, 1925: 90-91; Grabau et King, 1928: 195-196, pl. Ⅶ, fig. 60; 张玺, 齐钟彦, 李洁民, 1955: 66-67, pl. 20, figs, 1-4; 广东水产厅水产实验所, 1957, 1: 18.

模式标本产地　菲律宾马尼拉。

标本采集地　河北昌黎、北戴河,山东丁字港、青岛、石臼所。

这是一种大型的全海笋,贝壳高而短,前端尖,后端呈截形,前端腹缘开孔狭小。水管极为发达,不能缩入贝壳之中。分布于菲律宾、日本及我国沿海,多在河口附近的软泥底中潜伏生活,可潜入泥中很深。根据广东省水产厅水产实验所的报告,这种全海笋在海南岛澄迈亦有分布。

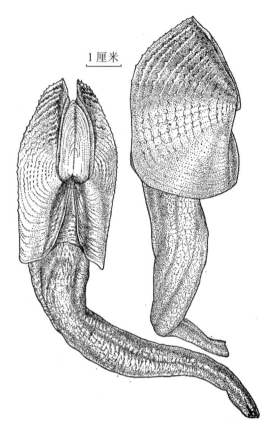

1 厘米

图 6　宽壳全海笋 *Barnea (Cyrtopleura) dilatata* Souleyet
左,背面;右,左侧

沟海笋属 Gemre *Zirfaea* Leach, 1817

七、波纹沟海笋 *Zirfaea crispata*（**Linné**）（**图 7**）

Blainville, 1825: 578, pl. 79. fig. 7; Deshayes, 1843: 77; Sowerby, 1849: 489, pl. CⅣ, fig. 37; 1872: pl. Ⅲ, fig. 9; Gray, 1851: 385; H. & A. Adams, 1856: 327; pl. 89, figs. 5-5a; Chenu, 1862: 6, figs. 26-27; Tryon, 1862: 211; Jeffreys, 1869: 193, pl. LⅢ, fig.1; Clessin, 1893:29, pl. 6, fig. 4 & pl. 7, figs. 8-9; Lamy, 1925: 92-96; 张玺, 齐钟彦, 李洁民, 1955: 68-69, pl. 22, figs. 1-4; 吴宝华, 1956: 316-317, pl. 9, fig. 4.

模式标本产地　英国。

标本采集地　山东烟台、青岛,浙江嵊泗、象山、玉环,福建平潭、厦门、东山,广东南澳。

　　这是在北半球分布很广的种类,生活在潮间带的下区,基准面附近风化的岩石中,在青岛常与脆壳全海笋在同一环境中找到。它的贝壳一般长达 40 余毫米,前端尖,腹面开口极大,壳面中部有一背腹沟,分贝壳为前、后两部:前部凸出,具波纹状肋;后部平滑,仅具有生长纹。背部壳顶之后有一个近三角形的中板。在英国沿海、英法海峡、北美大西洋沿岸、南加洛林(Caroline)也可能有。日本和中国沿海均曾发现。

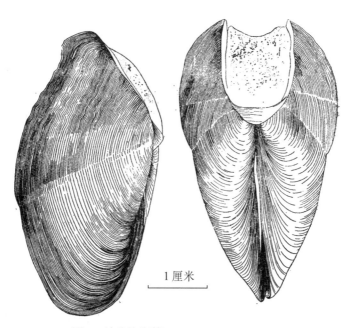

1 厘米

图 7　波纹沟海笋 *Zirfaea crispata* (Linné)
左，左侧；右，背侧

八、小沟海笋（新种）*Zirfaea minor* sp. nov.（图 8）

标本采集地　浙江玉环、福建厦门、广东防城企沙。

完模式标本及副模式标本（浙江玉环）：保存于中国科学院海洋研究所。

体小，较大的个体贝壳长仅 12 毫米，高度与宽度略相等，约相当于长度的 3/4。前端尖，腹面开口极大，后端圆。壳顶位于中部稍靠前方，贝壳表面分成前、后两部，前部稍凸出，具有由粒状或鳞片状突起连接而成的放射肋 10 余条，其中愈接近后部者愈细弱。后部无放射肋，但有稍稍凸起的环形轮脉。前后两部分之间的背腹沟浅，不十分明显。中板大，

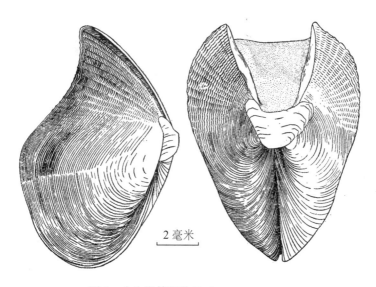

2 毫米

图 8　小沟海笋新种 *Zirfaea minor* sp. nov.
左，左壳外侧；右，背侧

位于壳顶紧后方,形状常不甚规则,有变化,但大致为后端略尖的三角形。

贝壳内面前端有与壳面相当的肋纹,背缘向外卷曲的缘较狭,在卷缘的后端,壳顶部位的内侧有一个突起,突起与壳顶之间有一凹,构成前闭壳肌的附着面,壳内柱极细小。水管长,外表被有一层褐色表皮。

这种小型的沟海笋最显著的特点是具有一个大的中板,它与以往发表过的种类均不相同,起初我们曾怀疑它是其他属种的幼年个体,但经过仔细比较之后认为即便我们采得的材料是未完全长成的个体,它的特征也是极为特殊的,不可能是已知种类的幼年个体。在浙江玉环采到的标本与卵形马特海笋(*Martesia ovum*)(参看下文)生活在同一环境,并且从中板的特征来看它与这种马特海笋的幼年个体也略有相似之点,但其他特征,特别是水管末端不形成具有触手的一圈领部则显然不同。从它的贝壳前端大为张开,背部具有一个三角形的中板,以及水管的形态等,我们认为它是与沟海笋的特征完全相符的。

铃海笋亚科 Sous-famille des Jouannetiinae

壳斗海笋属 Genre *Pholadidea* Goodall, 1819

九、长板壳斗海笋(新种)*Pholadidea*(*Monoplax*,sect. nov.)*dolichothyra* sp. nov.(图 9)

张玺,齐钟彦,李洁民,1955: 70, pl. 22, figs. 5-6 (*Pholadidea* sp.).

标本采集地　河北塘沽新港。

完模式标本及副模式标本:保存于中国
科学院海洋研究所。

这是一种小型的海笋,最大个体贝壳长
度约为 10 毫米,高度略大于宽度,约为长度
的 2/3。壳顶近前端,由壳顶到前端的距离约
相当壳长的 1/3。壳面由一条背腹线分为前、
后两部分:前部甚膨胀,具有排列整齐的细
肋;后部平滑,仅有生长线。贝壳前端腹面在
幼年时张开,至成体时为石灰质胼胝封闭,封
闭的石灰质胼胝向腹面很突出,极膨胀。原
板大、长形,其长度超过贝壳长度的 1/2,前端
稍圆,后端略尖,两侧中部微收缩。水管板极
短小。此外无其他种的副壳。

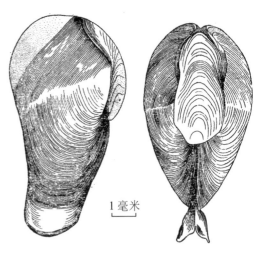

1毫米

图 9　长板壳斗海笋,新种 *Pholadidea*
(*Monoplax*) *dolichothyra* sp. nov.
左,左侧;右,背侧

根据本种与下面一种即尖板壳斗海
笋(*Pholadidea acutithyra*)仅具有一个原板的特征,可以建立一个以"单板"命名的新派
(*Monoplax* sect. nov.)。

这一种海笋是在河口、潮间带下区坚硬的石灰岩内凿穴生活的,与吉村马特海笋混生
于同一石块中,但数量较少。

十、尖板壳斗海笋（新种）*Pholadidea*（*Monoplax*, sect. nov.）*acutithyra* sp. nov.（图 10）

标本采集地 浙江泗礁。

完模式标本及副模式标本：保存于中国科学院海洋研究所。

体小，较大的个体贝壳长度仅 11 毫米。高度略大于宽度，约为壳长的 1/2。前端膨大，渐至后端渐狭。壳面由一条背腹线分为前、后两部分：前部具有显著的波纹状环纹及细弱的放射肋，腹面胼胝不甚突出；后部平滑无肋，仅有显著的生长线。原板 1 块，呈枪头状，前端尖，水管板较长大，两板抱合略呈管状。

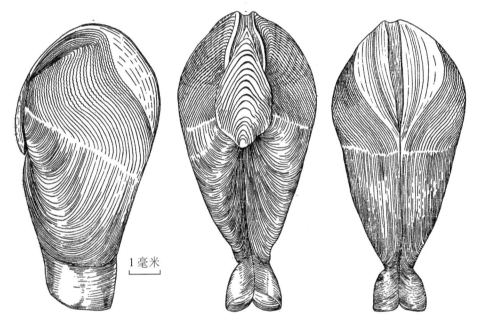

1毫米

图 10 尖板壳斗海笋（新种）*Pholadidea* (*Monoplax*) *acutithyra* sp. nov.
左，右侧；右，腹侧

这种壳斗海笋与前一种相近，具有一个原板，也应包括于"单板派"之中，它与前一种的主要区别是原板呈枪头状，前端尖，贝壳较长，前部环纹较粗大，腹面胼胝不甚突出等，生活在风化的岩石中。

十一、隐壳斗海笋 *Pholadidea*（*Calyptopholas*）*cheveyi* Lamy （图 11）

Lamy, 1927: 180-183, figs. 1-3.

模式标本产地 南越。

标本采集地 海南岛新盈港，采自潮间带的珊瑚礁中。

这种少见的种类主要特征是贝壳中等大，长达 27 毫米，呈卵圆形，壳面由一个背腹线分为前、后两部分。前部有细密的环形波纹，后部仅有生长线，前部腹面胼胝狭，不十分突出，后部末端每一壳片向后延伸生出一个石灰质的边缘，原板很大，向前伸展包被贝壳的前端，无其他副壳。

这种壳斗海笋与马特海笋属(Genre *Martesia*)中的种类很相近,但是没有后板及腹板,由于它没有像其他壳斗海笋属种类的水管板,从轮廓上看,它又不像壳斗海笋属的种类,所以是否应放于壳斗海笋属中,还需要进一步讨论。根据 Lamy 的意见,这种壳斗海笋的贝壳末端延长的石灰质边缘即相当于其他种类的水管板,我们也暂时根据这种意见将它放在这个位置。从这种壳斗海笋的形态来看,可以肯定它是介于马特海笋属与壳斗海笋属之间的种类之一。在我国尚系首次发现。

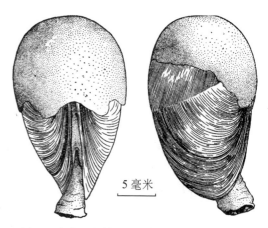

图 11　隐壳斗海笋 *Pholadidea* (*Calyptopholas*) *cheveyi* Lamy
左,背侧;右,左侧

马特海笋属 Genre *Martesia* Leach, 1825

十二、卵形马特海笋 *Martesia ovum* (**Gray**) (**图 12**)

Gray, 1828: 48, pl. 1, fig. 4; Pholas Sowerby, 1849: 493; pl. CⅦ, figs. 71-72; 1872; pl. 7, figs. 29a-b (*M. ovata*); Clessin, 1893, 43, pl. Ⅱ, figs. 9-10; Lamy, 1925: 212-213.

模式标本产地　安的列斯(Antilles)。

标本采集地　浙江玉环、福建厦门、广东澳头。

贝壳中等大、梨形,较大的个体壳长达 26 毫米。前半部极膨胀,略呈球形,后半部急遽尖瘦。贝壳表面有一条明显的背腹沟,将壳面分为前、后两部分:前部具有细密的环形波纹及自壳顶伸向腹面的放射肋;后部仅具有生长线。后部的末端有一个延长的石灰质边缘,这个边缘与其前端的部分之间有一个明显的沟,有些个体两壳延长部分稍向左右弯曲,两壳长度略有差异。原板大而厚,略呈方形。无中板及后板,腹板极小,呈棱状,位于贝壳腹面的中央。

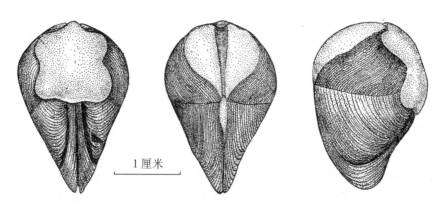

图 12　卵形马特海笋 *Martesia ovum* (Gray)
左,背侧;中,腹侧;右,左侧

幼年贝壳短小,前端腹面大大张开,后端无延长的石灰质边缘。原板尚未形成,仅在壳顶部有一个很狭小的石灰质板(中板?),至成体时这个狭小的板即与新生的原板愈合,为原板覆盖。

本种在形态上与隐壳斗海笋有些相似,特别是在贝壳末端有延长的石灰质边缘,这一点更为相近。只是在它的腹面较隐壳斗海笋多了一块腹板,这个腹板虽然短小,但也显示出它是属于马特海笋属的特征(仅有拟海笋属和马特海笋属具有腹板)。从这种马特海笋的形态来看,很显然它与壳斗海笋属是有一定联系的。我们所采得的各地标本与 Sowerby 所给的卵形马特海笋[*Martesia ovum* (Gray)]的图很相似,只是原板的形状略有不同,我们仍把它定为卵形马特海笋。

这种马特海笋的产地过去有些书上没有记载,根据 E. Lamy[25] 的记载是产于西印度群岛的安的列斯(Antilles),我们的标本采自太平洋西部我国的东海和南海,是新发现的分布地区,作者之一张玺在访问巴基斯坦时, A. R. Ranjha 博士要求鉴定的阿拉伯海沿岸卡拉奇的标本中也有这一种,因此,它的已知的分布海区包括太平洋、印度洋和大西洋。

十三、小马特海笋(新种) *Martesia pygmaea* sp. nov. (图 13)

标本采集地　广东防城企沙,采自潮间带风化的岩石中。

完模式标本　保存于中国科学院海洋研究所。

贝壳很小,长 9 毫米,高度与宽度相等,约为 6 毫米。前端膨大,至后端渐尖瘦。壳面具一条背腹沟,前部有波纹状的环形细肋,后部平滑,仅具有生长线。后端有不十分明显的石灰质边缘,这个边缘较长,约相当贝壳长度的 1/3。原板坚厚,略呈西瓜子状,前端尖,后端呈截形并向腹面弯曲。无后板及中板,腹板小,呈梭状。

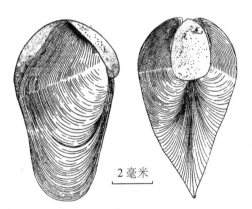

2 毫米

图 13　小马特海笋,新种 *Martesia pygmaea* sp. nov.
左,左侧;右,背侧

比较副壳及贝壳末端具有延长的石灰质边缘的特征,可以看出本种与前一种甚为相近,但是个体极小,贝壳的长度与原板的形状均明显不同。由于它的特征清楚,虽然我们仅见到了一个标本,也可以断定它是与已知的种类不相同的。

十四、马特海笋 *Martesia striata* Linné （图 14a-b）

Sowerby, 1849: 490, pl. C Ⅷ, figs. 97-98 (*Pholas teredinaeformis*); 1872: pl. Ⅷ, figs. 32a-c (*Pholas striata* L.), pl. Ⅸ, figs. 36a-b (*Pholas teredinaeformis*); Gray, 1851: 384; Récluz, 1853: 49, pl. 2, figs. 1-3 (*Pholas beauiana*); H. & A. Adams, 1856: 330, pl. 90, figs. 5-5a; Chenu, 1862: 9, figs 48-50; figs. 52 et 55 (*M. teredinaeformis*); Tryon, 1862: 220; Jeffreys, 1865; 114; Fischer, 1887: 1136, pl. ⅩⅩⅢ, fig.21; Clessin, 1893; 45, pl. 10, figs. 2-3 & 7-8; Miller, 1924: 146, pl. 8, figs, 1-5; Lamy, 1925: 194-204; Bartsch & Rehder, 1945: pl. 1, figs. 1-2.

模式标本产地 英国沿海(？)。

标本采集地 广东汕头、汕尾、陆丰、碣石、珠海、涠洲岛、防城,海南岛北港、曲口、沙笔、三亚。

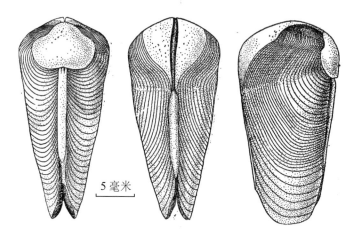

图 14a 马特海笋(成体)*Martesia striata* Linné (Adulte)
左,背侧;中,腹侧;右,左侧

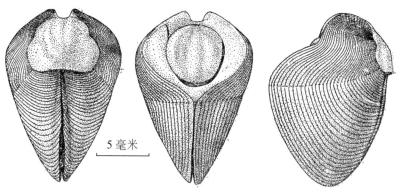

图 14b 马特海笋(幼年个体) *Martesia striata* Linné (Jeune)
左,背侧;中,腹侧;右,左侧

这是在木材里穿孔生活的一种马特海笋。壳长可达 37 毫米,前端膨大,近球形,后端尖瘦,呈楔状。壳面由一条背腹沟分为前后两部分:前部具有整齐的由许多小突起连接而成的肋;后部被有一层表皮,具有环形生长纹。背面有一个近圆形的原板和细长的后板,腹面具有一个与后板相似的腹板。为暖海种,分布很广,欧洲中部的英法海峡,美洲的加利福尼亚、古巴、巴拿马、西印度群岛、巴西的里约热内卢(Rio Jeneiro),印度洋的马达加斯加、红海、波斯湾,太平洋西部的澳大利亚昆士兰、新几内亚、巴达维亚、马尼拉、曼谷、中国的广东省沿海以及日本等地都有分布。在中国沿海尚系首次记录。由于它是凿木穴居,而且常常密集成群,所以对沿海港湾的木质建筑、木船有一定的危害。

十五、管马特海笋 *Martesia tubigera* Valenciennes （图 15）

Sowerby, 1849: 496, pl. C Ⅷ, figs. 80-81; 1872: pl. Ⅸ, figs. 35a-b (*Pholas obtecta*); Gray, 1851: 384 (*P. obtecta*); H. & A. Adams, 1856: 331 (*Martesia obtecta*); Fischer, 1858: 52 (*Martesia obtecta*); Tryon 1862: 218 (*M. obtecta*); Clessin, 1893: 43, pl. 11, figs. 9-10 (*M. obtecta*); Dautzenberg et Fisher, 1905: 470-471 (*M. obtecta*); Lamy, 1925: 210-212.

模式标本产地   所罗门群岛(Iles Salomon)。

标本采集地   广东涠洲岛,海南岛新盈港、三亚。采自潮间带的珊瑚礁中。

个体中等大,贝壳细长,长度可达 34 毫米,前端不甚膨胀,表面具有细密的环形肋,后部平滑,仅有生长线。具有原板、后板、腹板和水管板:原板极大,前方伸展至贝壳的前端,后方两分叉;后板与腹板细长;水管板常为双层。分布于大洋洲、越南、菲律宾,在我国系首次发现。

这种马特海笋很明显的特点是具有水管板,这是壳斗海笋属的特征。在马特海笋属中虽然也有个别种类贝壳末端壳片有延伸情形,但都不构成显著的水管板。因为本种具有后板和腹板,符合马特海笋的特征,所以,以往都将它摆在这一属中,在目前还不能讨论种、属之间的关系时,我们也暂时将它置于马特海笋属中。

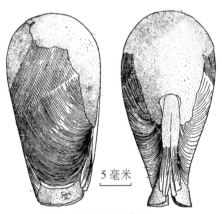

5 毫米

图 15 管马特海笋 *Martesia tubigera* Valenciennes
左,左侧;右,背侧

十六、吉村马特海笋 *Martesia yoshimurai* (**Kuroda & Termachi**)（图 16）

Kuroda & Termachi, 1930: 39-42, figs. 1-5 (*Aspidopholas yoshimurai*); 张玺, 齐钟彦, 李洁民, 1953: 59-62, text-figs; 1955: 69-70, pl. ⅩⅩ, figs. 8-9, pl. ⅩⅪ, figs. 1-2 (*Martesia* sp.); 吴宝华, 1956: pl. 9, figs. 5-6 (*Zirfaea crispata* L.).

模式标本产地   日本。

标本采集地   辽宁熊岳,河北塘沽新港,山东青岛,浙江象山、玉环,广东澳头、宝安、香州、横山。

这是在坚硬的石灰石中生活的种类,在塘沽新港土名"凿石虫"。贝壳长度可达 30 毫米。壳面由一个背腹沟分为前、后两部:前部具细密的波状环纹,后部平滑仅有生长纹。原板极大,呈叉状,与岩石洞壁愈合;后板与腹板细长,两端尖,呈箭头状。

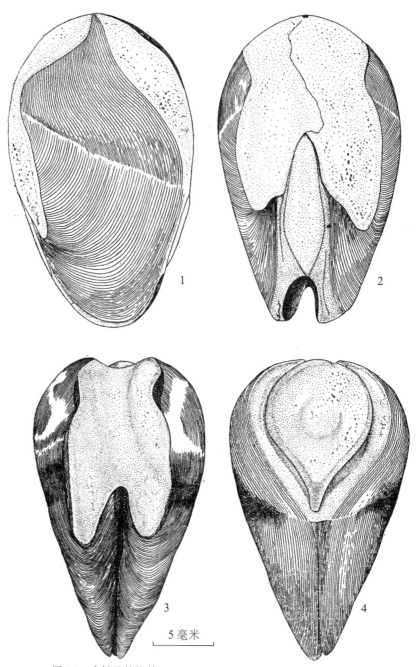

图 16　吉村马特海笋 *Martesia yoshimurai* (Kuroda & Termachi)
1-2,成体；3-4,幼年个体

　　本种在我国沿岸甚为普遍,按其贝壳及副壳的形态均与黑田德米、寺町昭文所描写的模式标本相似,但在成体时期,贝壳外面包被一个完整的石灰质管,这一点则有些出入。我们的标本,大多数只是在岩石洞口内外一段具有石灰质管,仅在浙江采得的标本中有很少数的标本具有完整的管。分布于日本及我国沿海。

拟海笋属 Genre *Parapholas* Conrad, 1848

十七、四带拟海笋 *Parapholas quadrizonata* Spengler （图 17）

Sowerby, 1849: 491, pl. CⅤ, figs. 45-46 (*Pholas incii*); 492, pl. CⅧ, figs. 88-89; 1872: pl. Ⅷ figs. 30a-b (*Pholas incii*), pl. Ⅸ, fig. 38; Gray, 1851: 383; H. & A. Adams, 1856: 330; pl. 90, figs. 4-4a; Fischer, 1858: 52; Tryon, 1862: 215; Clessin, 1893: 55, pl. 14, fig. 1, pl. 12, figs. 9-10 (*Parapholas incei*) Lamy, 1925: 160-161.

模式标本产地　澳大利亚与新几内亚之间的托里斯海峡。

标本采集地　广东遮浪,广西涠洲岛,海南岛三亚、新村。采自潮间带珊瑚礁中。

贝壳长达 40 毫米,长卵圆形,贝壳表面由两条背腹线分成三个部分:前部具有细密的环形肋;中部光滑,表面具有表皮及生长线;后部具有整齐的鳞片层。副壳 4 块,前端 2 原板短,后端 2 后板较长,无腹板。

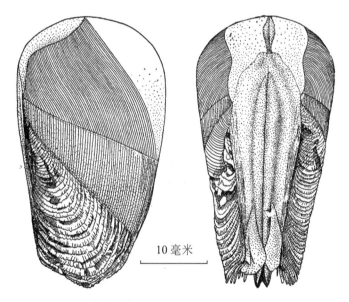

10毫米

图 17　四带拟海笋 *Parapholas quadrizonata* Spengler
左,右侧;右,背侧

这是在珊瑚礁中生活的一种海笋,分布在马达加斯加及澳大利亚的昆士兰、托里斯海峡(détroit de Torres)。在我国南海尚系初次记载。

铃海笋属 Genre *Jouannetia* des Moulins, 1828

十八、铃海笋 *Jouannetia cumingi* Sowerby （图 18）

Sowerby, 1849; 502, pl. CV, figs. 56-57;1872: pl. Ⅺ, fig. 43; Gray, 1851: 382; H. & A. Adams, 1856: 330; Fischer, 1858: 51; Chenu, 1862: 8, fig. 38; Tryon, 1862：216; Clessin, 1893: 36, pl. 13, fig. 8; Lamy, 1925: 217-218.

模式标本产地 菲律宾。

标本采集地 广西涠洲岛,海南岛清澜、乐会、新村、三亚、新盈。采自潮间带珊瑚礁中。

贝壳极膨胀,呈球形,壳长最大者可达35毫米,左右两壳不等,左壳没有吻状延长部。壳由两条背腹沟分为前、中、后三部分:前部具有环形肋纹,最前端并有微细的放射肋;中部极狭,有与前部环形肋相接续,但成90°角向背方伸展的肋纹;后部具有密集而不整齐的肋条。前端的石灰质胼胝极大,包被于右壳胼胝

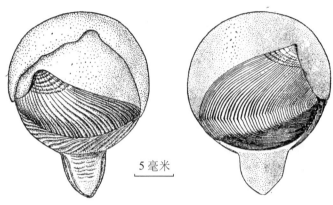

图 18 铃海笋 *Jouannetia cumingi* Sowerby
左,右侧;右,左侧

之上,并在中部向背方延伸形成一种原板,包被两壳的壳顶。右壳壳面由一条背腹沟分为前、后两部分:前部宽,具有与左壳相似的肋纹;后部较狭,有突起的鳞片状肋,后部的后端有一延长的三角形突起。

幼年贝壳呈半球形,两壳相等,完全张开,壳面由一条背腹沟分为前、后两部,右壳后端无突起。因为幼年的与成年的贝壳形状很不同,以往竟将它定为另外一属即 *Navea*。

这是一种暖海种,分布于太平洋西岸,南太平洋的新喀利多尼亚(Nouvelle Caledonie)及北太平洋的菲律宾和日本等地均有分布。在我国沿海尚系初次发现。

十九、球形铃海笋 *Jouannetia globulosa* Quoy et Gaimard （ 图 19）

Sowerby, 1849: 501, pl. C Ⅵ, figs. 54-55; 1872: pl. Ⅺ, fig. 42; Gray, 1851: 382; H. A. Adams, 1856: 329, pl. 90, figs. 3a-3b; Fischer, 1858: 51; 1887: 1135, fig. 868; Chenu, 1862: 7, fig. 36; Tryon, 1862: 216: Clessin, 1893: 36, pl. 13, fig 3; Lamy, 1925: 218-219.

模式标本产地 菲律宾。

标本采集地 南海,深81米的沙质泥底。

我们只得到一个标本,而且已不完整,壳长约11毫米,从它不完整的右壳由背腹两条线(近末端的一条线由一行尖齿形成)分为前、中、后三部分以及末端延伸并具有许多尖齿(13 个左右)的特征即可断定它是本种无疑。这也是暖海种,分布于太平洋西岸,在新几内亚南部的阿鲁群岛(Iles Aroe)、安倍那(Amboine)、菲律宾、日本均有。在我国沿海系初次发现。

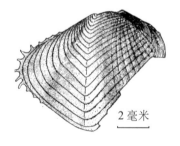

图 19 球形铃海笋 *Jouannetia globulosa* Quoy et Gaimard 右壳

参考文献

[1] 张玺, 齐钟彦, 李洁民. 1953. 塘沽新港"凿石虫"研究的初步报告. 科学通报, 11: 59-62.

[2] 张玺, 齐钟彦, 李洁民. 1955. 中国北部海产经济软体动物. 科学出版社, 65-70, pls. 19, 22.

[3] 吴宝华. 1956. 浙江舟山蛤类的初步调查. 浙江师范学院学报, 2: 316-317, pls. 9-10.

[4] 广东省水产厅水产试验所. 1957. 北部湾水产资源调查报告(下). 广东水产研究, 5: 18.

[5] Ablan G I. 1938. The Diwal fishery of occidental Negros. *Philippine J. Sci.,* 66: 379-385, pls. 1-2.

[6] Adams H A. 1856. The genera of recent mollusca Ⅱ: 323-331, pl. 89.

[7] Amemiya I, Ohsima Y. 1933. Note on the habitat of rock-boring molluscs on the coast of central Japan. *Proc. Imp. Acad. Tokyo,* 9(3): 120-123.

[8] Bartsch P, Rehder H A. 1945. The west Atlantic boring mollusks of the genus *Martesia. Smith. Misc. Coll.,* 104(11): 1-16, pls. 1-3.

[9] Blainville. 1827. Manuel de malacologie et de conchyliologie: 577-578, pls. 79-80.

[10] Bucquoy, Dautzenberg et Dollfus. 1897. Les mollusques marins du Roussillon. 2, 608-620, pls. 87-88.

[11] Calman, Grawford. 1936. Marine boring animals, *Brit. Mus. (Nat. Hist.) Econ.,* ser 10: 1-38, text-figs.

[12] Chenu J C. 1862. Manuel de conchyliologie et de paléontologie conchyliologique. Ⅱ: 2-9, text-figs.

[13] Clessin S. 1893. Die familie Pholadea, Systematisches conchylien-Cabinet, 11(4): 1-63, pls. 1-14.

[14] Deshayes C P. 1843. Traité élémentaire de conchyliologie. 1: 67-82, pl. 3.

[15] Deshayes C P. 1874. Description de quelques espèces de mollusques nouveaux ou peu connus envoyes de Chine par M. L'Abbé David. *Bull. N. Arch. Mus.,* 9(14): 3, pl. 1, figs. 2-2a.

[16] Dautzenberg Ph, Fischer H. 1905. Liste des Mollusques récoltés par M. H. Mausuy en Indo-Chine et au Yunnan et description d'espèces nouvelles. *J. de Conchiliol.,* 53(4): 470-471.

[17] Fischer P. 1862. Note sur l'animal du Jouannetia cumingi, suivie de la description de deux espèces nouvelles du même genre. *J. de Conchiliol.,* 10: 371-377, pl. 15.

[18] Fischer P. 1858-1860. Etudes sur les Pholades. *J. de Conchiliol.,* 7: 47-58, 169-178, 242-253; 8: 5-12, 387-391.

[19] Grabau A W, King S G. 1928. Shells of Peitaiho. 195-196, pl. 7, fig. 60.

[20] Gray J E. 1851. An attempt to arange the species of the family Pholadidae into natural groups. *Ann. & Mag. Nat. Hist.,* 8(2): 380-386.

[21] Jeffrey J G. 1867-1869. British Conchology. 3: 93-122. Üö 4; 5: 193, pls. 52-53.

［22］ Johnson C W. 1905. On the species of *Martesia* of the Eastern United States. *Nautilus*, 18: 100-103, pls. 8, figs. 1-4.

［23］ Johnson C W. 1905. Further notes on the species of *Marteia* of the Eastern coast of the United Stated. *Nautilus*, 18: 112-113.

［24］ Kuroda T, Teramachi A. 1930. *Aspidopholas yoshimurai*, a new sheathed Bivalve from Japan. *Venus*, 2(2): 39-42, figs. 1-5.

［25］ Lamy E. 1921. Sur quelques Pholades figurées par Valenciennes. *Bull. Mus. Hist. Nat. Paris*, 1921: 178-183.

［26］ Lamy E. 1923. Les Pholades de la mer Rouge. *Bull. Mus. Hist. Nat. Paris*, 29: 320-324.

［27］ Lamy E. 1925. Révision des Pholadidae vivants du museum national d'histoire naturelle de Paris. *J. de Conchiliol.*, 69(1): 19-51, (2): 79-103, (3): 136-168, (4): 194-222.

［28］ Lamy E. 1927. Description d'une Pholade nouvelle de la côte d'Annam. *Bull. Mus. Nat. d'Histoire Paris.*, 180-183, text-figs.

［29］ Miller R C. 1924. Wood-boring mollusks from the Hawaiian, Samoan and Philippine Islands. *Univ. Cal. Pub. Zool. Berkeley*, 26(7): 145-151, pl. 8.

［30］ Recluz C. 1853. Description de coquilles nouvelles. *J. de Conchiliol.*, 4: 49, pl. 2, figs. 1-3.

［31］ Sowerby G B. 1849. On a new genus of Pholadidae, with notices of several new species and of remarkable specimen of *Pholas calva* in Mr. Cuming's collection. *Proc. Zool. Soc. Lond.*, 160-163, pl. 5.

［32］ Sowerby G B. 1849. *Thesaurus conchyliorum.*, 2: 485-505, pls. 102-108.

［33］ Sowerby G B. 1873. Monograph of the genus *Pholas*, in Reeve's Conchologia Iconica. 18.

［34］ Tryon G W. 1862. On the Classification and synonymy of the recent species of Pholadidae. *Proc. Acad. Nat. Sci. Philadelphia.*, 14: 191-221.

［35］ Turner R D. 1954. The family Pholadidae in the western Atlantic and the eastern Pacific, part 1, Pholadinae. *Johnsonia*, 3(33): 1-54, illus. (Abstract)

［36］ Turner R D. 1955. The family Pholadidae in the western Atlantic and the eastern Pacific, part II, Martesiinae, Jouannetinae and Xylophaginae. *Johnsonia*, 3(34): 65-160, illus. (Abstract)

ÉTUDE SUR LES PHOLADES DE LA CHINE ET DESCRIPTION D'ESPÈCES NOUVELLES

TCHANG SI, TSI CHUNG-YEN & LI KIÉ-MIN

(*Institut d'océanologie, Academia Sinica*)

L'étude de Pholades est très importante au point de vue biologique et économique. La plupart d'espèces vivent dans les mers, elles logent dans des cavités creusées, dans la vase, le sable, les argiles, les roches calcaires ou les bois submergés. Elles attaquent les constructions en roche et en bois du port d'un côté, et à l'autre côté, le corps mou de ces mollusques nous fournit une nourriture excellente.

Les matériaux de cette publication ont été récoltés pendant les années 1951-1959 dans les différentes côtes de la Chine. Parmi ces récoltes nous avons déterminé 19 espèces dont 5 espèces considérées comme nouvelles, et 9 espèces(*) découvertes comme la première fois en Chine, elles se répatissent en 7 genres et 2 sous-familles.

Espèces   Habitat

Ⅰ. Sous-famille des Pholadinae

1. *Pholas* (*Monothyra*) *orientalis* Gmelin·······················S.
2. *Barnea* (*Barnea*) *candida* Linné ·······················E. S.
3. *Barnea* (*Anchomasa*) *davidi* (Deshayes)·······················P. J. E.
4. *Barnea* (*Anchomasa*) *fragilis* (Sowerby)·······················P. J. E. S.
5. *Barnea* (*Anchomasa*) *elongata* sp. nov. ·······················S.
6. *Barnea* (*Cyrtopleura*) *dilatata* Souleyet·······················P. J. S.
7. *Zirfaea crispata* (Linné) ·······················J. E. S.
8. *Zirfaea minor* sp. nov. ·······················E. S.

Ⅱ. Sous-famille des Jouannetiinae

9. *Pholadidea* (*Monoplax* sect. nov.) *dolichothyra* sp. nov. ·······················P.
10. *Pholadidea* (*Monoplax* sect. nov.) *acutithyra* sp. nov.·······················E.
11. *Pholadidea* (*Calyptopholas*) *cheveyi* Lamy·······················S.
12. *Martesia ovum* (Gray)·······················E. S.
13. *Martesia pygmaea* sp. nov. ·······················S.
14. *Martesia striata* Linné·······················S.

15. **Martesia tubigera* Valenciennes··S.

16. *Martesia yoshimurai* (Kuroda and Teramachi) ·························P. J. E. S.

17. **Parapholas quadrizonata* Spengler ···S.

18. **Jouannetia cumingi* Sowerby···S.

19. **Jouannetia globulosa* Quoy et Gaimard···S.

Note: P= Golfe de Pohai; J= Mer Jaune; E= Mer Est; S= Mer Sud.

Parmi ces 19 espèces des Pholadidae il y a 5 espèces: *Martesia striata* L., *Martesia ovum* (Gray), *Zirfaea crispata* L., *Barnea candida* L. et *Parapholas quadrizonata* Spengler. qui ont une distribution géographique très grande, tandis que les autres 14 espèces se rencontrent seulement sur les côtes occidentales de l'Océan Pacifique. La plupart de ces Pholades sont des espèces tropicales. Il y a 9 espèces, *Pholas orientalis* Gmelin, *Barnea elongata* sp. nov., *Pholadidea cheveyi* Lamy, *Martesia pygmaea* sp. nov., *M. striata* L., *M. tubigera* Valenciennes, *Parapholas quadrizonata* Spengler, *Jouannetia cumingi* Sowerby et *J. globulosa* Quoy et Gaimard, qui se trouvent seulement sur les côtes de la Mer Sud; 1 seule espèce, *Pholadidea acutithyra* sp. nov., se trouve seulement dans la Mer Est; 1 seule espèce, *Pholadidea dolichothyra* sp. nov., se trouve seulement dans le golfe de Pohai; 1 espèce, *Barnea dilatata* Souleyet, se rencontre dans la Mer Sud, la Mer Jaune et le golfe de Pohai; 3 espèces. *Barnea candida* L., *Zirfaea minor* sp. nov., *Martesia ovum* (Gray), se trouvent dans la Mer Sud et la Mer Est; 1 espèce, *Zirfaea crispata* (Linné), se trouve dans la Mer Sud, la Mer Est et la Mer Jaune, 1 espèce, *Barnea davidi* (Deshayes), se trouve dans la Mer Est, la Mer Jaune et le golfe de Pohai; et 2 espèces, *Barnea fragilis* (Sowerby), *Martesia yoshimurai* (Kuroda & Teramahci), se trouvent sur toutes les côtes de la Chine.

Liste des espèces
Famille des Pholadidae
Sous-famille des Pholadinae
Genre *Pholas* Linné, 1857

1. *Pholas* (*Monothyra*) *orientalis* Gmelin (Fig. 1)

Habitat: Swabue, Swatow, Tungping (Kwangtung); Haikow, Yingkohai, Sanya (île Hainan).

C'est la première fois que nous avons trouvé cette espèce sur nos côtes. Nous avons recueilli seulement de nombreuses coquilles vides, mesurant 125 mm. de long. C'est une espèce tropicale, elle a été trouvée sur les côtes de l'Océan Indian (Karachi) et sur les côtes Asiatiques de l'Océan Pacifique.

Genre *Barnea* Leach, 1826

2. *Barnea* (*Barnea*) *candida* Linné (Fig. 2)

Habitat: Pingtan, Tungshan (Fukien); Swatow, Shuitung, Wushih (Kwangtung); Sanya (île Hainan).

La distribution de cette espèce est assez grande, elle se trouve dans l'Océan Atlantique, depuis l'Ecosse jusqu' à Mogador et à la baie de Cansado, dans la Méditerranée et dans la Mer noire; mais c'est la première fois que nous avons trouvé cette pholade sur nos côtes.

3. *Barnea* (*Anchomasa*) *davidi* (Deshayes) (Fig. 3)

Habitat: Kaiping (Liaoning); Ghangli (Hopei); Tsingtao, Wuleitao (Shantung); Szetsiao (Chekiang).

C'est une espèce de très grande taille, elle peut atteindre de 99 à 120 mm. de long. Les types de cette espèce avaient été recueillis en 1873 à Takou par l'Abbé David. Nous avons trouvé de nombreux exemplaires dans le golfe de Pohai, la Mer Jaune et la Mer Est. C'est probablement une espèce propre de la Chine.

4. *Barnea* (*Anchomasa*) *fragilis* (Sowerby) (Fig. 4)

Habitat: Haiyantao (Liaoning); Changshanpatao, Chefoo, Moyehtao, Tsingtao (Shantung); Yuhwan, Szetsiao, Chengshan (Chekiang); Amoy, Tungshan, Pingtan (Fukien); Namoa, Oatow (Kwantung).

C'est une espèce à distribution très étendue sur les côtes de la Chine, elle se trouve dans le golfé de Pohai, la Mer Jaune, la Mer Est et la Mer Sud, et loge dans les roches métamorphosées de la zone à marée basse.

5. *Barnea* (*Anchomasa*) *elongata* sp. nov. (Fig. 5)

Habitat: Oatow (Kwangtung); Sanya, Kiungshan Kükow (île Hainan).

La coquille a une taille moyenne, la plus grande atteint 60 mm. de long. Les coquilles longues et étroites, elles s'embrassent donnant une forme cylindrique. La hauteur est presque égale à la largeur, et atteint 1/3 de la longueur de coquille. Les crochets sont rapprochés de l'extrémité antérieure, la distance de sommets à l'extrémité antérieure a une longueur de 1/4 de la coquille. L'extrémité antérieuée est acuminée. L'ouverture du côté antéro-ventral est petite. La surface extérieure est ornée regulièrement de côtes concentriques parallèles au bord ventral. Ces côtes sont formées par des squamules très saillants en forme triangulaire sur la région antérieure et ventrale, la région postérieure et dorsale sont presque lisses, les côtes dorso-ventrales sont très fines. Le protoplaxe étroit, petit est en forme d'épingle, extrémité antérieure pointue, extrémité postérieure recourbée, surface ornée de stries.

Cette espèce se trouve dans la Mer Sud, elle loge dans les roches métamorphosées ou dans les argiles de la région supérieure de la zone à marées. Elle se rapproche de *Barnea* (*Anchomasa*) *fragilis* (Sowerby), mais elle se distinque par sa coquille plus mince et plus longue, crochets plus rapprochés de l'extrémité antérieure, ouverture de bord antéro-ventral plus petite, protoplaxe plus étroit, et la limite de 2 siphons plus nette.

6. *Barnea* (*Cyrtopleura*) *dilatata* Souleyet (Fig. 6)

Habitat: Changli, Peitaiho (Hopei); Tsingtao, Tingtzekang, Shihkiuso (Shantung).

C'est une espèce de grande taille, elle se trouve dans le golfe de Pohai, la Mer Jaune et la Mer Sud de la Chine, elle vit dans la vase molle de fond de l'embouchure.

Genre *Zirfaea* Leach, 1817
7. *Zirfaea crispata* (Linné) (Fig. 7)

Habitat: Chefoo, Tsingtao (Shantung); Siangshan, Chengsze, Yuhwan Szetsiao (Chekiang); Pingtan, Amoy, Tungshan (Fukien); Namoa (Kwangtung).

C'est une espèce à distribution très grande dans les océans de l'hemisphère nord, elle loge dans les roches métamorphosées de la région inférieure de zone à marées, on la trouve souvent avec *Barnea* (*Anchomasa*) *fragilis* (Sowerby) dans la même, roche.

8. *Zirfaea minor* sp. nov. (Fig. 8)

Habitat: Yuhwan (Chekiang); Amoy (Fukien); Fancheng, Kisha (Kwangtung).

La coquille ovale est très petite, et mesure 12 mm. de long., l'extrémité antérieure est pointue, largement ouverte en avant et du côté ventral. La surface extérieure est ornée d'une dizaine de côtés rayonnantes, sur la région antérieure renflée ces côtés deviennent de plus en plus petites vers la région postérieure, la région postérieure est presque lisse et ornée seulement de striés concentriques. Le sillon umbono-ventral est très faible et moins remarqué. Le mésoplaxe est en forme triangulaire et situé immédiatement en arrière de crochets.

La face intérieure de chaque coquille présente un même nombre de côtés rayonnantes que celui de la surface extérieure, le bord dorsal moins renversé en dehors, vers l'extrémité postérieure du bord renversé et sur le côté interne de crochet se forme une tubercule, entre cette tubercule et lé crochét se trouve une concavité pour attacher le muscle adducteur antérieur. L'apophyse myophore est très petite. Les siphons sont longs, et couverts d'une membrane grise. Cette petite forme de *Zirfaea* est caractérisée par un grand mésoplaxe en forme souvent triangulaire, elle diffère de toutes les espèces connues de ce genre, ainsi nous considérons comme une espèce nouvelle.

Sous-famille des Jouannetiinae
Genre *Pholadidea* Goodall, 1819
9. *Pholadidea*（*Monoplax* sect. nov.）*dolichothyra* sp. nov.（Fig. 9）

Habitat: Tangku, Sinkang (Hopei), sur la côté du golfe de Pohai.

Coquille petite, ovale, close, arrondie en avant, subtronquée en arrière. La plus grande coquille mesure environ 10 mm. de long, la hauteur, un peu plus grande que large, atteint 2/3 de la longueur de coquille. Les crochets rapprochent d'extrémité antérieure, la distance de sommet à l'extrémité antérieure atteint 1/3 de la longueur de coquille. La surface extérieure est divisée, par un sillon dorso-ventral, en deux parties: une partie antérieure très renflée, ornée de côtes concentriques fines régulièrement disposées; une partie postérieure lisse présentant seulement des rides concentriques. Le siphonoplaxe est petit et court. Chez le jeune, la coquille de face ventrale est ouverte en avant. A l'état adulte, elle est close par un callum calcaire très élevé et renflé. Sur la face dorsale on remarque un grand protoplaxe très allongé, occupant le 1/2 de la longueur de coquille, extrémité antérieure largement arrondie, extrémité postérieure un peu pointue, bords latéraux légèrement rétrécis.

Cette espèce, comme *Pholadidea acutithyra*, n'a qu'une seule plaque accessoire: protoplaxe, par lequel nous pouvons constituer une section nouvelle: *Monoplax*.

On trouve cette espèce souvent avec *Martesia yoshimurai* (Kuroda et Teramachi) dans les roches calcaires de la jetée de nouveau port Tangku, l'animal loge dans les roches de la zone à marée basse.

10. *Pholadidea*（*Monoplax* sect. nov.）*acutithyra* sp. nov.（Fig. 10）

Habitat: Szetsiao (Chekiang).

La coquille est petite, ovale, celle de grand individu atteint 11 mm. de long; la hauteur, un peu plus grande que large, atteint 1/2 de la longueur.

La coquille est divisée, de chaque côté, par un seul sillon umbono-ventral oblique en 2 parties: une partie antérieure renflée, ornée de côtés concentriques onduleuses, et de côtés rayonnantes, fines; une partie postérieure subcunéiforme, présentant seulement des stries concentriques, tronquée à son extrémité qui se continue par un long siphonoplaxe divisé en deux plaques divergentes latéralement. Le protoplaxe, situé sur les sommets, est acuminé en avant, et en forme de lance. Sur la surface ventrale il existe un callum moins élevé.

Cette espèce comme *Pholadidea dolichothyra* possède une seule plaque accessoire: protoplaxe, appartenant à la même section: Monoplax, mais elle diffère de *Pholadidea dolichothyra* par sa coquille un peu plus longue, côtés plus fortes, callum moins élevé, et protoplaxe lancéolé, acuminé en avant, nous la considérons comme une espèce nouvelle.

On trouve cette espèce sur les côtés de la Mer Est, l'animal loge dans les roches métamorphosées.

11. *Pholadidea* (*Calyptopholas*) *cheveyi* Lamy (Fig. 11)

Habitat: Sinyingkang (île Hainan).

L'animal loge dans les coraux de la zone à marées. C'est la première fois que nous avons trouvé cette rare espèce sur notre côte.

12. *Martesia ovum* (Gray) (Fig. 12)

Habitat: Yuhwan (Chekiang); Amoy (Fukien); Oatow (Kwangtung).

Nous avons trouvé un grand nombre des individus de cette pholade, la forme du protoplaxe un peu diffère de la figure donnée par Sowerby. Nous considérons que cette pholade est la même espèce que *Martesia ovum* (Gray). La figure du protoplaxe donnée par Sowerby est probablement d'après un exemplaire à protoplaxe brisé.

13. *Martesia pygmaea* sp. nov. (Fig. 13)

Habitat: Fangcheng, Kisha (Kwangtung).

C'est une très petite, coquille, 9 mm. de long., la hauteur, égale à la largeur, mesurant 6 mm., elle est close et très renflée en avant, cunéiforme en arrière, et divisée par un seul sillon dorso-ventral en 2 parties, une partie antérieure ornée de côtés onduleuses concentriques et fines; une partie postérieure lisse, munie seulement de stries. A son extrémité postérieure, chaque valve se continue par un prolongement calcaire qui a une longueur de 1/3 de long de la coquille. Le protoplaxe épais et solide est en forme de graine de la pastèque, pointue en avant, tronquée en arrière et un peu recourbée vers la face ventrale. Elle n'a pas d'autres plaques accessoires dorsales: (mésoplaxe, métaplaxe). Sur la face ventrale il y a une plaque ventrale (hypoplaxe) très petite, fusiforme.

Cette rare espèce offre une certaine ressemblance avec *Martesia ovum* (Gray), mais par la forme spécifique du protoplaxe, par sa coquille plus petite, *Martesia pygmaea* se distingue de toutes les espèces connues, c'est une espèce nouvellë.

14. *Martesia striata* Linné (Fig. 14)

Habitat: Swatow, Swabue, Oatow, Lukfung, Kitchioh, Chuhai, Weichowtao Fangcheng (Kwangtung); Peikang Kükow, Shalao, Sanya (île Hainan).

Cette espèce loge dans les bois immergés, elle détruit les bateaux et les constructions en bois du port de la baie, à cause de ces moeurs *Martesia striata* L. a une distribution géographique très étendue, elle trouve presque dans toutes les mers chaudes, mais c'est la première fois que nous avons trouvé cette espèce sur nos côtes.

15. *Martesia tubigera* Valenciennes （Fig. 15）

Habitat: Weichowtao (Kwangtung); Sinyingkang, Sanya (île Hainan).

C'est aussi une espèce de la mer chaude, nous avons trouvé de nombreux exemplaires dans les coraux de la zone à marées sur les côtés de la Mer Sud. Cette espèce a été récoltée pour la première fois sur nos côtés.

16. *Martesia yoshimurai* （Kuroda & Teramachi） （Fig. 16）

Habitat: Yungyo (Liaoning); Tangku, Sinkang (Hopei); Tsingtao (Shantung); Siangshan, Yuhwan (Chekiang); Oatow, Paoan, Heungchow, Hengchow, Hengshan (Kwangtung).

C'est une espèce de pholades à distribution plus grande sur nos côtés, elle se trouve dans le golfe de Pohai, la Mer Jaune, la Mer Est et la Mer Sud. Elle creuse les roches calcaires et forme souvent un tube traversant sa caverne.

Genre *Parapholas* Conrad, 1848
17. *Parapholas quadrizonata* Spengler （Fig. 17）

Habitat: Chehlang, Weichowtao (Kwangtung); Sanya, Sintsun (île Hainan).

C'est une pholade de la Mer chaude, nous l'avons trouvée pour la première fois sur nos côtés, elle se rencontre dans les coraux de la zone à marées.

Genre *Jouannetia* des Moulins, 1828
18. *Jouannetia cumingi* Sowerby （Fig. 18）

Habitat: Weichowtao (Kwangtung); Lohwei, Tsinglan, Sintsun, Sanya, Sinyingkang (île Hainan).

C'est une pholade de la Mer chaude, nous l'avons trouvée dans les coraux de la zone à marées sur les côtés de la Mer Sud, c'est la première fois que nous avons recueilli sur nos côtés.

19. *Jouannetia globulosa* Quoy et Gaimard （Fig. 19）

Habitat: Mer Sud de la Chine à 81 mètres de profondeur.

Nous avons trouvé une seule coquille incomplète de cette espèce dans la Mer Sud du fond sablo-vaseux à une profondeur de 81 mètres. Elle a une longueur de 11 mm. par sa valve droite divisée par 2 sillons dorso-ventraux (le sillon de la partie postérieure formé par une rangée de denticules) en 3 parties et le prolongement postérieur muni de dents aiguës recourbées, nous pouvons la déterminer comme *Jouannetia globulosa* Quoy et Gaimard, c'est une espèce tropicale, nous l'avons trouvée pour la première fois dans la Mer Sud de la Chine.

中国沿岸的十腕目(头足纲)[①]

一、引言

软体动物的头足纲(Cephalopoda)是海洋渔业中重要的捕捞对象。其中的十腕目(Decapoda)种类多、数量大、经济价值更高。它们不仅是鲜美滋养的海味食品,同时也有医药、工业和农业用途,有一些种类还是经济鱼类和齿鲸类的重要饵料。我国沿海头足类的种类很多,有些种类产量也很丰富。但是对于它们的种类调查和报道却不多:国内仅有张玺等(1936[1], 1955[2], 1959[4,5], 1960[6])记载过一些南北沿岸的种类;国外仅 Berry、S. S.(1912)[11]、佐佐木望 Sasaki M.(1929)[18]、Adams W.(1939)[10] 等记载过我国台湾、海南岛等地的零星标本。

本篇报告系根据中国科学院海洋研究所历年来在我国沿海采得的标本和部分厦门大学生物系在福建省沿岸采得的标本写成。它们大多由作业于水深 200 米以内大陆棚海域的渔船所获,其中不少是浅海常见的经济种类,总计 19 种,属于 5 科 10 属。此外,还有一些种类有待以后继续整理、鉴定。太平洋斯氏柔鱼 [*Ommastrephes sloani pacificus* (Steenstrup)] 和神户枪乌贼(*Loligo kobiensis* Hoyle)两种在我国海中是首次记录。前种,就目前所知,主要分布于太平洋西部,在日本沿岸产量极大,是世界上种群最大的海产动物之一;后一种仅分布于日本和我国南部沿岸,过去仅发现过雌体,我们首次记录了它的雄性标本。

二、分类

头足纲动物的分类工作起始很早,远在亚里士多德(Aristotle,公元前 384—前 322 年)的时代就进行过初步的分类,亚里士多德称这类动物为 Malakia,以下分为单盘章鱼(*Eledone*)、章鱼(*Octopus*)、船蛸(*Argonauta*)、乌贼(*Sepia*)、枪乌贼(*Loligo*)和柔鱼(*Ommastrephes*)六类。这种分类法不仅根据了外部形态,而且也依据了解剖学的知识。

首先使用头足类(Cephalopoda)这个名称的是居维叶(G. Cuvier, 1798)。首先将头足类区分为八腕目(Octopoda)和十腕目(Decapoda)的是 W. E. Leach (1818),他并将十腕目下又分为耳乌贼科(Sepiolidae)和乌贼科(Sepiidae)。后来 A. d'Orbigny (1845—1847)根据眼的构造,在十腕目之下、各科之上增设了开眼类(Oigopsidae)和闭眼类(Myopsidae)。1886 年 W. E. Hoyle 进一步确立了开眼族(Oigopsida)和闭眼族(Myopsida),以后很多学

① 张玺、齐钟彦、董正之(中国科学院海洋研究所),李复雪(厦门大学生物系):载《海洋与湖沼》,1960 年第 3 卷第 3 期,188 ~ 204 页,科学出版社。中国科学院海洋研究所调查研究报告第 132 号。

者都沿用了 d'Orbigny 和 Hoyle 的这种分法。1935 年，J. Thiele 则将十腕目分为乌贼族（Sepiacea）、枪乌贼族（Loliginacea）和大王乌贼族（Architeuthacea）三族，前二族即相当于闭眼类，后一族即相当于开眼类。

现将我们要叙述的 5 科 10 属 19 种列举如下。

Ⅰ. 乌贼科 **Famille Sepiidae**

1. 乌贼属 *Genre Sepia* Linné, **1758**

（1）虎斑乌贼 *Sepia tigris* Sasaki

（2）白斑乌贼 *Sepia hercules* Pilsbry

（3）针乌贼 *Sepia andreana* Steenstrup

（4）拟目乌贼 *Sepia subaculeata* Sasaki

（5）金乌贼 *Sepia esculenta* Hoyle

2. 无针乌贼属 Genre *Sepiella* Gray, **1849**

（6）曼氏无针乌贼 *Sepiella maindroni* de Rochebrune

Ⅱ. 微鳍乌贼科 **Famille Idiosepiidae**

3. 微鳍乌贼属 Genre *Idiosepius* Steenstrup, **1881**

（7）玄妙微鳍乌贼 *Idiosepius paradoxa* (Ortmann)

Ⅲ. 耳乌贼科 **Famille Sepiolidae**

4. 耳乌贼属 Genre *Sepiola* Leach, **1817**

（8）双喙耳乌贼 *Sepiola birostrata* Sasaki

5. 暗耳乌贼属 Genre *Inioteuthis* Verrill, **1881**

（9）日本暗耳乌贼 *Inioteuthis japonica* Verrill

6. 四盘耳乌贼属 Genre *Euprymna* Steenstrup, **1887**

（10）柏氏四盘耳乌贼 *Euprymna berryi* Sasaki

（11）毛氏四盘耳乌贼 *Euprymna morsei* Verrill

7. 后耳乌贼属 Genre *Sepiadarium* Steenstrup, **1881**

（12）克氏后耳乌贼 *Sepiadarium kochii* Steenstrup

Ⅳ. 枪乌贼科 **Famille Loliginidae**

8. 枪乌贼属 Genre *Loligo* Schneider, **1784**

（13）台湾枪乌贼 *Loligo formosana* Sasaki

（14）长枪乌贼 *Loligo bleekeri* Keferstein

（15）日本枪乌贼 *Loligo japonica* Steenstrup

（16）火枪乌贼 *Loligo beka* Sasaki

（17）神户枪乌贼 *Loligo kobiensis* Hoyle

9. 拟乌贼属 Genre *Sepioteuthis* de Blainville, **1824**

（18）莱氏拟乌贼 *Sepioteuthis lessoniana* Férussac

Ⅴ. 柔鱼科 **Famille Ommastrephidae**

10. 柔鱼属 Genre *Ommastrephes* d'Orbigny, **1835**

（19）太平洋斯氏柔鱼 *Ommastrephes sloani pacificus* (Steenstrup)

Ⅰ. 乌贼科 Famille Sepiidae

胴部卵圆形。肉鳍一般狭窄,占胴部两侧全缘,仅末端分离。嗅觉陷不明显,呈小孔状。闭锁槽椭圆形或半月形。腕吸盘4行,触腕吸盘数行至数十行,生殖腕一般为左侧第4腕。内壳发达,石灰质。

1（10）内壳末端有骨针……………………………………乌贼属 Genre *Sepia* Linné
2（7）　触腕吸盘大小很不一致
3（6）　胴部卵圆,触腕大吸盘角质环不具齿
4（5）　胴部背面花纹为波状………………………虎斑乌贼 *Sepia tigris* Sasaki
5（4）　胴部背面花纹为点状………………………白斑乌贼 *Sepia hercules* Pilsbry
6（3）　胴部瘦狭,触腕大吸盘角质环具齿………针乌贼 *Sepia andreana* Steenstrup
7（2）　触腕吸盘大小几近一致
8（9）　胴部背面有目状花纹………………………拟目乌贼 *Sepia subaculeata* Sasaki
9（8）　胴部背面有点状或条状花纹………………金乌贼 *Sepia esculenta* Hoyle
10（1）内壳末端无骨针………………………无针乌贼属 Genre *Sepiella* Gray
　　　……………………………曼氏无针乌贼 *Sepiella maindroni* de Rochebrune

一、乌贼属 Genre *Sepia* Linné, 1758

1. 虎斑乌贼 *Sepia tigris* Sasaki

Sasaki, 1929: 168-171, pl. 28, figs, 13-16, text-fig, 167; 张玺 , 等 . 1960: 219-221, fig. 135.

模式标本产地　中国台湾。

标本采集地　广东海门,海南新盈、莺歌海、三亚、新村。

体巨大,胴长(指胴腹长,下同)可达300毫米。胴部卵圆。腕的长度(触腕除外,下同)相差不大,吸盘4行,各腕吸盘大小相近,基部吸盘角质环外缘光滑,顶部吸盘角质环外缘具密集的钝头小齿;雄性左侧第4腕茎化,特征是自基部向上12 ~ 15列吸盘缩小,触腕甚长,约为胴长的1倍,穗上吸盘大小悬殊,中间者最大,其中又有3个或4个特别大,大吸盘角质环外缘光滑,周围小吸盘角质环外缘具密集的钝头小齿。胴背有明显的波状斑纹,形似虎斑。壳后端骨针粗壮。

分布和习性　热带外海性种类,仅见于我国福建南部、台湾和广东沿海。春季随水温上升游向浅水产卵,群集性明显,常和白斑乌贼、拟目乌贼混杂一起。

2. 白斑乌贼 *Sepia hercules* Pilsbry

Sasaki, 1914: 612; 1929: 177-179, text-figs. 158, 169; 张玺 , 等 , 1960: 221-222, fig. 136.

模式标本产地　日本。

标本采集地　福建厦门、东山,广东南澳、海门、遮浪,海南清澜、三亚、西沙群岛。

体巨大,胴长可达300毫米。胴部卵圆。腕的长度相差不大,吸盘4行,各腕吸盘大

小相近,基部吸盘角质环外缘具密集愈合的钝头小齿,头部吸盘角质环外缘具分离的钝头小齿。雄性左侧第4腕茎化,特征是自基部向上9～13列吸盘缩小。触腕长度超过胴长,穗上吸盘大小悬殊,中间者最大,其中又有3个或4个特别大,大吸盘角质环外缘光滑,周围小吸盘角质环外缘具密集的钝头小齿。胴背有明显的灰白斑点,与前种很易区别。内壳后端骨针粗壮。

分布和习性 热带外海性种类。分布于日本南部沿海,琉球群岛盛产,我国福建南部、广东沿海不少。习性和前种相近。

3. 针乌贼 *Sepia andreana* Steenstrup

Wülker, 1910: 19, 22, 24; Sasaki, 1914: 613; 1929: 196-200, pl. 1, fig. 6, pl. 18, figs. 12, 13; 张玺, 等, 1936: 64, pl. 12, figs. 1-4; 张玺, 等, 1955: 93, pl. 33, figs. 1-4, text-fig. 33.

模式标本产地 日本。

标本采集地 山东烟台、石岛、俚岛、龙须岛、青岛,浙江余山附近。

体较小,胴长可达120毫米。胴部瘦狭,后端尤为尖细。雌雄异形显著:雄性第2对腕很长,为其他各腕的2倍以上,并且特别粗壮,顶部圆,外侧有紫色环纹;雌性各腕长短相差很小。两性腕吸盘角质环外缘除顶部小吸盘角质环外缘具方形小齿外,其余均光滑。雄性左侧第4腕茎化,特征是吸盘缩小。触腕细长,相当头胴长度之和,穗上吸盘大小悬殊,中央4个最大,其角质环外缘一部分具不规则的锥形小齿。内壳细长,后端骨针尖锐突出。

分布和习性 苏联远东海,日本南北沿海,我国北部沿海、东海偶有发现。群集性,游泳力较弱,春季到浅水产卵时,常随流进入沿岸敷设的张网中。

4. 拟目乌贼 *Sepia subaculeata* Sasaki

Sasaki, 1914: 609, pl. 12, figs. 6, 7; 1929: 173-175, pl. 16, fig. 13, 14, pl. 17, fig. 1; text-fig. 104; 张玺, 等, 1960: 122-123: fig. 137.

模式标本产地 日本。

标本采集地 福建厦门、东山、晋江、惠安,广东陆丰、甲子、闸坡,海南清澜。

体巨大,胴长可达300毫米。胴部卵圆。腕的长度不等,第4对最长,顺序为4＞1＞3＞2,吸盘4行,各腕吸盘大小相近,基部吸盘角质环外缘具愈合的钝头小齿,顶部吸盘角质环外缘具分离的纵长方形小齿。雄性左侧第4腕茎化,特征是自基部向上7～10列吸盘缩小。触腕长度超过头胴长度之和,穗上吸盘小而密,大小相近,角质环外缘具锥形小齿。胴背有很多明显的眼状斑块。内壳后端骨针粗壮。

分布和习性 热带外海性种类。分布于日本南部沿岸,我国福建南部、广东沿岸亦不少。

5. 金乌贼 *Sepia esculenta* Hoyle

Hoyle, 1885: 188; 1886: 129, pl. 17, figs. 1-5; pl. 18, figs. 1-6; Sasaki, 1914: 611; 1929: 175-176, pl. Ⅰ, fig. 5, pl. 16, figs. 15-17; 张玺, 等, 1936: 61-64, pl. 11, figs. 1-6; 张玺, 等, 1955: 91, pl. 32, figs. 1-4; pl. 35, figs. 1, 2, text-fig. 32.

模式标本产地 日本。

标本采集地 山东烟台、石岛、荣成、青岛,浙江舟山、温州,福建平潭、厦门、晋江、东山,广东南澳、新村。

体中等,胴长可达200毫米。胴部卵圆。腕的长度相近,吸盘4行,各腕吸盘大小相近,角质环外缘具不规划的钝形小齿。雄性左侧第4腕茎化,特征是自基部向上9～15列吸盘缩小。触腕长度稍过胴长,穗上吸盘小而密,大小相近,角质环外缘具不规划的钝形小齿。生活时,体黄褐,胴背棕紫和白斑相间,雄性胴背有波状条纹,体表在阳光下呈金黄色泽。内壳后端骨针粗壮。

分布和习性　苏联远东海、日本沿岸、朝鲜西部及南部沿岸、我国南北各海、澳大利亚昆士兰沿岸。本种乌贼遍布我国南北沿岸,但以北部沿岸产量较大,是我国北部海中最大的一种乌贼,中心渔场在山东南部日照浅海。每年春夏之际由越冬深水区游向浅水产卵,山东青岛附近产卵时适温在15 ℃～20 ℃。渔期大体上是:江苏4月下旬到5月初,山东日照5月初到6月上旬,山东青岛附近5月初到6月底。

二、无针乌贼属 Genre *Sepiella* Gray, 1849

6. 曼氏无针乌贼 *Sepiella maindroni* de Rochebrune

Wülker, 1910: 20; Sasaki, 1914: 62l, text-fig. 1, 1929: 219-222, pl. 18, figs. 20-23, pl. 19, fig. 28, text-fig. 170; 张玺, 等, 1936: 65, pl. 12, figs. 5-8; 张玺, 等, 1955: 95-96, pl. 24, fig. 5, p1. 34, figs. 1, 2, pl. 35, figs. 3, 4, text-fig. 34; 1960: 223-224, fig. 138.

模式标本产地　印度本地治理(Pondicherry)。

标本采集地　辽宁貔口、山东石岛、龙须岛、青岛,浙江沈家门、庙子湖、福建平潭、厦门、东山,广东南澳,海南莺歌海、海口。

体中等,胴长可达150毫米。胴部卵圆稍瘦。腕的长度相近,吸盘4行,各腕吸盘大小相近,角质环外缘具锥形小齿。雄性左侧第4腕茎化,特征是基部约占全腕1/3处的吸盘缩小。触腕超过胴长,穗上吸盘小而密,大小相近,角质环外缘有方圆形小齿。生活时,胴背白花斑甚为明显,雄者斑大,雌者斑小。胴后腹面有一个明显的腺孔,常常流出红色的浓汁。内壳不具骨针。

分布和习性　苏联远东海、日本南部沿岸、朝鲜西部及南部沿岸、我国南北各海、东南亚沿岸、印度沿岸。本种乌贼遍布我国南北沿岸,但盛产在南部海中,特别是浙江沿岸,是我国海中种群最密、产量最大的一种乌贼,占全国乌贼类总产量的90%以上,构成我国四大海洋渔业之一。每年春夏之际由越冬深水区游向浅水产卵,浙江舟山附近产卵时适温在16 ℃～19 ℃。鱼汛期大体上是:粤东2—3月,闽南2—3月,闽北4—5月,浙南4—5月,浙北5—6月,山东南部6—7月。

Ⅱ. 微鳍乌贼科 Famille Idiosepiidae

胴部长卵形,末端略尖。头部与胴部分开,背面无闭锁器相连。肉鳍小,卵圆形,位于胴部末端。腕吸盘2行,触腕吸盘2～4行。生殖腕为第4对腕。

三、微鳍乌贼属 Genre *Idiosepius* Steenstrup, 1881

7. 玄妙微鳍乌贼 *Idiosepius paradoxa* (Ortmann)

Ortmann, 1888: 649, p1. 22, fig. 4 (*Microteuthis paradoxa*); Joubin, 1902: 105, fig. 15 (*Microteuthis paradoxa*); Sasaki, 1914: 599 (*Idiosepius pygmaeus*); 1929: 133-134, pl. 15, figs. 1-3, text-figs. 78, 79; 张玺，等，1955; 87, pl. 30, figs. 3-6, text-fig. 29.

模式标本产地　日本。

标本采集地　山东烟台、青岛,福建厦门,海南三亚。

体微小,全长不超过 25 毫米。胴部长卵形,末端稍尖。腕部长度相差不大,吸盘 2 行,各腕吸盘大小相近,角质环外缘具极小的粒状齿。雄性第 4 对腕茎化,特征是右侧腕较长,其外方两侧的皮肤稍向外卷,形成凹沟,左侧腕较短,在顶部背侧有一个半圆形突起,两只生殖腕内侧吸盘很少,仅在基部有 6 ～ 8 个。触腕细长,穗上吸盘大小相近。胴背有一腺质梭形附着器官。内壳退化。

分布和习性　日本沿岸,我国南北沿岸。多生活在海边低潮线处,常以背部梭形的腺质器官吸附在海藻上,游泳力弱,常为潮流带至各处。

Ⅲ. 耳乌贼科 Famille Sepiolidae

胴部短,末端圆,略呈球形。头部和胴部在背面相愈合,少数种类不愈合。肉鳍近卵圆形,左右两鳍完全分离,位于胴部两侧中部。

1（4）腕吸盘 2 行

2（3）有发光器⋯⋯⋯⋯⋯⋯⋯⋯⋯⋯⋯⋯⋯⋯⋯⋯⋯⋯⋯耳乌贼属 Genre *Sepiola* Leach

⋯⋯⋯⋯⋯⋯⋯⋯⋯⋯⋯⋯⋯⋯⋯⋯⋯双喙耳乌贼 *Sepiola birostrata* Sasaki

3（2）无发光器⋯⋯⋯⋯⋯⋯⋯⋯⋯⋯⋯⋯⋯⋯⋯暗耳乌贼属 Genre *Inioteuthis* Verrill

⋯⋯⋯⋯⋯⋯⋯⋯⋯⋯⋯⋯⋯⋯日本暗耳乌贼 *Inioteuthis japonica* Verrill

4（1）腕吸盘 4 行或在末半部为 4 行

5（8）腕吸盘均为 4 行,左侧第 1 腕茎化⋯⋯四盘耳乌贼属 Genre *Euprymna* Steenstrup

6（7）雄性第 2、4 对腕吸盘两边者大,雌性每腕吸盘数一般 100 个左右⋯⋯⋯⋯⋯⋯⋯
柏氏四盘耳乌贼 *Euprymna berryi* Sasaki

7（6）雄性第 2、3、4 对腕吸盘腹侧者大,雌性每腕吸盘数一般 50 个左右⋯⋯⋯⋯⋯⋯
毛氏四盘耳乌贼 *Euprymna morsei* Verrill

8（5）腕吸盘基部 2 行,顶部 4 行,左侧第 4 腕茎化⋯⋯⋯⋯⋯⋯⋯⋯后耳乌贼属
Genre *Sepiadarium* Steenstrup

⋯⋯⋯⋯⋯⋯⋯⋯⋯⋯⋯克氏后耳乌贼[①]*Sepiadarium kochii* Steenstrup

---

① Fischer（1887）和 Thiele（1935）均把 *Sepiadarium* 列为一个独立的科:Sepiadariidae。而 Joubin（1902）、Hoyle（1904）、Naef（1912）、Sasaki（1929）等则把它放在耳乌贼科中,列为后耳乌贼亚科 Sepiadariinae。

四、耳乌贼属 Genre *Sipiola* Leach，1817

8. 双喙耳乌贼 *Sepiola birostrata* Sasaki

Sasaki, 1918: 235; 1929: 137-140, pl. 15, figs. 6-8, text-figs. 81-84; 张玺，等，1955: 88, pl. 30, figs. 1, 2, text-fig. 30.

模式标本产地　日本。

标本采集地　辽宁大连,山东龙须岛、镆铘岛、石岛、五垒岛、乳山、青岛,福建平潭、厦门。

体小,胴长可达15毫米。胴部袋形,稍长,胴背与头部相连。腕的长度相差不大,吸盘2行,角质环外缘光滑。雄性左侧第1腕茎化,特征是比较粗壮,约为右侧对应腕长度的4/5,基部有4～5个小吸盘,向上靠外侧边缘生有大小不等的两个弯曲的喙状肉刺,以上面的一个较大,顶部2/3密生两行三棱形的突起,突起顶部有小吸盘。触腕约为胴长的2倍,穗上吸盘小而密,大小相近,角质环外缘具锥形小齿。内壳退化。

分布和习性　苏联远东海,日本北部沿岸,朝鲜沿岸,我国黄海、渤海和东海。近海性底栖种类。多在海底钻穴潜居,游泳力弱,常随潮流大量进入定置张网中。春季产卵,此时向更浅的水域做短距离的移动。

五、暗耳乌贼属 Genre *Inioteuthis* Verrill，1881

9. 日本暗耳乌贼 *Inioteuthis japonica* Verrill（图1）

Ortmann, 1888: 647, pl. 21, fig. 6; Joubin, 1902: 95, fig. 10; Wülker, 1910: 10; Berry, 1912: 405-408; Sasaki, 1929: 141-143, pl. 15, figs. 9-11, text-figs. 85-87.

模式标本产地　日本。

标本采集地　广东南澳,台湾也有分布。

体小,胴长可达20毫米。胴部袋形,稍长,胴背与头部相连。腕的长度相差不大,吸盘2行,角质环外缘光滑。雄性左侧第1腕茎化,特征是较右侧对应腕粗而短,基部很粗,顶部尖细,内侧基部有一个大而深的凹陷,凹陷外侧有一缺刻,凹陷的基部和顶部有稀疏的吸盘。触腕细长,约为胴长的2倍,穗上吸盘小而密,大小相近,角质环外缘具很小的钝齿。内壳退化。

分布和习性　为近岸底栖性种类。苏联远东海,日本沿岸,我国东海、南海,墨西哥湾西部沿岸,南非洲沿岸有分布。

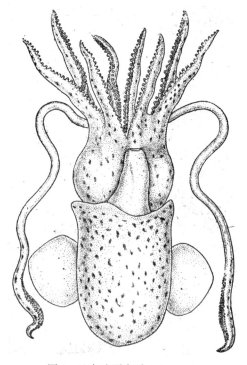

图1　日本暗耳乌贼 *Inioteuthis japonica* Verrill 雌体腹面 ×1.5

六、四盘耳乌贼属 Genre *Euprymna* Steenstrup, 1887

10. 柏氏四盘耳乌贼 *Euprymna berryi* Sasaki

Sasaki, 1929: 143-146, pl. 15, figs. 12, 13, text-fig. 88; 张玺，等，1960: 227-228, fig. 140.

模式标本产地 日本。

标本采集地 厦门，广东南澳、海门、陆丰，广西北海，海南莺歌海、新盈。

体较小，胴长可达 50 毫米。胴部袋形，稍长，胴背与头部相连。腕的长度相差不大，吸盘 4 行，雄性第 2、4 对腕吸盘两边者大，雌性各腕吸盘大小相近，数目多，个体小，一般每腕 100 个左右。腕吸盘角质环外缘光滑。雄性左侧第 1 腕茎化，较右侧对应腕粗短，基部吸盘正常，自顶部向下约 2/3 特化为 2～4 行的膨大突起，突起顶部具小吸盘。触腕粗壮但颇长，约为胴长的 2 倍，穗上吸盘小而密，大小相近，呈细绒状。内壳退化。

分布和习性 热带近海性底栖种类。分布于日本南部沿岸、我国东海和南海、菲律宾沿岸、印度洋中孟加拉湾内的安达曼群岛附近、锡兰沿岸。常在海底钻穴潜居。

11. 毛氏四盘耳乌贼 *Euprymna morsei* Verrill

Sasaki, 1914: 591, pl. 11, figs. 5-8 (*Euprymna similis*); 1929: 146-147, pl. 15, fig. 14, text-fig. 89; 张玺，等，1955: 90, pl. 31, figs. 1-4, text-fig. 31.

模式标本产地 日本。

标本采集地 辽宁大孤山、大连，山东五垒岛、青岛。

体较大，胴长可达 40 毫米。外形和前种很相似，但腕吸盘形态有异。雄性第 2、3、4 对腕吸盘腹侧者大，雌性各腕吸盘大小相差不大，边缘者稍大，数目少，一般每腕 50 个左右。腕吸盘角质环外缘光滑。生殖腕特征同前种。内壳退化。

分布和习性 近海性底栖种类。分布于日本北部沿岸，我国黄、渤海。

七、后耳乌贼属 Genre *Sepiadarium* Steenstrup, 1881

12. 克氏后耳乌贼 *Sepiadarium kochii* Steenstrup（图 2）

Sasaki, 1914: 597; 1929: 152-153. pl. 15, figs. 18, 19.

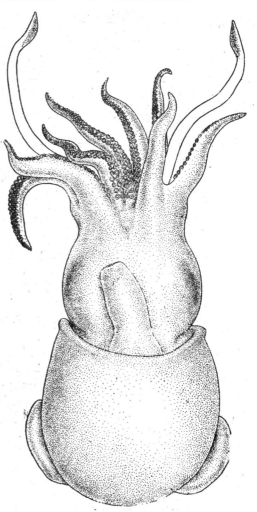

图 2 克氏后耳乌贼 *Sepiadarium kochii* Steenstrup 雌体腹面 ×1.5

模式标本产地　香港。

标本采集地　福建厦门、东山,广东海门、北部湾。

体小,胴长可达 26 毫米。胴部球形,胴背与头部相连。肉鳍小,半月形,位子胴部两侧中部稍后。雄性的肉鳍最大长度小于胴长的 1/3,雌性的肉鳍稍大,大于胴长的 1/3。腕的长度相差不大,吸盘在基部 2/3 成 2 行排列,顶部吸盘骤然缩小,成 4 行排列,吸盘角质环外缘光滑。雄性左侧第 4 腕茎化,特征是比右侧对应腕粗短,顶部钝而弯,基部的 2/3 约 10 对吸盘正常,顶部吸盘变形为约 20 个横形薄片,成一行排列,薄片外侧有一不很明显的纵沟。触腕细而短,约为胴长的一倍,穗新月形,吸盘很小,大小相近,约 10 行,角质环外缘具小尖齿。内壳退化。

分布和习性　热带近海性底栖种类。分布于日本南部沿岸,我国东海和南海,印度尼西亚摩鹿加群岛、班达群岛,大洋洲西部沿岸,印度安达曼群岛,锡兰沿岸。

Ⅳ. 枪乌贼科 Famille Loliginidae

胴部长形,末端尖细。肉鳍长,一般分列胴后两侧,两鳍相接近似菱形。嗅觉陷明显,呈 ω 形。闭锁槽狭长形。腕吸盘 2 行,触腕吸盘 4 行。生殖腕一般为左侧第 4 腕。内壳不发达,角质透明。

1（10）肉鳍位于胴部后半部,呈菱形⋯⋯⋯⋯⋯枪乌贼属 Genre *Loligo* Schneider

2（5）胴长超过宽度的 5 倍。腕吸盘角质环具长形齿

3（4）触腕吸盘大小不等,大吸盘角质环具大小相间的锥形齿⋯⋯⋯⋯⋯台湾枪乌贼 *Loligo formosana* Sasaki

4（3）触腕吸盘大小相近,角质环上缘具整齐的长形齿⋯⋯⋯⋯⋯⋯⋯⋯⋯⋯⋯⋯⋯⋯⋯⋯长枪乌贼 *Loligo bleekeri* Keferstein

5（2）胴长不超过宽度的 4 倍。腕吸盘角质环具方形齿

6（9）触腕大吸盘角质环具齿

7（8）生殖腕 1/2 茎化,腕吸盘角质环具 10 个以上方形齿,触腕大吸盘角质环具很多方形齿⋯⋯⋯⋯⋯⋯⋯⋯日本枪乌贼 *Loligo japonica* Steenstrup

8（7）生殖腕 2/3 茎化,腕吸盘角质环具 3～5 个方形齿,触腕大吸盘角质环具很多锥形齿⋯⋯⋯⋯⋯⋯⋯⋯火枪乌贼 *Loligo beka* Sasaki

9（6）触腕大吸盘角质环不具齿⋯⋯⋯⋯神户枪乌贼 *Loligo kobiensis* Hoyle

10（1）肉鳍位于胴部两侧全缘,围成椭圆形⋯⋯⋯⋯⋯⋯⋯拟乌贼属 Genre *Sepioteuthis* de Blainville
⋯⋯⋯⋯⋯⋯⋯⋯⋯莱氏拟乌贼 *Sepioteuthis lessoniana* Férussac

八、枪乌贼属 Genre *Loligo* Schneider, 1784

13. 台湾枪乌贼 *Loligo formosana* Sasaki（图 3）

Sasaki, 1929: 109-112, pl. 30, fig. 13, text-fig. 161; 张玺, 等, 1960:230-231, fig. 141.

模式标本产地　中国台湾。

标本采集地　福建厦门、晋江、东山，广东南澳、甲子、碣石、汕尾，广西北海，海南海口、新村、清澜。

体大，胴长可达 400 毫米。胴部细长，末端尖细，长度约为宽度的 6 倍。肉鳍长，位于胴部后半部，相当胴长的 2/3 左右，两鳍相接近似菱形。腕的长度不等，顺序为 3 > 4 > 2 > 1，吸盘 2 行，各腕吸盘大小略异，以第 2、3 对腕上者较大，吸盘角质环外缘具锥形小齿（图 3：1）。雄性左侧第 4 腕茎化，特征是全腕 1/3 特化为 2 行肉刺（图 3：3）。触腕多短于胴长，穗上吸盘大小不一，大吸盘角质环外缘具大小相间的锥形齿（图 3：2），小吸盘角质环外缘具整齐的锥形小齿。内壳角质，薄而透明，中央有一粗壮肋，两边亦有肋条，由中央纵肋向两边发出微细的放射纹，若羽毛状。

分布和习性　热带外海性种类。分布于琉球群岛、我国东海和南海、越南东部沿岸。本种枪乌贼是我国枪乌贼科中种群最密、产量最大者。每年春季和夏季由外海游来浅水产卵。渔期大体上是：北部湾 2—4 月，粤东 5—9 月，闽南 6—9 月。俗名鱿鱼，干制品叫"鱿鱼干"，为我国海味珍品。

14. 长枪乌贼 *Loligo bleekeri* Keferstein （图 4）

Ortmann, 1888: 664; Wülker, 1910: 10, 36, pl. 4, fig. 30; Sasaki, 1914: 604; 1929: 125-127, pl. 13, figs. 6-10, text-fig. 73; 张玺，等，1936: 58, pl. 9; 张玺，等，1955: 84, pl. 27, figs. 1, 2, text-fig. 27.

模式标本产地　日本。

标本采集地　山东青岛，福建厦门、东山。

体大，胴长可达 400 毫米。胴部颇长，末端尖细，长度为宽度的 6～7 倍。胴的长度相差不大，吸盘 2 行，各腕吸盘大小相近，角质环外缘具长形钝头小齿（图 4：1）。雄性左侧第 4 腕茎化，特征是 1/4～1/3 特化为 2 行肉刺。触腕短于胴长，穗上吸盘大小

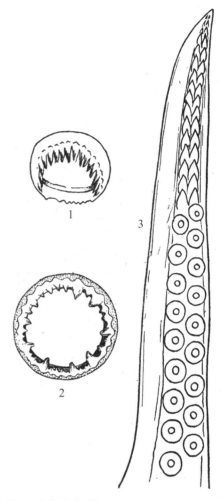

图 3　台湾枪乌贼（*Loligo formosana* Sasaki）吸盘及生殖腕
1. 腕吸盘角质环 ×15；2. 触腕大吸盘角质环 ×15；3. 雄性生殖腕 ×3

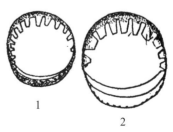

图 4　长枪乌贼（*Loligo bleekeri* Keferstein）吸盘
1. 腕吸盘角质环 ×20；2. 触腕吸盘角质环 ×20

相近,角质环外缘具长形钝头小齿(图4:2)。内壳同前种。

分布和习性 外海性种类。苏联远东海,日本沿岸,朝鲜西南部沿海,我国黄海、东海和南海,摩鹿加群岛等地均有分布。

15. 日本枪乌贼 *Loligo japonica* Steenstrup(图5)

Hoyle, 1886: 157, pl. 24, figs. 7-15; Ortmann, 1888: 663; 659, pl. 23, figs. 4a-4k, pl. 25, fig. 1 (*Loligo tetradinamia*); Wülker, 1910: 10; Sasaki, 1914: 602; 603 (*Loligo tetradinamia*); 1929: 112-114, pl. 14, figs. 1-6, text-figs. 60-62; 张玺,等, 1936: 59, pl. 10, figs. 1, 2; 张玺,等, 1955: 82-84, pl. 24, fig, 6; pl. 25, figs. 5-8, text-fig. 26.

模式标本产地 日本。

标本采集地 辽宁兴城、营口、二界沟、长兴岛、金州、大东沟,河北塘沽、涧河、滦南、北戴河,山东烟台、褚岛、龙须岛、俚岛、镆铘岛、石岛、张家埠、乳山、青岛、石臼所,江苏连云港,东海。

体较小,胴长可达 120 毫米。胴部细,稍长,长度约为宽度的 4 倍。腕的长度不等,顺序为 3 > 4 > 2 > 1,吸盘 2 行,各腕吸盘大小不一,以第 2、3 对腕上的较大,角质环外缘具方形齿(图 5:1)。雄性左侧第 4 腕茎化,特征是全腕 1/2 特化为 2 行肉刺(图 5:3)。触腕超过胴长,穗上吸盘大小不一,大吸盘角质环外缘具整齐的方形齿(图 5:2),小吸盘角质环外缘具不整齐的锥形齿。内壳同前种。

分布和习性 苏联远东海、日本北部沿岸盛产,我国黄海、渤海、东海亦偶有发现。本种枪乌贼为近海性种类,春季产卵时向浅水做短距离洄游,种群很密。常和火枪乌贼混杂在一起。

16. 火枪乌贼 *Loligo beka* Sasaki(图6)

Sasaki, 1914: 604; 1929: 121-122, pl. 13, fig. 5, text-figs. 70-72; 张玺,等, 1960: 233-234, fig. 143.

模式标本产地 日本。

标本采集地 辽宁貔口、大连,河北北戴河、乐

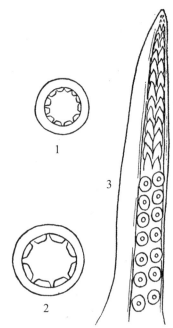

图 5 日本枪乌贼(*Loligo japonica* Steenstrup)吸盘及生殖腕
1.腕吸盘角质环 ×15;2.触腕大吸盘角质环 ×15;3.雄性生殖腕 ×3

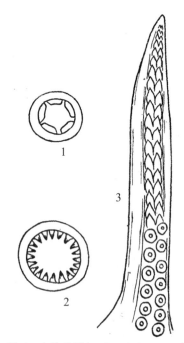

图 6 火枪乌贼(*Loligo beka* Sasaki)吸盘及生殖腕
1.腕吸盘角质环 ×15;2.触腕大吸盘角质环 ×15;3.雄性生殖腕 ×3

亭，山东烟台、镆铘岛、青岛、石臼所，江苏连云港，浙江石浦、舟山、沈家门，福建霞浦、平潭、厦门，广东南澳、平海、碣石、汕尾、闸坡、湛江，海南三亚、新盈。

本种体长范围和外形与前种十分近似。两者主要区别在于前种触腕大吸盘角质环外缘具方形齿，本种触腕大小吸盘均具锥形齿（图6：2）；前种雄性生殖腕特化部分占全腕长度的1/2，而本种占2/3（图6：3）。此外，前种腕吸盘方形齿10个以上，本种腕吸盘方形齿3～5个（图6：1）。

分布和习性 日本南部沿岸、我国南北各海。习性同前种。

17. 神户枪乌贼 *Loligo kobiensis* Hoyle（图7、8）

Hoyle, 1886: 154, pl. 25, figs. 1-10; Ortmann, 1888: 659; Berry, 1912: 381; Sasaki, 1914: 604; 1929: 114-116, pl. 14, figs. 7-9, text-figs. 63-65.

模式标本产地 日本神户。

标本采集地 广东南澳、宝安盐田、上川山岛。本种在我国沿海系首次记录。

体较小，胴长可达110毫米。胴部细稍短，长度约为宽度的3倍。肉鳍稍大，分列在胴后两侧，长度一般超过胴长的1/2，每鳍侧峰较圆。腕的长度不等，顺序为3 > 4 > 2 > 1，

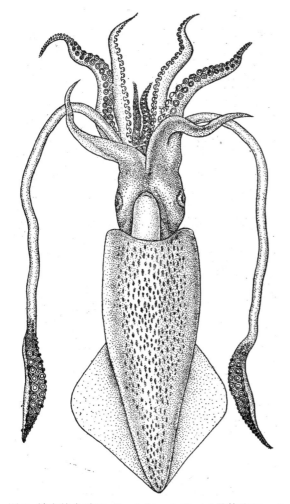

图 7 神户枪乌贼（*Loligo kobiensis* Hoyle）雌体腹面 × 1

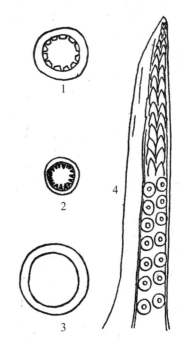

图 8 神户枪乌贼（*Loligo kobiensis* Hoyle）
吸盘及生殖腕
1. 腕吸盘角质环 × 15；2. 触腕小吸盘角质环
× 15；3. 触腕大吸盘 × 30；4. 雄性生殖腕 × 6

吸盘 2 行,各腕吸盘大小不一,以第 2、3 对腕上者较大,吸盘角质环外缘具很多方形齿(图 7:1);雄性左侧第 4 腕茎化,特征是全腕 1/2 特化为 2 行肉刺(图 8:4)。触腕约为胴长的 1.5 倍,穗上吸盘大小不一,大吸盘角质环外缘光滑(图 8:3),小吸盘角质环外缘具锥形小齿(图 8:2)。内壳同前种,但中央肋很突出,在背部外表显露。

分布和习性 热带近海种类。分布于日本南部沿岸、我国南海。

九、拟乌贼属 Genre *Sepioteuthis* de Blainville,1824

18. 莱氏拟乌贼 *Sepioteuthis lessoniana* Férussac

Hoyle, 1886: 151; Ortmann, 1888: 657; Wülker, 1910; 11, 28, pl. 3, fig. 28, pl. 4, figs. 29, 31; Berry, 1912: 401-404; Sasaki, 1914: 606; 1929: 127-131. pl. 14, figs. 15-17, pl. 29, figs. 8, 9, text-figs. 74-77; 张玺,等,1955: 85, pl. 28, 29, text-fig. 28.

模式标本产地 印度马拉巴尔(Malabar)。

标本采集地 山东青岛,福建厦门、东山,广东遮浪,海南海口、清澜、三亚、莺歌海,广西涠洲岛。

体巨大,胴长可达 450 毫米。胴部圆锥形,狭而长,长度约为宽度的 3 倍。肉鳍特别宽大,围包胴部全缘。腕的长度不等,顺序为 3 > 4 > 2 > 1,吸盘 2 行,各腕吸盘大小稍异,以第 2、3 对腕吸盘略大,吸盘角质环外缘具锥形齿,大小参差不齐。雄性左侧第 4 腕茎化,特征是全腕 1/4 特化为 2 行肉刺。触腕超过胴长,穗上吸盘大小不一,大吸盘角质环外缘具不整齐的锥形齿。内壳角质,稍薄,近棕黄色,中央有一纵肋,由纵肋向两侧发出微细的放射纹,若羽毛状。

分布和习性 热带外海性种类。分布于日本南部,朝鲜南岸,我国黄海、东海、南海,越南南部沿岸,摩鹿加群岛,爪哇,所罗门群岛,萨摩亚群岛,新几内亚,斐济群岛,夏威夷群岛。澳大利亚昆士兰沿岸、新西兰沿岸,印度洋中的锡兰、马拉巴尔沿岸,大西洋中的西印度群岛海中也有发现。

V. 柔鱼科 Famille Ommastrephidae

胴部长筒形,末端尖细。肉鳍短,分列胴部末端,两鳍相连近似心形。嗅觉陷明显,呈 ω 形。闭锁槽狭长形。腕吸盘 2 行,触腕吸盘 4 行。生殖腕为第 4 对腕中 1 只或 2 只。内壳不发达,角质透明。

十、柔鱼属 Genre *Ommastrephes*(*Ommatostrephes*) d'Orbigny,1835

19. 太平洋斯氏柔鱼 *Ommastrephes sloani pacificus* (Steenstrup)(图 9)

Hoyle, 1886: 163, pl. 28, figs. 1-5 (*Todarodes pacificus*); Ortmann, 1888: 664 (*Todarodes pacificus*); Wülker, 1910: 21 (*Ommastrephes sagittatus* var. *sloani*); Berry, 1912: 433-437, pl. 6. fig. 4; Sasaki, 1929: 277-281, pl. 23, fig. 1-6, text-figs. 133, 134.

模式标本产地 日本。

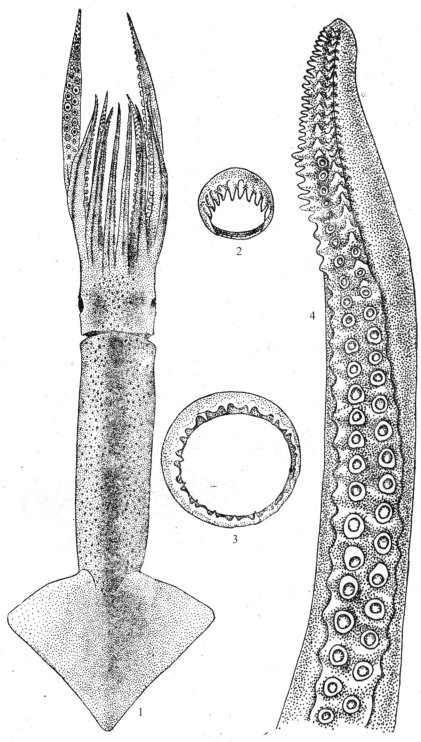

图 9　太平洋斯氏柔鱼〔*Ommastrephes sloani pacificus* (Steenstrup)〕
1. 雌体背面 ×2/5；2. 顶部腕吸盘角质环 ×10；3. 触腕大吸盘角质环 ×4；4. 另一个体雄性生殖腕 ×3

采集地点　我们的标本系由江苏连云港风帆渔船捕获。上海水产学院在东海也曾采
到。青岛水产公司机轮拖网在黄海西部也曾捕到，标本存山东海洋学院水产系。本种在我

国系首次记录。

体大,胴长可达 300 毫米。胴部长筒形,末端尖细,长度为宽度的 4 ～ 5 倍。肉鳍短,位于胴部末端,相当胴长的 3/7 左右,两鳍相接近似心形。腕的长度相差不大,顺序一般为 3 ≥ 2 > 4 > 1,第 3 对腕宽扁,其他 3 对腕切面呈四方形,腕吸盘 2 行,各腕吸盘大小相近,基部吸盘角质环具不整齐的锥形齿,顶部吸盘角质环外缘仅部分具锥形齿(图 9:2)。雄性左侧第 4 腕茎化,特征是基部吸盘正常,顶部吸盘缩小,部分特化为肉刺状。触腕短,相当于胴长,穗近菱形,很大,约占触腕全长的 1/3,吸盘 4 行,中部的当中 2 行特大,顶部、基部和两边的吸盘均小,顶部吸盘尤小,大吸盘角质环外缘具锥形齿与方圆形齿相间的齿列(图 9:3),小吸盘角质环外缘具整齐的锥形齿。浸制后,体紫褐,胴部中央尤深,色素斑点很浓密。内壳角质透明,近棕黄色,中央有一纵肋,两边亦有肋条,由中央纵肋向两侧发出微细的放射纹,若羽毛状。

分布 产于太平洋西岸,自苏联远东海到大洋洲东南的新西兰岛海中均有分布,日本沿岸产量极大,印度洋也有发现。移动性很大。

参考文献

［1］ 张玺,相里矩. 1936. 胶州湾及其附近海产食用软体动物之研究 [J]. 北研动物研究所汇刊,16:96-125,图版 9-15.

［2］ 张玺,齐钟彦,李洁民. 1955. 中国北部海产经济软体动物 [M]. 北京:科学出版社:73-96,图版 25-35,图 23-34.

［3］ 张玺,齐钟彦,等. 1961. 贝类学纲要 [M]. 北京:科学出版社.

［4］ 张玺. 1959. 中国黄海和东海经济软体动物的区系 [J]. 海洋与湖沼,2（1）:27-34.

［5］ 张玺,齐钟彦. 1959. 中国南海经济软体动物区系 [J]. 海洋与湖沼,2（4）:268-277.

［6］ 张玺,齐钟彦,等. 1962. 中国经济动物志——海产软体动物 [M]. 北京:科学出版社.

［7］ 佐佐木望. 1909. 日本に产する头足十脚类 [J]. 动物学杂志,21:376-389.

［8］ 佐佐木望. 1918. *Inioteuthis inioteuthis* (Naef) 及 *Sepiola birostrata* n. sp. に就きて [J]. 动物学杂志,10(356):235-236.

［9］ Акимушкин И И. 1957. К Фауне Головоногих Моллюсков (Cephalopda) Дальневосточиых Морей СССР. Исследования Дальневосточных Морей СССР. 4: 127-148, рис. 1-9.

［10］ Adams W. 1939. Cephalopoda. Part I. Le genre *Sepioteuthis*. Siboga-Expeditie. 15a: 1-33, Avec 1 planche, 3 figures et 3 tableaux. Part II. Révision des espéces Indo-Malaises du genre Sepia, part III. Révision du genre *Sepiella*; 15b:35-122, Avec 4 planches, 17 figures et 7 tableaux.

［11］ Berry S S. 1912. A review of Japanese Cephalopoda. *Proc. Acad. Nat. Sci. Philadephia*. 64: 380-444, pls. V-IX 4 textfigs.

［12］ Ficher P. 1887. Mannuel de Conchyliogie. pp. 338-357.

［13］ Hoyle W E. 1885. Diagnoses of new species of Cephalopoda collected during the cruise of H.M.S. "Challanger". Part II. the Decapoda. 16 (5): 181-203.

［14］ Hoyle W E. 1886. Report on the Cephalopoda collected by H.M.S. Challanger during the years 1873-1876. 110-198.

［15］ Joubin L. 1902. Révision des Sepiolidae. *Mem. Soc Zool. France.* 64 (1), 80-143, 38 textfigs.

［16］ Ortmann A S. 1888. Japanische Cephalopoden. *Zool. Jahrb. Abt. Syst.* 3: 646-667. 3 pls.

［17］ Sasaki M. 1914. Notes on the Japanese Myoside. Annot. Zool. Jap. 3: 587-629.

［18］ Sasaki M. 1929. A monograph of the Dibranchiate Cephalopods of the Japanese and adjacent waters.　Journ. Fac. Agr. Hokk. Imp. Univ. 20: 104-340.

［19］ Thiele J. 1935. Handbuch der Systematischen Weichtierkunde. pp. 952-983.

［20］ Wülker G. 1910. Über Japanische Cephalopoden. *Doflein, Beriträge Naturgeschichte Ostasiens.* 1: 9-24. 3 pls.

SUR LES DÉCAPODES (CÉPHALOPODES) DES CÔTES DE LA CHINE

Tchang Si, Tsi Chung-yen, Dong Zhen-zhi
(*Institut d'Océanologie, Academia sinica*)
Li Fu-hsueh
(*Section de Biologie, Université d'Amoy*)

Dans cette note nous avons décrit 19 espèces des Céphalopodes Décapodes, elles appartiennent à 10 genres qui se répartissent en 5 familles:

Ⅰ. Famille Sepiidae

1. Genre *Sepia* Linné

   (1) *Sepia tigris* Sasaki

   (2) *Sepia hercules* Pilsbry

   (3) *Sepia andreana* Steenstrup

   (4) *Sepia subaculeata* Sasaki

   (5) *Sepia esculenta* Hoyle

2. Genre *Sepiella* Gray

   (6) *Sepiella maindroni* de Rochebrune

Ⅱ. Famille Idiosepiidae

3. Genre *Idiosepius* Steenstrup

   (7) *Idiosepius paradoxa* (Ortmann)

Ⅲ. Famille Sepiolidae

4. Genre *Sepiola* Leach

   (8) *Sepiola birostrata* Sasaki

5. Genre *Inioteuthis* Verrill

   (9) *Inioteuthis japonica* Verrill

6. Genre *Euprymna* Steenstrup

   (10) *Euprymna berryi* Sasaki

   (11) *Euprymna morsei* Verrill

7. Genre *Sepiadarium* Steenstrup

   (12) *Sepiadarium kochii* Steenstrup

Ⅳ. Famille Loliginidae

8. Genre *Loligo* Schneider

   (13) *Loligo formosana* Sasaki

(14) *Loligo bleekeri* Keferstein

(15) *Loligo japonica* Steenstrup

(16) *Loligo beka* Sasaki

(17) *Loligo kobiensis* Hoyle

9. Genre *Sepioteuthis* de Blainville

(18) *Sepioteuthis lessoniana* Férussac

Ⅴ. Famille Ommastrephidae

10. Genre *Ommastrephes* d'Orbigny

(19) *Ommastrephes sloani pacificus* (Steenstrup)

Parmi les 19 espèces des Décapodes que nous avons décrites, *Ommastrephes sloani pacificus* (Steenstrup) et *Loligo kobiensis* Hoyle ont été découvertes pour la première fois sur nos côtes. *Ommastrephes sloani pacificus* (Steenstrup) est une espèce à population plus grande parmi les mollusques marins.

D'après une grande quantité de matériaux que nous avons examinés, nous pouvons dire que les individus de *Sepiella maindroni* de Rochebrune et *Loligo formosana* Sasaki sont très nombreux. La première espèce a une population plus grande, elle atteint une proportion plus 90% de la production totale de Sepiacea de nos mers et forme und de 4 grandes pêches maritimes de la Chine.

十年来我国无脊椎动物的调查研究概况[①]

1949—1959 年的十年间,我国科研人员对动物区系的调查研究开展了大量工作。除西藏和台湾外,调查队的足迹几乎遍及我国大陆和沿海地区。工作的规模、范围,以及参加单位和人员的数目,均远非 1949 年前的调查研究所能比拟。调查工作过程积累了大批标本,同时还积累了不少关于动物分类、生态、分布等方面的科学资料。本文就无脊椎动物的调查研究情况以及取得的成绩介绍如下。

一、原生动物

关于原生动物的分类研究,有以下各方面的工作。

从草鱼鳃上和肠管内发现了 10 余种寄生原生动物。对寄主危害最严重的有鳃隐鞭虫、车轮虫、斜管虫和中华毛管虫等,如寄主感染这类寄生原生动物的数量很多,即能引起严重的疾病。从鳙、鲢和青鱼体上发现了 36 种寄生原生动物[56]。这些为防治鱼病做了基本准备。目前对这类寄生虫病,在国内已获得有效的防治方法。

各地对牛双芽焦虫(*Periplasma bigemina*)、牛环形泰勒焦虫(*Theileria annulata*)、马和骆驼的伊氏锥虫(*Trypanosoma evansi*)等所引起的疾病,均进行了观察和治疗研究。

从钉螺及裂铠船蛆的外套腔中,各发现一种新的纤毛虫[16]。关于青岛马粪海胆肠内的纤毛虫,也有研究结果。从这些纤毛虫的形态结构上,得到了新的发现,而且在分类位置上,提出了新的意见。

从北京黄牛皮下结缔组织中发现贝诺孢子虫的寄生[30],此种寄生物可能影响皮革的质量,应设法防除。鸡球虫病的病原虫,在兰州已发现了 2 属 4 种,发病季节以每年 6—7 月为最盛。试用鸡粪坑和生物热除虫法,效果良好。

对从 3 种蛙和 1 种蟾蜍的肠内所发现的蛙三毛滴虫(*Trichomonas bactrachorum*)做了形态学的研究。此虫在正常状态下,只有 3 条前鞭毛,至于波动边缘和副基体的组成、位置与形状,常随种类而异,即使在同一种类中也有变异,故对这种原生动物的分类比较困难,应引起分类学工作者的注意。

从虱状车轮虫(*Trichodina pediculus*)和球形车轮虫(*T. bulbosa*)纤维系统的研究结果,证明了环毛目纤毛虫的纤维系统的结构大致相同,但与其他各目相比则有差别[10]。这对纤毛类原生动物的分类提供了更精细的科学根据。

---

① 齐钟彦、张玺:载《十年来的中国科学:生物学 1949—1959(Ⅰ)》,1962 年,5～11 页,科学出版社。本文标题为编者添加。

二、腔肠动物

关于腔肠动物的区系调查,如对山东沿岸的水螅虫、黄渤海和东海的水螅水母以及南海的栉水母,先后都提出了研究报告[12, 13,53,63],除形态描写之外,还述及了分布,其中多数种类是我国首次记录。水螅虫与水螅水母有密切关联,今后如何通过生活史的研究把它们联系起来,是一个重要课题。

中国东南沿海的钵水母类共记载了31种,其中只有少数种类,如海蜇之类可供食用,其他尚可作为海流的指标[12]。关于我国海蜇的种类、分布、生活习性、经济意义、捕捞和加工方法以及产销情况,做了详细的综合性报道,对我国闽、浙、苏、鲁诸省的海蜇渔业有指导作用。

我国从渤海湾、山东半岛直至闽、粤沿海产有一种能阻碍渔捞作业的霞水母。关于这种水母的形态、生态、分布以及对渔业的危害情况,提出了调查报告,并建议如何控制和利用这种水母。这样既可消除渔业上的故害,又可保证渔捞业的正常发展。海南岛所产的石珊瑚种类繁多,关于它们的基本构造、生活习性、习见种类以及它们骨骼的用途,也做了详细的介绍。

三、蠕形动物

十年来,寄生蠕虫学的研究也有很大进展。在调查分类方面,从祖国的西北到东南都进行了或多或少的调查,发现了不少的新种和新属。而关于寄生蠕虫的生态学和生活史的研究,在结合实际方面也取得了不少成果。

(一)鱼类的寄生蠕虫

在广州康乐附近的稻田和珠江一些支流的虾虎鱼的鳃盖和胃肠中发现了陈氏牛尾吸虫(*Chenia cheni*)[79]。在太湖(震泽)进行了鱼类寄生蠕虫的调查,发现了5科13种,其中有4种是新发现的[68]。

在广东九江鱼池的草鱼肠道中发现一种新的绦虫——九江头槽绦虫(*Bothriocephalus gowkongensis*)[15]。这一种虫对草鱼的危害很大,常使草鱼特别是第一龄的幼鱼大量死亡,使渔业遭到重大的损失。关于九江头槽绦虫的生活史和生态学特点,都有了比较深入的研究,同时也找到了一些有效的防治方法。所有这些对于草鱼的养殖都有重要的意义[92]。

(二)家禽和野生鸟类的寄生蠕虫

对家鸡、家鸭以及野生鸟类体内的寄生蠕虫进行了一些调查分类工作,发现了许多种类[36,45,59,60,99,101],并整理了输卵管前殖吸虫属(*Prosthogonimus*)[57]。该类吸虫共计5种,能影响寄主的产卵量,多时甚至可使宿主死亡。在重庆家鸭的肝门静脉和肠膜静脉中发现了一种假毕属的血吸虫(*Pseudobilharziella* sp.)的两性成体及其卵子[29],这是在我国首次找到的家禽血吸虫。在天津野鸭的腔上囊中发现了离殖孔吸虫[98],在我国也是新记录。

在绦虫方面,曾在家鸡的消化道中找到7种,大多生活于寄主的十二指肠和小肠前部,在小肠的后部及直肠中极少。

在线虫方面,除在家鸡体内发现9种外,在广东的10种野鸟中也找到19种线虫,分隶于9科12属,包括2个新属和8个新种[69]。

关于生活史的研究,除在上海和广东沼虾体内发现若干种吸虫的囊蚴[14,91]外,并对不少的家禽吸虫,如苏州、无锡的鹅、鸭的棘口吸虫(*Hypoderaeum conoideum*)[39],广州鸡、鸭的*Euparyphium murimum*[49],福州鹅、鸭的卷棘口吸虫(*Echinostoma revolutum*)及矛形剑带绦虫(*Drepani dotaenia lanceolata*)[35,55]、广州小鸭的背孔吸虫(*Notocotylus mamii*)[72],等等,了解其生活史,为防治工作提供了理论依据。

(三)家畜和野生哺乳类的寄生蠕虫

在我国西北的几个牧业区,如陕西、甘肃、宁夏等地进行了绵羊、山羊、牦牛、犏牛等的寄生虫普查;又在很多省市进行了家畜血吸虫的调查,除获得日本裂体吸虫外,还发现了鸟毕吸虫属(*Ornithobilharzia*)。这些工作对预防措施有一定的参考价值。

此外,在牛、羊、家鼠、蝙蝠以及野生兽类体内陆续描述了一些新属、新种和新记录。例如,在家鼠和蝙蝠体内找到了不少肠前腺属(*Prosthodendrium*)和长吸盘属(*Longitrema*)吸虫[58];在四川、云南的啮齿动物体内,发现了裂体吸虫;在昆明的山羊肝脏内发现一种山羊扁体吸虫(*Platynosomum capranum*),这一属吸虫在哺乳类中出现,在我国还是首次记录[100]。对牛、羊体内的前后同盘吸虫类(*Paramphistomata*)最近还进行了系统整理[37]。

甘肃猪体中曾发现许壳绦虫(*Hsiiolepis shengi*),认为其是新属新种[88]。值得注意的是,在黄牛胰脏中发现了两种古柏氏线虫[50]。在绵羊、山羊和双峰驼的胰脏中,还发现两种毛圆属(*Trichostrongylus*)线虫。这些线虫在反刍兽的胰腺中寄生都是首次记录。此外,在家畜绵羊、山羊、黄牛、猪、驴等,鲮鲤和哺乳类如椰子猫和果子狸体内,也都发现了一些线虫的新属和新种[8,51,76,78,89,90]。

在生活史方面,已经找出胰阔盘吸虫(*Eurytrema pancreaticum*)的中间宿主是两种蜗牛[66],并对肝片吸虫[54]、假叶绦虫[67]等的生活史有了初步了解。

四、担轮动物

除了对我国淡水轮虫的生态分布曾做过综合的调查和分析外,最近又完成《中国淡水轮虫志》一项专著,详细记述分布在我国广大地区的沼泽、池塘、浅水湖泊、深水湖泊及水库内的轮虫252种,其中包括4个新种及1个新变种[1,2]。

五、环节动物

中苏合作对我国黄海的多毛类环节动物进行了研究,记载了叶须虫科和鳞沙蚕科30种,其中有6个新种,并有11种在我国是首次记录。除了对每一个种的形态特征和近似种类相比较外,还对黄海多毛类的区系特点、地理分布、垂直分布诸方面做了精细的分析[74],对这类底栖动物指出了新的研究方向。

淡水的底栖寡毛类环形动物最近在南京记载了11种,其中有6个新种和1个新变种[75]。

关于蚯蚓的调查研究已有综合性的报道[63],对蚯蚓的人工养殖曾做了工作。对蚂蟥的形态、生态、习见种类、经济意义以及防治措施诸方面也有了初步了解。

对南海食用星虫（桥虫类）的种类、形态、生态、产销情况提出了初步报道，在胶州湾、连云港、温州和厦门等地的海涂上发现了多种桥虫，且有国内新的记录[64]。

六、甲壳动物

近年来为了配合渔业生产任务，将浮游性甲壳动物列为重要的研究对象之一，如在内陆水域方面，通过对江苏五里湖、浙江东钱湖、武昌东湖、云南洱海以及南京市、青海省与内蒙古自治区若干湖泊的综合调查，提出了一系列有关枝角类和桡足类等的研究报告[16,40,41]。

海洋方面的浮游甲壳动物，如对烟台鲅鱼产卵场桡足类的研究，共记载了 22 种，其中有 6 种是新发现的种类。有些种类的出现季节和鲅鱼鱼汛各期的到来是一致的[41]。江苏奉贤近海甲壳动物的研究说明当地虾酱的原料不是虾子，而主要是由浮游甲壳动物——桡足类所组成的；在总共 9 种甲壳动物中，有 6 种是新发现的。厦门的毛虾、莹虾和磷虾的研究报告，除叙述了形态特征之外，还论及它们的地理分布与经济意义。对中国毛虾与日本毛虾在形态与分布方面做了详细的比较，澄清了过去学者在鉴定种类时所遇到的问题[32]。对作为鱼类饵料的底栖甲壳动物也进行了一些研究，并发现一些新种，如武昌东湖的介形类、云南洱海和滇池的端足类、舟山的蔓足类等。

对华北的经济虾类进行了调查研究，并出版了专著[31]。在东海和黄海虾、蟹类区系特征的研究[33]中，指出了比较重要的经济种类及其地理分布，对虾、蟹类渔业起了指导作用。浙江舟山虾、蟹类的调查报告[85,86]也提出了一些有用的参考资料。

关于甲壳动物的生态，近年来做了不少研究。为了丰富淡水鱼的天然饵料，对枝角类的生长、生殖以及生殖量也进行了一系列的研究[94,95,96]。

关于黄渤海的重要虾类渔业资源，如毛虾，近年来进行了它的生态分布和生活史的详细研究，并按环境条件对毛虾的渔获量提出了预报方法，给计划生产创造了有利条件[48]。对虾的生态、生长、繁殖以及洄游情况等诸方面的问题，已基本上了解。最近在人工繁殖和采取虾苗在咸、淡水中驯化饲养方面也获得初步进展。

对鱼类的寄生桡足类，如狭腹鱼蚤属（*Lamproglena*）[4]、淡水鱼蚤科（*Ergasilidae*）[7]、剑水蚤目（Cyclopoida）、鱼虱目（Caligoida）[42,43]以及鲺目（Arguloida）[3,9]等类，提出了一系列的研究报告，描述了一些新种。在防治鱼病方面，创制了硫酸铜和硫酸亚铁的合剂，可以消除鱼池中草鱼鳃上所寄生的中华鱼蚤（*Sinergasilus major*）和其他寄生生物[34]。又用"666"水剂，可杀灭鲺和鱼苗池内的水蜈蚣等害虫[6]。这些对防治鱼病有显著效果，且已大力推广，对池塘增产有一定贡献。

为了防除藤壶之类在船底上附着生长，影响船行速度，对藤壶的生态、习性、生活史、附着情况等，进行了野外及室内的研究。在幼体培养上取得一定的成果。

七、蜱螨动物

（一）蜱

在东北林区曾进行了数次调查，先后发现了 4 种，其中以全沟硬蜱（*Ixodes persulcatus*）

占绝大多数,嗜群血蜱(*Haemaphysalis concinna*)次之。在西北家畜身上共发现 4 属,其中以长须蜱(*Hyalomma*)最为普遍。对于在南京和北京寄生于家畜的蜱类,也均有所发现。

关于何氏血蜱(*Haemaphysalis campanulata hoeppliana*)、血扇头蜱(*Rhipicephalus sanguieus*)以及二棘盲蜱(*Haemaphysalis bispinosa*)的生活史研究已经完成 [82,93],同时还观察了它们的生活习性与越冬方法等。

(二)恙虫

自 1952 年以来,对恙虫的分类研究时有报道,到目前已在全国 13 个省、2 个自治区进行过调查,共发现了 51 种,分隶于 3 个亚科,其中有 20 个新种、1 个新属,被寄生的野生动物至少有 67 种,其中有哺乳类 27 种、鸟类 40 种 [61]。

关于恙虫生活史的研究,已完成的有地里红恙虫、巨多齿恙虫、太平洋背展恙虫和印度真棒恙虫等 [73]。在恙虫的交配和受精现象方面,得到一些重要的发现,如多齿属恙虫两性长期放在一起,并不直接交合,但若把雌虫与精胞放在一起,在 4 ~ 5 天后即能开始产卵 [83,84]。用其他恙虫做实验,也证明了这种繁殖特性。

对多种恙虫蚴的抗旱与抗温能力以及发育与温度的关系,都进行过实验。许多饱食的恙虫 (印度真棒恙虫、巨多齿恙虫、地里红恙虫) 蚴也能在水中发育为稚虫或成虫。

对恙虫滋生地及幼虫在地面上的分布,也做过很多研究,如已证明多齿恙虫属的滋生地是在室内 [70]。在广州 1586 个定点的调查中,发现有 64 个地里红恙虫滋生点,其中位于稠密的住宅区者计 46 个,占 71.9%,位于离住宅区较远的空地者计 3 个,占 4.7%,而位于荒郊者有 15 个,占 23.4%。雨量过多可破坏其滋生点,影响它们的分布 [62]。

八、软体动物

在贝类方面,十年来做了很多工作。如中国海产经济软体动物的调查报告,东海、南海经济贝类的区系研究,等等,对我国四个海区经济贝类的区系特征做了详细分析,指出了有利和有害的种类及其分布情况 [19,24],对浙江舟山、广东汕尾、海南岛和大连等地的贝类也做了区域性的调查。对可供养殖的贝类,如牡蛎 [21]、贻贝、扇贝、窗贝、海兔、缢蛏、鲍鱼、玛璃螺、乌贼等等,进行了专门的调查,并分别对其形态、生态、繁殖与生长情况、经济价值、养殖和捕捞经验诸方面做了详细的报道,引起了广大群众的注意,对扩大养殖、增加产量起了一定的作用。

对淡水贝类,在云南地区已记载了 39 种,其中有 3 个新种,对云南特产的螺蛳属(*Margarya*)加以综述。为了丰富青鱼的天然饵料,对湖螺的生态进行了调查。

为了尽量利用浅海或滩涂,近年来大力开展了贝类的养殖,在科学研究和群众经验相结合的基础上,获得了丰富的成果。目前对于蚶子、蛏子、牡蛎和贻贝等等的受精现象(包括人工授精)和生活史的研究,已获得初步成果,且已在生产上推广应用。

关于青岛僧帽牡蛎的繁殖、生长与季节的关系 [23],厦门波鳞牡蛎以及其他贝类的人工授精与个体发育,都进行了研究。关于牡蛎的食性亦已做出初步结论。关于我国南海各地所养的近江牡蛎和僧帽牡蛎的繁殖、生长规律以及群众的养殖经验曾做过详细的调查,并写出牡蛎的专著[25]。这些工作对牡蛎的养殖业都有参考价值。

蛏也是我国沿海重要养殖贝类之一。为了扩大养殖、增加产量,蛏苗的供应问题必须得到解决。目前蛏苗采捕方法的改进与人工培育的试验都已获得成功,同时,闽、浙等地的养殖经验与丰产经验也得到了总结与推广。

对我国生产"干贝"的唯一优良种类——栉孔扇贝,也已根据它的生活习性、繁殖和生长规律诸方面的调查实验结果,提出了繁殖保护的具体措施,并创造了分龄篓养的养殖方法[22]。

关于贻贝的养殖,在广东和浙江已有一定经验。渤海所产的紫贻贝也正在开展养殖,并进行了人工授精与采苗的试验。大连鲍鱼的采苗也已获得成功。

在软体动物中可以作为重要渔业对象的,有十足类的乌贼与八腕类的短蛸与长蛸。关于这两类动物的形态、生态、分布、洄游情况以及捕捞等,近年来都做过较详细的调查研究,并提出有关养殖的一些建议[87]。

在软体动物中还有一些有害种类,如船蛆能穿凿木材,海笋能穿凿岩石,贻贝能堵塞水管。故近年来对它们的分类、生态、分布以及生活史等进行了系统的调查研究[20,80,81],提供了有用的参考资料。

在软体动物中还有许多种类是寄生蠕虫的中间宿主。近来对于血吸虫的中间宿主——钉螺,已开展广泛的研究[5,71,77]。根据研究结果并结合群众的智慧和创造,开展了"灭螺运动",在不到三年的时间内,在广大的区域内已经基本上消灭了钉螺,阻止了血吸虫病的传播[38,44,46]。

九、棘皮动物

关于我国沿海所产的各类棘皮动物,进行过一些调查,特别对广东沿海的海胆类做了较详细的研究,写出了专著[27],内列有不少种类是国内首次记录,也有一些是稀有的种类,并着重指出了海胆的利用问题。此外,海参(刺参)的人工授精、幼体培育和放养等也已获得初步进展[28]。

参考文献

［1］　王家楫．中国淡水轮虫的生态分布 [J]．水生生物学集刊,1958:26-40.

［2］　王家楫．中国淡水轮虫志(在印刷中).

［3］　王耕南．沪宁一带四种鲺以及中华鲺的生活史的初步研究 [J]．动物学报,1958,10(3):322-335.

［4］　王耕南．沪宁一带淡水鱼鳃上的寄生桡足类狭腹鱼蚤(*Lamproglena*)的初步研究 [J]．动物学报,1958,10(2):163-169.

［5］　王倍信,范学理,刘世炘．钉螺的生殖与发育的研究 [J]．中华医学杂志,1956,42(5):426-440.

［6］ 尹文英．"六六六"杀灭鲺和龙虱科幼虫——水蜈蚣的试验及其实际应用 [J]. 水生生物学集刊,1955（2）:165-176.

［7］ 尹文英．中国淡水鱼寄生桡足类鱼蚤科的研究 [J]. 水生生物学集刊,1956（2）: 210-270.

［8］ 孔繁瑶．寄生于北京地区驴的圆形线虫Ⅰ [J]. 动物学报,1959,11（1）:29-41.

［9］ 水产部南海水产研究所．日本鲺(Argulus japonicus)的生活史、形态发育及其防治 [J]. 广东水产调查研究,1958（6）:1-30.

［10］ 白国栋．虱状车轮虫(Trichodina pediculus)和球形车轮虫(T. bulbosa)的纤维系统 [J]. 中国水生生物学汇报,1950,1（1-4）:99-111.

［11］ 古里娅诺娃 E Ф,刘瑞玉,斯卡拉欧 O A,乌沙科夫 Π B,吴宝铃,齐钟彦．黄海潮间 带生态学研究 [J]. 中国科学院海洋生物研究所丛刊,1958,1（2）:1-41.

［12］ 丘书院．论中国东南沿海的水母类 [J]. 动物学报,1954,6（1）:49-57.

［13］ 丘书院．中国南海栉水母类初志 [J]. 动物学报,1957,9（1）:85-100.

［14］ 叶英,吴光．Progenecis of Micropholus minus Quchi in freshwater shrimps[J]. 北京 博物杂志,1951,19（2-3）:193-208.

［15］ 叶亮盛．中国淡水鱼的头槽绦虫属的一新种九江头槽绦條虫 [J]. 动物学报,1955, 7（1）:69-73.

［16］ 叶希珠．东钱湖的枝角类 [J]. 水生生物学集刊,1956（1）:43-60.

［17］ 张作人．纤毛虫一新种(卷柏核弓形虫)的报告 [J]. 动物学报,1958,10（4）:443- 446.

［18］ 张作人．青岛马粪海胆肠内纤毛虫的研究 [J]. 中国科学院海洋研究所丛刊,1959, 1（3）:38-49.

［19］ 张玺,齐钟彦,李洁民．中国北部海产经济软体动物 [M]. 科学出版社,1955:1-98.

［20］ 张玺,齐钟彦,李洁民．中国沿海船蛆的研究 [J]. 动物学报,1955,7(1):1-16;1958, 10（3）:242-257.

［21］ 张玺,楼子康．中国牡蛎的研究 [J]. 动物学报,1956,8（1）:65-93.

［22］ 张玺,齐钟彦,李洁民．栉孔扇贝的繁殖和生长 [J]. 动物学报,1956,8（2）:235- 253.

［23］ 张玺,楼子康．僧帽牡蛎的繁殖和生长的研究 [J]. 海洋与湖沼,1957,1（1）:123- 140.

［24］ 张玺．中国黄海和东海经济软体动物的区系 [J]. 海洋与湖沼,1959,2（1）:27-34.

［25］ 张玺,楼子康．牡蛎 [M]. 科学出版社,1959.

［26］ 张孝威,孙继仁,沙学绅,袁永基．烟台外海鲐鱼的生殖习性 [J]. 中国科学院海洋研 究所丛刊,1959,1（3）:15-37.

［27］ 张凤瀛,吴宝铃．广东的海胆类 [J]. 中国科学院海洋研究所丛刊,1957（1）:1-76.

［28］ 张凤瀛,吴宝铃,李万滋,王玉洪．刺参的人工养殖和增殖试验的初步报告 [J]. 动物 学杂志,1958,2（2）:65-73.

［29］ 包鼎成,荣云龙 . 重庆市发现一种鸟类分体吸虫的报告 [J]. 动物学报, 1957, 9（4）: 291-296.

［30］ 刘尔翔 . 在北京牛体内发现的贝氏贝诺孢子虫 *Besnoitia besnoiti* [J]. 动物学报, 1957, 9（3）: 212-219.

［31］ 刘瑞玉 . 中国北部的经济虾类 [M]. 科学出版社, 1955.

［32］ 刘瑞玉 . 黄海和渤海的毛虾（甲壳纲,十足目,樱虾科）[J]. 动物学报, 1956, 8（1）: 29-40.

［33］ 刘瑞玉 . 黄海及东海经济虾类区采的特点 [J]. 海洋与湖沼, 1959, 2（1）: 35-42.

［34］ 任云峰 . 硫酸铜、硫酸亚铁合剂的时效问题 [J]. 水生生物学集刊, 1958: 1-8.

［35］ 汪溥钦 . 两型卷棘口吸虫（ *Echinostoma revolutum*（Fröhlich）Looss, 1899）的形态和生活史比较研究 [J]. 福建师范学院学报, 1956（1）: 1-26.

［36］ 汪溥钦 . 福建棘口科吸虫（ *Echinostomatidae* Dietz, 1909, Trematoda）的分类研究 [J]. 福建师范学院学报, 1959（1 上）: 85-140.

［37］ 汪溥钦 . 福建牛羊前后盘吸虫类（ *Paramphistomata* Szidat, 1936）的分类研究 [J]. 福建师范学院学报, 1959（1 上）: 237-260.

［38］ 江苏无锡血吸虫病防治所 . 几种灭螺方法对于螺卵作用的观察 [J]. 中华医学杂志, 1956, 42（5）: 450-452.

［39］ 李非白 . 棘口吸虫 [*Hypoderaeum conoideum*（Bloch）Dietz, 1909] 之形态及生活史 [J]. 中国科学, 1950, 1（1）: 125-157.

［40］ 沈嘉瑞 . 青海省与内蒙古数种桡足类的研究 [J]. 动物学报, 1956, 8（1）: 1-15.

［41］ 沈嘉瑞,白雪峨 . 烟台鲐鱼产卵场桡足类的研究 [J]. 动物学报, 1956, 8（2）: 177-234.

［42］ 沈嘉瑞 . 中国鱼类的寄生桡足类 Ⅰ－Ⅱ [J]. 动物学报, 1957, 9（4）: 297-327, 351-377.

［43］ 沈嘉瑞 . 中国鱼类的寄生桡足类 Ⅲ [J]. 动物学报, 1958, 10（2）: 131-144.

［44］ 沈聿新 . 防线式药物灭螺法的初步实验探讨 [J]. 中华医学杂志, 1956, 42（5）: 453-454.

［45］ 严如柳 . 福州家鸭吸虫类的研究 [J]. 福建师范学院学报, 1959（1）: 177-192.

［46］ 苏德隆,韩向午,袁鸿昌 . 硫化氢及二氧化碳对钉螺的毒害作用的初步观察 [M]// 中华医学会 . 全国寄生虫病学术会议论文摘要, 1958: 35.

［47］ 吴尚勤,娄康后,刘健 . 船蛆的发育和生活习性 [J]. 中国科学院海洋研究所丛刊, 1959, 1（3）: 1-14.

［48］ 吴敬南,等 . 辽东湾毛虾的分布、饵料、生活史及其渔获量预报方法的探讨 [M]// 辽宁省海洋水产试验场报告（一）, 1959.

［49］ 吴青藜 . *Euparyphium murinum* 吸虫生活史之研究 [J]. 北京博物杂志, 1950, 19（2-3）: 285-295.

［50］ 吴淑卿 . 中国反刍兽胰脏中古柏氏属 *Cooperia* 线虫的寄生及一新种 C. *erschovi*

sp. nov. 的描述 [J]. 动物学报, 1958, 10（1）: 19-25.

[51] 吴淑卿, 尹文真, 沈守训. 中国家畜丝状线虫（Setaria）的调查及两新种的描述 [J]. 动物学报, 1959, 11（4）: 577-586.

[52] 吴淑卿, 尹文真, 沈守训. 中国经济动物志 寄生蠕虫 [M]. 科学出版社, 1960.

[53] 周太玄, 黄明显. 烟台水螅水母类的研究 [J]. 动物学报, 1958, 10（2）: 173-191.

[54] 林宇光. 福建肝片吸虫（Fasciola hepatica Linn, 1758）的生活史研究 [J]. 福建师范学院学报, 1956, 56（1）: 1-21.

[55] 林宇光. 鹅矛形剑带绦虫（Drepanidotaenia lanceolata Bloch, 1782）的生活史研究 [J]. 福建师范学院学报, 1959（1 上）: 69-84.

[56] 陈启鎏. 青、鲩、鳙、鲢等家鱼寄生原生动物的研究 I 寄生鲩鱼的原生动物 [J]. 水生生物学集刊, 1955（2）: 123-164.

[57] 陈心陶. 中国输卵管吸虫属 Prosthogonimus 的研究 [J]. 北京博物杂志, 1950, 19（2-3）: 183-192.

[58] 陈心陶. 肠前腺属（Prosthodendrium, Dollfus, 1931）和长吸盘属（新属 Longitrema g. nov.）之分类及二新种与一新变种之描述（吸虫纲, 枝腺科）[J]. 动物学报, 1954, 6（2）: 147-182.

[59] 陈心陶. 中国微茎吸虫的研究包括一新种的描述（吸虫纲, 微茎科）I 微茎亚科 [J]. 动物学报, 1956, 8（1）: 49-58.

[60] 陈心陶. 中国微茎类吸虫的研究, 包括二新种及一新亚种的描述（吸虫纲: 微茎科）II 马蹄亚科 [J]. 动物学报, 1957, 9（2）: 165-181.

[61] 陈心陶, 徐秉锟. 中国恙虫种类及其分布 [J]. 动物学报, 1958, 10（4）: 404-416.

[62] 陈心陶, 徐秉锟, 苏克勤. 地里红恙虫孳生场所的研究 [J]. 动物学报, 1959, 11（1）: 6-11.

[63] 陈义. 中国蚯蚓 [M]. 科学出版社, 1956.

[64] 陈义, 叶正昌. 我国沿海桥虫类调查志略 [J]. 动物学报, 1958, 10（3）: 265-278.

[65] 高哲生. 山东沿海水螅水母的研究（一）[J]. 山东大学学报, 1958（1）: 75-118.

[66] 唐仲璋. 胰脏吸虫 Eurytrema pancreaticum（Janson）Looss, 生活史及形态的研究 [J]. 福州大学自然科学研究所研究汇报, 1952（3）: 145-156.

[67] 唐仲璋. 福建假叶绦虫形态和生活史的研究 [J]. 福建师范学院学报, 1956（1）: 1-30.

[68] 郎所, 怀明德. 太湖鱼类的寄生蠕虫: 复殖吸虫, I — II [J]. 动物学报, 1958, 10（4）: 348-376.

[69] 徐岿南. 广东几种鸟类寄生线虫的研究 [J]. 动物学报, 1957, 9（1）: 47-77.

[70] 徐荫祺, 温廷桓. 阿康恙螨的成虫与孳地之发现 [J]. 昆虫学报, 1956, 6（1）: 129-130.

[71] 徐秉锟. 环境与钉螺的形态和生态之关系的观察 [J]. 中华医学杂志, 1955, 42（11）: 1077-1081.

［72］ 徐秉锟 . 马米氏背孔吸虫（ *Notocotylus mamii* Hsu, 1954)生活史的研究(吸虫纲,背孔科) [J]. 动物学报,1957,9（2）:121-128.

［73］ 徐秉锟,苏克勤,陈心陶 . 恙虫的培养及四种恙虫生活史的进一步观察 [J]. 动物学报,1958,10（2）:103-113.

［74］ 乌沙科夫ⅡB,吴宝铃 . 黄海多毛类环虫,叶须虫科和鳞沙蚕科(多毛纲:游走亚纲) [J]. 中国科学院海洋研究所丛刊,1959,1（4）:1-18.

［75］ 梁彦龄 . 南京仙女虫类之新种及新记录 [J]. 水生生物学集刊,1958:41-54.

［76］ 郭振泉 . 广州哺乳类寄生线虫的研究 Ⅰ—Ⅱ [J]. 动物学报,1958,10（1）:60-82.

［77］ 郭源华 . 血吸虫中间宿主——钉螺——的分类问题(全国各地钉螺形态的研究) [J]. 中华医学杂志,1956,42（4）:373-384.

［78］ 许绶泰,林孟初,梁经世 . 甘肃绵羊奥斯他属(*Ostertagia*)二新种 [J]. 畜牧兽医学报,1957,2（1）:1-6.

［79］ 许鹏如 . 寄生虾虎鱼体内之一新属及新种吸虫陈氏半尾吸虫(半尾科) [J]. 动物学报,1954,6（1）:33-36.

［80］ 娄康后,刘健 . 贻贝堵塞管道的防除研究 [J]. 海洋与湖沼,1958,1（3）:316-324.

［81］ 吴尚勤,娄康后,刘健 . 船蛆的发育和生活习性 [J]. 中国科学院海洋研究所丛刊,1959,1（3）:1-14.

［82］ 冯兰洲,等 . 寄生于狗身的血扇头蜱与何氏血蜱生活史的研究 [J]. 北京博物学杂志,1950,18（4）:257-280.

［83］ 温廷桓 . 与氏阿康恙螨的交配过程及其精胞之发现 [J]. 动物学报,1958,10（2）:213-221.

［84］ 温廷桓 . 与氏阿康恙螨(*Acomatacarus yosanoi* Fukuzumi et Obata, 1953)传精过程及其传精器官之观察(真螨目:恙螨科):Ⅰ 传精过程(恙螨研究ⅩⅥ) [J]. 动物学报,1959,11（3）:409-421.

［85］ 董聿茂,毛节荣 . 浙江舟山蟹类的初步调查 [J]. 浙江师范学院学报,1956:273-282.

［86］ 董聿茂,胡荑英,虞研原 . 浙江舟山爬行虾类报告 [J]. 动物学杂志,1958,2（3）:166-170.

［87］ 董正之 . 青岛沿岸两种八腕类的初步调查和养殖问题的探讨 [J]. 动物学杂志,1959,3（3）:110-114.

［88］ 杨平,翟旭久,陈金水 . 甘肃猪体的盛氏许壳绦虫,新属新种 *Hsüolepis shengi* nov. gen. & sp. (绦虫纲:膜壳科 Hymenolepidae) [J]. 微生物学报,1957,5（4）:361-368.

［89］ 杨平,魏斑 . 甘肃省黄牛吸吮线虫的研究包括三新种的描述 [J]. 畜牧兽医学报,1957,2（1）:7-13.

［90］ 熊大仕,孔繁瑶 . 中国家畜结节虫的初步调查研究报告及一新种的叙述 [J]. 北京农业大学学报,1955,1（1）:147-164.

［91］ 蔡尚达 . 寄生在沼虾中的陈氏假拉吸虫新属新种(*Pseudoleveuseniella cheni* gen. &

sp. nov.）（吸虫纲，微茎科）[J]. 动物学报，1955，7（2）：147-158.

［92］ 廖翔华，施鎏章. 广东九江头槽绦虫(广东的鱼苗病)（*Bothriocephalus gowkongensis* Yeh）的生活史、生态及其防治 [J]. 水生生物学集刊，1956（2）：129-185.

［93］ 邓国藩. 二棘盲蜱 *Haemaphysalis bispinosa* Neum. 的生活史 [J]. 昆虫学报，1955，5（2）：165-180.

［94］ 郑重. 淡水水蚤生殖量的研究 [J]. 中国水生生物学汇报，1951，2（1-2）.

［95］ 郑重. 淡水枝角类的生长 [J]. 动物学杂志，1958，2（4）：197-202.

［96］ 郑重. 淡水枝角类的生殖 [J]. 动物学杂志，1959，3（1）：22-28.

［97］ 顾昌栋. 中国的输卵管吸虫类 [J]. 南开大学学报，1955（1）：1-12.

［98］ 顾昌栋. 离殖孔吸虫(*Schistogonimus rarus* Lühe)在中国的发现 [J]. 动物学报，1955，7（1）：59-62.

［99］ 顾昌栋. 昆明家鸭吸虫类的研究 [J]. 南开大学学报，1956（1）：95-106.

［100］ 顾昌栋. 山羊肝脏中扁体吸虫属的一新种 [J]. 动物学报，1957，9（3）：206-211.

［101］ 顾昌栋. 我国家鸡体内的蠕形动物 [J]. 生物学通报，1958（5）：1-10.

中国海无脊椎动物区系及其经济意义[①]

　　中国海的范围很大,北自渤海的辽东湾起,南至南沙群岛周围止,纬度共约跨越37°,处于热带、亚热带和温带三个气候区之间,东面连接太平洋,西、南面通过马来海峡和爪哇海与印度洋相通。这一海区的无脊椎动物区系成分绝大多数是来源于"热带印度-西太平洋区"的暖水性种,但北方的黄海又以朝鲜海峡与日本海相通,所以在海洋无脊椎动物区系成分中也有一些来自日本海和鄂霍次克海等北温带水域的冷水性种类。不过北方种(boreal species)在数量上所占的比例很小,占压倒优势的还是暖水性成分,这些暖水性种在中国近海区,特别是在北方黄、渤海区,得到大量发展,有许多是重要的渔业捕捞和养殖对象,在近岸海洋渔业中占有重要的地位。

　　中国各海的共同特点是深度较小,陆棚区非常广阔,特别是渤、黄、东海。中国大陆近岸区的浅海因受大陆气候及降水量的影响较大,故水温的季节变化十分剧烈,河口附近水域的盐度很低,而且季节变化也不小,能够适应这种剧烈变化的广温性和低盐性浅水动物区系得到大量发展,特别是中国近海特有的一些地区性种(endemic species),在数量上常占很大优势。

　　中国各海南方和北方的海水温度条件相差甚大。海洋动物的种类数目自南向北逐渐减少,这种现象在任何动物类群中都表现得十分明显,例如:软体动物南海种类多到约1 800种,东海减少到700多种,黄、渤海仅约300多种;甲壳类中南海虾类已知的约250多种,蟹类约350多种,东海虾约100种,蟹约150种,黄、渤海虾只有60种,蟹仅90种;棘皮动物南海约350种,东海80多种,黄、渤海仅50多种。此外许多只限于在热带区生活的动物类群,在南海极占优势,东海很少见到,而黄、渤海则没有分布。至于仅在热带生活而根本不能分布到黄、渤海的种,数量更多。反之,冷水性的北温带种、属,在黄海有不算很少的代表,但在东海却极少见,南海则根本没有。可见黄海区系虽然与东海、南海有许多共同因素,但两者之间也存在着不小的差异。

一、渤海和黄海

　　渤海和黄海的水温有十分剧烈的季节变化,在渤海和北黄海的近岸区,冬季有结冰现象,与日本海北部和鄂霍次克海相似;但到夏季却常常与具亚热带性质的广东、福建两省沿岸并无显著区别。盐度则一般南部高,北部低,河口附近更低。这样的自然环境

---

① 张玺、刘瑞玉、齐钟彦、廖玉麟、徐凤山 (中国科学院海洋研究所):载《太平洋西部渔业研究委员会第五次全体会议论文集》,1962年, 13 ～ 20页,科学出版社。

条件(温度周年幅度变化达 29 ℃)大大地限制了许多种动物的生存,所以区系的种类组成十分贫乏。能适应这种环境的主要是起源于热带的暖水性种,例如:软体动物的毛蚶(*Arca subcrenata*)、泥蚶(*Arca granosa*)、缢蛏(*Sinonovacula constricta*)、长竹蛏(*Solen gouldi*)、近江牡蛎(*Ostrea rivularis*)、僧帽牡蛎(*Ostrea cucullata*)、文蛤(*Meretrix meretrix*)、西施舌(*Mactra antiquata*)、扁玉螺(*Neverita didyma*)、斑玉螺(*Natica maculosa*)、单齿螺(*Monodonta ladio*)、曼氏无针乌贼(*Sepiella maindroni*)、双喙耳乌贼(*Sepiola birostrata*)等,棘皮动物的细雕刻肋海胆(*Temnopleurus toreumaticus*)、金氏真蛇尾(*Ophiura kinbergi*)、亲辐蛇尾(*Ophiactis affinis*)和海地瓜(*Acaudina molpadioides*)等,甲壳类的对虾(*Penaeus orientalis*)、鹰爪虾(*Trachypenaeus curvirostris*)、中国毛虾(*Acetes chinensis*)、脊尾白虾 [*Palaemon (Exopalaemon) carinicauda*]、日本鼓虾(*Alphaeus japonicus*)、鲜明鼓虾(*Alphaeus distinguendus*)、三疣梭子蟹(*Neptunus trituberculatus*)、特异楷扇蟹(*Xanthodius distinguendus*)、平背蜞(*Gaetice depressus*)、圆球股窗蟹(*Scopimera globosa*)、虾蛄(*Squilla oratoria*)等,多毛类的 *Perinereis aibuhitensis*、*Diopatra neapolitana*、*Glycera subaenea*、中华齿吻沙蚕(*Nephthys sinensis*)等,以及其他众所周知的腕足类代表海豆芽(*Lingula anatina*)、星虫类的光星虫(*Sipunculus nudus*)等等。这些种不但很常见而且数量又相当大,它们对黄、渤海的特殊环境已具有很强的适应能力。

虽然日本海的利曼寒流(Liman current)并不能越过朝鲜海峡进入中国海。但由于特殊的气候条件的影响,在黄海的北部和中部深度较大的区域(约 40 米以上),底层常年存在着低温高盐的冷水团,为此冷水团所控制的区域,温度、盐度的周年变化幅度均很小,环境条件比较稳定,因而底栖动物区系种类组成与近岸水控制的区域有显著的不同,某些冷水性的北方种,虽然种类的数目并不算特别多,但某些种得以大量发展,其中最有代表性的是棘皮动物的萨氏真蛇尾(*Ophiura sarsii*),它在黄海的低温高盐水域占优势,并且形成了以它为主导的生物群落。此外,还有司氏盖蛇尾(*Stegophiura sladeni*)、紫蛇尾(*Ophicpholis mirabilis*)、黑龙江海盘车(*Asterias amurensis*)、陶氏太阳海星(*Solaster dawsoni*)、轮海星(*Crossaster papposus*)、*Distolasterias nipon*、海刺猬(*Glyptocidaris crenularis*)等,甲壳类的堪察加七腕虾(*Heptacarpus camtschaticus*)、细额安乐虾(*Eualus gracilirostris*)、大寄居虾(*Pagurus ochotensis*)、枯瘦突眼蟹(*Oregonia gracilis*)等,软体动物的偏顶蛤(*Modiolus modiolus*)、加利福尼亚乌蛤(*Cardium californiense*)、散纹湾锦蛤(*Nucula divaricata*)等也都是这一区域中较常见的冷水性种。此外,潮间带生活的一些种,如棘皮动物中的 *Aphelasterias japonicus*、海燕(*Patiria pectinifera*)、*Henricia spiculifera*、大连紫海胆(*Strongylocentrotus nudus*)、柯氏双鳞蛇尾(*Amphipholis kochii*),软体动物的贻贝(*Mytilus edulis*)、紫口玉螺(*Natica janthostoma*)、*Mopalia schrenckii*,多毛类的覆瓦哈鳞虫(*Harmothoe imbricata*)、扁裂虫(*Syllis fasciata*),甲壳类的司氏厚螯蟹(*Pachycheles stevensii*)、锯足软腹蟹(*Hapalogaster dentata*)、*Dermaturus inermis* 等,也都是来自北方的北温带种,不过种类的数量显然很少。这些种大多数分布于鄂霍次克海及日本海,有些也能分布到白令海,其中有不少还是北太平洋东西两岸种(amphipacific species)。此外还有不少是黄海和日本本州(Honshu)附近所特有的地区性种,例如棘皮动物中的虾夷沙海星(*Luidia yesoensis*)、大岛鸡爪海星

（ *Henricia ohshimai* ）、哈氏刻肋海胆（ *Temnopleurus hardwickii* ），软体动物的盘大鲍（ *Haliotis gigantea discus* ）、香螺（ *Neptunea cumingi* ）、栉孔扇贝（ *Chlamys farreri* ），甲壳类的狭额安乐虾（ *Eualus leptognathus* ）和几种七腕虾（ *Heptacarpus* spp. ）等许多藻虾科（ *Hippolytidae* ）的代表、大蝼蛄虾（ *Upogebia major* ）、日本冠鞭蟹（ *Lophomastix japonica* ），等等。这些种和前面谈到的一些冷水性种,在中国沿岸海区分布的最南边界是南黄海（一般都不超过 31°N ）,它们不能分布到东海。热带性较强的种（将在以后谈到）和典型的冷水性种如太平洋僧头乌贼（ *Rossia pacificus* ）、几种珍珠螺（ *Margarites* spp. ）、虾夷扇贝（ *Pecton yesoensis* ）等种类,以及堪察加蟹（ *Paralithodes camtschaticus* ）、 *Chionoecetes pumilio* 、 *Ophiopholis aculeata* 等都是在日本海、鄂霍次克海或白令海常见的种,但不能分布到黄海。至于分布范围仅限于黄海和东海的地区性种则很少,较常见的有葛氏长臂虾（ *Palaemon gravieri* ）、 *Mepturea taoniata* 等。一般仅分布于黄、渤海和日本南岸的种却相当多。

总之黄海动物区系在很大程度上与日本本州的动物区系相近似,但两者之间也有些不同,黄海有一些虽为数不多但数量很大的中国海地区性种,而日本又多了一些太平洋常见种。

二、东海

东海由于受到黑潮暖流（ Kuroshio current ）及其分支的影响,外海水域的水温很高,热带性暖水种显著增多。特别是台湾附近,热带性成分占很大优势。沿岸的浅水区,由于受大陆气候和长江淡水的影响,无论盐度和温度的季节变化幅度都很大,故沿岸区的动物区系组成种类基本上与黄、渤海相同,只是较黄、渤海增加了一些为数不多的热带性成分。例如潮间带岩石环境生活的群落,在黄海一般是粒滨螺（ *Littorina brevicula* ）、黑偏顶蛤（ *Modiolus atrata* ）、僧帽牡蛎（ *Ostrea cucullata* ）及白纹藤壶（ *Balanus amphitrite albicostatus* ）等,但在东海舟山群岛以南,除上述种类以外,还增多了一些北方所没有的热带性种,如蛇螺（ *Vermetus* ）、蝾螺（ *Turbo cornutus* ）、蜒螺（ *Nerita* spp. ）、隔贻贝（ *Septifer* sp. ）、黑藤壶（ *Tetraclita squamosa* 的亚种 ）、石磺（ *Mitella mitella* ）、紫海胆（ *Anthocidaris crassispina* ）等。泥沙滩环境中除黄海常见种外,又有双壳类软体动物的双线血蛤（ *Sanguinolaria diphos* ）、杓拿蛤（ *Chione* sp. ）、加夫蛤（ *Gafrarium* sp. ）和甲壳类的锯缘青蟹（ *Scylla serrata* ）等。近岸浅水区除前已述及的南、北方各海均常见的种类外,又增加了一些南海常见的但又不能分布到黄海的暖水种,以甲壳类和棘皮动物较多,如甲壳类的日本对虾（ *Penaeus japonicus* ）、哈氏仿对虾（ *Parapenaeopsis hardwickii* ）、须赤虾（ *Metapenaeopsis barbatus* ）、中华管鞭虾（ *Solenocera sinensis* ）等近 20 种对虾科虾类,近 10 种的蟳蜅科（ Portunidae ）物种如蟳（ *Charybdis* spp. ）和梭子蟹（ *Neptunus* spp. ）等和刺旋寄居蟹（ *Spiropagurus spiniger* ）及长手隆背蟹（ *Carcinoplax longimanus* ）等热带印度太平洋区广分布种,棘皮动物的各种槭海星（ *Astropecten* spp. ）、近 10 种的海羊齿类（ Comatulids ）、模式辐瓜参（ *Actinocucumis typicus* ）、瘤五角瓜参（ *Pentacta tuberculosa* ）、方柱五角瓜海参（ *Pentacta quadrangularis* ）、 *Ophionereis dubia* 、斑瘤刺蛇尾（ *Ophiocnemis marmorata* ）、黑赛瓜参（ *Thyone buccalis* ）、扁平蛛网海胆（ *Arachnoides placenta* ）、长拉文海胆（ *Lovenia elongata* ）等,软体动物较少,常见的如衣笠螺(*Xenophora exuta*)、蛙螺(*Bursa rana*)等。在深度较大(60 米以上)的外海水域中,出现了热带性更强一些的种,例如软体动物中的双壳类的 *Paphia alapapilionis*、*Atrina penna*、珍珠贝(*Pteria*),腹足类的 *Conus orbiginyi*、网纹琵琶螺(*Pirula reticulata*)、梭螺(*Volva volva*)、骨螺(*Murex* spp.),大型掘足类(Scaphopod)的 *Dentalium vernedei*,甲壳类的长缝拟对虾(*Parapenaeus fissurus*)、数种赤虾(*Metapenaeopsis* spp.)、*Pontocaris* spp.、东方扁虾(*Thenus orientalis*)、几种蝉虾(*Scyllarus* spp.),棘皮动物的 *Stellaster equestris*、掌蔓蛇尾(*Trichaster palmiferus*)、*Amphioplus depressus*、裂星海胆(*Schizaster lacunosus*)等,这些都是南海或印度马来等海区很常见的热带性种。东海热带性种类数目自近岸浅水向外海逐渐增多,主要是受黑潮暖流的影响。但近岸区环境变化剧烈,这些热带性较强的种难以适应,由于水温和长江淡水所起的阻隔作用,上述的热带性较强的种一般都不能超过长江口向北分布。黄海常见的北温带种能分布到东海的数量很少,如脊腹褐虾(*Crangon affinis*)。

总的看来,东海的无脊椎动物除在中国海沿岸水系极占优势的一些种外,自北方来的冷水性种数量极少,但自南海方面来的热带性种的成分占了极大的优势,不过比起纬度相同的琉球群岛和日本九州一带来,中国大陆沿岸的浙江和福建北部热带性成分显然较弱,甚至有许多在日本五岛列岛(Goto Island)附近常见的蛇尾类和海洋齿类,在中国东海沿岸都没有见到。这主要是由于琉球和日本南部正是处在黑潮南流主流所控制的范围之内的缘故。

三、南海

南海接近中国大陆的浅水区,虽然纬度较低,但由于受大陆气候的影响,属亚热带性质。至于西沙群岛以南,热带性更强。无脊椎动物区系完全是热带和亚热带性成分,根本见不到冷水性种,动物种类数目自北向南逐渐增多。在沿岸浅水区和潮间带的种类中,前面已经列举的许多黄、东海常见的种,也都普遍分布于南海。除去这些全国均有的常见种之外,南海比黄、东海还拥有更多的热带性种类,甚至有许多属和科都是黄海、渤海和东海所没有或是极为罕见的。例如棘皮动物中的海羊齿类(Comaulids),黄海仅有一种;南海就有 50 多种,栉羽枝科(Comasteridae)南海有 15 种以上,黄海就根本没有;蛇尾纲(Ophiuroidea)的刺蛇尾科(Ophiotrichidae)南海有 25 种,黄海仅 1 种;海参纲(Holothuroidea)的楯手目(Aspidochirota)南海有 30 多种,黄海仅有一种;甲壳类(Crustacea)中的对虾科(Penaeidae)黄海仅有 5 种,南海则达 60 种之多;隐虾亚科(Pontoniinae)、龙虾科(Palinuridae)和铠甲虾科(Galatheidae)等黄海根本无代表;南海最少有 20 多种蟳蜂科(Portunidae),黄海则仅有 4 种;南海最少有 50 多种虾蛄类(Stomatopoda),黄海仅有 5 种;软体动物的宝贝科(Cypraidae)南海有 40 多种,黄海根本没有代表。钳蛤科(Vulsellidae)、珍珠贝科(Pteriidae)、砗磲科(Tridacnidae)等在南海都有不少代表,而在黄海也没有分布。

海南岛和台湾南部以南的区域,热带性种类大大增多。例如软体动物的冠螺(*Cassis cornata*)、夜光蝾螺(*Turbo marmoratus*)、大马蹄螺(*Trochus niloticus maximus*)、

砗 磲（ *Tridacna* spp. ）、鹦 鹉 螺（ *Nautilus pompilius* ）、船 蛸（ *Argonauta* spp. ），甲 壳 类 的 Stenopodidae 中的一些种、钙寄居蟹（ *Calcinus* spp. ）、陆栖寄居蟹（ *Coenobita* spp. ）、著 名 的 椰 子 蟹（ *Birgus latro* ）、陆 栖 蟹 科（ Gecarcinidae ）的 *Gecarcoidea* 和 *Cardiosoma* 等，棘 皮 动 物 中 的 石 笔 海 胆（ *Heterocentrotus mammillatus* ）、喇 叭 海 胆（ *Toxopneustes pileolus* ）、小 笠 原 扁 海 胆（ *Parasalenia gratiosac* var. *boninensis* ）、黑 参（ *Halodeima atra* ）、白 底 靴 参 （ *Actinopyga mauritiana* ）、虎 纹 参（ *Holothuria pervicax* ）、馒 头 海 星（ *Culcita novaeguineae* ）、 *Linckia laevigata*、柄 栉 蛇 尾（ *Ophicoma scolopendrina*、*Ophiarthrum elegans*、*Ophiomastix annulosa* ）、黄鳞蛇尾（ *Ophiolepis superna* ）等，都是大陆沿岸所见不到的种。

值得特别提出来的是热带性的珊瑚礁生物群落和红树丛生物群落。中国大陆沿岸除粤西及珠江口东方附近个别地区有断续的小片珊瑚礁外，只在海南岛东、西、南三面才有较大片的珊瑚礁海岸，不过真正完全由珊瑚及其他造礁生物所形成的珊瑚岛（ atoll ），直到北纬 16° 附近的西沙群岛才出现。生活在珊瑚礁中的各种动物，种类数目也是愈向南愈增多（ 像西沙群岛和南沙群岛，无论是石珊瑚或珊瑚礁生物群落的种类都比海南岛和大陆沿岸多 ）。据现有资料，印度 - 西太平洋区共有造礁珊瑚 78 属以上，海南岛却只有 27 属，而且各属中的种类也都很少，例如种类最多的 Acroporidae，印度太平洋区最少有 60 种 *Acropora* 和 30 多种 *Montipora*，但海南岛却仅有 10 种上下的 *Acropora* 和 5 种上下的 *Montipora*。珊瑚礁群落以棘皮动物、甲壳类和软体动物的种类和数量为最多，例如：软体动物中有 40 多种宝贝科（ Cypraeidae ）的代表（ *Cypraea*、*Monetaria*、*Mauritia* 等 ）、大型的冠螺（ *Cassis* ）和砗磲（ *Tridacna* spp. ）、鸡心螺（ *Conus* spp. ）、凤螺（ *Strombus* ）、珊瑚螺（ *Coralliophila* ）、美丽的海兔（ *Aplysia* spp. ）、缘六鳃（ *Hexabranchus marginatus* ）、穴居礁石内的石蛏（ *Lithophaga* ）、开腹蛤（ *Gastrochaena* ）、铃蛤（ *Jouannetia* ）等，甲壳类中各种各样的鼓虾（ *Alpheus* spp. ）、美丽的珊瑚虾（ *Coralliocaris* spp. ）、*Harpilius saron*、*Calcinus*、大指虾蛄（ *Gonodactylus* spp. ）和种类繁多的扇蟹（ Xanthidae ）（ 如 *Atergatis*、*Chlorotocella*、*Eriphia*、*Tetralia*、*Trapezia*、*Carpilius* 等 ），棘皮动物的冠海胆（ *Diadema* ）、石 笔 海 胆（ *Heterocentrotus* ）、大 刺 蛇 尾（ *Macrophiothrix* ）、*Ophiarthrum*、*Ophiomastix*、栉蛇尾（ *Ophiocoma* ）、馒头海星（ *Culcita* ）、刺海星（ *Acanthaster* ）、*Linckia*、刺参（ *Stichopus* ）、海参（ *Holotburia* ）、梅 花 参（ *Thelenota* ）、*Bohadschia*、辐肛参（ *Actinopyga* ）、*Halodeima*、*Microthele*、大锚海参（ *Synapta maculata* ）等，多毛类中大型的 *Eunice aphroditoides*，海葵中大型的 *Stoichaetis kenti* （？）等。

红树丛分布在广东全省和福建南部沿岸的低盐水域。生活在红树丛间平坦泥沙滩的生物群落主要是软体动物的蜒螺（ *Nerita* ）、拟滨螺（ *Littorinopsis* ）、石磺（ *Onchidium* ）、牡蛎（ *Ostrea* ）、不等蛤（ *Amonia* ）及甲壳类的白纹藤壶（ *Balanus amphitrite albicostatus* ）等，这些种类常攀附或固着在红树的枝、叶或气根上。船蛆（ *Teredo* ）、节铠船蛆（ *Bankia* ）则穿入树干中。泥沙滩上有各种能发出音响的鼓虾（ *Alpheus* spp. ），各种蟹类如股窗蟹（ *Scopimera* spp. ）、长腕和尚蟹（ *Mictyris longicarpus* ）、招潮蟹（ *Uca* spp. ）、相手蟹（ *Sesarma* spp. ）、厚蟹（ *Helice* ）等，歪尾类的 *Thalassina anomala*，腹足类的蟹守螺（ *Cerithidea* ）、拟沼螺（ *Assiminea* ）等，在沙滩表面还常有大量幼小的鲎（ *Tachypleus tridentatus* ）爬行。

四、经济意义和利用情况

中国海的无脊椎动物中,具有经济价值的种类很多,资源也十分丰富,中国沿海各省每年捕捞和养殖的海洋动物总产量中除鱼类外,甲壳类、软体动物和棘皮动物的产量也占有不小的比重。例如在黄海、东海渔获总量中甲壳类约占 20%,在渤海区甲壳类的产量竟大大超过了鱼类。软体动物中仅近江牡蛎(*Ostrea rivularis*)一种的年产量即达 25 000 吨,某些棘皮动物、蟶类、星虫类等在中国也得到广泛的利用。

在上述的海洋无脊椎动物中,绝大部分是供食用的,其中有很多种类不仅产量大,而且品质也很好。例如在食用甲壳类中中国毛虾(*Acetes chinensis*)在丰产时年产量可超过 10 万吨,对虾(*Penaeus orientalis*)在黄海、渤海的最高年产量达 3.5 万吨,这两种虾都是中国海的地区性种,南北各海均产,但主要产区为黄海、渤海,东海和南海显然较少。梭子蟹(*Neptunus* spp.)的年产量也超过 1 万吨,主要产在黄海、渤海和东海。锯缘青蟹(*Scylla serrata*)的年产量也不小,主要产在东海和南海。此外在甲壳类中还有许多产量很大的食用种类,如糠虾类(Mysidacea)的刺糠虾(*Acanthomysis*)和新糠虾(*Neomysis*),十足类(Decapoda)中的各种对虾(*Penaeus* spp.)、新对虾(*Metapenaeus* spp.)、鹰爪虾(*Trachypenaeus* spp.)、赤虾(*Metapenaeopsis* spp.)、仿对虾(*Parapenaeopsis* spp.)、管鞭虾(*Solenocera* spp.)、毛虾(*Acetes* spp.)、长臂虾(*Palaemon* spp.)、褐虾(*Crangon* spp.)、龙虾(*Panulirus* spp.)、蝼蛄虾(*Upogebia* spp.)、口足类(Stomatopoda)中的虾蛄(*Squilla* spp.),等等。

在软体动物中头足类(Cephalopoda)在海洋捕捞业中占有很重要的地位,其中最重要的是墨鱼,主要是曼氏无针乌贼(*Sepiella maindroni*),其次是乌贼(*Sepia esculenta*)等种,年产量在 5 万吨左右,是中国的四大渔业之一,全国各海均有出产,但主要产区在浙江沿海。枪乌贼(俗称鱿鱼)(*Loligo* spp.)的产量也不小,其中以台湾枪乌贼(*Loligo formosana*)为最重要,主要产于福建、台湾和广东沿海。双壳类 (Bivalvia) 中的食用种类最多,产量也很大,例如毛蚶(*Arca subcrenata*)、泥蚶(*Arca granosa*)、厚壳贻贝(*Mytilus crassitesta*)、贻贝(*M. edulis*)、翡翠贻贝(*M. smaragdinus*)、近江牡蛎(*Ostrea rivularis*)、僧帽牡蛎(*O. cucullata*)、栉孔扇贝(*Chlamys farreri*)、日月贝(*Amussium* spp.)、缢蛏(*Sinonovacula constricta*)、竹蛏(*Solen* spp.)以及江珧科(Pinnidae)、帘蛤科(Veneridae)、蛤蜊科(Mactridae)中的许多种类。其中很多是人工养殖的优异对象,在中国已有很悠久的养殖历史,沿海的渔民积有极为丰富的养殖经验。腹足类(Gastropoda)中的种类也大多可以食用,以鲍鱼(*Haliotis* spp.)为最有名,目前除天然采捕外,很多地区都对它进行了人工养殖。此外红螺(*Rapana* spp.)、香螺(*Neptunea* spp.)、玉螺(*Natica*)、扁玉螺(*Neverita*)等也是很好的食用种。

棘皮动物海参类(Holothurioidea)中的刺参(*Stichopus japonicus*)、海参(*Holothuria* spp.)、梅花参(*Thelenota ananas*)、辐肛参(*Actinopyga* spp.)、黑乳参(*Microthele nobilis*)等,海胆类(Echinoidea)中的紫海胆(*Anthocidaris crassispina*)等的生殖腺都是中国著名的海产食品。此外,环节动物的刺蝍(*Urechis*)、星虫(*Sipunculus nudus*)等在中国也被大量采捕食用,在个别地区的渔业上也占一定的重要地位。

除食用以外很多海洋无脊椎动物都可供作装饰品、工艺品或工业原料用,例如浴用海绵(*Euspongia*)、红珊瑚(*Corallium*)以及各种软体动物的贝壳等。此外,马蹄螺(*Trochus* spp.)的贝壳还可制高级的纽扣,它和夜光螺(*Turbo marmoratus*)的贝壳磨成粉后可作为高级油漆的调合剂,这些种类都产在南中国海,是很珍贵的商品。许多珍珠层较厚的软体动物贝壳,例如珍珠贝(*Pteria* spp.)、鲍(*Haliotis* spp.)等可以制造螺钿,大量的石珊瑚和贝壳还可作为烧制石灰的原料。南中国海出产的宝贝科(Cypraeidae)、鸡心螺科(Conidae)、榧螺科(Olividae)等科中的种类,贝壳鲜艳多彩,是人们非常喜欢收集的玩赏品或装饰品。珍珠贝所产生的珍珠是驰名的装饰品,以广东合浦出产的珍珠最有名,目前产量不大。

许多种海洋无脊椎动物可做药用,中国利用海洋无脊椎动物做药已有很悠久的历史,在《神农本草经》《本草拾遗》《本草纲目》等古书中都有不少记载,例如甲壳类中的石蟹(可能是 *Charybdis*)、蝤蛑蟹(*Neptunus*),软体动物中的石决明(鲍壳 *Haliotis*)、牡蛎(*Ostrea*)、淡菜(*Mytilus* spp.)、珍珠、蛤蜊(*Mactra*)、海螵蛸(乌贼的内壳),棘皮动物的海参(Holothurioidea),等等。

许多产量大而又不能食用的种类常被利用作为肥料,如棘皮动物中的海星(*Asterias*)、海燕(*Patiria*),软体动物中的绿螂(*Glaucomya* spp.)、蓝蛤(*Aloidis* spp.),以及甲壳类中的许多小型蟹类,等等。

还有许多海洋底栖动物和浮游动物是鱼类的优良饵料,因而也就成为良好的钓饵,例如许多种多毛类环虫,甲壳类中的虾蛄(*Squilla* spp.)、寄居蟹(*Pagurus* spp.)和各种虾,软体动物中的章鱼(*Octopus* spp.),等等。许多种小型的双壳类如黑偏顶蛤(*Modiolus atrata*)和甲壳类的藤壶(*Balanus*、*Tetraclita*)等还可作为家禽的饲料。

海南岛双壳类软体动物斧蛤属的生物学 Ⅱ[1]

中苏海洋生物考察团 1958 年在海南岛对中国海斧蛤属(Genus *Donax* Linné)各种的生物学曾做了首次观察,已经了解在海南岛沿岸这种有趣的软体动物共有四种,即楔形斧蛤(*Donax cuneatus* Linné)、豆斧蛤(*D. faba* Gmelin)、肉色斧蛤(*D. incarnatus* Chemnitz)和热带紫藤斧蛤(*D. semigranosus* Dunker *tropicus* Scarlato ssp. nov.),并且在退潮时进行了楔形斧蛤和豆斧蛤在潮间带分布的一些观察(斯卡拉脱,1959)。

本文记录的是这个考察团在第二年(1959—1960)工作期间进行的实验和观察。在作者之前不仅提出了要确定斧蛤在潮间带的位置(把它们的分布界限与基准面联系起来),而且也提出了海南岛的斧蛤是否有如文献中记载的该属代表在其他地理区进行的涨落潮迁徙(Mori,1938;Mori,1950;Turner 和 Belding,1957;等)[2]。

为了根究个别斧蛤的行为,曾使用了能迅速干燥的丙酮染料在贝壳上做记号的方法。将标记的贝类埋在相当于它们自然分布位置的潮间带底质中。因为在潮间带生活的斧蛤能够忍受暂时的干燥,所以为了在它们的贝壳上做记号而使贝类在空气中放置 20 ～ 25 分钟对大多数个体的活动性没有影响。在布置实验后数小时,或是在下次涨潮海水淹没淹埋贝类的地点时(同时在潮间带的水下和水线考察),或是在下次退潮潮间带重新露出时搜索带标记的贝类,用细孔筛筛洗取自 10 ～ 12 厘米深的底质以保证收集所有种类的斧蛤。

海南岛的斧蛤都是潮间带的栖息者,并且在多少具有击岸浪和有标准盐度的海水冲击的沙滩上生活,但不同种的斧蛤对击岸浪有不同程度的适应性。楔形斧蛤栖息在经受强烈浪击的外海沙滩上。在击岸浪和缓、稍微封闭的海滩上四种都有。但豆斧蛤极其个别,没有同属其他种混杂的大量的豆斧蛤栖息在潮间带击岸浪很弱的窄狭的泥沙滩上。对豆斧蛤来说,封闭海湾沿岸或外海很多岩石垅、浅沙滩或珊瑚礁保护的沿岸地段是特别适宜的。

---

① O. A. 斯卡拉脱、齐钟彦:载《太平洋西部渔业研究委员会第五次全体会议论文集》,1962 年,251 ～ 258 页,科学出版社。第一部分以中、俄文发表在《海洋与湖沼》,1959 年,第 2 卷第 3 期。

② 其中日本学者 Mori (1938,1950)这样叙述紫藤斧蛤(*Donax semigranosus* Dunker)的涨落潮迁徙:当涨潮时,软体动物在最大的击岸浪之前,直接自沙中爬出,并为浪携带向岸上移动。当浪携带贝类移动时,为了不至波浪抛向岸边过高,它伸出足来抑制自己的活动。当浪向岸移动的速度开始下降时,贝类即很快的钻入沙中,因此,浪从沙滩下降时没有把它带向海中。利用这种连续不断的许多浪的力量,贝类沿潮间带向上移动,总是停留在浪击带内。当退潮开始时,紫藤斧蛤改变其行动,它已不在波浪之前自沙中爬出,相反地,当浪从岸上下落时,它才自底质中爬出,这样它就随着潮间带的露出,向下移至海的方向。

为了进行实验和观察,曾选择了稠密栖息着三种斧蛤(楔形斧蛤、肉色斧蛤和热带紫藤斧蛤)的三亚附近的宽阔的沙滩。在浪击带的观察证明三种斧蛤在涨潮时的行动与Mori 描写的紫藤斧蛤相一致(见 296 页脚注②)。当大浪激起、浪花散落时,即刻可以看到一或数只上述种类的斧蛤匆忙地钻入沙中。没有在一定时间内自沙中爬出落于向上移动的浪击带后面的贝类,即在水下停留至下次退潮。涨潮时在水下我们不止一次找到了这种落在后面的三种斧蛤。如果贝类在退潮时的相当的时刻不自沙中爬出,那么它就落于这时向下移动的浪击带的后面,并将在逐渐干涸的潮间带停留至下次涨潮。涨潮和退潮时,在栖息斧蛤的潮间带都有落于不断移动的浪击带后面的斧蛤。因此,大部分斧蛤在一次涨潮或一次退潮过程中,做适当的上下迁移,其迁移范围不是它栖息境界的全部宽度,而仅是其宽度的一部分。同样,可以看到,当波浪携带斧蛤沿潮间带向上迁移时,它们不仅从贝壳内伸出抑制活动的足来,而且也伸出水管。自然,水管也在某种程度上起制动作用,但它的伸出也是为了过滤被击浪弄浑并有很多悬浮分子的海水。当贝类埋于底质内时,水管收入贝壳之中,停止滤水,这就是说,贝类摄取营养,看来是在波浪带它沿着沙面移动的短短的以秒计算的时间内。在涨潮时,斧蛤落在浪击带后面,在水下的那些时间内是否滤水还不清楚。

我们进行观察的沙滩坡度很小,因此即使海面有微小的变化,也会引起水线显著的升降。例如,海面下降 40 厘米(从基准面上 1.1 米至 0.7 米),沙滩即露出约 6 米宽。相应地,和浪击带一起移动的斧蛤也不得不克服这段以米计算的距离。

第一次实验采集和标记了三种、共 90 个斧蛤(表 1)。

表 1　采集和标记的斧蛤

种　名	标记并埋于沙中的贝类数	找到的带标记的斧蛤数	
		移位的	未移位的
楔形斧蛤 *D. cuneatus*	10	8	1
肉色斧蛤 *D. incarnatus*	40	18	13
热带紫藤斧蛤 *D. semigranosus tropicus*	40	11	7
总　　计	90	37	21

在潮间带露出水面的部分,把带标记的贝类埋在和水线平行的基准面上 1.1 米,一条深 3 ~ 4 厘米、长 50 厘米的沟内。实验时正值涨潮(12 月 6 日 18 时 30 分),次日清晨(12月 7 日 3 时 30 分)涨潮达最高水平,即 1.6 米,随后,于当天中午(11 时 30 分)海面降至基准面上 0.64 米(图 1),这时即进行实验标本的收集。为了查明起初潮间带被水淹没,然后又露出水面后,带标记的贝类向何处移动,在潮间带自低潮水面起向上至潮上带划定了 2米宽的地带。在划出这一地带时,应该将埋放带标记斧蛤的地方处于其中部。地带长 11 米。为了使上涨的海水不淹没工作地点,以很快的速度自下面开始沿划定的地带筛洗底质。除了搜集带标记的斧蛤以外,也搜集在调查地带生活的所有不带标记的斧蛤,记录所搜集的全部贝类的数量和它们在基准面上的位置(图 2)。收集的材料表明,在退潮时,未标记的热带紫藤斧蛤分布于潮间带中区的下部,该种大部分带标记的个体也都移至这里。成熟

的未标记的楔形斧蛤位于潮间带中区的上部，带标记的个体上移了。最后在潮间带中区上部也发现了未标记的肉色斧蛤，当然它们所占的地区较前一种稍宽；带标记的肉色斧蛤不移出其成熟个体群集的境界之外[1]。这样，涨潮和退潮好似将标记的贝类按照种类分选一样：一些下降了，另一些上升了。实验清楚地证明，在退潮时不同种的斧蛤占据潮间带一定的层：以我们研究的种类为例，绝大多数的热带紫藤斧蛤分布在基准面上 0.7～1.1 米之间的层，而成熟的楔形斧蛤及绝大多数的肉色斧蛤在 1.1 米以上。

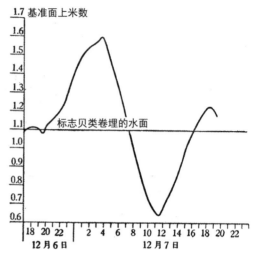

图 1　三亚地区 1959 年 12 月 6 日和 7 日
涨潮 - 退潮曲线

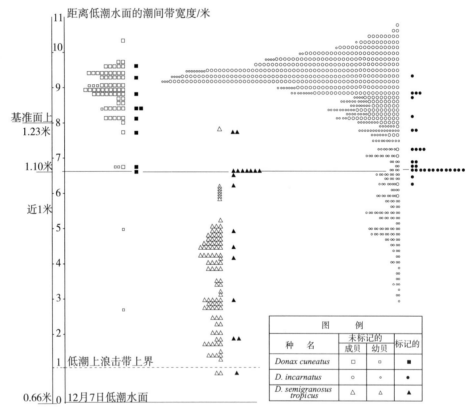

图 2　大退潮时标记的和未标记的楔形斧蛤、肉色斧蛤和热带紫藤斧蛤在潮间带分布位置俯瞰图
（考察地带宽 2 米）

　　在进行实验时，除了搜集成熟贝类外，还发现很多楔形斧蛤和肉色斧蛤的幼贝。如果在图 2 上比较退潮时成贝和幼贝占据的宽度，可以看出幼贝所占地带较宽（表 2）。

---

① 某些标记的斧蛤在原地未动，看来是它们在标记时受到过分的刺激所致（参看表 1）。

表 2　贝类所占地带宽度

种　名	贝类在潮间带所占地带的宽度 / 米	
	成贝	幼贝
楔形斧蛤	3.5	7
肉色斧蛤	5	7

　　同时,这两种的幼贝在潮间带分布的位置均较成贝往下。我们认为这两组年龄不同的贝类分布位置的不同有下列两个原因:首先是正在生长的生物需要较多的营养,因而和成贝相比,需要更长的时间停留在浪击带;其次是在退潮时幼贝的耐旱力较差。

　　此外,我们在退潮时,潮间带中部完全露出时还看到一种情况,即所有种都占据其分布位置的下界边缘,而且在水线以下已没有斧蛤被发现。如果那时退潮不大,例如当水面下降不低于基准面上 0.9 米,而浪击带上界约在 1.2 米时,楔形斧蛤和肉色斧蛤仍占据其下界边缘,即随退潮一起降至基准面上 1.1 米时即不再下降,而和上次涨潮一起上升至 1.1 米以上的热带紫藤斧蛤仍在继续下降。因此在观察时该种的大部分都集中在基准面上 0.5 ~ 1.1 米之间的浪击带(图 3)。如果潮水继续下退,例如,退至 0.65 米,则大部分的紫藤斧蛤均降至 1.1 米以下,并且逐渐落于继续下降的浪击带之后,分散在 1.1 米和 0.6 ~ 0.7 米之间。1.1 米以上只有以前遗留下的少数个体。如果退潮至 0.9 米不再下降时,则热带紫藤斧蛤也不再下降,而且随着下次涨潮开始与浪击带一道沿潮间带上升。

　　为了查明热带紫藤斧蛤

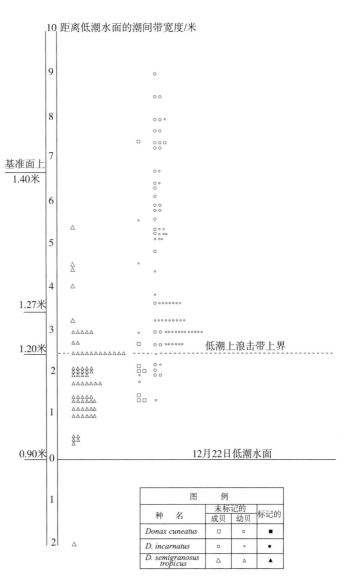

图 3　小退潮时热带紫藤斧蛤、肉色斧蛤和楔形斧蛤在潮间带的分布位置俯瞰图(考察地带宽 2 米)

如何沿潮间带上升和上升的速度,还进行了一个实验。在涨潮开始时,在基准面上 0.7 米,浪击带的上界埋放了 41 个标记的热带紫藤斧蛤。经过 5 小时,当水面达到 1.1 米,筛洗寻找带标记的贝类,总共找到了 7 个个体。其中 1 个已完成 8 米长的路程,并且是在浪击带内,亦即如果继续涨潮,还有可能向上移动。5 个已离开正在上升的浪击带,分布于基准面上不同高度的水下,只有 1 个在原处找到。

最后,在涨潮时,当水面上升达基准面上 1.4 米,而浪击带上界更高一些时,进行观察(图 4)。再次证明,只有个别的个体随涨潮上移至各种斧蛤分布的上部界限。

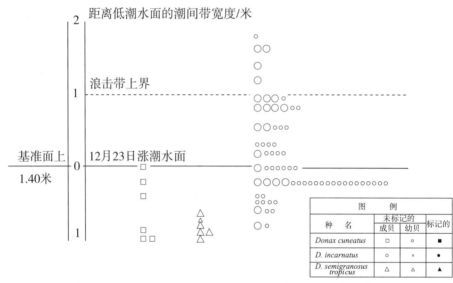

图 4　涨潮时楔形蛤、热带紫藤斧蛤和肉色斧蛤在潮间带分布的位置俯瞰图(考察地带宽 2 米)

豆斧蛤在潮间带的分布位置曾在有这种贝类大量分布的三亚附近的鹿回头和新村港做了清楚的了解。退潮时,豆斧蛤分布于潮间带中区的上部,并且大量集中在相当于基准面上 1.1 米处的,其分布地区的下界。

在鹿回头海滩与豆斧蛤一起的还有大量的 *Atactodea striata*(Gmelin) 和 *Davila crassula* (Reeve)(图 5)。前一种在潮间带的分布位置相当于肉色斧蛤,而后一种分布在潮间带中区上部与下部之间的狭而明显的地带。在贝壳上做标记的实验证明,此蛤是 *Atactodea striata* 或是 *Davila crassula*,都没有涨落潮的迁移。对豆斧蛤也没有获得明确的结果。用做标记的豆斧蛤进行的不止一次实验证明,在一次涨潮期间,它沿潮间带迁移,垂直高度不超过 80 厘米,并且也没有看到它移动的方式。

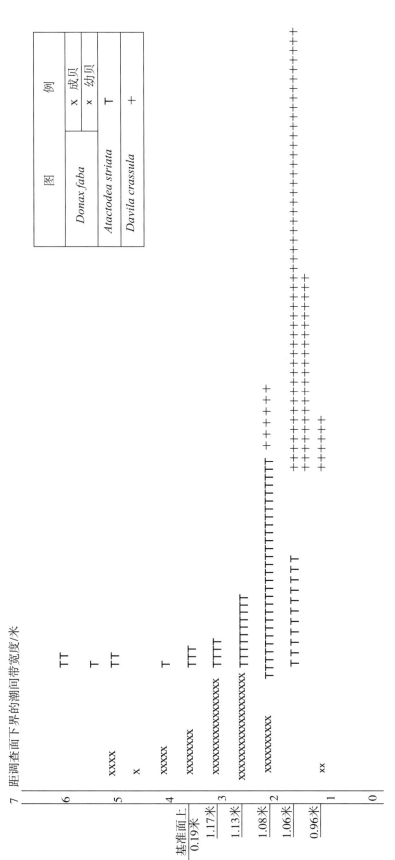

图 5 退潮时豆斧蛤、Atactodea striata 和 Davila crassula 在潮间带分布的位置俯瞰图（考察地带宽 0.5 米）

海南岛所有的斧蛤都栖息在潮间带的中区,在我们进行大部分观察的三亚地区其上部界限是基准面以上 1.3 ~ 1.4 米之间,下界是在 0.6 ~ 0.7 米之间,亦即一昼夜为潮水淹没一次的地区。

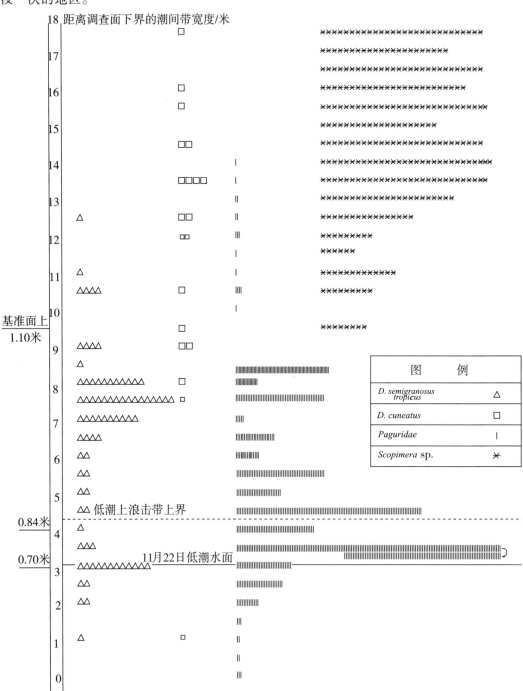

图 6 退潮时热带紫藤斧蛤、楔形斧蛤、寄居蟹(Paguridae)和股窗蟹(Scopimera sp.)在潮间带分布的位置俯瞰图(考察地带宽 0.5 米)

如果比较在退潮时四种斧蛤(图 2、5、6)和同它们在一起的其他动物——各种甲壳类如股窗蟹(*Scopimera* sp.)和寄居虾(*Paguridae*)(图 6)、软体动物如 *Atactodea striata* (Gmelin) 和 *Davila crassula* (Reeve)(图 5)——之间的分布位置,可以看出,潮间带中区可以明显地分为两层:第一层(上层)和第二层(下层)。它们之间的分界线是在基准面上 1.0 ～ 1.1 米之间。

按体积来说,斧蛤是不大的贝类,但是它们在潮间带的一定地区内大量聚集,是生物量的主要部分(表 3)[①]。

表 3 斧蛤在潮间带的分布

种　名	每平方米的最大栖息密度	每个个体平均体重 / 克	每平方米的最大生物量 / 克	基准面上斧蛤聚集区的上、下界位置 / 米
豆斧蛤	452	0.90	407	1.2 ～ 1.1
肉色斧蛤	64	0.97	62	1.4 ～ 1.2
楔形斧蛤	27	3.10	84	1.4 ～ 1.2
热带紫藤斧蛤	64	0.53	34	1.1 ～ 0.7

了解斧蛤的生物学和它们在潮间带聚集地区的确切位置,可为采集这些食用贝类提供某些建议。

就采集的容易程度来说,以豆斧蛤占居首位,因为它们在潮间带较狭的地区大量聚集(图 3)。豆斧蛤与海南岛的其他斧蛤不同,它栖息在击岸浪较弱的海滩,因此在任何天气都可采集。最简单的采集这种贝类的方法不是在退潮时自沙中掘出,而是当水面为基准面上 1.1 ～ 1.2 米,亦即豆斧蛤聚集地区时,用铁铲或小木板铲出冲洗。

栖息在同一分布区的肉色斧蛤和楔形斧蛤占第二位(见表 3)。其栖息密度较前面一种为低,但是个体的平均重量却高些。采集这两种贝类需在退潮时挖掘基准面上 1.2 ～ 1.4 米之间的潮间带地区。热带紫藤斧蛤由于体积较小,不能视为经济对象。

参考文献

[1] Скарлато О А. 1959. К биологии двустворчатых моллюсков рода *Donax* Linné острова Хайнань. *Oceanologia* et *Limnologia Sinica*, 2(3): 180-189, на китайском и русском языках.

[2] Mori S. 1938. *Donax semigranosus* Dkr. and the experimental analysis of its behavior at the flood tide. *Dobutsugaku Zasshi*, 50 (1): 1-12.

[3] Mori S. 1950. Characteristic tidal rhythmic migration of a mussel *Donax semigranosus* Dkr. and the experimental analysis of its behavior. *Dobutsugaku Zasshi*, 59(4): 88-89.

[4] Turner H J, Belding D L. 1957. The tidal migrations of *Donax variabilis* Say. *Limnology* and *Oceanography*, 2(2): 120-124.

––––––––––––––––––––

① 表 3 指出的是贝类的酒精浸后的重量,最高生物量也是按酒精重量计算。

中国海软体动物区系区划的初步研究[①]

  中国海软体动物的种类相当丰富,但是在 1949 年之前,对这些种类进行研究的却很少。在国内仅有葛利浦和金叔初(1928)[40]、金叔初和秉志(1931—1936)[47]、秉志和阎敦建(1932)[57]、阎敦建(1933,1935,1936,1942)[69-73]、张玺(1934,1936,1937,1940)[4-7,65] 的一些报道。国外的学者如 Reeve & Sowerby (1842—1878)[58]、Martini und Chemnitz (1838—1914)[55]、Kiener et Fischer (1834—1879)[46]、Tryon (1879—1898)[66]、Lischke (1869—1874)[54]、Crosse H. (1862)[35]、Adams A. (1861, 1864)[30-32]、Adams, H. & A. (1858)[33]、Desbayes(1874)[36]、Sowerby(1894, 1914)[61,62]、Watson(1886)[67]、Jones & Preston (1904)[45]、Annadale & Prashad (1924)[34]、Jaeckel (1929)[43]、Sasaki(佐佐木望,1929)[59]、Tan (丹桂之助,1930, 1932)[63,64]、野村七平和神保惠(1934)[25]、大塚弥之助(1936)[24]、黑田德米(1928—1935,1938,1940)[27,48-52] 等在他们的软体动物的专著或论文中对中国海的种类也有一些零星记载。这些报道和记载所涉及的范围多限于某些地区和某些类别,因此对中国海软体动物的研究来说都不够系统,很少有按科、属进行系统分类的研究。至于对中国海软体动物的区系区划问题研究得就更少了。Woodward (1858)[68] 曾根据世界各海软体动物的组成和分布规律将世界海洋划分为 18 个“省”,把中国海笼统地包括在“印度太平洋省”以内。1869 年 Lischke[54] 根据日本的种类与世界上各主要动物地理区的种类做了比较,特别是提出了日本和中国,日本和菲律宾,日本、中国和菲律宾的共有种名录,为中国海软体动物区系与日本、菲律宾等邻近海区的紧密关系提供了证据。1886 年 Hoyle[42] 根据头足类的材料将世界海洋划为 17 个区,将中国的黄、渤海列入“日本区”,而将东海和南海列入“印尼 - 马来区”。1887 年 Fischer[38] 基本上采用了 Woodward 的划法,也将中国海完全划入“印度太平洋省”的范围之内,但是他曾指出朝鲜以南的部分中国沿海(应该是指中国北部沿海而言的)与日本的软体动物区系几乎相同,似乎可以考虑划为“日本省”的一部分。Ekman (1953)[37] 将“印度西太平洋区”的北界划在朝鲜海峡北部,而将“印尼 - 马来亚区”(Indo-Malayan region)的东北界划在琉球群岛北部,西北界划在中国的浙江省沿岸,不言而喻,他是将中国的浙江以北和以南划归不同的两个动物地理区的。Schilder

---

① 张玺、齐钟彦、张福绥、马绣同(中国科学院海洋研究所)载《海洋与湖沼》,1963 年,第 5 卷第 2 期,124～138 页,科学出版社。中国科学院海洋研究所调查研究报告第 229 号;本文曾于 1962 年 6 月及 9 月先后在青岛由中国海洋湖沼学会和中国科学院海洋研究所共同召开的海洋动植物区系学术论文讨论会以及在苏联列宁格勒由太平洋西部渔业研究委员会召开的太平洋西部动物区系和藻类区系学术讨论会上宣读过,会后略有补充修改。

（1938）[60] 根据世界宝贝科（Cypraeidae）的种类和分布,将中国的福建省福州以南至广东省广州附近的沿海和日本本州中部以南沿海划为"日本区",将中国广东省广州以南的其余沿岸和海南岛、西沙群岛划入"苏禄海区"（Sulu Sea region）,我们认为他将中国海的一部分与日本南部划为一个动物地理单位的意见是比较合理的。但是必须指出所有这些作者对中国的资料掌握得都不算多,因而对中国沿海软体动物的区系区划问题都很少讨论。

最近十几年来,我们在中国沿海系统地进行了软体动物种类的调查,获得了不少资料,除已经对大部分种类进行了初步鉴定,基本上掌握了它们在中国海分布的状况以外,还对 Mytilidae、Pinnidae、Ostreidae、Veneridae、Cardidae、Solenidae、Pholadidae、Cypraeidae 等科进行了系统的研究。利用这些资料,加上以往学者们所记载的一些种类,我们初步对中国海软体动物区系的区划问题进行了一些分析,并与邻近的日本沿岸进行了比较,提出了一些与前人不尽相同的意见。但是由于分析得尚不够深入,掌握的资料也还不够系统和完整,所以有些问题还很难做出肯定的结论,需要今后进一步的研究。

一、中国各海区软体动物区系的基本概况

（一）黄海和渤海

黄海和渤海是一个半封闭的浅海,水深一般不超过 80 米,盐度一般在 34 以下,除黄海中部底层为冷水团所影响的区域外,水温的季节变化幅度都相当大,黄海南部由于受暖流的影响,水温略高。栖息在这一海区的软体动物约有 400 种,大致可分为下列几个类群。

（1）暖水性种类,例如：*Monodonta labio*、*Phalium strigatum*、*Natica maculosa*、*Batillaria zonalis*、*Thais clavigera*、*Arca granosa*、*Arca inflata*、*Modiolus atrata*、*Modiolus metcalfei*、*Pinna pectinata*、*Ostrea plicatula*、*Ostrea pestigris*、*Venerupis philippinarum*、*Venerupis variegata*、*Meretrix meretrix*、*Solen grandis*、*Barnea fragilis*、*Barnea dilatata* 等。这一类群的种类在黄、渤海所占的比例较大,它们主要分布在马来西亚,甚至印度西太平洋的低纬度海域,也有很多分布到日本沿岸,而且有一些为中国、日本的特有种。在这些种类中,*Venerupis variegata*、*Venerupis philippinarum* 和 *Meretrix meretrix* 等在这一海区得到了充分的发展,成为软体动物中很占优势的种类。

在暖水性的种类中,还包括一些暖水性较强的种,例如 *Oliva mustelina*、*Hemifusus tuba*、*Ficus subintermedius*、*Fusinus longicauda* 等,它们仅分布于黄海南部,不再向北延伸。

（2）温带性种类,这一类型的种类比暖水性种少,它们在中国海的分布一般都仅限于黄、渤海,长江口附近是它们分布的最南界限,例如 *Mytilus edulis* 是两极同源种,*Trichotropis bicarinata*、*Trophonopsis clathratus*、*Modiolus modiolus* 和 *Mya arenaria* 为环北极种,*Natica janthostoma* 和 *Cliocardium californense* 为太平洋两岸连续分布种,它们在黄、渤海都有分布,是属于寒温带性质的种。另外一些种类如 *Haliotis gigantea discus*、*Puncturella nobilis*、*Turritella fortilirata*、*Neptunea cumingi*、*Chlamys farreri*、*Ostrea talienwhanensis*、*Saxidomus purpuratus*、*Mactra sulcataria* 等是分布在远东亚区南半部的种,它们分布的北界为日本海或鄂霍次克海南端,这些种应该是一些暖温带性质的种类。在黄、渤海,有些种类如 *Mytilus edulis*、*Chlamys farreri*、*Ostrea talienwhanensis* 等都得到了

充分的发展,成为这个海区的优势种类。

(二)东海

东海为黑潮暖流的流经区,冬季大陆沿岸又受沿岸冷流的影响,所以水温的年度变化较大。盐度一般较黄、渤海高,仅近岸处在 33 以下。这一海区栖息的软体动物除了有极个别的温带性种如 *Modiolus modiolus* 少许分布以外,都是暖水性种类。有很多暖水性的科向北分布的界限,一般都不超出东海(参看表 2 和图 1)。许多南北方都有分布的科中也有不少属、种分布的北界也仅达到这一海区的北部边缘,例如 *Septifer*、*Bankia* 等属和 *Rapana bezoar*、*Lithophaga curta*、*Pinna penna*、*Ostrea echinata*、*Paphia exarata* 等种类。许多暖水性种类,如 *Arca granosa*、*Ostrea plicatula*、*Venerupis variegata*、*Sinonovacula constricta*、*Tellina iridescens*、*Sepiella maindroni* 等都有很大的数量,构成经济价值很大的软体动物。

东海东侧的琉球群岛以及台湾的东、南沿岸因受黑潮主流的影响,如表 5 所列的很多暖水性强的种类也都分布到这里。

(三)南海

南海的软体动物都属暖水性质,种类比黄、渤海和东海都有显著的增加,许多科,如 Harpidae、Vasidae、Strombidae、Planaxidae、Magilidae、Vulsellidae、Tridacnidae、Chamidae 等都是在东海大陆沿岸所见不到或极少见到的。在这一海区很多种,如 *Mytilusviridis*、*Pinctata martensii*、*Pedalion* spp.、*Amussium* spp.、*Ostrea rivularis*、*Glaucomya sinensis*、*Strombus* spp.、*Cypraea* spp. 等都得到了充分的发展。

海南岛南部,西沙群岛等地与南海的大陆沿岸不同。它具有许多典型的与珊瑚礁有紧密联系的热带性种,例如 *Trochus* spp.、*Turbo* spp.、*Cassis cornatus*、*Charonia tritonis*、*Cypraea* spp.、*Conus* spp.、*Tridacna* spp.、*Hippopus hippopus*、*Pedalion* spp.、*Codakia* spp. 等,都是中国海大陆沿岸所见不到的。

从以上我国各海软体动物区系的基本情况来看,它的组成成分中有一部分是来自北方的寒温带种,它们仅分布于黄、渤海区,不再向南延伸;有一部分是来自南方的暖水种,它们在我国各海区都有分布,但是从北向南种的数目逐渐增多;此外还有一部分种是分布范围以中国、日本为中心的中国和日本的特有种,其中有一些种类仅分布于我国的黄、渤海和日本北部,是属于温带性质的,另一些在我国可以分布到东海和南海,在日本也可以分布到南部沿岸,是属于暖水性质的。自北向南除暖水性种类逐渐增加以外,种的暖水性质也逐渐加强,到台湾东南部、海南岛南端和西沙群岛等地则表现出比较典型的热带软体动物区系的性质(表 1)。

二、中国海软体动物区系的地理区划

从我们已经查明的、分布范围不是遍及全国沿岸的 35 个暖水性科在我国沿海分布的界限看来,可以清楚地看出,科的数目从北向南不是均衡地逐渐递增,而是在长江口附近、厦门附近和海南岛南端三处增加得特别显著,其中尤以长江口附近增加得更为突出(参看

表2、图1）。

从分布在我国北部的一些温带性质的种，如 *Ocinebrellus falcatus*、*Neptunea cumingi*、*Neptunea taeniata*、*Mytilus edulis*、*Mactra sulcataria*、*Cardium muticum* 等，向南都不超过长江口和一些典型的热带性种，例如 *Tridacna* spp.、*Pedalion* spp.、*Conus* spp.、*Cypraea* spp. 等的分布北界都不超过海南岛南端的情况，可以更清楚地显示出长江口和海南岛南端的这两条界线。厦门附近的界限，虽然科的数目也有显著的增长，但从性质来看，从厦门往南并没有出现像海南岛南端那样的典型的热带性种；从厦门往北也基本上没有发现温带性种类。根据这些情况，我们考虑以长江口南侧和海南岛南端这两条界线将我国海划分为三个不同的软体动物区可能是适当的（厦门附近仅能考虑作为次一级软体动物区系地理单位的界线）。

（一）长江口以北的黄海和渤海海区

这一海区的软体动物主要是由广泛分布的暖水性种组成，但是它也具有相当数量的温带种，而且有不少的温带种数量相当丰富（其中包括寒温带种），另外一些暖水性较强的种一般都停留在长江口以南，不进入黄、渤海。从该海区的这些特征来看，似乎可以认为它是暖温带性质的，但由于我们对这一区域的软体动物种类的性质和不同性质的种类所占的确切比例掌握得还不够全面，因此，肯定的结论还有待于今后进一步的研究。

此外，应该指出：在黄海西南部的一个三角地带，有个别暖水性较强的种，如 *Oliva mustelina*、*Hemifusus tuba*、*Ficus subintermedius* 等进入，因此该处似乎是一个与东海相联系的过渡带。

表 1 中国各海某些科软体动物的组成成分和中国、日本共有种所占百分比表

Table 1 Components of certain molluscan families in different seas of China

	①科　名		贻贝科 Mytilidae	江珧科 Pinnidae	牡蛎科 Ostreidae	帘蛤科 Veneridae	鸟蛤科 Cardiidae	蛏科 Solenidae	宝贝科 Cypraeidae	海笋科 Pholadidae	共计
	②全国共有种数		30	9	21	99	30	17	42	19	267
黄海和渤海 Yellow Sea and Pohai	③总种数		8	1	7	14	3	8	0	6	47
	④南方起源的种（暖水种）	⑧种数	2	1	4	5	0	4	0	3	19
		⑨百分比	25%	100%	57%	36%	0	50%	0	50%	40%
	⑤北方起源的种（寒温带种）	⑧种数	2	0	0	0	1	0	0	0	3
		⑨百分比	25%	0	0	0	33%	0	0	0	6.4%
	⑥中、日特有种	⑧种数	4	0	3	9	2	4	0	3	25
		⑨百分比	50%	0	43%	64%	67%	50%	0	50%	53%
	⑦中、日共有种	⑧种数	8	1	6	12	3	6	0	4	40
		⑨百分比	100%	100%	86%	86%	100%	75%	0	67%	85%
	③总种数		10	2	10	21	2	8	2	8	63
	④南方起源的种（暖水种）	⑧种数	5	2	7	10	1	5	1	4	35
		⑨百分比	50%	100%	70%	48%	50%	62.5%	50%	50%	56%

科 名			贻贝科 Mytilidae	江珧科 Pinnidae	牡蛎科 Ostreidae	帘蛤科 Veneridae	鸟蛤科 Cardidae	蛏科 Solenidae	宝贝科 Cypraeidae	海笋科 Pholadidae	共计
东海 East China Sea	⑤北方起源的种（寒温带种）	⑧种数	1	0	0	0	0	0	0	0	1
		⑨百分比	10%	0	0	0	0	0	0	0	2%
	⑥中、日特有种	⑧种数	4	0	3	11	1	3	1	4	27
		⑨百分比	40%	0	30%	52%	50%	37.5%	50%	50%	42%
	⑦中、日共有种	⑧种数	10	2	7	17	2	5	2	4	49
		⑨百分比	100%	100%	70%	81%	100%	62.5%	100%	50%	78%
南海大陆沿岸 Southern China coast	③总种数		25	7	13	75	26	13	16	16	191
	④南方起源的种（暖水种）	⑧种数	18	7	13	50	23	10	15	11	147
		⑨百分比	72%	100%	100%	67%	89%	77%	94%	92%	80%
	⑤北方起源的种（寒温带种）	⑧种数	0	0	0	0	0	0	0	0	0
		⑨百分比	0	0	0	0	0	0	0	0	0
	⑥中、日特有种	⑧种数	7	0	0	25	3	3	1	4	43
		⑨百分比	28%	0	0	33%	11%	23%	6%	33%	23%
	⑦中、日共有种	⑧种数	22	5	8	34	16	7	16	8	116
		⑨百分比	88%	71%	62%	45%	62%	54%	100%	50%	61%
海南岛南端与西沙群岛 Southern tip of Hainan and Si-sha	③总种数		18	9	14	67		5	42	8	163
	④南方起源的种（暖水种）	⑧种数	13	9	14	57		4	41	7	145
		⑨百分比	72%	100%	100%	85%		80%	98%	87%	89%
	⑤北方起源的种（寒温带种）	⑧种数	0	0	0	0		0	0	0	0
		⑨百分比	0	0	0	0		0	0	0	0
	⑥中、日特有种	⑧种数	5	0	0	10		1	1	1	18
		⑨百分比	28%	0	0	15%		20%	2%	13%	11%
	⑦中、日共有种	⑧种数	15	6	8	28		3	41	4	105
		⑨百分比	83%	67%	57%	42%		60%	98%	50%	64%

注：Cardidae 是将南海大陆沿岸与海南岛南部及西沙群岛合起来统计的

① Family; ② Total number of species in China; ③ Total number of species; ④ Species of southern origin (warm-water species); ⑤ Species of northern origin (boreal species); ⑥ Endemic to China and Japan; ⑦ Species common to both China and Japan; ⑧ Number of species; ⑨ Percentage

表 2　35 个暖水性科的软体动物在中国近海分布的北限

Table 2　The northern limit of the distribution of 35 warm water families of Mollusca in China Sea

科　别 Family	分布北限（北纬） Northern limit (N)	科　别 Family	分布北限（北纬） Northern limit (N)
Neritidae	30°00′	Harpidae	23°00′
Turritellidae	38°55′	Volutidae	33°30′
Solaridae	29°00′	Marginellidae	24°15′
Vermetidae	30°45′	Conidae	29°30′
Planaxidae	22°15′	Alpysiidae	37°00′
Xenophoridae	31°00′	Phyllidiidae	19°00′
Strombidae	22°30′	Hexabranchidae	18°00′
Cypraeidae	28°00′	Fimbriidae	30°00′
Cassidae	31°00′	Vulsellidae	23°00′
Bursidae	31°15′	Pteriidae	30°30′
Doliidae	27°30′	Plicatulidae	28°00′
Ficidal	30°30′	Spondylidae	24°15′
Magilidae	18°00′	Crassitellidae	31°00′
Galeodidae	34°30′	Isocardiidae	21°30′
Fasciollariidae	33°30′	Chamidae	24°15′
Olividae	34°00′	Tridacnidae	18°00′
Mitridae	30°00′	Clavagellidae	20°30′
Vasidae	22°15′		

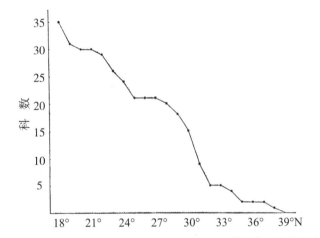

图 1　35 个暖水性科的软体动物在中国沿海的分布范围（示科的数目由北向南递增的情况）

Fig. 1　The variation in number of warm water molluscan families with the latitudes in China Sea

（二）长江口以南沿中国大陆近海（包括台湾西北岸及海南岛北部海区）

这一区包括东海和南海的大陆沿岸两个部分。这两个部分除了南海的暖水种类更多一些以外，没有明显的差别。它们共同的特点是基本上没有在黄、渤海分布着的寒温带种，也没有像海南岛南端的、与珊瑚礁紧密联系的典型热带种。我们认为这些特征似乎表现着亚热带性质。

（三）台湾东南岸、海南岛南端及其以南海区

这一区的特点是除了具有如前一区南部所有的暖水种以外，还有很多典型的热带种，

这些种常是与珊瑚礁紧密相连的,例如 *Tridacna* spp.、*Hippopus hippopus*、*Cassis cornutus*、*Pedalion* spp. 等。这一区的软体动物区系是典型的热带性质。

三、中国海软体动物区系与日本沿岸软体动物区系的关系

中国海的软体动物区系,无论是从种类组成来看或是从分布特点来看,都与日本沿海的软体动物区系有很密切的联系。为了便于与日本沿海相比较,我们在划分了我国沿海的软体动物区系以后,根据中国和日本共有种的分布状况,找出了日本沿岸热带和亚热带软体动物区系的北部界限。

表3 向北分布止于长江口附近的一些中国、日本共有种在日本分布的北部界限

Table 3 The northern limit of distribution of certain species which are common to China and Japan and are restricted to the vicinity of the mouth of Yangtze River along China coast

种 名 Species	中国近海 China Sea	日本沿岸 Coasts of Japan	
		太平洋沿岸(北纬) Pacific coast (N)	日本海沿岸(北纬) Coast of Sea of Japan (N)
Conus australis	28°00′	34°	
C. orbignyi	29°30′	35°	36°
Oliva mustelina	34°00′	35°	36°
Ancilla rubiginosa	28°00′	35°	
Ficus subintermedius	33°30′	35°	36°
Xenophora exuta	31°00′	35°	40°
X. calculifera	28°00′	34°	
Fusinus longicauda	32°00′	34°	
Hemifusus ternatanus	32°30′	35°	40°
Bursa rana	31°15′	35°	
Serpulorbis imbricata	30°45′	35°	
Palmadusta gracilis japonica	27°00′	35°	40°
Volva volva	29°30′	34°	36°
Dolium zonatum	27°00′	35°	
Rapana bezoar	29°30′	42°	
Turbo cornutus	31°00′	35°	41°
Turris leucotropis	33°00′	35°	38°
Turritella fascialis	30°00′	35°	41°
Natica bibalteata	29°00′	34°	
Sinum javanicum	29°30′	34°	36°
Polynices sagamiensis	28°00′	35°	38°
Murex rectristris	29°30′	34°	
Hindsia acuminata	28°00′	34°	
Nassarius clathratus	30°00′	35°	42°
Fulgoaria rupestris	29°30′	34°	36°
Terebra lima	29°30′	35°	37°
T. triseriata	30°00′	34°	
Dentalium vernedei	29°30′	34°	
Septifer bilocularis	30°00′	36°	
S. virgatus	31°00′	42°	44°

续表

种 名 Species	中国近海 China Sea	日本沿岸 Coasts of Japan	
		太平洋沿岸（北纬） Pacific coast (N)	日本海沿岸（北纬） Coast of Sea of Japan (N)
Lithophaga curta	31°00′	35°	41°
Crassatella nanus	30°30′	35°	37°
Siliqua albida	29°00′	33°	
Pteria zebra	30°30′	35°	
Pinna penna	29°00′	35°	
Aloides scaphoides	29°30′	34°	37°
Paphia exarata	31°00′	35°	
*Gastrochaena grandi*i	30°30′	34°	

表 4 向北分布止于长江口附近的一些中国、日本共有种分布在日本沿岸不同纬度的种数

Table 4 Summary of Table 3, showing the number of species at different latitude, that is, at their northern limit of distribution in Japan

北纬（N）	种数 Number of species	
	日本太平洋沿岸 Pacific coast of Japan	日本海沿岸 Coast of Sea of Japan
33°	1	0
34°	13	0
35°	21	0
36°	1	6
37°	0	3
38°	0	2
39°	0	0
40°	0	3
41°	0	3
42°	2	1
43°	0	0
44°	0	1

根据表 3 所列举的，在我国沿海分布界限止于长江口附近的中国和日本的共有种，在日本东西两岸分布的界限可以归纳成表 4。从表 4 可以清楚地看出，表 3 所列举的种类在日本分布的北界在太平洋沿岸大多在 35°N 附近，在日本海沿岸大多在 36°N 附近。根据这一资料，大致可以看出，作为我国沿海亚热带性质的软体动物区系的北界的长江口与日本太平洋沿岸的 35°N 附近（即铫子附近）和日本海沿岸 36°N ～ 38°N 附近（即能登半岛附近）大致相当。因此，我们认为日本亚热带软体动物区系的北界在太平洋沿岸约为铫子附近，在日本海沿岸约在能登半岛，这与野村等（1936）[56] 所划的太平洋沿岸的 Kii-Kwanta 省的北界和日本海沿岸的 Noto-San-in 省的北界大致相当。

根据表 5 所列举的向北仅分布于海南岛南端的中国和日本的共有种，在日本分布的北界来看,它们大多止于奄美大岛附近,因此,我们认为作为我国海亚热带和热带软体动物区系界限的海南岛南端的界线约与日本以南的奄美大岛相当,奄美大岛附近可认为是日本亚热带软体动物区系的南界。

中国海和日本沿海所共有的软体动物种类相当多,而且在这些种中还有不少的中国和日本的特有种。从我们了解得比较完整的 Mytilidae、Pinnidae、Ostreidae、Veneridae、Cardidae、Solenidae、Pholadidae 和 Cypraeidae 等科的 267 种软体动物看来(见表 1),在黄、渤海共有 47 种,其中中、日共有种有 40 种,占 85%,中、日特有种有 25 种,占 53%;在东海共有 63 种,其中中、日共有种有 49 种,约占 78%,中、日特有种有 27 种,约占 42%;南海大陆沿岸和海南岛北部共有 191 种,其中中、日共有种有 116 种,约占 61%,中、日特有种 43 种,约占 23%;海南岛南端及西沙群岛共有 163 种,其中中、日共有种 105 种,约占 64%,中、日特有种 18 种,约 11%。从这个资料可以充分看出中国海软体动物的成分和日本沿海的相似程度。

表 5 典型的热带种在中国海和日本沿岸分布的北限

Table 5 The northern limits of distribution of certain pure tropical species of Mollusca occurring in both China and Japan

种 名 Species	中国产地 Habitat in China	日本产地 Habitat in Japan
Haliotis ovina	三亚、台湾	萨南诸岛
Trochus niloticus maximus	三亚	萨南诸岛
Strombus lentiginosus	三亚、台湾	奄美
Pterocera lambis	三亚、台湾	奄美
P. chiragra	三亚、台湾	奄美
Cassis cornuta	西沙、台湾	奄美
Charonia tritonis	西沙	琉球
Conus marmoreus	西沙	萨南诸岛
C. litteratus	西沙、台湾	琉球
Turbo petholatus	西沙	奄美
T. marmoratus	三亚、台湾	奄美
Mitra mitra	西沙	萨南以南
Talparia argus	西沙	琉球
Mauritia mappa	西沙	琉球
M. mauritiana	三亚	琉球
M. scurra	西沙	琉球
Tridacna squamosa	三亚	萨南诸岛以南
T. cookiana	西沙	冲绳、小笠原
T. maxima	台湾	奄美
T. elongata	三亚、台湾	奄美
T. crocea	三亚	奄美
Hippopus hippopus	西沙	奄美
Codakia punctata	西沙	琉球
C. tigerina	三亚	琉球
Beguina semi-orbiculata	三亚、台湾	冲绳

中国和日本的特有种,从北向南逐渐减少(表 1),从它们在中国和日本沿岸分布的状况(见表 6、7)来看,大体上可分为三个类型。

（1）有一些种类在日本太平洋沿岸分布的北界在 39°N ～ 45°N 附近，在我国仅分布于黄、渤海区，它们应该是属于暖温带性质的。

（2）有一些种类在日本太平洋沿岸分布的北界在 34°N ～ 36°N 附近，在我国则基本上都是分布在长江口以南海区，这些种类可认为是亚热带性质的。

（3）有一些种类在日本太平洋沿岸分布的北界在 39°N ～ 42°N 附近，但在我国则是广泛地区分布在各海区，它们应该是暖温带 - 亚热带性质的种。

根据中国海及其邻近海域软体动物的种类组成及分布特点，我们初步认为我国海南岛北部、长江以南的大陆沿岸、台湾岛西北部沿岸，以及日本太平洋沿岸的铫子以南、日本海沿岸的能登半岛以南和奄美大岛以北的范围（不包括奄美大岛），应该作为一个动物地理单位看待，该范围内的软体动物区系是亚热带性质的。这样我们就将 Ekman[37] 的"印尼 - 马来亚区"的北界线由我国的浙江沿岸向南推移至海南岛南端及台湾东南部，而将他的"亚热带日本亚区"的范围扩展到包括我国长江口以南的大陆沿岸、台湾西北岸和海南岛北部在内的我国东海和南海海域。我们认为 Ekman（1935）[37] 的"亚热带日本亚区"应该同我国长江口以南的大陆沿岸、海南岛北部和台湾西北岸合并为亚热带性质的"中国 - 日本亚区"。这个亚区以南属于热带性质的"印尼 - 马来亚区"，这个亚区以北的我国黄、渤海和日本北部沿海是暖温带性质的，它们是北太平洋温带区远东亚区的一部分。

表 6　中国、日本特有种的分布范围

Table 6　The limits of distribution of certain species which are endemic to China and Japan

种　名 Species	中国 China		日本 Japan			
			太平洋沿岸 Pacific coast		日本海沿岸 Coast of Sea of Japan	
	南限 Southern limit (N)	北限 Northern limit (N)	南限 Southern limit (N)	北限 Northern limit (N)	南限 Southern limit (N)	北限 Northern limit (N)
Haliotis gigantia discus	36°00′	39°00′		40°		41°
Puncturella nobilis	38°00′		39°	46°	36°	46°
Chlorostoma rustica	22°00′	39°00′		51°		43°
Turbo cornuta	22°00′	30°00′	26°	35°		41°
Dolium zonatum	18°00′	27°00′		35°		
Rapana bezoar	18°00′	29°30′		42°		
Babylonia lutosa	21°30′	27°30′	25°			
Hemifusus tuba	20°00′	26°00′		34°		
Leda yokoyamai	34°00′	38°45′	33°	40°	32°	41°
Brachidontes senhausii	21°00′	40°00′		43°		45°
Lithophaga curta	22°30′	25°30′	26°	35°		41°
L. zittelliana	18°00′	22°30′		35°		
Pinctata martensii	18°00′	23°30′	29°	35°		37°
Chlamys farreri	36°00′	39°00′				43°
Anomia cytaeum	20°00′		28°	39°		41°

种　名 Species	中国 China		日本 Japan			
	南限 Southern limit (N)	北限 Northern limit (N)	太平洋沿岸 Pacific coast		日本海沿岸 Coast of Sea of Japan	
			南限 Southern limit (N)	北限 Northern limit (N)	南限 Southern limit (N)	北限 Northern limit (N)
Chama dunkeri	18°00′	24°00′	26°	35°		40°
Cardium muticum	33°30′			41°		41°
Dosinia japonica	18°00′	40°00′	31°	42°		43°
D. angulosa	21°00′	23°30′		41°		41°
D. biscocta	19°00′	40°00′	34°	35°		
D. gibba	20°00′	40°00′	35°	35°		
D. orbiculata	18°00′	23°30′	31°	35°		36°
Gomphina veneriformis	18°00′	37°30′		35°		
G. melanaegis	36°00′	39°00′	31°	42°		43°
Protothaca jedoensis	35°30′	40°00′	31°	39°		42°
P. euglypta	36°00′	39°00′	35°	45°		46°
Meretrix lamarcki	18°00′	21°30′		34°		37°
Irus nictis	18°00′			41°		37°
Paphia euglypta	21°30′	25°30′	31°	39°		41°
Venus albina	18°00′	30°00′	31°	36°		41°
Cyclina sinensis	18°00′	40°00′		41°		41°
Clementia vahelcti	36°00′	40°00′	33°	39°		41°
Saxidomus purpurtus	37°30′	39°00′	32°	42°		
Mactra sulcataria	36°00′	41°00′	31°	41°		41°
M. quadrangularia	18°00′	38°00′		39°		37°
Sanguinolaria olivacea	34°30′	40°00′	30°	41°		41°
Gastrana yantaiensis	24°30′	39°00′	36°	43°		43°
Solen gauldi	21°30′	40°00′	31°	42°		42°
Sinonovacula constricta	21°00′	40°00′		34°		
Siliqua pulchella	36°00′	40°00′	31°	39°		40°
Solenocultus divaricatus	18°00′	36°00′		39°		41°
Martesia yoshimauri	22°00′	40°00′	34°			37°

表 7 中国、日本特有种在日本沿海分布的北界止于各个纬度的种数

Table 7 Summary of Table 6, showing the number of species at different latitude, that is, at their northern limit of distribution in Japan

北纬(N)	种数 Number of species	
	太平洋沿岸 Pacific coast	日本海沿岸 Coast of Sea of Japan
34°	3	0
35°	10	0
36°	1	1
37°	0	5
38°	0	0
39°	7	0
40°	2	2
41°	6	14
42°	5	2
43°	2	5
44°	0	0
45°	1	1
46°	1	3
51°	1	0

参考文献

[1] 马绣同 . 1962. 中国近海宝贝科的研究 . 动物学报(分类区系增刊), 14: 1-30.

[2] 吴宝华 . 1956. 浙江舟山蛤类的初步调查 . 浙江师范学院学报,(2): 297-321.

[3] 李国藩 . 1956. 广东汕尾海产软体动物的初步调查 . 中山大学学报(自然科学版),(2): 74-91.

[4] 张玺, 相里矩 .1936. 胶州湾及其附近海产食用软体动物之研究 . 北平研究院动物学研究所中文报告汇刊第 16 号 .

[5] 张玺, 相里矩 . 1936. 中国海岸几种牡蛎 . 生物学杂志, 1 (4): 29-51.

[6] 张玺, 1937. 烟台海滨动物之分布 . 北平研究院动物学研究所中文报告汇刊第 7 号 .

[7] 张玺, 赵汝翼, 赵璞 . 1940. 山东沿海之前鳃类 . 中法大学理学院特刊: 1-40. 图版 7 幅 .

[8] 张玺, 齐钟彦, 李洁民 . 1955. 中国北部经济软体动物 . 北京: 科学出版社 .

[9] 张玺, 齐钟彦, 李洁民 . 1955. 中国北部沿海的船蛆及其形态的变异 . 动物学报, 7(1): 1-16.

[10] 张玺, 楼子康 . 1956. 中国牡蛎的研究 . 动物学报, 8 (1): 65-94.

[11] 张玺, 齐钟彦, 李洁民 . 1958. 中国南部沿海船蛆的研究（Ⅰ）. 动物学报, 10 (3): 242-257.

[12] 张玺, 齐钟彦 . 1959. 中国南海经济软体动物区系 . 海洋与湖沼, 2 (4): 268-277.

[13] 张玺, 楼子康 . 1959. 牡蛎 . 北京: 科学出版社 .

[14] 张玺 . 1959. 中国黄海和东海经济软体动物区系 . 海洋与湖沼, 2 (1): 27-34.

［15］张玺，齐钟彦，李洁民．1960.中国的海笋及其新种．动物学报，12（1）：63-87.

［16］张玺，齐钟彦，等．1960.南海的双壳类软体动物．北京：科学出版社.

［17］张玺，齐钟彦，董正之，李复雪．1960.中国沿海的十腕目（头足纲）.海洋与湖沼，3（3）：188-204.

［18］张玺，齐钟彦，等，1962.中国经济动物志——海产软体动物．北京：科学出版社.

［19］赵汝翼．1958.大连沿岸的腹足类．东北师大科学丛刊（生物），1：1-14.

［20］熊大仁．1949.西、南沙群岛贝类之初步调查．学艺，18（2）：19-24.

［21］潘次浓．1958.南海栉鳃目（腹足纲）志（一）.咸淡水生物学丛刊：45-70.

［22］蔡英亚．1958.福建平潭岛软体动物的初步调查．集美学报，2：1-8.

［23］蔡英亚．1962.闽南习见瓣鳃纲贝类的调查．集美学报1（总第五期）：18-30.

［24］大塚弥之助．1936.台湾南部の貝类．日本貝类学杂志（The venus），6（3）：155-162；6（4）：232-239.

［25］野村七平，神保悳．1934.满洲辽东半岛产海栖贝类に就いて．日本貝类学杂志，4(5)：302-307.

［26］野村七平．1934.福建省海岸の现生贝．日本貝类学杂志，4（6）：372-373.

［27］黑田德米．1928-1935.日本产有壳软体动物总目录．日本貝类学杂志，1/5：附录1-154.

［28］Скарлато О А. 1959. К биологии двустворчатых моллюсков рода Donax Linné острова Хайнань. *Oceanologia et Limnologia Sinica*, 2(3): 180-189.

［29］Скарлато О А. 1960. Двустворчатые моллюски дальневосточных морей СССР (Отряд Dysodonta): 1-150. *Νεб. Акаб. Наук СССР*. Москва и Ленинград.

［30］Adams A. 1861. On some new genera and species of mollusca from the north of China and Japan. *Ann. Mag. Nat. Hist.*, 8: 239-246, 299-309.

［31］Adams A. 1864. Note on some molluscous animals from the seas of China and Japan. *Ibid.*, 13: 140-144.

［32］Adams A. 1864. On some new genera and species of Mollusks from the seas of China and Japan. *Ibid.,* 13: 307-310.

［33］Adams H & A. 1858. The genera of recent mollusca. London.

［34］Annadale T N, Prashad B. 1924. Report on a small collection of mollusca from the Chekiang Province of China. *Proc. Malac. Soc. London*, 16: 27-49.

［35］Crosse H. 1862. Description d'une espèce nouvelle du nord de la Chine. *Jour. de Conchyl.*, 10: 149.

［36］Deshayes C P. 1874. Description de quelques espèces de Mollusques nouveaux ou peu connus envoyés de Chine par M. l'Abbé David. *Bull. N. Arch. Mus.*: 9.

［37］Ekman S. 1953. Zoogeography of the sea. London.

［38］Fischer P. 1877. Manuel conchyliologie et de paleontologie conchyliologique. Paris.

［39］Fischer P H. 1958. Un Lamellibranche à répartition bipolair, Mytilus edulis, C. R.

Sommaire des Séances de la sociéte de Biogeographie, 303(1): 12-15.

［40］ Grabau A W & King S G. 1928. Shells of Peitaiho. Peking.

［41］ Hedgpeth J W. 1957. Marine Biogeography. Treatise on marine ecology and Paleoecology, 1: 359-382.

［42］ Hoyle W E. 1886. Cephalopoda. *Challenger Rep. Zool.*, 16(44): 110-198.

［43］ Jaeckel S. 1929. Zur Kenntnis der Mollusken der Chinesischen Provinz Fukien. *Zool. Anz. Leitz.*, 81: 197-201.

［44］ Jaeckel S. 1950. Die Mollusken eines tropischen Flussgenistes Tonkin. Arch. *Molluskenk.*, 79: 15-20.

［45］ Jones K H, Preston H B. 1904. List of Mollusca collected during the expedition of H. M. S. Waterwitch in the China Seas, 1900-1903, with descriptions of new species. *Proc. Malac. Soc. London*, 6: 138-151.

［46］ Kiener, Fischer. 1834-1879. Spécies général et iconographie des coquilles vivanees.

［47］ King S G, Ping C. 1931-1936. The molluscan shells of Hongkong, Ⅰ - Ⅳ. *The Hongkong Naturalist*, 2(1): 9-29; 2(4): 266-286; 4(2): 90-105; 7: 123-137.

［48］ Kuroda T. 1938. A trip for the collection of marine shells at Kizan and Syokei, Taiwan. *Venus, Tokyo*, 8(3-4): 180-183.

［49］ Kuroda T. 1940. Notes on some noteworthy species of mollusca from Taiwan. *Trans. Nat. Hist. Soc. Formosa*, 30 (200-201): 131-147.

［50］ Kuroda T. 1940. Formosa species of the turban shells of the group Marmarostoma. *Venus*. 10(1): 46-50.

［51］ Kuroda T. 1940. Shell-bearing molluscan fauna of Taiwan. *Trans. Nat. Hist. Formosa*, 30 (199): 66-76.

［52］ Kuroda T. 1940. Notes on the shells from Taiwan 2-3. *Venus*, 9(2): 109-115; 10 (2): 97-107.

［53］ Kuroda T, Habe T. 1951. Check list and bibliography of the recent marine mollusca of Japan. Tokyo, Japan.

［54］ Lischke C E. 1869-1874. Japanische Meeres-Conchylien. Bd:1-3.

［55］ Martini, Chemnitz. 1838-1914. Conchylien-Cabinet.

［56］ Nomura S, Hatai K. 1936. A note on the zoological provinces in the Japanese Seas. *Bull. Biogeogr. Soc.*, 6(21): 207-241.

［57］ Ping C, Yen T C. 1932. Preliminary notes on the gastropod shells of Chinese coast. *Bull. Fan Mem. Inst. Biol. Peiping*, 3(3): 37-52.

［58］ Reeve L A, Sowerby G B. 1842-1878. Conchologia Iconica. London.

［59］ Sasaki M. 1929. A monograph of the dibranchiate cephalopods of the Japanese and adjacent waters. *Jour. Coll. Agr. Hokk. Imp. Univ.*: 20.

［60］ Schilder F A, Schilder M. 1938-1939. Prodrome of a monograph on living Cypralidae.

Proc. Malac. Soc. Lond., 23: 119-231.

［61］ Sowerby G B. 1894. Description of new species of marine shells from the neighbourhood of Hongkong. *Ibid.*, 1: 153-159.

［62］ Sowerby G B. 1914. Description of new species of mollusca from New Caledonia, Japan and other localities. *Ibid.*, 11: 5-10.

［63］ Sowerby G B. 1930. On the outline of the marine mollusca of Formosa. *Ibid.*, 20(11): 376-378.

［64］ Tan K. 1932. A list of marine mollusca from the Bay of Suo, Taihokou pref. Taiwan. *Trans. Nat. Hist. Soc. Formosa,* 22(12): 149-152.

［65］ Tchang Si 1934. Contribution à l'étude des Opisthobranches de la côte de Tsingtao. *Contr. Inst. Zool. Nat. Acad. Peiping.*, 2(2): 1-148.

［66］ Tryon G W, Pilsbry H A. 1879-1898. Manual of Conchology.

［67］ Watson R B. 1886. Scaphopoda and Gastropoda. *Challenger Report, Zool.*: 15.

［68］ Woodward S P. 1880. A manual of Mollusca. London. 4th ed. (First ed. 1858, not seen).

［69］ Yen T C. 1933. The molluscan fauna of Amoy and its vicinal regions. *Mar. Biol. Assoc. China 2nd Ann. Rep.*: 1-120.

［70］ Yen T C. 1935. Notes on some marine Gastropodes of Pei-Hai and Wei-Chow Island, Notes Malac. *Chinoise Shanghsi*, 1(2): 1-47.

［71］ Yen T C. 1936. Additional notes on marine Gastropodes of Pei-Hai and Wei-Chow Island. *Ibid.*, 1(3): 1-13.

［72］ Yen T C. 1936. The marine Gastropoda of Shantung Peninsula. *Contr. Inst. Zool. Nat. Acad. Peiping*, 3(5): 165-255.

［73］ Yen T C. 1942. A review of Chinese gastropods in the British Museum. *Proc. Malac. Soc. London.*, 24(5/6): 170-289.

A PRELIMINARY STUDY OF THE DEMARCATION OF MARINE MOLLUSCAN FAUNAL REGIONS OF CHINA AND ITS ADJACENT WATERS

TCHANG SI, TSI CHUNG-YEN, ZHANG FU-SUI AND MA SIU-TUNG

(*Institute of Oceanology, Academia Sinica*)

ABSTRACT

The molluscan fauna of our seas is rich both in species and in quantity. Before the liberation, there were only a few published reports concerning certain molluscan groups of certain regions. Up to now, the demarcation of Chinese molluscan faunal regions is still poorly investigated. The material for the present study was collected during the last ten years or more. The principal results may be summarized as follows:

1. The Chinese marine molluscan fauna is made up of 3 components: ① a boreal element which is composed of a few northern species occurring only in the Yellow Sea and Pohai; ② an Indo-West-Pacific element which is composed of great number of southern species, some of which are widely distributed along our coasts, others are restricted to the East and South China Sea or only to the South China Sea; ③ an endemic element of the Sino-Japanese region, which includes some temperate species occurring only in the Yellow Sea and in the waters of northern Japan, and warm-water species occurring in the East and South China Sea and in waters of southern Japan.

2. As a result of analysis of the distribution of the members of 35 warm water families and of certain temperate and pure tropical forms, we were able to delineate the following molluscan faunal regions of our seas: ① a warm temperate region which includes the Yellow Sea and Pohai; ② a subtropical region which includes the East China Sea, the north-western coast of Taiwan and the northern coast of Hainan and ③ a tropical region including the south-eastern coast of Taiwan, the coast of the southern tip of Hainan Island and the area south of them.

3. Based on the distribution around Japanese waters of some species, some of which in our waters have restricted their northern limit of distribution at the mouth of Yangtze River and its adjacent area and others at the southern tip of Hainan Island and Paracel Islands, we are inclined to infer that the northern boundary of the subtropical molluscan fauna of Japan lies near Chosi, east of Tokyo, on the oceanic side and about Note peninsula on the Sea of Japan, While its southern boundary lies near Amami-Oshima, slightly north of Riu Kiu Islands (see Tables 3-5).

4. The marine molluscan fauna of China, compared with that of adjacent waters, is closely allied with that of Japan. The results of quantitative analysis of species belonging to eight families show that a great number of our species occur also in the waters of Japan (see Table 1).

5. According to the resemblance of the components of the Chinese and Japanese molluscan fauna, it seems better to consider that within the subtropical regions of China and Japan there is an independent zoogeographical unit, which is a part of the Indo-West-Pacific region and may be designated as Sino-Japanese subregion. The areas south of it, such as the coasts of the southern tip of Hainan Island, south-eastern Taiwan and the Paracel Islands, should belong to the tropical Indo-Malayan subregion. The Yellow Sea, Pohai, the northern Japanese coast and regions north of it may belong to the Far East subregion of the temperate North Pacific region.

海南岛的几种多孔螅[①]

　　腔肠动物水螅类中的多孔螅(*Millepora*)是热带海所特有的,一般分布于水深 30 米以内的浅海区。由于它有坚硬的石灰质骨骼,并且常常与造礁珊瑚栖息在同一个环境中,所以也是组成珊瑚礁的重要造礁生物之一。

　　自 Linné(1758)建立多孔螅属(*Millepora*)以后,至今 200 余年来很多学者对这一类动物都曾进行过研究和记载,特别应该提出的是 Hickson(1898, 1899)的工作,他强调了这类动物形态特征随外界环境的变异性,并对以往作者们所列的分类特征做了全面的比较,认为营养孔(gastropores)和指状孔(dactylopores)的数目、大小和排列方式,壶腹(ampullae)的有无,珊瑚骼表面的结构以及软体部分的解剖等都不能作为鉴别种类的根据,因此主张将这一属的所有种类都归并为 *Millepora alcicornis* 一种,一切不同的类型都是这一种在不同环境中的生长型。在 Hickson 的深远影响下,以后很多学者都在不同程度上采纳了他的意见。直到 1948—1949 年, Boschma 利用采自爪哇海的和保藏于巴黎博物馆、阿姆斯特丹博物馆、莱丁博物馆以及英国博物馆的标本进行了全面而系统的研究,对这类动物做了精辟的分析,确定这一属共有 10 种。1961—1962 年他又根据巴西里约热内卢博物馆、美国自然博物馆和耶鲁大学 Peabody 自然历史博物馆的标本恢复了 *Millepora braziliensis* 和 *M. nitida* 两种,并承认了 1961. pp. 295-296 Crossland 的 *M. foveolata*。因此这一属现在生活的种类共有 13 种,其中 5 种(*Millepora alcicornis*、*M. complanata*、*M. squarrosa*、*M. braziliensis*、*M. nitida*)分布于热带大西洋和西印度群岛, 8 种(*Millepora exaesa*、*M. dichotoma*、*M. platyphylla*、*M. intricata*、*M. murrayi*、*M. tenera*、*M. latifolia*、*M. foveolata*)分布于印度 - 太平洋。然而,经我们研究后,认为 *M. foveolata* 应该是 *M. platyphylla* 的同物异名。

　　对于我国沿海多孔螅种类的记载不多。1893—1894 年 Bassett-Smith 在英国海军部报告的我国海区的水文资料中记录了南沙群岛的 *Millepora verruosa* 和 *M. ramosa* 两种(标本保存在英国博物馆)。根据 Boschma 的著作,前者是 *M. platyphylla* 的同物异名,后者是 *M. tenera* 的同物异名。1953 年 Kawaguti 在《台湾兰屿岛的珊瑚区系和台湾水域的珊瑚名录》一文中列有 *M. confertissima*、*M. murrayi*、*M. tortuosa*、*M. truncata* 4 种。同样根据 Boschma 的著作, *Millepora confertissima* 是 *M. intricata* 的同物异名, *M. truncata* 是 *M. platyphylla* 的同物异名, *M. tortuosa* 是 *M. tenera* 的同物异名。总之,已记载分布于我国的

　　① 齐钟彦、邹仁林(中国科学院海洋研究所及南海分所):载《动物学报》, 1965 年第 17 卷第 2 期, 184～188 页,科学出版社。本文照片由宋华中同志拍摄,特此致谢。

多孔螅共计 4 种,分别在台湾和南沙群岛发现,其他海区完全没有记载。

我们在 1962 年进行海南岛珊瑚礁生态调查时,对这类动物也给予适当的注意,分别在三亚和新村采到了一些标本,经过鉴定属于 4 种,其中一种即 *M. latifolia*,在我国沿海是首次记录。

1. 扁叶多孔螅 *Millepora platyphylla* Hemprich and Ehrenberg, 1834 (图 1～3)

Millepora truncata, Hoffmeister, 1929, p. 365; Yabe and Sygiyama, 1933, p. 14; 1935, p. 206; Hiro, 1938, p. 425.

Millepora foveolata Crossland, 1952, p. 249, pl. 53, fig. 3.

Millepora platyphylla, Yabe and Sugiyama, 1933, p. 14; 1935, p. 206; Boschma, 1948 p. 20, pl. 2, figs. 1, 2; pl. 4, fig. 2; pl. 5, figs. 2, 3; pl. 15; figs. 4, 5; text-fig. 19; 1949, p. 665, pl. 1; 1950, p. 61, pl. 2, text-fig. 1b; Wells, 1954, p. 475, pl. 183, fig. 1.

采集地点 三亚小东海、西洲。

特征 珊瑚骼由直立朝上生长的板形成,这些板彼此联合成蜂窝格,或有形成蜂窝格的趋势,幼体皮壳状。表面平而光滑,或有 *Pyrgoma* 的瘿和瘤状突起。

生活时为深绿色或黄色夹绿色。

地理分布 在海南岛发现的 4 种多孔螅中以本种的分布范围最广,东自波利尼西亚、西至红海、南到澳大利亚、北经琉球群岛到日本的广大海区都有发现。在我国沿海的台湾和南沙群岛以往有过记载,而在海南岛系首次发现。

附注:Crossland(1952)根据大堡礁的标本建立了 Millepora foveolata,Boschma(1961)也承认了这一种,但经我们对采获的这一类型的标本进行详细的比较后发现它的变异很大,珊瑚骼由雏形的皮壳状(图 1)、逐渐形成蜂窝格趋势(图 2)和形成蜂窝格(图 3)的各个阶段都有,而且即使是在皮壳状的标本上,瘤突的形态亦随生长过程有所不同。从 Crossland 对 4 个标本的描述和他所绘的图来看,都是雏形的皮壳状的标本,没有其他明显的特征,因此我们认为 *M. foveolata* 可能是这一种的幼体。

2. 错综多孔螅 *Millepora intricata* Milne Edwards 1857 (图 6、7)

Millepora confertissima, Quelch, 1886, p. 193, pl.7, figs. 4-4a; Eguchi, 1938, p. 388; Hiro, 1938, p. 405.

Millepora intricata, Quelch, 1886, p. 193; Boschma, 1948, p. 20, pl. 3, figs. 1-3; pl. 10; 1949, p. 667, pl. 2, figs. 1, 2.

采集地点 三亚鹿回头、新村。

特征 珊瑚骼由稀疏的短而细的分支纵横交错,联成一个复杂的分支生长类型。表面很光滑。

生活时为苍白色或褐色。

地理分布 这种多孔螅的分布范围与前种相似,但向北仅到琉球群岛而不到日本本岛,向西仅到印度洋而不到红海。我国的台湾以往曾有记载,在海南岛亦系首次发现。

3. 直枝多孔螅 *Millepora murrayi* Quelch 1884 (图 4)

Millepora murrayi, Quelch, 1886, p. 191, pl. 7, figs. 5-5c; Boschma, 1948, p. 20, pl. 2, figs. 1, 2; pl. 11, figs. 1, 2; pl. 15, figs. 1, 3; 1949, p. 669; 1950, p. 52, pl. 3, text-fig. 1c.

采集地点　三亚西洲。

特征　珊瑚骼由直立的密分支组成,分支顶端渐尖,侧支横向突出。珊瑚骼表面光滑,孔小。

生活时珊瑚骼上部为柠檬黄色,下部为灰茶色。

地理分布　这一种的分布范围较狭,仅在南中国海、台湾海域和托雷斯海峡到美拉尼西亚之间的海域有分布。

4. 阔叶多孔螅 *Millepora latifolia* Boschma 1948（图 5）

Millepora latifolia, Boschma, 1948, p. 21, pl. 3, figs. 1-3; pl. 4, fig. 1; text-fig. 1.

采集地点　三亚西洲、白排。

特征　珊瑚骼由尖而直立的分支融合的板组成,个别分支不融合,直立,侧支横向突出,大约垂直于板。珊瑚骼表面光滑,孔大。

生活时单色为褐色或灰紫色,复色上端为柠檬黄色,下端是灰色。

地理分布　这一种目前仅在印度尼西亚的爪哇海和我国的海南岛发现。

［附］印度－太平洋多孔螅种类的检索表

1（4）　珊瑚骼(corallum)不分支

2（3）　珊瑚骼呈不规则的瘤突状··························*Millepora exaesa* Forskal

3（2）　珊瑚骼呈板状,板彼此相连形成蜂窝格或有形成蜂窝格的趋势··················
··························· *Millepora platyphylla* Hemprich and Ehrenberg

4（1）　珊瑚骼分支

5（8）　珊瑚骼分支,基部融合但不形成板状

6（7）　分支稀,短而细,交错联合成复杂的生长类型···*Millepora intricata* Milne Edwards

7（6）　分支密而直立,顶端渐尖,侧支横向突出··············*Millepora murrayi* Quelch

8（5）　珊瑚骼分支大部分融合形成板状,或珊瑚骼本身为板状,仅末端分支

9（10）　在板状珊瑚骼的边缘有分支,分支顶端圆········*Millepora dichotoma* Forskal

10（9）　珊瑚骼由分支融合形成板状,分支末端尖或截形

11（12）珊瑚骼由非直立分支融合形成的板为扇形,分支末端截形··················
··························· *Millepora tenera* Boschma

12（11）珊瑚骼由直立分支融合形成的板非扇形,分支末端尖··················
··························*Millepora latifolia* Boschma

参考文献

［1］　Abe N. 1938. Feeding behaviour and the Nematocyst of *Fungia* and 15 other species of corals. *Palao Trop. Biol. Sta. Stud.*, 1(3): 469-521.

［2］　Bassett-Smith P W. 1893-1894. China Sea. Report on the results of dredgings obtained on the Macclesfied Bank etc. Hydrogr. Dept. Admiralty. (未见到原文)

［3］ Boschma H. 1948. The species problem in *Millepora. Zool. Verh.*, (1):1-115, pls. 1-15.

［4］ Boschma H. 1949. Note on specimens of the genus *Millepora* in the collection of the British Museum. *Proc. Zool. Soc. London*, 119(3): 661-672, pls. 2.

［5］ Boschma H. 1950. Further notes on the Ampullae of *Millepora. Zool. Meded.*, 31(5): 49-61, pls. 1-6, text-figs.

［6］ Boschma H. 1961. Notes on *Millepora braziliensis* Verill. *Proc. Kon. Ned. Akad. Wetensch. Amsterdam*, 64(3): 292-296, pls. 2.

［7］ Boschma H. 1962. On Milleporine corals from Brazil. *Proc. Kon. Ned. Akad. Wetensch. Amsterdam*, 65(4): 302-312, pls. 8.

［8］ Crossland C. 1952. Madreporaria, Hydrocorallineae, Heliopora and Tubipora. *Sci. Rep. Great Barrier Reef Exped.*, 6(3):85-257, pls. 1-56, text-fig.

［9］ Eguchi M. 1938. A systematic study of the reef-building corals of the Palao Islands. *Palao Trop. Biol. Sta. Stud.*, 1(3): 325-390.

［10］ Hickson S J. 1898. On the species of the genus *Millepora*: a prelimininary Communication. *Proc. Zool. Soc.*, 1898: 246-256.

［11］ Hickson S J. 1898. Notes on the collection of specimens of the genus *Millepora* obtained by Mr. Stanley Gardiner. at Funafuti and Rotuma. *Ibid.*, 1898: 828-833.

［12］ Hickson S J. 1899. Report on the specimens of the genus Millepora collected by Dr. Willey. *Zool. Res.*, part Ⅱ: 121-132, pls. 12-16.

［13］ Hiro F. 1938. Studies on the animals inhabiting reef corals. Ⅱ. Cirripeds of the genera *Creusia* and *Pyrgoma. Palao Trop. Biol. Sta. Stud.*, 1(3): 391-416.

［14］ Hoffmeister J E. 1929. Some reef corals from Tahiti. *Jour. Wash. Acad. Sci.*, 19: 357-365, pls. 2.

［15］ Hyman L H. 1940. The Invertebrates: Protozoa through Ctenophora. New York and London.

［16］ Kawaguti S. 1953. Coral fauna of Island of Botel Tobago, Formosa with a list of corals from the Formosa waters. *Biol. Jour. Okayama Univ.*, 1(3): 185-201.

［17］ Quelch J J. 1886 Report on the reef-corals collected by H. M. S. Challenger during the years 1873-1876. *Sci. Rep. Challenger, Zool.*, 16：1-203, pls. 1-12.

［18］ Wells J W. 1954. Recent corals of the Marshall, Bikini and nearby Atolls. part 2, Oceanography (Biology). *U. S. Geol. Surv. Prof. Pap.*, 260(1): 385-486, pls. 94-185.

［19］ Yabe H, Sugiyama T. 1933. Notes on three new corals from Japan. *Jap. Jour. Geol. Geogr.*, 11: 11-18.

［20］ Yabe H, Sugiyama T. 1935. Geological and geographical distribution of reef-corals in Japan. *Jour. Palaeont*, 9: 184-217.

NOTES ON THE SPECIES OF MILLEPORA OF HAINAN

Tsi Chung-yen

(*Institute of Oceanology, Academia Sinica*)

Zou Ren-lin

(*Branch of South China Sea, Institute of Oceanology, Academia Sinica*)

ABSTRACT

So far as we know, there has been no record of *Millepora* from Hainan. In 1962, in connection with an ecological survey of coral reefs in this island, we made a study of this small group of Hydrozoa, as a result of which four species have been identified, *viz., Millepora platyphylla, M. intricata, M. murrayi* and *M. latifolia*. The specimens were collected from San-ya (三亚) and Xin-cun (新村) in the southern part of Hainan. Of these species, *M. latifolia* is recorded for the first time from the China Sea.

Millepora platyphylla is distributed over the entire Indo-Pacific region, from the east coast of Africa and the Red Sea to Polynesia, and from the southern part of Japan to Australia. *M. intricata* has almost the same range of distribution as *M. platyphylla*, but northward it reaches only to the Riu-Kiu Islands, while westward only up to the Indian Ocean, being absent in the Red Sea. *M. murrayi* and *M. latifolia* have a narrower range of distribution than the first two species. The former is confined to the Central and West Pacific areas, from Taiwan and the South China Sea across the Torres Strait to Melanesia, while the latter is only known within the limits of the Indo-Malayan subregion.

图版

1-3. 扁叶多孔螅 *Millepora platyphylla* Hemprich and Ehrenberg；

1. 幼体；

2. 有形成蜂窝格趋势的珊瑚骼；

3. 已形成蜂窝格的珊瑚骼；

4. 直枝多孔螅 *Millepora murrayi* Quelch；

5. 阔叶多孔螅 *Millepora latifolia* Boschma；

6-7. 错综多孔螅 *Millepora intricata* Milne Edwards。

西沙群岛软体动物前鳃类名录[①]

　　我国西沙群岛的软体动物种类极为丰富,大多数属于和珊瑚礁有密切联系的热带种。其中有不少是可以利用的经济种,例如鲍鱼、马蹄螺、冠螺、宝贝、砗磲、砗蚝、珍珠贝等。它们的肉可供食用,贝壳也可以作为贝雕画或其他艺术品的材料。但是以往除熊大仁有过一篇报道,共记载了 40 种以外,仅有一些零星记录,很少有人做过系统的调查研究。中国科学院海洋研究所西沙群岛调查队曾于 1956—1958 年三次到这些岛屿进行调查[②],获得了不少软体动物标本。本文即根据这些材料,先就其中的腹足类前鳃亚纲,进行整理鉴定写成。总共包括 262 种,分隶于 43 科 95 属。此外还有一些种类,因标本少、不完整或因资料缺乏暂时未能鉴定,拟留待以后在专题研究中陆续补充。根据我们二十多年来在我国沿海搜集的大量软体动物资料,在名录中对每一种在我国沿海发现的分布点做了记录。

　　根据我国西沙群岛前鳃类的种类组成分析,它与邻近的马来半岛、菲律宾、印度尼西亚等地的区系性质较接近,同属于印度 - 西太平洋区的印度 - 马来亚区。就这些种类在我国沿海分布的情况而论,在 262 种中,尖角马蹄螺(*Trochus conus* Gmelin)、坚星螺(*Astralium petrosum* Martyn)、带鬖螺(*Phalium bandatum* Gmelin)、华贵竖琴螺(*Harpa nobilis* Röding)、黄斑笋螺(*Terebra chlorata* Lamarck)等 44 种仅见于我国西沙群岛,耳鲍(*Haliotis asinina* Linnaeus)、大马蹄螺(*Trochus niloticus maximus* Philippi)、蜘蛛螺(*Lambis lambis* Linnaeus)、虎斑宝贝(*Cypraea tigris* Linnaeus)、延管螺(*Magilus antiquus* Montfort)、地纹芋螺(*Conus geographus* Linnaeus)等 147 种向北分布到海南岛,带蝾螺(*Turbo petholatus* Linnaeus)、瘤平顶蜘蛛螺(*Lambis truncata sebae* Kiener)、龟甲贝(*Chlypypraea testudinaria* Linnaeus)、法螺(*Charonia tritonis* Linnaeus)、笔螺(*Mitra mitra* Linnaeus)等 194 种也分布到我国台湾[4],塔形扭柱螺(*Tectus pyramis* Born)、肋蜒螺(*Nerita costata* Gmelin)、梨形乳玉螺(*Polynices pyriformis* Recluz)、卵黄宝贝(*Cypraeas vitellus* Linnaeus)、彩榧螺(*Oliva ispidula* Linnaeus)、织锦芋螺(*Conus textile* Linnaeus)等 33 种分布到广西、广东沿岸,仅有中华楯蛾(*Scutus sinensis* Blaiville)、星状帽贝(*Putella stellaeformis* Reeve)、齿隐螺(*Clanculus deuticulatus* Gray)、渔舟蜒螺(*Nerita albicilla* Linnaeus)、中华蟹守螺(*Cerithium sinense* Gmelin)、阿拉伯绶贝(*Mauritia arabica* Linnaeus)、珠母核果螺(*Drupa*

①　张玺、齐钟彦、马绣同、楼子康(中国科学院海洋研究所):载《海洋科学集刊》,1975 年,第 10 卷,105～140 页,科学出版社。中国科学院海洋研究所调查研究报告第 341 号。

②　标本主要由徐凤山、姜树德两同志采集,廖玉麟、孙福增、王永良、王存信、郑树栋、夏恩湛等同志也采了部分标本。图版由宋华中同志摄。特此致谢。

margariticola Broderip)等 7 种向北可分布到福建省沿海的东山和平潭附近。根据这个分布资料,可以看出西沙群岛前鳃类种类区系与台湾和海南岛有极为密切的关系。

腹足纲 Gastropoda
前鳃亚纲 Prosobranchia
鲍科 Haliotidae

1. 耳鲍 *Haliotis asinina* Linnaeus,张玺,等,1964: 16
标本采集地[①] 永兴岛、北岛、琛航岛、北礁、森屏滩。
地理分布[②] 海南岛(崖县、新村港、文昌、新盈港),台湾。

2. 羊鲍 *Haliotis ovina* Gmelin,张玺,等,1964: 17
标本采集地 永兴岛、琛航岛、晋卿岛、赵述岛。
地理分布 海南岛(崖县、新村港)。

钥孔蜮科 Fissurellidae

3. 裂缝蜮 *Rimula exquisita* A. Adams,张玺,等,1964: 19
标本采集地 赵述岛。
地理分布 仅见于西沙群岛。

4. 小窗凹缘蜮 *Emarginula fenestrella* Deshayes(图版 Ⅰ,图 1)
标本采集地 永兴岛、晋卿岛。
地理分布 仅见于西沙群岛。
我们的两个标本,一个较大,壳顶略近中央,一个较小,壳顶在中央靠后与 Reeve[42] 的图相似,但与 Tryon[53] 的图相比,我们的标本贝壳稍低。

5. 中华楯蜮 *Scutus sinensis*(Blainville),张玺,等,1964: 18
标本采集地 永兴岛、琛航岛、赵述岛、晋卿岛、金银岛。
地理分布 海南岛(崖县、新村港、新盈港),广东硇洲岛、海门、南澳,福建东山。

6. 盘隙蜮 *Hemitoma panhi*(Quoy et Gaimard),张玺,等,1964: 19
标本采集地 赵述岛。
地理分布 仅见于西沙群岛。

帽贝科 Patellidae

7. 星状帽贝 *Patella stellaeformis* Reeve,张玺,等,1964: 20
标本采集地 永兴岛、北岛。
地理分布 海南岛(崖县、新村港),福建平潭,台湾。

---

① 本文记录的各种标本均采自我国西沙群岛,标本采集地中所列各小岛都属于我国西沙群岛。

② 本文记录的各种标本的地理分布仅指我国海区的分布。

马蹄螺科 **Trochidae**

8.大马蹄螺 *Trochus niloticus maximus*（Philippi），张玺，等，1964: 31

标本采集地　永兴岛、琛航岛、北岛。

地理分布　海南岛（崖县、新村港、琼东），台湾。

9.尖角马蹄螺 *Trochus conus*（Gmelin），张玺，等，1964: 31

标本采集地　永兴岛、琛航岛。

地理分布　仅见于西沙群岛。

10.刺马蹄螺 *Trochus calcartus* Souverbie（图版Ⅰ，图3）

标本采集地　赵述岛。

地理分布　广西涠洲岛，海南岛（沙薯、曲口），台湾。

本种的贝壳基部周围的结节突起数目有变化，西沙群岛标本约28个，其他地区标本18～22个。

11.斑马蹄螺 *Trochus maculatus* Linnaeus，张玺，等，1964: 32

标本采集地　永兴岛、琛航岛、晋卿岛。

地理分布　海南岛（崖县、新盈港），台湾。

12.塔形扭柱螺 *Tectus pyramis*（Born），张玺，等，1964: 30

标本采集地　琛航岛。

地理分布　海南岛（崖县、新盈港），广东宝安、三门岛，台湾。

13.三列扭柱螺 *Tectus triserialis*（Lamarck）（图版Ⅰ，图2）

标本采集地　赵述岛、北岛。

地理分布　仅见于西沙群岛。

14.崎岖枝螺 *Tosatrochus attenuata*（Jonas），张玺，等，1964: 26

（Syn. *Thalotia aspera* Kuroda et Habe）

标本采集地　赵述岛。

地理分布　仅见于西沙群岛。

15.缘驼峰螺 *Gibbula affinis* Garett（图版Ⅰ，图4）

标本采集地　永兴岛、琛航岛、赵述岛。

地理分布　仅见于西沙群岛。

16.亮小甲虫螺 *Cantharidus* cf. *nitens* Kiener（图版Ⅰ，图5）

标本采集地　赵述岛。

地理分布　仅见于西沙群岛。

17.沟真蹄螺 *Euchelus fussulatus*（Sowerby）（图版Ⅰ，图6）

标本采集地　永兴岛。

地理分布　仅见于西沙群岛。

18. 小口光隐螺 *Camitia rotellina*（Gould）（**图版Ⅰ**，图 9）

标本采集地　赵述岛。

地理分布　仅见于西沙群岛。

19. 斑隐螺 *Clanculus* cf. *stigmatarius* A. Adams（**图版Ⅰ**，图 7）

标本采集地　赵述岛。

地理分布　仅见于西沙群岛。

20. 齿隐螺 *Clanculus denticulatus*（Gray），张玺，等，1964: 29

标本采集地　北礁。

地理分布　海南岛（新村港、新盈港），广东宝安、海门，福建东山，台湾。

西沙群岛的标本壳顶呈粉红色，脐孔周缘第一齿特别大，与广东、福建沿海采的标本不同，但其他特征均一致。

口螺科 Stomatiidae

21. 胀口螺 *Stomatia phymotis* Helbling，张玺，等，1964: 35

标本采集地　赵述岛。

地理分布　仅见于西沙群岛。

22. 无色口螺 *Stomatia decolorata* Gould（**图版Ⅰ**，图 8）

标本采集地　永兴岛、琛航岛、赵述岛。

地理分布　海南岛（新村港）。

23. 彩口螺 *Stomatia* cf. *sapeciosa* A. Adams（**图版Ⅰ**，图 10）

标本采集地　赵述岛。

地理分布　仅见于西沙群岛。

24. 变化颏螺 *Gena varia* A. Adams，张玺，等，1964: 32

标本采集地　琛航岛、赵述岛、北礁。

地理分布　仅见于西沙群岛。

蝾螺科 Turbinidae

25. 金口蝾螺 *Turbo chrysostomus* Linnaeus，张玺，等，1964: 38

标本采集地　永兴岛、琛航岛。

地理分布　海南岛（崖县、新村港），台湾。

26. 带蝾螺 *Turbo petholatus* Linnaeus，张玺，等，1964: 38

标本采集地　永兴岛、琛航岛、晋卿岛、北岛、北礁。

地理分布　台湾。

27. 坚星螺 *Astralium petrosum* Martyn（**图版Ⅰ**，图 11）

标本采集地　永兴岛、赵述岛、晋卿岛。

这一种的主要特征是体螺层的周缘有上、下两列棘刺,上面的较大而少,下面的较小而多。

蜒螺科 Neritidae

28. 渔舟蜒螺 *Nerita*(*Theliostyla*)*albicilla* Linnaeus,张玺,等,1964: 41

标本采集地　永兴岛、赵述岛、中岛、石岛。

地理分布　海南岛(崖县、新村港),广东上川岛、澳头、南澳,福建东山、平潭,台湾。

29. 条蜒螺 *Nerita*(*Ritena*)*striata* Burrow,张玺,等,1964: 42

标本采集地　永兴岛、琛航岛、晋卿岛、石岛。

地理分布　广西涠洲岛,海南岛(崖县、曲口、新盈港),广东硇洲岛,台湾。

30. 褶蜒螺 *Nerita*(*Ritena*)*plicata* Linnaeus,张玺,等,1964: 42

标本采集地　永兴岛、石岛、森屏滩。

地理分布　海南岛(崖县、新村港),广东平海,台湾。

31. 肋蜒螺 *Nerita*(*Ritena*)*costata* Gmelin,张玺,等,1964: 43

标本采集地　森屏滩。

地理分布　广西涠洲岛,海南岛(崖县、新村港),广东闸坡,台湾。

32. 锦蜒螺 *Nerita*(*Amphinerita*)*polita* Linnaeus,张玺,等,1964: 41

标本采集地　永兴岛、北岛。

地理分布　海南岛(崖县、新村港),台湾。

拟蜒螺科 Neritopsidae

33. 齿舌拟蜒螺 *Neritopsis radula*(Linnaeus),张玺,等,1964: 46

标本采集地　永兴岛。

地理分布　台湾。

滨螺科 Littorinidae

34. 波纹拟滨螺 *Littorinopsis undulata*(Gray)(图版Ⅰ,图 12)

标本采集地　永兴岛。

地理分布　海南岛(新村港)、台湾。

35. 肥拟滨螺 *Littorinopsis obesa*(Sowerby)(图版Ⅰ,图 13)

标本采集地　永兴岛。

地理分布　台湾。

麂眼螺科 Rissoidae

36. 三齿集比螺 *Zebina tridentata*(Michaud)(图版Ⅰ,图 20)

标本采集地　永兴岛、赵述岛、森屏滩。

地理分布　台湾。

壳口内面齿的位置有变化。少数标本齿集中在壳口内侧基部等距离排列,多数标本后面的一个齿距离较远。

轮螺科 Architectonicidae（Solariidae）

37. 放射日规螺 *Philippia radiata*（Röding）,张玺,等,1964: 70

标本采集地　西沙群岛。

地理分布　台湾。

38. 杂色太阳螺 *Heliacus variegatus*（Gmelin）,张玺,等,1964: 71

标本采集地　琛航岛、赵述岛。

地理分布　海南岛（崖县）、台湾。

蛇螺科 Vermetidae

39. 大管蛇螺 *Siphonium maximum*（Sowerby）,张玺,等,1964: 72

标本采集地　琛航岛。

地理分布　海南岛（崖县、新村港）,台湾。

独齿螺科 Modulidae

40. 平顶独齿螺 *Aplodon tectus*（Gmelin）,张玺,等,1964: 76

标本采集地　永兴岛、北岛。

地理分布　台湾。

蟹守螺科 Cerithiidae

41. 普通蟹守螺 *Cerithium（Vertagus）vertagus*（Linnaeus）,张玺,等,1964: 82

标本采集地　晋卿岛。

地理分布　海南岛（新村港、新盈港）,台湾。

42. 中华蟹守螺 *Cerithium（Vertagus）sinense*（Gmelin）,张玺,等,1964: 81

标本采集地　永兴岛、赵述岛、北岛。

地理分布　广西涠洲岛,海南岛（崖县、新村港、新盈港）,广东硇洲岛、宝安、遮浪、南澳,福建东山,台湾。

43. 粗纹蟹守螺 *Cerithium（Vertagus）asperum*（Linnaeus）,张玺,等,1964: 82

标本采集地　永兴岛、琛航岛、赵述岛、北岛。

地理分布　仅见于西沙群岛。

44. 带纹蟹守螺 *Cerithium（Vertagus）fasciatum* Bruguière,张玺,等,1964: 83

标本采集地　琛航岛。

地理分布　台湾。

45. 无敌蟹守螺 *Cerithium*（*Vertagus*）*cedonulli* Sowerby，张玺，等，1964: 83

标本采集地　永兴岛、赵述岛。

地理分布　海南岛（崖县、新村港、琼东）。

46. 节蟹守螺 *Cerithium*（*Vertagus*）*articulatum*（Adams & Reeve）（图版Ⅰ，图 14）

标本采集地　永兴岛、赵述岛、晋卿岛。

地理分布　台湾。

47. 圆柱蟹守螺 *Cerithium columna* Sowerby，张玺，等，1964: 84

标本采集地　赵述岛。

地理分布　海南岛（崖县、琼东），台湾。

48. 结节蟹守螺 *Cerithium nodulosum* Bruguière，张玺，等，1964: 84

标本采集地　永兴岛、琛航岛。

地理分布地　海南岛。

49. 枸橼蟹守螺 *Cerithium citrinum* Sowerby（图版Ⅰ，图 15）

标本采集地　永兴岛、赵述岛、晋卿岛。

地理分布　海南岛（崖县、新村港），台湾。

50. 棘刺蟹守螺 *Cerithium echinatum* Lamarck（图版Ⅰ，图 19）

标本采集地　永兴岛、琛航岛、晋卿岛、北岛。

地理分布　台湾。

51. 尖嘴蟹守螺 *Cerithium rostratum* Sowerby（图版Ⅰ，图 16）

标本采集地　赵述岛。

地理分布　仅见于西沙群岛。

梯螺科 Scalaridae（Epitoniidae）

52. 迷乱环肋螺 *Cirsotrema perplexum*（Pease）（图版Ⅰ，图 21）

标本采集地　赵述岛、晋卿岛。

地理分布　广东南澳，台湾。

53. 纵胀环肋螺 *Cirsotrema varicosum*（Lamarck）（图版Ⅰ，图 25）

标本采集地　赵述岛。

地理分布　台湾。

海蜗牛科 Janthinidae

54. 海蜗牛 *Janthina janthina* Linnaeus，张福绥，1964: 213，图 70

标本采集地　北岛。

地理分布　海南岛(崖县、清澜港),广东闸坡。

光螺科 Melanellidae

55. 白瓷螺 *Balcis thaanumi*(Pilsbry)(图版Ⅰ,图 22)

标本采集地　赵述岛。

地理分布　仅见于西沙群岛。

小塔螺科 Pyramidellidae[①]

56. 结节小塔螺 *Pyramidella nodocincta* A. Adams(图版Ⅰ,图 17)

标本采集地　北礁、琛航岛。

地理分布　仅见于西沙群岛。

57. 笔小塔螺 *Pyramidella mitralis* A. Adams(图版Ⅰ,图 18)

标本采集地　赵述岛。

地理分布　台湾。

58. 肥胖小塔螺 *Pyramidella propinqua* A. Adams(图版Ⅰ,图 23)

标本采集地　琛航岛。

地理分布　仅见于西沙群岛。

59. 沟小塔螺 *Pyramidella sulcata* A. Adams(图版Ⅰ,图 24)

标本采集地　琛航岛。

地理分布　仅见于西沙群岛。

瓦尼沟螺科 Vanikoridae

60. 僧帽瓦尼沟螺 *Vanikoro cidaris* Récluz(图版Ⅰ,图 26)

标本采集地　永兴岛、赵述岛。

地理分布　仅见于西沙群岛。

61. 精致瓦尼沟螺 *Vanikoro delicata*(Pease)(图版Ⅰ,图 27)

标本采集地　赵述岛。

地理分布　仅见于西沙群岛。

62. 肋纹瓦尼沟螺 *Vanikoro gueriniana* Récluz(图版Ⅰ,图 28)

标本采集地　永兴岛、赵述岛。

地理分布　台湾。

---

① 这一科应置于后鳃类中,以前我们根据 J. Thiele (1931)把它摆在这里,这次整理本应剔除,但标本既已鉴定,仍保留供参考。

马掌螺科 Amaltheidae

63. 尖马掌螺 *Amalthea acuta*（Quoy et Gaimard）（**图版Ⅰ**，图 29）

标本采集地　永兴岛、琛航岛、赵述岛、晋卿岛、北岛。

地理分布　海南岛（崖县）。

64. 箭圆锥螺 *Capulus sagittifer* Gould（**图版Ⅰ**，图 30）

标本采集地　赵述岛、北岛。

地理分布　仅见于西沙群岛。

帆螺科 Calyptraeidae

65. 马唇螺 *Cheilea equestris*（Linnaeus）（**图版Ⅳ**，图 15）

标本采集地　赵述岛、中岛。

地理分布　仅见于西沙群岛。

66. 透明马唇螺 *Cheilea diaphana*（Reeve）（**图版Ⅱ**，图 1）

标本采集地　永兴岛。

地理分布　仅见于西沙群岛。

凤螺科 Strombidae

67. 小铁斑凤螺 *Strombus*（*Canarium*）*microurceus*（Kira），马绣同 [2]

标本采集地　赵述岛、北礁。

地理分布　海南岛（新村港、黎安港）。

68. 花凤螺 *Strombus*（*Canarium*）*mutabilis* Swainson，马绣同 [2]

标本采集地　永兴岛、琛航岛、赵述岛、北岛、北礁。

地理分布　海南岛（崖县、新村港），台湾。

69. 齿凤螺 *Strombus*（*Carnarium*）*dentatus* Linnaeus，马绣同 [2]

标本采集地　永兴岛、北岛。

地理分布　台湾。

70. 斑凤螺 *Strombus*（*Lentigo*）*lentiginosus* Linnaeus，张玺，等，1962：28（图 19）

标本采集地　永兴岛、琛航岛。

地理分布　海南岛（崖县）、东沙群岛，台湾。

71. 泡凤螺 *Strombus*（*Euprotomus*）*bulla* Röding，马绣同 [2]

标本采集地　西沙群岛。

地理分布　台湾。

72. 篱凤螺 *Strombus*（*Conomurex*）*luhuanus* Linnaeus，张玺，等，1962：26（图 17）

标本采集地　永兴岛、琛航岛、赵述岛、石岛。

地理分布　广西涠洲岛,海南岛(崖县、新村港、清澜港、新盈港),广东上川岛、宝安、澳头、平海、台湾。

73. 驼背凤螺 *Strombus (Gibberulus) gibberulus gibbosus* (Röding),马绣同 [2]

标本采集地　永兴岛、琛航岛、北岛、森屏滩。

地理分布　海南岛(新村港),台湾。

74. 蜘蛛螺 *Lambis (Lambis) lambis* (Linnaeus),张玺,等,1962:30（图 20）

标本采集地　永兴岛、琛航岛。

地理分布　海南岛(崖县、新村港、琼东、新盈港),台湾。

75. 橘红蜘蛛螺 *Lambis (Lambis) crocata* (Link),马绣同 [2]

标本采集地　西沙群岛。

地理分布　台湾。

76. 瘤平顶蜘蛛螺 *Lambis (Lambis) truncata sevae* (Kiener),马绣同 [2]

标本采集地　永兴岛。

地理分布　台湾,东沙群岛。

77. 水字贝 *Lambis (Harpago) chiragra* (Linnaeus),张玺,1962:30（图 21）

标本采集地　永兴岛。

地理分布　海南岛(崖县)、东沙群岛,台湾。

玉螺科 Naticidae

78. 暗乳玉螺 *Polynices opacus* (Récluz)（图版 II,图 2）

标本采集地　永兴岛、琛航岛、赵述岛。

地理分布　海南岛(崖县、新村港、新盈港),广东宝安,台湾。

79. 梨形乳玉螺 *Polynices pyriformis* (Récluz),张玺,等,1962:34（图 23）

标本采集地　永兴岛、琛航岛、赵述岛、晋卿岛、北礁、北岛。

地理分布　广西涠洲岛,海南岛(新村港、琼东、新盈港),广东宝安,台湾。

80. 脐穴乳玉螺 *Polynices flemiagianus* (Récluz)（图版 II,图 3）

标本采集地　永兴岛。

地理分布　海南岛(新盈港),广东硇洲岛、宝安,台湾。

81. 格纹玉螺 *Natica tessellata* Philippi（图版 II,图 4）

标本采集地　永兴岛、琛航岛、赵述岛、晋卿岛、北礁。

地理分布　广西涠洲岛,海南岛(新村港、崖县、清澜港),广东硇洲岛。

爱神螺科 Eratoidae

82. 沟原爱神螺 *Proterato sulcifera* (Sowerby)（图版 II,图 5）

标本采集地　永兴岛、金银岛。

地理分布　海南岛（崖县、新村港）。

猎女神螺科 Triviidae

83. 喙猎女神螺 *Trivirostra oryza*（Lamarck）（图版Ⅱ，图 6）

标本采集地　永兴岛、琛航岛、北礁、北岛、石岛、金银岛、森屏滩。

地理分布　台湾。

84. 小喙猎女神螺 *Trivirostra exigua*（Gray）（图版Ⅱ，图 7）

标本采集地　北岛。

地理分布　台湾。

梭螺科 Amphiperatidae

85. 卵梭螺 *Ovula ovum*（Linnaeus），张玺，齐钟彦，1961：140（图 182）

标本采集地　西沙洲、琛航岛。

地理分布　海南岛（新村港），台湾。

86. 梨形原梭螺 *Primovula (Primovula) deutzenbergi* Schilder（图版Ⅱ，图 10）

标本采集地　北岛。

地理分布　仅见于西沙群岛。

87. 端正原梭螺 *Primovula (Prosiminia) coarctata*（A. Adams & Reeve）（图版Ⅱ，图 15）

标本采集地　琛航岛。

地理分布　仅见于西沙群岛。

88. 半纹瓮螺 *Calpurnus (Procalpurnus) semistriatus*（Pease）（图版Ⅱ，图 8）

标本采集地　永兴岛、赵述岛。

地理分布　仅见于西沙群岛。

宝贝科 Cypraeidae

89. 鸡豆疹贝 *Pustularia cicercula*（Linnaeus）（图版Ⅱ，图 9）

标本采集地　永兴岛。

地理分布地理分布　海南岛（崖县），台湾。

90. 斑疹贝 *Pustularia bistrinotata* Schilder & Schilder（图版Ⅱ，图 14）

标本采集地　永兴岛。

地理分布　海南岛（崖县、文昌），台湾。

91. 圆疹贝 *Pustularia globulus*（Linnaeus）（图版Ⅱ，图 13）

标本采集地　永兴岛、北岛。

地理分布　海南岛（崖县），台湾。

92. 葡萄贝 *Staphylaea (Staphylaea) staphylaea*（Linnaeus），马绣同，1962：5（图

版Ⅰ，图 1）

标本采集地　永兴岛、琛航岛、北岛。

地理分布　海南岛（崖县、新村港），台湾。

93. 疣葡萄贝 *Staphylaea*（*Nuclearia*）*nucleus*（Linnaeus），马绣同，1962: 5（图版 Ⅰ，图 4）

标本采集地　晋卿岛。

地理分布　海南岛（崖县、新村港），台湾。

94. 眼球贝 *Erosaria*（*Erosaria*）*erosa*（Linnaeus），马绣同，1962: 6（图版 Ⅰ，图 7）

标本采集地　永兴岛、琛航岛。

地理分布　海南岛（崖县、新村港），广东龟龄岛，台湾。

95. 紫眼球贝 *Erosaria*（*Erosaria*）*poraria*（Linnaeus），马绣同，1962: 6（图版 Ⅰ，图 6）

标本采集地　永兴岛、北岛。

地理分布　海南岛（崖县），台湾。

96. 白斑线唇眼球贝 *Erosaria*（*Ravitrona*）*labrolineata helenae*（Roberts），马绣同，1962: 7（图版 Ⅰ，图 2）

标本采集地　永兴岛。

地理分布　海南岛（崖县、新村港），台湾。

97. 枣红眼球贝 *Erosaria*（*Ravitrona*）*helvola*（Linnaeus），马绣同，1962: 7（图版 Ⅰ，图 3）

标本采集地　永兴岛、琛航岛、北礁。

地理分布　海南岛（崖县、新村港），台湾。

98. 蛇首眼球贝 *Erosaria*（*Ravitrona*）*caputserpentis*（Linnaeus），马绣同，1962: 8（图版 Ⅲ，图 27）

标本采集地　永兴岛、琛航岛、北岛。

地理分布　海南岛（崖县、新村港），台湾。

99. 货贝 *Monetaria*（*Monetaria*）*moneta*（Linnaeus），马绣同，1962: 8（图版 Ⅲ，图 21）

标本采集地　永兴岛、琛航岛、北礁。

地理分布　海南岛（崖县、新村港），台湾。

100. 环纹货贝 *Monetaria*（*Ornamentaria*）*annulus*（Linnaeus），马绣同，1962: 8（图版 Ⅲ，图 20）

标本采集地　琛航岛、北礁。

地理分布　海南岛（崖县、新村港），台湾。

101. 拟枣贝 *Erronea*（*Erronea*）*errones*（Linnaeus），马绣同，1962: 10（图版 Ⅲ，图 22）

标本采集地　永兴岛。

地理分布　广西涠洲岛,海南岛(崖县、新村港、排港、角头、北黎),广东乌石港、硇洲岛、闸坡、宝安(盐田)、遮浪,台湾。

这种在海南岛极普通,而在西沙群岛很少见,我们仅采到一个标本。

102. 厚缘拟枣贝 *Erronea* (*Erronea*) *caurica* (Linnaeus),马绣同,1962: 10（**图版Ⅲ**,图 23）

标本采集地　永兴岛、琛航岛、金银岛。

地理分布　广西涠洲岛,海南岛(莺歌海、崖县、新村港),台湾。

103. 红斑焦掌贝 *Palmadusta* (*Palmadusta*) *punctata* (Linnaeus),马绣同,1962: 12（**图版Ⅰ**,图 9）

标本采集地　琛航岛、晋卿岛。

地理分布　台湾。

104. 棕带焦掌贝 *Palmadusta* (*Palmadusta*) *asellus* (Linnaeus),马绣同,1962: 13（**图版Ⅱ**,图 11）

标本采集地　永兴岛。

地理分布　海南岛(崖县、新村港),台湾。

105. 隐居焦掌贝 *Palmadusta* (*Palmadusta*) *clandestina* (Linnaeus),马绣同,1962: 13（**图版Ⅳ**,图 30）

标本采集地　永兴岛。

地理分布　海南岛(崖县、新村港),台湾。

106. 波纹焦掌贝 *Palmadusta* (*Palmadusta*) *ziczac* (Linnaeus),马绣同,1962: 13（**图版Ⅱ**,图 17）

标本采集地　永兴岛。

地理分布　台湾。

107. 猫焦掌贝 *Palmadusta* (*Melicerona*) *felina* (Gmelin),马绣同,1962: 13（**图版Ⅱ**,图 10）

标本采集地　永兴岛。

地理分布　海南岛(崖县、新村港),台湾。

108. 石纹焦掌贝 *Palmadusta* (*Melicerona*) *fimbriata maromorata* (Schroter)

标本采集地　永兴岛。

地理分布　台湾。

109. 灰呆足贝 *Blasicrura* (*Derstolida*) *hirundo neglecta* (Sowerby),马绣同,1962: 15（**图版Ⅱ**,图 13）

标本采集地　永兴岛、琛航岛、晋卿岛、北岛、北礁。

地理分布　海南岛(崖县、新村港、清澜港),台湾。

110. 尖筛目贝 *Cribraria*（*Talostolida*）*teres*（Gmelin），马绣同，1962: 15（图版Ⅳ，图 32）

标本采集地　永兴岛、琛航岛、北礁。

地理分布　海南岛（崖县、新村港），台湾。

111. 中国筛目贝 *Cribraria*（*Ovatipsa*）*chinensis*（Gmelin），马绣同，1962: 16（图版Ⅴ，图 34）

标本采集地　琛航岛、北礁。

地理分布　台湾。

112. 黄褐禄亚贝 *Luria*（*Basilitrona*）*isabella*（Linnaeus），马绣同，1962: 17（图版Ⅱ，图 15）

标本采集地　永兴岛、琛航岛、晋卿岛。

地理分布　海南岛（崖县、新村港），台湾。

113. 龟甲贝 *Chelycypraea testudinaria*（Linnaeus），马绣同，1962: 17（图版Ⅳ，图 28）

标本采集地　永兴岛、琛航岛、北岛。

地理分布　台湾。

114. 鼹贝 *Talparia*（*Talparia*）*talpa*（Linnaeus），马绣同，1962: 17（图版Ⅲ，图 14）

标本采集地　琛航岛、北岛。

地理分布　海南岛（崖县），台湾。

115. 蛇目鼹贝 *Talparia*（*Arestorides*）*argus*（Linnaeus），马绣同，1962: 18（图版Ⅱ，图 19）

标本采集地　琛航岛。

地理分布　海南岛（崖县），台湾。

116. 图纹绶贝 *Mauritia*（*Leporicypraea*）*mappa*（Linnaeus），马绣同，1962: 19（图版Ⅵ，图 37）

标本采集地　西沙群岛。

地理分布　台湾。

117. 网纹绶贝 *Mauritia*（*Arabica*）*scurra*（Gmelin），马绣同，1962: 19（图版Ⅶ，图 40）

标本采集地　北礁。

地理分布　台湾。

118. 阿拉伯绶贝 *Mauritia*（*Arabica*）*arabica*（Linnaeus），马绣同，1962: 19（图版Ⅴ，图 33）

标本采集地　琛航岛。

地理分布　广西涠洲岛、防城，海南岛（崖县、新村港、新盈港），广东硇洲岛、上川岛、宝安、澳头、龟龄岛、遮浪、甲子、南澳，福建东山，台湾。

119. 虎斑宝贝 *Cypraea*（*Cypraea*）*tigris* Linnaeus，马绣同，1962: 20（图版Ⅵ，图 38）

标本采集地　永兴岛、晋卿岛、西沙洲。

地理分布　海南岛（崖县、新村港），台湾。

120. 山猫眼宝贝 *Cypraea*（*Lyncina*）*lynx* Linnaeus，马绣同，1962: 21（图版Ⅴ，图 36）

标本采集地　永兴岛、琛航岛。

地理分布　海南岛（崖县、新村港、新盈港），台湾。

121. 卵黄宝贝 *Cypraea*（*Lyncina*）*vitellus* Linnaeus，马绣同，1962: 21（图版Ⅴ，图 35）

标本采集地　永兴岛、琛航岛。

地理分布　海南岛（崖县、新村港、新盈港），广东遮浪，台湾。

122. 肉色宝贝 *Cypraea*（*Lyncina*）*carneola* Linnaeus，马绣同，1962: 21（图版Ⅶ，图 41）

标本采集地　琛航岛、赵述岛、北岛。

地理分布　海南岛（崖县、新村港、清澜港），台湾。

冠螺科 Cassididae

123. 冠螺 *Cassis cornuta*（Linnaeus），张玺，等，1962: 42（图 26）

标本采集地　二坑①。

地理分布　台湾。

124. 带鬓螺 *Phalium bandatum*（Perry）（图版Ⅵ，图 13）

标本采集地　北岛。

地理分布　仅见于西沙群岛。

125. 猥甲胄螺 *Casmaria erinaceus*（Linnaeus）（图版Ⅱ，图 12）

标本采集地　北岛、森屏滩、琛航岛。

地理分布　台湾。

这一种的形态变异较大。Abbott（1968）在这一种下设 *Casmaria erinaceus erinaceus*、*C. e. kalosmodix* 和 *C. e. vibexmexicana* 三个亚种。前一亚种分布于印度 - 西太平洋；后一亚种分布于东太平洋，自加利福尼亚至加拉帕戈斯群岛；中间一亚种分布于中太平洋。我们的标本大部分均变化于前一亚种的范围之内，但有几个标本与后一亚种极为相像。

这一种与 *Casmaria ponderosa*（Gmelin）不易区别。Abbott（1968）举出了它们的区别

---

① 大坑、二坑是两个暗礁，均较大，渔民可以进入避风，我们搜集的几种大型贝类均系当地渔民从二坑采得。两个暗礁的名称系渔民俗称，确切名称尚未弄清，下同。

点,我们基本同意,但根据我们在海南岛采的一些标本比较,还有一些特征在两种之间有混淆。他记载在柏林博物馆有我国西沙群岛的 *Casmaria ponderosa ponderosa*(Gmelin)的标本,但我们只有海南岛的标本。

嵌线螺科 Cymatiidae

126. 扭螺 *Distorsio anus*(Linnaeus)(图版 Ⅱ,图 16)

标本采集地　永兴岛、北礁、北岛。

地理分布　海南岛(海棠头),台湾。

127. 结节嵌线螺 *Cymatium tuberosum*(Lamarck)(图版 Ⅱ,图 19)

标本采集地　永兴岛、琛航岛、赵述岛、北岛。

地理分布　海南岛(新村港)。

128. 金口嵌线螺 *Cymatium nicobaricum*(Röding)(图版 Ⅱ,图 18)

(Syn.:*C. chlorostoma* Lamarck)

标本采集地　永兴岛、赵述岛、北岛。

地理分布　台湾。

129. 红肋嵌线螺 *Cymatium rubercula*(Linnaeus)(图版 Ⅲ,图 22)

标本采集地　永兴岛。

地理分布　海南岛(崖县),台湾。

130. 波纹嵌线螺 *Cymatium aquatilis*(Reeve)(图版 Ⅵ,图 10)

标本采集地　永兴岛、北岛。

地理分布　海南岛(崖县、新村港),台湾。

131. 珠粒嵌线螺 *Cymatium gemmatum*(Reeve)(图版 Ⅲ,图 23)

标本采集地　永兴岛、琛航岛、赵述岛、晋卿岛。

地理分布　海南岛(崖县、排港),台湾。

132. 毛嵌线螺 *Cymatium pilearis*(Linnaeus),张玺,齐钟彦,1961: 141(图 184)

标本采集地　赵述岛。

地理分布　海南岛(崖县、新村港),广东宝安。

133. 法螺 *Charonia tritonis*(Linnaeus),张玺,等,1962: 45(图 28)

标本采集地　永兴岛、西沙洲、二坑。

地理分布　台湾。

蛙螺科 Bursidae

134. 皱蛙螺 *Bursa corrugata*(Perry)(图版 Ⅱ,图 20)

标本采集地　永兴岛、赵述岛、北礁。

地理分布　海南岛(崖县、新村港),台湾。

135. 灯蛙螺 *Bursa lampas*（Linnaeus）（图版Ⅵ，图 11）。

标本采集地　琛航岛。

地理分布　海南岛（崖县）。

136. 驼背蛙螺 *Bursa tuberosissima*（Reeve）（图版Ⅱ，图 17）

标本采集地　北岛。

地理分布　台湾。

鹑螺科 Tonnidae

137. 鹧鸪鹑螺 *Tonna perdix*（Linnaeus）（图版Ⅵ，图 7）

标本采集地　永兴岛、琛航岛、晋卿岛。

地理分布　台湾。

138. 细沟鹑螺 *Tonna canaliculata*（Linnaeus）（图版Ⅵ，图 9）

标本采集地　永兴岛。

地理分布　海南岛（崖县、新村港），台湾。

139. 苹果鹑螺 *Malea pomum*（Linnaeus）（图版Ⅵ，图 8）

标本采集地　永兴岛、琛航岛、赵述岛、北岛、森屏滩。

地理分布　台湾。

骨螺科 Muricidae

140. 球核果螺 *Drupa rubusidaeus* Röding，张福绥 [9]

标本采集地　晋卿岛。

地理分布　海南岛（崖县）。

141. 葡萄核果螺 *Drupa uva* Röding，张福绥 [9]

标本采集地　永兴岛、琛航岛、赵述岛。

地理分布　海南岛（崖县），台湾。

142. 黄口核果螺 *Drupa ochrostoma*（Blainville），张福绥 [9]

标本采集地　永兴岛、晋卿岛、北岛。

地理分布　仅见于西沙群岛。

143. 暗唇核果螺 *Drupa marginatra*（Balinville），张福绥 [9]

标本采集地　中岛。

地理分布　台湾。

144. 珠母核果螺 *Drupa margariticola*（Broderip），张福绥 [9]

标本采集地　永兴岛、琛航岛。

地理分布　广西北海，海南岛（崖县、新村港、排港、新盈港），广东徐闻、乌石港、硇洲岛、闸坡、宝安，福建东山，台湾。

145. 环珠核果螺 *Drupa concatenata*（Lamarck），张福绥[9]

标本采集地 琛航岛。

地理分布 海南岛（崖县、新村港、琼山、海口、新盈港），台湾。

146. 黄斑核果螺 *Drupa ricina*（Linnaeus），张福绥[9]

标本采集地 永兴岛、琛航岛、赵述岛、晋卿岛、中岛。

地理分布 海南岛（崖县、新村港），台湾。

147. 刺核果螺 *Drupa grossularia* Röding，张福绥[9]

标本采集地 永兴岛。

地理分布 海南岛（崖县），东沙群岛，台湾。

148. 核果螺 *Drupa morum* Röding，张福绥[9]

标本采集地 永兴岛、琛航岛、中岛。

地理分布 海南岛（崖县、海棠头、新村港），台湾。

149. 栉齿核果螺 *Drupa spathulifera*（Blainville），张福绥[9]

标本采集地 永兴岛、琛航岛、晋卿岛、北岛、中岛。

地理分布 海南岛（崖县），台湾。

150. 北方核果螺 *Drupa borealis*（Pilsbry），张福绥[9]

标本采集地 赵述岛、晋卿岛、北礁。

地理分布 仅见于西沙群岛。

151. 粒核果螺 *Drupa granulata*（Duclos），张福绥[9]

标本采集地 永兴岛、琛航岛、赵述岛、中岛。

地理分布 海南岛（崖县、新村港、排港、海口），台湾。

152. 糙核果螺 *Drupa aspera*（Lamarck），张福绥[9]

标本采集地 琛航岛。

地理分布 海南岛（崖县、新村港），台湾。

153. 高核果螺 *Drupa elata*（Blainville），张福绥[9]

标本采集地 永兴岛、琛航岛。

地理分布 海南岛（崖县）。

154. 鹧鸪篮螺 *Nassa francolinus*（Bruguière）（图版 Ⅲ，图 1）

标本采集地 永兴岛、赵述岛、北礁。

地理分布 海南岛（崖县、新村港），台湾。

155. 武装荔枝螺 *Purpura armigera*（Link）（图版 Ⅵ，图 12）

标本采集地 永兴岛、琛航岛。

地理分布 海南岛（崖县），台湾。

156. 角荔枝螺 *Purpura tuberosa*（Röding）（图版 Ⅲ，图 2）

标本采集地 永兴岛、琛航岛。

地理分布　海南岛(崖县、新村港),台湾。

157. 多角荔枝螺 *Purpura hippocastanum*(Linnaeus)(图版Ⅲ,图 3)

标本采集地　永兴岛、琛航岛、赵述岛、晋卿岛、中岛。

地理分布　海南岛(崖县、新村港)。

158. 褐唇荔枝螺 *Purpura brunneolabrum*(Dall)

标本采集地　西沙群岛。

地理分布　海南岛(崖县、角头、排港)。

159. 褐棘螺 *Chiroreus brunneus*(Link),张福绥,1965: 19(图版Ⅱ,图 5、8)

标本采集地　永兴岛、琛航岛、赵述岛、晋卿岛。

地理分布　广西涠洲岛,海南岛(莺歌海、崖县、新村港),广东闸坡、宝安、龟龄岛,台湾。

延管螺科 Magilidae

160. 延管螺 *Magilus antiquus* Montfort,张玺,齐钟彦,1961: 145(图 193)

标本采集地　永兴岛。

地理分布　海南岛(崖县),台湾。

161. 球芜菁螺 *Rapa bulbiformis* Sowerby(图版Ⅲ,图 6)

标本采集地　永兴岛。

地理分布　海南岛(崖县),台湾。

162. 唇珊瑚螺 *Rhizochilus madreporarum*(Sowerby)(图版Ⅲ,图 4)

标本采集地　永兴岛。

地理分布　海南岛(崖县、新村港)。

163. 单齿栖珊瑚螺 *Coralliobia monodonta*(Blainville)(图版Ⅲ,图 5)

标本采集地　赵述岛、晋卿岛。

地理分布　台湾。

164. 紫栖珊瑚螺 *Coralliobia violacea*(Reeve)(图版Ⅲ,图 7)

标本采集地　永兴岛、琛航岛、北礁、晋卿岛。

地理分布　海南岛(崖县、新村港),台湾。

165. 畸形珊瑚螺 *Coralliophila deformis*(Lamarck)(图版Ⅲ,图 8)

标本采集地　永兴岛、赵述岛、北礁。

地理分布　台湾。

核螺科 Pyrenidae（Columbellidae）

166. 杂色牙螺 *Columbella versicolor* Sowerby,张玺,齐钟彦,1961: 146(图 194)

标本采集地　琛航岛、赵述岛、北礁。

地理分布　广西涠洲岛,海南岛(崖县、新村港、新盈港),广东龟龄岛、南澳,台湾。

167. 斑鸠牙螺 *Columbella turturina* Lamarck（图版Ⅲ，图 9）

标本采集地　永兴岛、赵述岛、北礁、森屏滩。

地理分布　台湾。

168. 马克萨核螺 *Pyrene marquesa*（Gaskoin）（图版Ⅲ，图 11）

标本采集地　赵述岛、北礁。

地理分布　台湾。

169. 多形核螺 *Pyrene varians* Sowerby（图版Ⅲ，图 10）

标本采集地　永兴岛、赵述岛。

地理分布　海南岛(崖县)，台湾。

170. 斑核螺 *Pyrene punctata*（Bruguière）（图版Ⅲ，图 12）

标本采集地　永兴岛、赵述岛、晋卿岛、北礁。

地理分布　海南岛(崖县、新村港)，台湾。

171. 龟核螺 *Pyrene testudinaria*（Link）（图版Ⅲ，图 13）

标本采集地　永兴岛、北礁。

地理分布　广西涠洲岛，海南岛(新村港、新盈港)，广东硇洲岛、闸坡，台湾。

172. 果核螺 *Pyrene* cf. *uvania*（Duclos）（图版Ⅲ，图 15）

标本采集地　赵述岛。

地理分布　仅见于西沙群岛。

173. 分子核螺 *Pyrene moleculina*（Duclos）（图版Ⅲ，图 16）

标本采集地　琛航岛。

地理分布　台湾。

174. 尖埃苏螺 *Aesopus spiculus*（Duclos）（图版Ⅲ，图 14）

标本采集地　北礁。

地理分布　台湾。

蛾螺科 Buccinidae

175. 带唇齿螺 *Engina zonata*（Reeve）（图版Ⅲ，图 24）

标本采集地　永兴岛。

地理分布　仅见于西沙群岛。

176. 三带唇齿螺 *Engina trifasciata*（Reeve）（图版Ⅲ，图 20）

标本采集地　永兴岛。

地理分布　仅见于西沙群岛。

177. 美丽唇齿螺 *Engina pulchra*（Reeve）（图版Ⅲ，图 17）

标本采集地　北礁。

地理分布　台湾。

178. 礼凤唇齿螺 *Engina mendicaria* (Linnaeus)（ 图版 Ⅲ，图 25 ）

标本采集地　永兴岛、中岛。

地理分布　海南岛(崖县)，台湾。

179. 波纹甲虫螺 *Cantharus undosus* (Linnaeus)（ 图版 Ⅲ，图 26 ）

标本采集地　永兴岛、琛航岛、石岛。

地理分布　海南岛(莺歌海、崖县、新村港、清澜港)，台湾。

180. 无顶土产螺 *Pisania truncata* (Hinds)（ 图版 Ⅲ，图 18 ）

标本采集地　永兴岛。

地理分布　台湾。

181. 火红土产螺 *Pisania ignea* (Gmelin)（ 图版 Ⅲ，图 21 ）

标本采集地　永兴岛、琛航岛、北礁、金银岛。

地理分布　海南岛(崖县)，台湾。

182. 点线土产螺 *Pisania* cf. *montrouzieri* Crosse（ 图版 Ⅳ，图 5 ）

标本采集地　赵述岛、北礁。

地理分布　台湾。

织纹螺科 Nassariidae

183. 疣织纹螺 *Nassarius papillosus* (Linnaeus)（ 图版 Ⅳ，图 1 ）

标本采集地　永兴岛、琛航岛、晋卿岛、北岛。

地理分布　海南岛(崖县)，台湾。

184. 粒织纹螺 *Nassarius graniferus* (Kiener)（ 图版 Ⅳ，图 16 ）

标本采集地　永兴岛、赵述岛、晋卿岛、金银岛、森屏滩。

地理分布　海南岛(崖县、新村港)。

185. 布朗织纹螺 *Nassarius bruni* (Philippi)（ 图版 Ⅳ，图 2 ）

标本采集地　琛航岛。

地理分布　海南岛(崖县、新村港)。

Tryon 将此种合并于 *N. coronatus* (Bruguière)，但 *N. coronatus* 有一条很清楚的棕色色带，缝合线下面的纵肋很不清楚，我们的标本没有色带，缝合线下面的纵肋极发达，形成了结节，与 Reeve[42] 的图很一致，因此，仍作为独立种。

186. 秀织纹螺 *Nassarius concinnus* (Powis)（ 图版 Ⅲ，图 19 ）

标本采集地　永兴岛。

地理分布　台湾。

细带螺科 Fasciolariidae

187. 旋纹细带螺 *Fasciolaria filamentosa* (Röding)（ 图版 Ⅳ，图 10 ）

标本采集地 永兴岛、琛航岛、赵述岛。

地理分布 台湾。

188. 四角细带螺 *Fasciolaria trapezium audouini* Jonas（图版Ⅳ，图 11）

标本采集地 永兴岛。

地理分布 台湾。

189. 鸽螺 *Peristernia nassatula*（Lamarck）（图版Ⅳ，图 8）

标本采集地 永兴岛。

地理分布 海南岛（崖县），台湾。

190. 多角山黧豆螺 *Latirus polygonus*（Gemlin）（图版Ⅳ，图 6）

标本采集地 永兴岛、琛航岛、赵述岛、晋卿岛。

地理分布 台湾。

191. 细纹山黧豆螺 *Latirus craticulatus*（Linnaeus）（图版Ⅳ，图 9）

标本采集地 永兴岛、北礁。

地理分布 海南岛（琼东），台湾。

192. 宝石山黧豆螺 *Latirus smaragdula*（Linnaeus）（图版Ⅳ，图 7）

标本采集地 琛航岛。

地理分布 台湾。

榧螺科 Olividae

193. 肩榧螺 *Oliva emicator*（Meuschen），楼子康，1965: 2（图版Ⅰ，图 5）

标本采集地 永兴岛、赵述岛、北岛、北礁。

地理分布 台湾。

194. 织锦榧螺 *Oliva textilina* Lamarck，楼子康，1965: 3（图版Ⅰ，图 12）

标本采集地 赵述岛。

地理分布 台湾。

195. 紫口榧螺 *Oliva episcopalis* Lamarck，楼子康，1965: 3（图版Ⅰ，图 8）

标本采集地 赵述岛。

地理分布 台湾。

196. 陷顶伶鼬榧螺 *Oliva mustelina concavospira* Sowerby，楼子康，1965: 8（图版Ⅰ，图 1）

标本采集地 永兴岛。

地理分布 海南岛（崖县、新村港），台湾。

197. 彩榧螺 *Oliva ispidula* Linnaeus，楼子康，1965: 6（图版Ⅰ，图 9）

标本采集地 永兴岛、北岛。

地理分布 海南岛（崖县、新村港、新盈港），广东平海，台湾。

笔螺科 Mitridae

198. 笔螺 *Mitra*（*Mitra*）*mitra*（Linnaeus），张玺，等，1961: 149（图 201）
标本采集地　永兴岛、琛航岛、赵述岛。
地理分布　台湾。

199. 褐笔螺 *Mitra*（*Chrysame*）*coffea* Schubert et Waginer（图版 V，图 1）
标本采集地　永兴岛。
地理分布　台湾。

200. 堂皇笔螺 *Mitra*（*Chrysame*）*imperialis* Röding（图版 V，图 5）
标本采集地　永兴岛、琛航岛、晋卿岛、石岛。
地理分布　台湾。

201. 锈笔螺 *Mitra*（*Chrysame*）*ferruginea* Lamarck（图版 V，图 2）
标本采集地　琛航岛。
地理分布　海南岛（崖县），台湾。

202. 沟纹笔螺 *Mitra*（*Chrysame*）*proscissa* Reeve（图版 V，图 3）
标本采集地　永兴岛。
地理分布　广西北海，海南岛（崖县、新村港），广东硇洲岛、宝安，台湾。

203. 杂色笔螺 *Mitra*（*Strigatella*）*litterata* Lamarck（图版 V，图 6）
标本采集地　永兴岛。
地理分布　海南岛（崖县），台湾。

204. 罕见笔螺 *Mitra*（*Strigatella*）*paupercula*（Linnaeus）（图版 V，图 7）
标本采集地　石岛。
地理分布　海南岛（崖县），台湾。

205. 斑纹笔螺 *Mitra*（*Strigatella*）*vigata* Reeve（图版 V，图 8）
标本采集地　永兴岛。
地理分布　台湾。

206. 圆点笔螺 *Mitra*（*Strigatella*）*scutulata*（Gmelin）（图版 V，图 4）
标本采集地　永兴岛、北礁。
地理分布　广西潿洲岛，海南岛（崖县、新村港），广东遮浪，台湾。

207. 橘黄笔螺 *Mitra*（*Strigatella*）*lutea* Quoy et Gaimard（图版 V，图 11）
标本采集地　永兴岛、晋卿岛、石岛。
地理分布　台湾。

208. 蝶笔螺 *Mitra*（*Scabricola*）*papillio*（Link）（图版 V，图 9）
标本采集地　赵述岛。
地理分布　台湾。

209. 橡子花生螺 *Pterygia nucea*（Meuschen）（图版 V，图 10）

标本采集地　永兴岛。

地理分布　海南岛（新盈港）。

犬齿螺科 Vasidae

210. 角犬齿螺 *Vasum tubinellum*（Linnaeus），张玺，齐钟彦，1961: 149（图 202）

[Syn: *V. cornigerum* (Lamarck)]

标本采集地　永兴岛、琛航岛。

地理分布　海南岛（崖县、新村港），台湾。

竖琴螺科 Harpidae

211. 华贵竖琴螺 *Harpa nobilis* Röding（图版Ⅳ，图 4）

标本采集地　永兴岛。

地理分布　仅见于西沙群岛。

212. 玲珑竖琴螺 *Harpa amouretta* Röding（图版Ⅳ，图 3）

标本采集地　永兴岛、北岛。

地理分布　台湾。

缘螺科 Marginellidae

213. 菲律宾缘螺 *Marginella philippinarum* Redfield（图版Ⅳ，图 14）

标本采集地　永兴岛。

地理分布　仅见于西沙群岛。

塔螺科 Turridae

214. 环核楼螺 *Turridrupa cincta*（Lamarck）（图版Ⅳ，图 12）

标本采集地　北礁。

地理分布　台湾。

215. 白珠核塔螺 *Turridrupa lamberti*（Montrouzier）（图版Ⅳ，图 13）

标本采集地　赵述岛。

地理分布　仅见于西沙群岛。

芋螺科 Conidae

216. 玛瑙芋螺 *Conus achatinus* Gmelin（图版Ⅶ，图 1）

标本采集地　琛航岛、北岛。

地理分布　广西涠洲岛、企水（沙角），海南岛（莺歌海、崖县），广东水东、澳头，台湾。

217. 沙芋螺 *Conus arenatus* Hwass（图版Ⅶ，图 2）

标本采集地　赵述岛。

地理分布　台湾。

218. 桶形芋螺 *Conus betulinus* Linnaeus，张玺，等，1962: 67（图 45）

标本采集地　晋卿岛。

地理分布　海南岛（崖县、新村港、新盈港），台湾。

219. 大尉芋螺 *Conus capitaneus* Linnaeus（图版Ⅶ，图 7）

标本采集地　北礁。

地理分布　海南岛（崖县），台湾。

220. 加勒底芋螺 *Conus chaldaeus* (Röding)（图版Ⅶ，图 19）

标本采集地　永兴岛、琛航岛、石岛、中岛。

地理分布　海南岛（崖县、新村港），台湾。

221. 花冠芋螺 *Conus coronatus* Gmelin（图版Ⅶ，5）

标本采集地　永兴岛、琛航岛、赵述岛、北岛、石岛。

地理分布　广西涸洲岛，海南岛（崖县、新村港、新盈港），台湾。

222. 希伯来芋螺 *Conus ebraeus* Linnaeus（图版Ⅶ，图 6）

标本采集地　永兴岛、琛航岛、中岛。

地理分布　海南岛（崖县、新村港）。

223. 象牙芋螺 *Conus eburneus* Hwass（图版Ⅶ，图 4）

标本采集地　琛航岛、中建岛。

地理分布　台湾。

224. 主教芋螺 *Conus episcopus* Hwass（图版Ⅵ，图 4）

标本采集地　晋卿岛。

225. 黄芋螺 *Conus flavidus* Lamarck（图版Ⅶ，图 8）

标本采集地　永兴岛、赵述岛、北岛、北礁。

地理分布　海南岛（崖县、新村港），台湾。

本种与 *C. lividus* 很相近，但在螺层肩角无结节突起。

226. 将军芋螺 *Conus generalis* Linnaeus（图版Ⅵ，图 16）

标本采集地　赵述岛。

地理分布　海南岛（新村港），台湾。

227. 地纹芋螺 *Conus geographus* Linnaeus，张玺，等，1962: 67（图 44）

标本采集地　金银岛。

地理分布　海南岛（崖县）。

228. 橡实芋螺 *Conus glans* Hwass（图版Ⅶ，图 10）

标本采集地　永兴岛、北礁、北岛。

地理分布　海南岛(新盈港),台湾。

229. 堂皇芋螺 *Conus imperialis* Linnaeus(图版Ⅴ,图 13)

标本采集地　永兴岛、晋卿岛、北岛。

地理分布　台湾。

230. 信号芋螺 *Conus littereatus* Linnaeus(图版Ⅵ,图 1)

标本采集地　琛航岛、金银岛、二坑。

地理分布　台湾。

231. 疣缟芋螺 *Conus lividus* Hwass(图版Ⅶ,图 11)

标本采集地　永兴岛、石岛、北礁、北岛、晋卿岛。

地理分布　海南岛(崖县、新村港),台湾。

232. 幻芋螺 *Conus* cf. *magus* Linnaeus(图版Ⅷ,图 4)

标本采集地　永兴岛、石岛、北礁、北岛。

地理分布　海南岛(新村港),台湾。

233. 黑芋螺 *Conus marmoreus* Linnaeus(图版Ⅵ,图 2)

标本采集地　永兴岛、琛航岛、赵述岛、晋卿岛。

地理分布　台湾。

234. 勇士芋螺 *Conus miles* Linnaeus(图版Ⅶ,图 14)

标本采集地　永兴岛、石岛。

地理分布　海南岛(崖县、新村港),台湾。

235. 乐谱芋螺 *Conus musicus* Hwass(图版Ⅶ,图 9)

标本采集地　永兴岛、琛航岛、赵述岛、石岛、北礁。

地理分布　海南岛(崖县、新村港),台湾。

236. 白地芋螺 *Conus nussatella* Linnaeus(图版Ⅶ,图 15)

标本采集地　永兴岛。

地理分布　海南岛(崖县、琼山),台湾。

237. 斑疹芋螺 *Conus pulicarius* Hwass(图版Ⅴ,图 14)

标本采集地　永兴岛、琛航岛、赵述岛、中建岛。

地理分布　海南岛(崖县、新村港),台湾。

238. 鼠芋螺 *Conus rattus* Hwass(图版Ⅶ,图 16)

标本采集地　永兴岛、森屏滩。

地理分布　海南岛(崖县),台湾。

239. 豆芋螺 *Conus scabriusculus* Dillwyn(图版Ⅶ,图 18)

标本采集地　北礁。

地理分布　台湾。

240. 俪芋螺 *Conus sponsalis* Hwass(图版Ⅶ,图 17)

标本采集地　琛航岛、石岛。

地理分布　台湾。

241. 线纹芋螺 *Conus striatus* Linnaeus（图版Ⅵ，图 3）

标本采集地　永兴岛、琛航岛、金银岛、北岛。

地理分布　海南岛（崖县），台湾。

242. 镶嵌芋螺 *Conus tessellatus* Born（图版Ⅶ，图 3）

标本采集地　赵述岛、北礁。

地理分布　海南岛（崖县、新村港、新盈港），台湾。

243. 织锦芋螺 *Conus txile* Linnaeus，张玺，等，1962: 69（图 46）

标本采集地　琛航岛、晋卿岛、金银岛。

地理分布　广西涠洲岛，海南岛（崖县、新村港、新盈港），广东遮浪，台湾。

244. 马兰芋螺 *Conus tulipa* Linnaeus（图版Ⅴ，图 12）

标本采集地　永兴岛、北礁、北岛。

地理分布　海南岛（崖县），台湾。

245. 贞洁芋螺 *Conus virgo* Linnaeus（图版Ⅵ，图 5）

标本采集地　琛航岛、赵述岛、金银岛、石岛。

地理分布　台湾。

246. 犊纹芋螺 *Conus vitulinus* Hwass（图版Ⅷ，图 3）

标本采集地　永兴岛、北岛。

地理分布　海南岛（崖县、新村港），台湾。

247. 猫芋螺 *Conus catus* Hwass（图版Ⅷ，图 2）

标本采集地　赵述岛。

地理分布　海南岛（莺歌海、崖县、新村港），台湾。

248. 笋芋螺 *Conus terebra* Born（图版Ⅷ，图 1）

标本采集地　永兴岛。

地理分布　台湾。

249. 使节芋螺 *Conus legatus* Lamarck（图版Ⅶ，图 13）

标本采集地　北岛。

地理分布　海南岛（崖县）。

250. 点芋螺 *Conus pertusus* Hwass（图版Ⅶ，图 12）

标本采集地　晋卿岛、北礁。

地理分布　台湾。

笋螺科 Terebridae

251. 黄斑笋螺 *Terebra chlorata* Lamarck（图版Ⅷ，图 10）

标本采集地　永兴岛、北岛。

地理分布　仅见于西沙群岛。

252. 锯齿笋螺 *Terebra crenulata*（Linnaeus）（图版Ⅷ，图12）

标本采集地　永兴岛、琛航岛。

地理分布　海南岛（新村港），台湾。

253. 分层笋螺 *Terebra dimidiata*（Linnaeus）（图版Ⅷ，图14）

标本采集地　永兴岛、赵述岛。

地理分布　海南岛（新村港），台湾。

254. 虎斑笋螺 *Terebra felina*（Dillwyn）（图版Ⅷ，图13）

（Syn.: *Terebra tigrina* Linnaeus）

标本采集地　永兴岛、北岛。

地理分布　台湾。

255. 索笋螺 *Terebra funiculata* Hinds（图版Ⅷ，图11）

标本采集地　永兴岛。

地理分布　仅见于西沙群岛。

256. 白斑笋螺 *Terebra guttata*（Röding）（图版Ⅷ，图15）

（Syn.: *Terebra oculata* Linnaeus）

标本采集地　赵述岛。

地理分布　仅见于西沙群岛。

257. 条纹笋螺 *Terebra lanceata*（Linnaeus）（图版Ⅷ，图6）

标本采集地　赵述岛、森屏滩。

地理分布　仅见于西沙群岛。

258. 罗纹笋螺 *Terebra maculata*（Linnaeus），张玺，等，1962: 69（图版Ⅰ，图2）

标本采集地　永兴岛、赵述岛、北岛。

地理分布　台湾。

259. 线纹笋螺 *Terebra penicillata* Hinds（图版Ⅷ，图9）

标本采集地　北岛。

地理分布　海南岛（新村港）。

260. 锥笋螺 *Terebra subulata*（Linnaeus）（图版Ⅷ，图7）

标本采集地　永兴岛。

地理分布　海南岛（新村港），台湾。

261. 拟笋螺 *Terebra affinis* Gray（图版Ⅷ，图5）

标本采集地　永兴岛、赵述岛、森屏滩。

地理分布　台湾。

262. 蟹守笋螺 *Terebra cerithina* Lamarck（图版Ⅷ，图8）

标本采集地 赵述岛。

地理分布 仅见于西沙群岛。

参考文献

[1] 马绣同.中国近海宝贝科的研究.动物学报,1962,14卷,分类区系增刊:1-30, pls. 1-7.

[2] 马绣同.中国近海凤螺科种类的初步记录.

[3] 张玺,齐钟彦.贝类学纲要.北京:科学出版社,1961.

[4] 张玺,齐钟彦,等.中国经济动物志——海产软体动物.北京:科学出版社,1962:5-70.

[5] 张玺,齐钟彦,等.西沙群岛潮间带软体动物初步调查.动物生态及分类区系专业学术讨论会论文摘要汇编.科学出版社,1962.

[6] 张玺,齐钟彦,等.中国动物图谱、软体动物(第一分册).北京:科学出版社,1964:15-84.

[7] 张福绥.中国近海浮游软体动物 I.翼足类、异足类及海蜗牛的分类研究.海洋科学集刊,1964,5:213-215.

[8] 张福绥.中国近海骨螺科的研究 I.骨螺属、翼螺属及棘螺属.海洋科学集刊,1965,8:12-24.

[9] 张福绥.中国近海骨螺科的研究 II.核果螺属.

[10] 楼子康.中国近海榧螺科的研究.海洋科学集刊,1965,7:1-12.

[11] 楼子康.中国近海笔螺科的研究.

[12] 熊大仁.西、南沙群岛贝壳之初步调查.学艺,1949,18(2):19-24.

[13] 平濑信太郎.原色日本贝类图鉴(新增补改订版),1954.

[14] 冈田要,等.新日本動物図鉴[中]——软体动物,1971.

[15] 冈田要,泷庸.原色动物大図鉴Ⅲ.1960:128-196.

[16] Abbott R T. The Family Vasidae in the Indo-Pacific. *Indo-Pacific Mollusca*, 1959, 1(1): 15-22.

[17] Abbott R T. The genus *Strombus* in the Indo-Pacific. *Ibid.*, 1960,1(2): 33-146.

[18] Abbott R T. The genus *Lambis* in the Indo-Pacific. *Ibid.*, 1961,1(3): 147-174.

[19] Abbott R T. The helmet shells of the world (Cassidae), Part 1. *Ibid.*, 1968,2(9): 15-202.

[20] Adams H & A. The genera of the recent Mollusca, Ⅰ & Ⅲ. 1858.

[21] Allan J. Australian Shells. Melbourne: Georgian House,1950.

[22] Couturier M. Etude sur les Mollusques Gastropodes recueillis par M. L.-G. Seurat dans les archipels de Tahiti, l'aumotu et Grambier. *J. de Conchy.*, 1907,55: 123-178.

[23] Crosse H. Description d'une espèce novelle appartenant au genre *Pisania. J. de Conchy.*, 1862, 10: 251-252.

[24] Demond J. Micronesian reef-associated Gastropoda. *Pacif. Sic.*, 1957, 11(3): 275-336.

[25] Dodge H. A historical review of the mollusks of Linnaeus. Part 4. The genera *Buccinium* and *Strombus* of the Class Gastropoda. *Bull. Amer. Mus. Hat. Hist.*, 1956, 111: 157-312.

[26] Duclos P L. In Chenu's Illustrations Conchyliologiques, ou description et figures de toutes les

coquilles connues, vivantes et fossiles. 1844.

［27］ Fischer P. Manuel de Conchyliologie et de Paleotologie Conchyliologique, ou Histoire Naturelle des Mollusques Vivants et Fossiles. F. Savy. Paris. 1887.

［28］ Habe T. Shells of The Western Pacific in Color., Ⅱ ,1964: 1-128.

［29］ Kiener L C. Species general et iconographie des coquilles vivantes. 1846-1880: 1-7.

［30］ King S G（金叔初）, Ping C（秉志）. The molluscan shells of Hongkong. *Hong Kong Nat.*, 1931-1936, 2(1): 10-29; 2(4): 265-286; 4(2): 90-105 and 7(2): 124-137.

［31］ Kira T. Coloured illustrations of the shells of Japan. 1, Enlarged & Revised Edition Mar. 1959. Japan, 1971.

［32］ Kohn A J. The Hawaiian species of *Conus* (Mollusca: Gastropoda). *Pac. Sci.*, 1959, 13(4): 368-401.

［33］ Kuroda T. A catalogue of molluscan shells from Taiwan, with descriptions of new species, *Mem. Fac. Sci. Agr. Taikoku Imp. Univ.*, 1941, 22(4): Geol. 17: 65-216.

［34］ Kuroda T, Habe T. Check list and bibliography of the recent marine mollusca of Japan. Hosokawa, Tokyo, Japan, 1952.

［35］ Küster C H. Systematisches Conchylien-Cabinet. vols. In Martini and Chemnitz, 1845-1899.

［36］ Linnaeus L. Systema Naturae, ed. 10,1758.

［37］ Linnaeus L. Ibid. ed. 12,1767.

［38］ Lischke C E. Japanische meeres-conchylien, 1, 1869-1871.

［39］ Pease W H. Descriptions of sixty-five new species of marine Gasteropodae, inhabiting Polynesia. *Amr. J. Conch.*, 1867, 3: 271-297.

［40］ Pilsbry H A. Catal. Mar. Moll. Jap. Frederick Stearns, 1895.

［41］ Ping C（秉志）, Yen T C（阎敦建）. Preliminary notes on the gastropod shells of Chinese coast. *Bull. Fan. Men. Inst. Biol.*, 1932, 3(3): 37-54.

［42］ Reeve L. Conchologia Iconica., 1843-1865: 1-15.

［43］ Rosewater J. The Family Littorinidae in the Indo-Pacific. *Indo-Pacific Mollusca.*, 1970, 2(11): 417-533.

［44］ Schepman M M. Prosobranchia, Part 1-5. *Siboga-Exped.*, 1908-1913: Livr. 39; 43; 46; 58; 64.

［45］ Schepman M M, Nierstrasz H F. Parasitische Prosobranchier. *Ibid.*, 1909: 42.

［46］ Schilder F A. The living species of Amphiperatinae. *Proc. Malac. Soc. Lond.*, 1931: 20(1): 46-64.

［47］ Schilder F A. Monograph of the subfamily Eratoinae. *Ibid*, 1933, 20(5): 244-283.

［48］ Souverbie M, le Montrouzier R P. Descriptions d'espècies nouvelles le l'Archipel Caledonien. *J. de Conchy.*, 1875, 23: 33-44.

［49］ Sowerby G B. Thes. Conchyl, 1842-1887: 1-5.

［50］ Sowerby G B. Conchologia Iconica (continued after Reeve). 1865-1878: 15-20.

［51］ Thiele J. Handbuch systematischen weichtierkunde. Jena, Bd., 1931: 1.

［52］ Tinker S W. Pacific Sea Shells. Published by the Charles E. Tuttle Company of Rutland, Vermont & Tokyo, Japan, 1959.

［53］ Tryon G W. Manual of Conchology, 1879-1898.

［54］ Wood W. Index testaceologicus, British and foreign Shells, 1856.

［55］ Yen T C（阎敦建）. Notes on some marine gastropod of Pehai and Weichow Island. *Notes Malacologie Chinoise*, 1935, 1(2): 1-47.

［56］ Yen T C（阎敦建）. Additional notes on Marine gastropods of Pei-hai and Weichow Island. *Ibid*, 1936, 1(3): 1-13.

［57］ Yen T C（阎敦建）. Review of Chinese gastropod in the British Museum. *Proc. Malac. Soc. Lond.*, 1942, 24: 170-289.

A CHECKLIST OF PROSOBRANCHIATE GASTROPODS FROM THE XISHA ISLANDS, GUANGDONG PROVINCE, CHINA

Tchang Si, Tsi Chung-yen, Ma Siu-tung and Lou Tze-kang

(*Institute of Oceanology, Academia Sinica*)

ABSTRACT

Several scientific investigations carried out by the Institute of Oceanology, Academia Sinica during 1956-1958 on the Xisha Islands reveal that these islands harbor a rich molluscan fauna which is heretofore poorly investigated. A study of the prosobranchiate gastropoda yielded 262 species, belonging to 95 genera and 43 families. The majority of the species are tropical in nature. An analysis of the species composition of this molluscan fauna indicates that it is similar to that of its neighbouring regions, such as Malaya, Indonesia and the Philippines. It is characteristic of the tropical Indo-Malayan Subregion.

Based on materials collected along the Chinese coasts during the past 20 years or more, we are able to note the limits of distribution of each species listed in this paper. Of the 262 species, 44 species (e.g., *Trochus conus* Gmelin, *Astralium petrosum* Martyn, *Phalium bandatum* Gmelin, *Harpa nobilis* Röding and *Terebra chlorata* Lamarck etc.) are found only in Xisha Islands; 147 species [e.g., *Haliotis asinina* Linnaeus, *Trochus niloticus maximus* (Philippi), *Lambis lambis* Linnaeus etc.] are found also in Hainan Island; 194 species [e.g., *Turbo petholatus* Linnaeus, *Lambis truncata sebae* (Kiener), *Chlypypraea testudinaria* (Linnaeus), *Charonia tritonis* (Linnaeus), *Mitra mitra* (Linnaeus) etc.] are also reported from Taiwan Province; 33 species, [e.g., *Tectus pyramis* (Born), *Nerita costata* Gmelin, *Polynices pyriformis* (Recluz), *Cypraea vitellus* Linnaeus, *Oliva ispidula* Linnaeus, and *Conus textile* Linnaeus etc.] are found also in the coastal waters of Guangdong and Guangxi Provinces; Only 7 species viz. *Scutus sinensis* (Blaiville), *Patella stellaeformis* Reeve, *Clanculus denticulatus* Gray, *Nerita albicilla* (Linnaeus), *Cerithium sinenes* (Gmelin), *Mauritia arabica* (Linnaeus) and *Drupa margariticola* (Broderip) may be found as far north as Pingtan and Dongshan in Fujian Province.

图版 I

1. 小窗凹缘螺 ×2；2. 三列扭柱螺 ×1；3. 刺马蹄螺 ×1.3；4. 缘驼峰螺 ×3；5. 亮小甲虫螺 ×2；6. 沟真蹄螺 ×2；7. 斑隐螺 ×2；8. 无色口螺 ×1.5；9. 小口光隐螺 ×1.5；10. 彩口螺 ×3；11. 坚星螺 ×1；12. 波纹拟滨螺 ×1.4；13. 肥拟滨螺 ×1.4；14. 节蟹守螺 ×1.3；15. 枸橼蟹守螺 ×1.3；16. 尖嘴蟹守螺 ×2；17. 结节小塔螺 ×1.4；18. 笔小塔螺 ×2；19. 棘刺蟹守螺 ×1.1；20. 三齿集比螺 ×2；21. 迷乱环肋螺 ×1.5；22. 白瓷螺 ×1.4；23. 肥胖小塔螺 ×2；24. 沟小塔螺 ×1.5；25. 纵胀环肋螺 ×1.4；26. 僧帽瓦尼沟螺 ×1.5；27. 精致瓦尼沟螺 ×2；28. 肋纹瓦尼沟螺 ×1.8；29. 尖马掌螺 ×1.5；30. 箭圆锥螺 ×3

图版 Ⅱ

1. 透明马唇螺 ×1.2； 2.暗乳玉螺 ×1.1； 3.脐穴乳玉螺 ×2； 4.格纹玉螺 ×2； 5.沟原爱神螺 ×3；
6.喙猎女神螺 ×2； 7.小喙猎女神螺 ×3； 8.半纹瓮螺 ×1.4； 9.鸡豆疹贝 ×1.5； 10.梨形原梭螺 ×2；
11.石纹焦掌贝 ×1.8； 12.猥甲胄螺 ×1.1； 13.圆疹贝 ×1.5； 14.斑疹贝 ×1.5； 15.端正原梭螺 ×2；
16.扭螺 ×1.1； 17.驼背蛙螺 ×1.4； 18.金口嵌线螺 ×1.1； 19.结节嵌线螺 ×1.4； 20.皱蛙螺 ×1.3

图版 Ⅲ

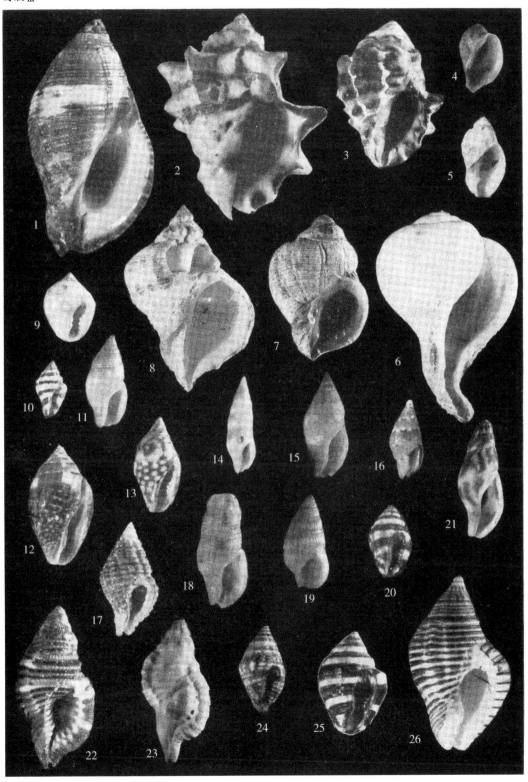

1. 鹩鸲篮螺 ×1.4； 2. 角荔枝螺 ×1.1； 3. 多角荔枝螺 ×1.4； 4. 唇珊瑚螺 ×1.3； 5. 单齿栖珊瑚螺 ×3；
6. 球芜菁螺 ×1.1； 7. 紫栖珊瑚螺 ×1.1； 8. 畸形珊瑚螺 ×1.4； 9. 斑鸠牙螺 ×2； 10. 多形核螺 ×2；
11. 马克萨核螺 ×2； 12. 斑核螺 ×1.8； 13. 龟核螺 ×2； 14. 尖埃苏螺 ×2； 15. 果核螺 ×2； 16. 分子核
螺 ×3； 17. 美丽唇齿螺 ×1.5； 18. 无顶土产螺 ×2； 19. 秀织纹螺 ×1.5； 20. 三带唇齿螺 ×2； 21. 火红
土产螺 ×1.4； 22. 红肋嵌线螺 ×1.1； 23. 珠粒嵌线螺 ×1.4； 24. 带唇齿螺 ×2； 25. 礼凤唇齿螺 ×1.5；
26. 波纹甲虫螺 ×1.4

图版 IV

1.疣织纹螺 ×1.4；2.布朗织纹螺 ×1.3；3.玲珑竖琴螺 ×1.2；4.华贵竖琴螺 ×1.3；5.点线土产螺 ×2.5；6.多角山黧豆螺 ×1.1；7.宝石山黧豆螺 ×1.1；8.鸽螺 ×1.4；9.细纹山黧豆螺 ×1.3；10.旋纹细带螺 ×0.6；11.四角细带螺 ×0.6；12.环核塔螺 ×2；13.白珠核塔螺 ×3；14.菲律宾缘螺 ×2；15.马唇螺 ×1.4；16.粒织纹螺 ×2

图版 V

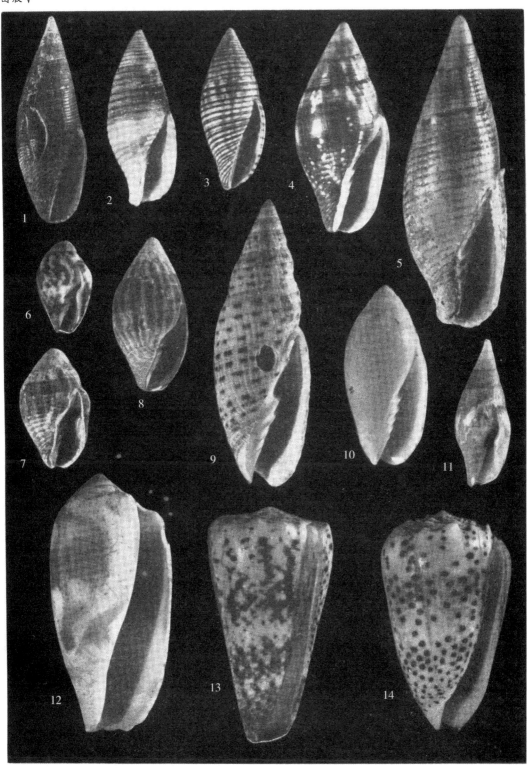

1. 褐笔螺 ×1.1；2. 锈笔螺 ×1.1；3. 沟纹笔螺 ×1.4；4. 圆点笔螺 ×1.4；5. 堂皇笔螺 ×1.3；6. 杂色笔螺 ×1.4；7. 罕见笔螺 ×2；8. 斑纹笔螺 ×2；9. 蝶笔螺 ×1.4；10. 橡子花生螺 ×1.1；11. 橘黄笔螺 ×1.4；12. 马兰芋螺 ×1；13. 堂皇芋螺 ×1；14. 斑疹芋螺 ×1.1

图版 VI

1. 信号芋螺 ×0.7；2. 白斑芋螺 ×0.7；3. 线纹芋螺 ×0.7；4. 主教芋螺 ×0.7；5. 贞洁芋螺 ×0.7；6. 将军芋螺 ×0.7；7. 鹧鸪鹑螺 ×0.6；8. 苹果螺 ×0.7；9. 细沟鹑螺 ×0.7；10. 波纹嵌线螺 ×0.7；11. 灯蛙螺 ×0.4；12. 武装荔枝螺 ×0.7；13. 带鬘螺 ×0.7

图版Ⅶ

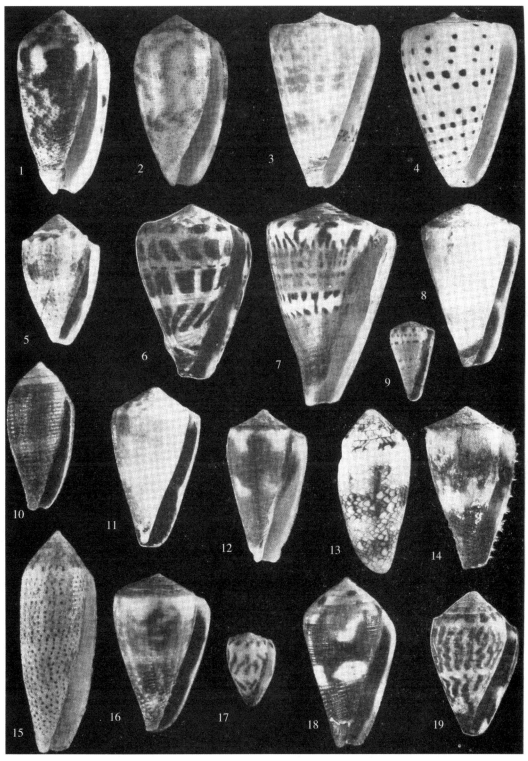

1.玛瑙芋螺 ×1.1；2.沙芋螺 ×1.4；3.方斑芋螺 ×1；4.象牙芋螺 ×1.2；5.花冠芋螺 ×1.4；6.希伯来芋螺 1.2；7.大尉芋螺 ×1.1；8.黄芋螺 ×1.2；9.乐谱芋螺 ×1.5；10.橡实芋螺 ×1.4；11.疣缟芋螺 ×1.2；12.点芋螺 ×1.4；13.使节芋螺 ×1.2；14.勇士芋螺 ×1.2；15.白地芋螺 ×1.1；16.鼠芋螺 ×1.4；17.俪芋螺 ×1.4；18.豆芋螺 ×1.4；19.加勒底芋螺 ×1.4

图版 Ⅷ

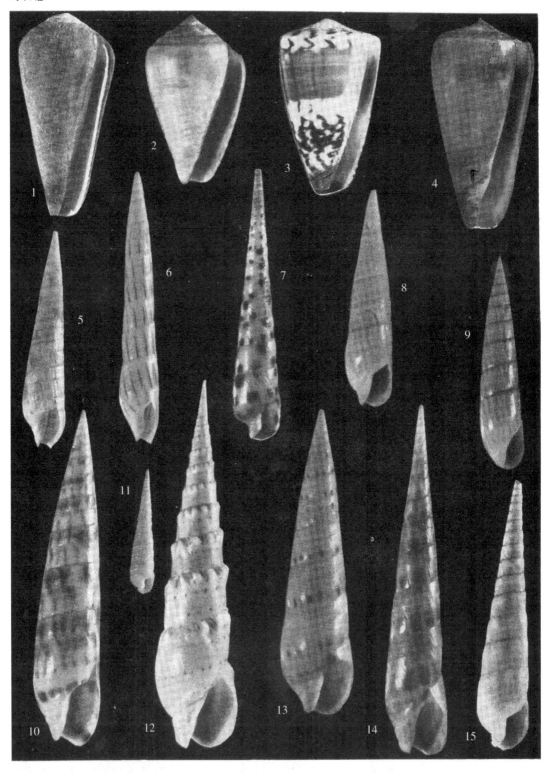

1.笋芋螺 ×1.1；2.猫芋螺 ×1.4；3.犊纹芋螺 ×1.2；4.幻芋螺 ×1.1；5.拟笋螺 ×1.5；6.条纹笋螺 ×1.2；7.锥笋螺 ×1；8.蟹守笋螺 ×1.5；9.线纹笋螺 ×1.5；10.黄斑笋螺 ×1.6；11.索笋螺 ×1.3；12.锯齿笋螺 ×0.8；13.虎斑笋螺 ×1.4；14.分层笋螺 ×0.9；15.白斑笋螺 ×0.8

西沙群岛的海洋生物考察[①]

西沙群岛是我国南海诸岛的一个组成部分。它由 30 多个岛屿、沙洲和礁滩组成,面积约 200 平方千米,地处热带,属于热带海洋气候。岛上全年的平均气温为 26.4 ℃,1 月气温最低,为 22.7 ℃,7 月气温最高,为 38.6 ℃。全年表层水温为 24℃～ 29 ℃,平均在 25 ℃以上,这是珊瑚礁发育的良好条件,所以西沙群岛的各种造礁珊瑚和与珊瑚礁密切联系的各类热带动、植物种类极为丰富。在动物地理学上,西沙群岛的动物区系和我国的台湾、海南岛、东沙群岛、中沙群岛、南沙群岛以及一些邻近国家相似,同属于印度西太平洋区的印尼 – 马来亚区。这是世界上海洋生物种类最丰富的区域。为了充分了解我国沿海及岛屿的海洋生物种类、分布和资源的开发利用等情况,1949 年以后,我们对北自鸭绿江口,南至南海诸岛的长达 18 000 多千米的海岸进行了连续、广泛的调查研究。西沙群岛的调查是从 1956 年开始的,在 1956—1977 年的 22 年间共进行了六次调查,这些调查大多是分学科进行的。除了采集标本以外,还在永乐群岛的金银岛和宣德群岛的东岛做了初步的生态调查。通过这些调查获得了大量的标本和资料,估计有藻类、各类无脊椎动物和鱼类标本 12 000 多个。许多标本已经和正在整理分析,发表和待发表的论文共 30 多篇。目前估计在西沙群岛已发现的海藻类约有 400 种,原生动物的放射虫和有孔虫约有 500 种,腔肠动物约有 200 种,软体动物约有 500 种,环节动物约有 100 种,大型甲壳类约有 350 种,棘皮动物约有 130 种,鱼类约有 500 种,总共已接近 2 700 种。其中世界上首次发现的新种,计有海藻类 30 种,各类无脊椎动物 102 种,为世界的生物种类增加了新的资料。还有很多种类是第一次在我国海域发现。我们的调查和研究结果为进一步探讨我国南海诸岛生物区系的形成和发展以及编写我国的动、植物志提供了丰富的资料,也为我国南海生物资源的开发利用提供了必要的参考依据。

但是,我们的标本大多是从珊瑚礁平台的浅水区域获得的,较深的珊瑚礁斜坡地带以及在海洋中浮游、游泳的种类涉及较少。即使是礁平台范围也采集得不够充分,今后还需要进一步开展调查研究。现将各主要生物类群的特色简单介绍如下。

在藻类中,岸边浅水区生长的有绿色的蕨藻(*Caulerpa*),黄褐色的团扇藻(*Padina*)和一团团形似大网袋的网胰藻(*Hydroclathus clathratus*),绿色的、像棉花一样松软的棉絮藻(*Boodlea*),等等。在鹿角珊瑚带生活的有扇形的匐扇藻(*Lobophora*)、松软的松藻(*Codium*)、绿色毛状的刚毛藻(*Cladophora*),以及覆盖在礁石上的马尾藻(*Sargassum*)、喇叭藻(*Turbinaria*)和在鹿角珊瑚缝隙间生长的麒麟菜(*Eucheuma*),等等。应该提一

① 齐钟彦:载《海洋科学》(增刊),1978 年,58 ～ 61 页,科学技术文献出版社。本文由陆保仁、王存信、廖玉麟、唐质灿、王永良、陈惠莲、傅钊先等同志提供有关材料,谨此致谢。

提的是在珊瑚礁缘的外侧有由粉红色的石灰藻——孔石藻(Porolithon)构成的"藻脊"(algal ridge)。这是印度西太平洋珊瑚礁的特征。在马绍尔群岛、所罗门群岛等地的珊瑚礁都有这样的"藻脊"。石灰藻直接参与造礁活动,起着固定珊瑚礁的作用。

西沙群岛的藻类资源主要有麒麟菜、江蓠、凝花菜等可提取琼胶的种类。过去海南岛的渔民每年夏季都到西沙群岛采集麒麟菜,每年可生产干品 365 吨。麒麟菜可以进行人工养殖。西沙群岛有广阔的地带可供这种藻类的养殖,如果充分利用,可以大大补充我国琼胶用量的不足。

在无脊椎动物方面,原生动物中的有孔虫种类极多,我们在整理分析中,已经鉴定 400 多种,其中有 11 个新属 93 个新种。它们的遗壳能在地层中长期保存,因此对有孔虫分类的研究,不仅对现代海洋生态学,同时也对古海洋生态学、古海洋沉积环境及古气候和识别海相地层等方面的研究都有密切的关系。特别是随着勘探和开发石油等沉积矿基的需要,用有孔虫做地层对比、岩相识别等已成为重要手段之一。

腔肠动物在西沙群岛是最引人注目的动物类群。因为其中的造礁珊瑚是这些岛屿、沙洲和礁滩的主要构成者。造礁珊瑚有三类:第一类是石珊瑚(Madreporaria),种属最多;第二类是笙珊瑚(Tubipora)和苍珊瑚(Heliopora);第三类是多孔螅(Millepora)。它们在西沙群岛的生态分布基本上和威尔士(Wells, 1957)绘制的印度太平洋环礁断面的模式图相似。例如金银岛东北面的礁平台,从高潮线到石灰藻"藻脊"依次分橙黄滨珊瑚带、苍珊瑚带和鹿角珊瑚带等。除造礁珊瑚外,西沙群岛的海鸡头(Alcyonaria)、海葵类(Actinaria)和沙海葵类(Zoanthidea)也相当丰富。海鸡头主要分布在礁缘和礁斜坡上,它们的色彩鲜艳,是构成珊瑚礁水下公园的重要类群。常见的有柱花虫(Clavularia)、海异花虫(Xenia)、海蘑菇虫(Sarcophyton)和海波虫(Sinularia)等。海葵和沙海葵分布也很广。生活在礁缘的黄沙群海葵(Palython stephensoni),形状好似海绵,呈皮壳状,体内富集黄色沙粒,适于抵抗浪击,常大面积覆盖在"藻脊"处,可能也有防浪作用,对它的生态特点还有待进一步调查研究。

软体动物也是特别引人注意的一个类群,以腹足类的种类最多。其中有些是经济种,例如鲍鱼(Haliotis),它的肉味鲜美,贝壳叫"石决明",是中药,但在西沙群岛产量不多。马蹄螺(Trochus),渔民称为"公螺",也是驰名中外的种类。它的贝壳大、坚厚,珍珠层很厚,可以制造纽扣或做贝雕原料,壳粉极光滑,是优良的油漆调和剂。许多在珊瑚礁生活的螺类形形色色,丰富多彩,每个去西沙的同志都喜欢搜集一些留作纪念,特别是宝贝科、芋螺科、凤螺科和冠螺科中的种类。西沙群岛的宝贝有 40 多种,常见的有虎斑宝贝(Cypraea tigris)、山猫眼宝贝(C. lynx)、卵黄宝贝(C. vitellus)以及货贝(Monetaria moneta)等。芋螺也有近 40 种,它们的贝壳呈芋头状,贝壳表面的花纹和色彩有的比宝贝更为绚丽,常见的有织锦芋螺(Conus textile)、地纹芋螺(C. geographus)等。它们口腔底部的齿舌上有箭状齿,齿与毒腺相连,可以射出刺杀其他小动物。人若被刺伤,有如被蜂刺,有时甚至可以致命。凤螺科以蜘蛛螺(Lambis lambis)和水字螺(Lambis chiragra)最为常见,也最知名。它们的贝壳较大,壳口颜色鲜艳,具瓷光,外唇有向外延伸的爪状长棘,形状颇似笔架,所以俗名又叫笔架螺。冠螺(Cassis cornuta)是螺类中个体最大的种,壳高可达 30 厘米以上,壳口呈橘红色有瓷光,是贝雕工艺的良好材料。另外还有许多在珊瑚礁间生活的小螺,如珊瑚螺(*Corolliophila*)、核果螺(*Drupa*)等也都各具特色,巧夺天工。

西沙群岛的双壳类有蚶科、贻贝科、珍珠贝科、帘蛤科、樱蛤科等的种类,但最有特色的是砗磲科的种类,这是印度太平洋海区的特有种类,世界上共有六种,我们在西沙群岛都已发现,最大的是大砗磲(*Tridacna gigas*),壳长可达一米,是双壳类里最大的种。砗磲的外套膜绚丽多彩,不仅颜色鲜艳,而且还有各色的花纹,边缘还有发亮的外套眼。它们的外套膜表皮下面繁殖有大量的虫黄藻。这种单细胞藻类利用砗磲在浅水生活并经常张开贝壳露在阳光下的条件,繁殖极快,还可通过外套眼把光线散到砗磲外套膜边缘组织的深层,扩大繁殖区。砗磲则除滤食海水里的浮游生物外,还可利用虫黄藻做补充饵料,它们的关系是共生关系。砗磲的肉可食,但因组织里有大量虫黄藻,不好吃,闭壳肌比较好吃,干制品叫"筋"。在珊瑚礁上生活的还有海菊蛤(*Spondylus*),它们的贝壳表面生有肋和棘,有的种类棘很长,宛如菊花之瓣,它和扇贝相似,闭壳肌极发达,可以加工成干贝。

在甲壳类动物中,种类最多的是栖息在珊瑚礁间的各种蟹类,初步鉴定有180多种,其中以扇蟹科的种类最多,约占1/2。这些蟹类头胸甲的形状各异,并带有各种鲜艳色彩。许多梯形蟹(*Trapezia*)与珊瑚群体共生,珊瑚礁为这些小蟹提供隐蔽的处所,由于小蟹的活动可使珊瑚外表不致丛生海藻。在梭子蟹科里有一种斑纹光背蟹(*Lissocarcinus orbicularis*),它专门在梅花参和其他海参的触手间生活。

在虾类中,经济价值高的是龙虾。西沙群岛常见的龙虾有三四种,主要有密毛龙虾(*Panulirus penicillatus*)和杂色龙虾(*P. versicolor*),它们个体大,最大的体重可达10千克,肉味鲜美,壳可制工艺品。西沙群岛的鼓虾(*Alpheus*)种类很多,已鉴定的近20种,它们多栖息在珊瑚礁的缝隙间,能用大螯发出爆音,声音好像打小鼓一样。一些长臂虾科的种类也栖息于珊瑚礁间或活珊瑚的枝杈间,色彩极丰富,如常见的珊瑚虾(*Coralliocaris*)。有的种类与大海葵共生,栖息于海葵的触手间,身体透明,宛如玻璃制成。一种岩虾(*Periclimenenes*)也与海葵共生,平时雌雄成对生活在海葵的触手间,体色极为美丽。

西沙群岛的寄居蟹种类也很多,有的个体很大,如斑点真寄居蟹(*Dordanus megistes*)等。这些种类都生活在各种腹足类的空壳里,用尾扇将身体后端勾住螺壳的顶部。它若渐渐长大还能随时调换较大的螺壳。在西沙群岛还有一些陆生寄居蟹(*Coenobita* spp.),但还没有发现在太平洋热带区普遍分布的椰子蟹。

在棘皮动物中,最引人注目的是海参,西沙群岛的海参有40多种,其中约1/2可以食用。世界上一些名贵的种类,如梅花参(*Thelenota ananas*)、黑乳参(*Holothuria nobilis*)、白尼参(*Bchadschia* spp.)、辐肛参(*Actinopyga* spp.)和刺参(*Stichopus* spp.)等,西沙群岛都有出产。1974年收购的海参达135担。梅花参世界上只有两种,巨梅花参(*Thelenota anax*)过去仅在托雷斯海峡采到一个标本,我们在西沙群岛又采到一个,是世界上的第二个标本。海胆以棘长可达33厘米左右的冠海胆(*Diadema setosum*)和兰环冠海胆(*D. savignyi*)为最多,常成群栖于海底。石笔海胆(*Heterocentrotus mammillatus*)也很多,它们的棘很粗,可做玩赏品。海星的种类虽不算多,但有些种的个体特别大,也引人注意。最普通的有形状很像面包的面包海星(*Culcita novaeguinoae*)和发光呈蓝色的指海星(*Linckia laevigata*)等。有些海星,如长棘冠海星(*Acanthuster planei*)以珊瑚为食。在印度西太平洋很多地区都曾发现由于它大量繁殖而对珊瑚礁造成破坏的现象。但西沙群岛还未见有这种现象。

西沙群岛的鱼类更是丰富多彩。隆头鱼科有近 50 种,蝴蝶鱼科有近 40 种,这些鱼多具有极为美丽的体形和丰富的色彩,有"海中蝴蝶"之称。雀鲷科鱼类也有约 40 种,其中红色的双锯鱼(*Amphiprion* spp.)、黑色的雀鲷(*Pomaceutrus* spp.)、蓝色的豆娘鱼(*Abudefduf* spp.)和黑白相间的宅泥鱼(*Dascyllus* spp.)等都是在珊瑚礁盘浅水常见的种类。它们的动作活泼,遇到敌害很快便钻入珊瑚礁的缝隙中隐蔽。双锯鱼和宅泥鱼中有些种类和大海葵共生,它们平时在大海葵附近游泳觅食,遇到敌害时即迅速钻入海葵的触手丛中躲避。大海葵的触手能释放刺丝胞,使其他动物不敢接近,这些鱼就得到很好的保护了。海鳝科鱼类的身体细长,很像陆地的蛇,有各种各样的花纹和色彩,它们凶猛贪食,平时隐藏在珊瑚的缝隙或洞穴中,待有其他小动物靠近时,便突然捕食。有些海鳝体大肉鲜,是渔民们喜欢食用的佳肴。

西沙群岛的经济鱼类也很多,主要有金枪鱼(*Thunnus tongool*)、硬刺鲅鱼(*Acanthocybium solandri*)、东方旗鱼(*Histiophorus orientalis*)、大青鲨(*Prionace glauca*)、灰青鲨(*Isurus glaucus*)以及梅鲷(*Caesio* spp.)等。硬刺鲅鱼以体大著称,通常每尾体长 1 ~ 3 米,体重 5 ~ 50 千克。1977 年 4 月一次试捕就钓到 250 千克以上。鲨鱼个体都较大,体长数米到十几米,体重有的可超过 500 千克。它们的肉好吃,鳍割下来晒干就是名贵的鱼翅。但鲨鱼游泳迅速,有锋利的牙齿,常常成群追捕其他鱼类和无脊椎动物,也攻击人。梅鲷是西沙群岛鱼汛的指标种,每年春季它便结群到岛礁外缘进行繁殖。渔民以它的性腺成熟度作为鱼汛开始和终结的标志。

20 多年来,我们对西沙群岛的海洋生物虽进行了多次调查,获得了一定的研究成果,但还有一些不足之处。首先,我们在岛上的调查范围多局限于礁平台的浅水区域,而且由于缺乏潜水条件,调查也不够充分;其次,我们的调查多限于采集各类生物的标本,进行种类分析,对珊瑚礁的生态调查做得很不够;第三,我国南海诸岛范围广阔,而我们仅对西沙群岛做了调查,其他岛屿还未涉及。这些都是在进一步的调查工作中应当积极进行的。相信广大的海洋生物科学工作者,在今后短期内一定能更全面、更深入、更细致地做好我国南海诸岛的调查研究。

底栖无脊椎动物的分类区系研究[①]

我国近代海洋无脊椎动物的分类区系研究,比起欧美的一些先进国家,起始较晚。早期的工作多是外国人所做。很多种类的标本是外国人采集以后,送到国外有关单位研究发表的。因此,我国很多种的标本,包括很多种的模式标本,都保存在外国的一些博物馆里。以软体动物为例,在伦敦的英国博物馆里就收藏有我国的各种腹足类标本近千种。五四运动以后,我国的一些科学工作者虽历尽艰辛对北戴河、烟台、青岛、厦门、香港、海南岛等沿海进行了采集工作,整理发表了一些调查报告和软体动物、甲壳动物、棘皮动物等方面的研究论文,但工作进展甚微。

1949 年以后,我国的科学研究得到了飞跃发展,海洋无脊椎动物的研究也不例外,从 1949 年到现在的近三十年期间,我们曾做了大量的调查研究。对北自鸭绿江口,南至南海诸岛沿海都做了多次的调查采集,获得了大批的各类无脊椎动物标本。1958—1959 年在中国近海海洋普查中和 1959—1962 年北部湾的调查中还获得了大量的陆棚区的标本,基本上掌握了我国近海主要底栖无脊椎动物类群的种类、分布和资源利用等情况。根据初步估计,我国近海底栖无脊椎动物主要类群,如原生动物的有孔虫和放射虫、海绵动物、腔肠动物、环节动物的多毛类、软体动物、节足动物的甲壳类、棘皮动物等共有 12 000 多种。多年来,我们对许多动物类群的标本和资料进行了整理研究,发表了大量的研究论文。搞清了我国的种类和分布,澄清了许多在分类学上存在的问题,发表了许多新种和新记录,此外还编写了环节动物、软体动物、节足动物的甲壳类、棘皮动物和原索动物等类群的一些专书和图谱。所有这些工作都为我国动物分类学、形态学、生态学、资源学等方面的研究提供了极为丰富的资料,为我国动物志的编写建立了雄厚的基础。

在大量的标本鉴定和分析工作的基础上,我们从海洋无脊椎动物的主要类群,软体动物、环节动物、甲壳类动物和棘皮动物等的分布特点,阐明了我国各海区的区系性质,并提出了初步的区划意见。

一、中国各海区无脊椎动物区系的基本情况

黄、渤海的水温有十分剧烈的季节变化,渤海和北黄海的近岸区冬季有结冰现象,与日本海北部和鄂克次克海相似,但到夏季,水温则高达 25 ℃以上,与亚热带性质的福建、广东沿海相似,其周年的海水温度变化幅度可达 29 ℃,这就限制了许多种类的生存和发展。因此在黄、渤海区无脊椎动物的种类比较贫乏。能适应这种环境的主要是起

① 齐钟彦:载《海洋科学》(增刊),1978 年 1 月, 66～69 页,科学技术文献出版社。

源于热带的广温性暖水种,这些种类在南海、东海、黄海和渤海都有分布,例如软体动物中的毛蚶(*Arca subcrenata*)、近江牡蛎(*Ostrea rivularis*)、文蛤(*Meretrix meretrix*)、缢蛏(*Sinonovacula constricta*),甲壳动物中的鹰爪虾(*Trachypenaeus curvirostris*)、中国毛虾(*Acetes chinensis*)、三疣梭子蟹(*Neptunus trituberculatus*),棘皮动物中的细雕刻肋海胆(*Temnopleurus toreumaticus*)、南方真蛇尾(*Ophiura kinbergi*)以及多毛类中的双齿围沙蚕(*Perinereis aibuhitensis*)、巢沙蚕(*Dioptra neapolitana*),等等。它们不仅在黄、渤海定居,而且有的种数量也得到很大发展,构成这一海区的重要经济种类。黄海北部和中部深度较大的区域底层常年存在低温、高盐的冷水团,底层水温一般为 2 ℃~ 10 ℃,阻碍了许多热带起源的暖水种向北分布,而某些北方起源的冷水种得以大量繁殖。其中有代表性的是北方真蛇尾(*Ophiura sarsii*),它在这个冷水团区域占很大优势,形成以它为主的生物群落。此外,紫蛇尾(*Ophiopholis mirabilis*)、黑龙江海盘车(*Acterias amurensis*),甲壳类中的堪察加七腕虾(*Heptacarpus camtschatis*)、细额安乐虾(*Eualus gracilirostris*)、大寄居虾(*Pagurus ochotensis*),软体动物的偏顶蛤(*Modiolus modiolus*)、加州偏乌蛤(*Clinocardium californiense*)和多毛类的囊叶齿吻沙蚕(*Nephthys caeca*)、似环裂虫(*Syllis armillaris*)等也是这个区域常见的冷水种。在近岸浅水生活的种类中也有一些来自北方的冷水种,但比冷水团控制的区域少。如软体动物的贻贝(*Mytilus edulis*)、棘皮动物的海燕(*Patiria pectinifera*)、大连紫海胆(*Strongylocentrotus nudus*),甲壳类的锯足软腹蟹(*Hapalogaster dentata*)和多毛类的长双须虫(*Eteone longa*)、毛齿吻沙蚕(*Nephthys ciliata*)等。此外在黄、渤海还有一些这一海区与日本本州附近所特有的地方性种,如软体动物的皱纹盘鲍(*Haliotis discus hannai*)、栉孔扇贝(*Chlamys farreri*),棘皮动物的马粪海胆(*Hemicentrotus pulcherrimus*),甲壳类的狭额安乐虾(*Eualus leptognathus*),多毛类的有齿背鳞虫(*Lepidonotus dentatus*)、斑目脆鳞虫(*Lepidasthenia ocellata*),等等。所有这些冷水性种和地方性种在我国沿海分布的最南边界都不超出南黄海。

东海由于受黑潮暖流及其分支的影响,外海水域的水温较高,常年保持在 14 ℃以上,100米深处的水温则更高些,常年在 20 ℃以上,所以热带性种类显著增加,有些热带性较强的种也有出现,例如软体动物中的芋螺(*Conus*)、琵琶螺(*Pirula*)、珍珠贝(*Pteria*)、巴非蛤(*Paphia*),甲壳类中的长缝拟对虾(*Parapenaeus fissurus*)、东方扁虾(*Thenus orientalis*)、几种蝉虾(*Scyllarus* spp.),棘皮动物中的掌蔓蛇尾(*Trichaster palmiferus*)、裂星海胆(*Schizaster lacunosus*)和多毛类的滑指矶沙蚕(*Eunice indica*)、角沙蚕(*Toniada emerita*)等。这些种类都是南海或印度马来等海区常见的种类。东海大陆沿岸的浅水区受大陆气候、沿岸流及长江径流的影响,温度和盐度的季节变化稍大,所以暖水成分相对比外海深水区为少,但有很多暖水性的种、属,如软体动物的蛇螺(*Vermetus*)、蜓螺(*Nerita*)、隔贻贝(*Septifer*),甲壳类中的日本对虾(*Penaeus japonicus*)、锯缘青蟹(*Scylla serrata*),棘皮动物的各种槭海星(*Astropecten* spp.)、一些海羊齿(*Comatulids*),等等,也都是在黄、渤海根本找不到的。但是像上面已经讲到的在黄、渤海分布的一些冷水性种类,除个别的以外,在东海区也都没有分布。

南海与黄海、渤海、东海比较,水比较深,面积也比较大,靠近我国大陆附近水深约在

200 米以内,最大深度在中沙群岛东侧与菲律宾之间,可达 4 400 米,沿岸及远岸的岛屿都很多。我国的东沙、西沙、中沙、南沙诸群岛都包括在南海的范围之内。南海北部接近我国大陆的浅水区,如闽南和广东沿海、北部湾沿海,因受大陆气候的影响,温度和盐度的季节变化稍大,属于亚热带性质。台湾东南面因受黑潮暖流的影响,热带性较强,无脊椎动物区系属热带性。海南岛南部以及南海诸岛的水温较高,年变化也小,是热带珊瑚礁发育的较好条件,其无脊椎动物区系也是属于热带性的。南海的各类无脊椎动物种类极为丰富,除有在渤、黄、东海有分布的许多暖水性种类外,又增加了更多的亚热带和热带种类,不仅种,而且有许多科、属都是在黄、东海区所见不到或很少见到的,例如软体动物中的宝贝科(Cypraeidae)、凤螺科(Strombidae)、竖琴螺科(Harpidae)、砗磲科(Tridacnidae),棘皮动物的栉羽枝科(Comasteridae),甲壳类的铠甲虾科(Galatheidae),等等。在海南岛南部、台湾南部及南海诸岛又增加了很多典型的热带种类,它们多是和珊瑚礁密切联系的种类,例如软体动物中的冠螺(Cassis cornuta)、大马蹄螺(Trochus niloticus maximus)、砗磲(Tridacna spp.)、砗蚝(Hippopus hippopus)、鹦鹉螺(Nautilus),甲壳类中的钙寄居蟹(Calcinus)、陆栖寄居蟹(Coenobita),棘皮动物中的石笔海胆(Heterocentrotus mammillatus)、喇叭海胆(Toxopneustes pileolus)、黑参(Holodeima atra)和多毛类的刺毛虫(Eurythoë complanata)、襟松虫(Lysidice ninetta collaris),等等,这些种类向北都不分布到海南岛南部以北的我国南海大陆沿岸。

二、中国海无脊椎动物区系的地理区划问题

关于我国海洋动物的区系区划问题过去研究得很少。埃克曼(Ekman, 1953)在他的《海洋动物地理学》一书中,因为缺乏资料,很少论及中国的情况,对我国北部沿海的情况则根本没有提到。我国北部沿海,特别是黄海,处于北太平洋温带区和印度西太平洋热带区的交替地带。有关这一海区的资料对这两个区系之间界线的划定有很重要的意义。

根据我国各海无脊椎动物区系的组成成分和它们的生态、分布特点等资料,我们对我国海无脊椎动物的区系区划问题做了初步分析,发表了一些研究论文。根据已经查清的 35 个暖水性软体动物的科在我国沿海分布的界限分析,发现它们从北向南不是均衡地逐渐增加,而是在长江口附近和海南岛南端两处增加得特别显著。从分布在我国北部的一些冷水性质的种类向南分布都不超过长江口,一些典型的热带性种的分布北界都不超过海南岛南端的情况,可以更清楚地显示出长江口和海南岛南端的两条界线。因此,我国的无脊椎动物可以划分为三个不同的区系区:暖温带性质的长江口以北的黄、渤海区、亚热带性质的长江口以南中国大陆近海(包括台湾西北岸和海南岛北部)海区和热带性质的台湾东南岸、海南岛南端及其以南的海区。

日本同我国相邻,无脊椎动物区系和我国的关系十分密切,日本北部属于温带性质,南部属于亚热带性质。埃克曼曾经指出日本这两个区系的界限在太平洋沿岸一侧相当于 36°N 附近,在日本海一侧,大约在朝鲜海峡的北部。但是埃克曼并未提到它们同我国海的关系。我们根据两国海区的状况和无脊椎动物的组成成分和分布资料分析,认为我国的黄、渤海区与日本北部相似,而东、南海的大陆沿岸与日本南部相似。并且根据这些资料

的分析对太平洋西部我国和日本沿海的无脊椎动物区系区提出了区划的意见。我们认为我国长江口以北的黄、渤海区和日本北部沿海属于北太平洋温带区的远东亚区,我国长江口以南的大陆沿岸、台湾岛西北岸、海南岛北部和日本南部属于印度西太平洋热带区的中国-日本亚区,而海南岛南端、台湾岛东南岸以南和日本的奄美大岛以南属于印度太平洋热带区的印尼–马来亚区;修正了埃克曼的划法,将其印度马来亚区的北界从我国的浙江省沿海向南推到海南岛南端,将其亚热带日本亚区的范围扩展到我国长江口以南至海南岛南部以北的海区。

总之,多年来我们在海洋无脊椎动物分类区系方面进行了一些工作,获得了一些成果。但是正如上面所提到的,由于我们的调查研究范围多限于近海,还缺乏外海、特别是东海外海的资料,也由于我们对已获得的很多标本资料还没做细致深入的研究分析,所以今后还有大量的工作需要进一步深入进行。相信未来我国的无脊椎动物分类区系研究一定会捷报频传,一定会迅速赶上国际先进水平。

中国近海冠螺科的研究[①]

 冠螺科是世界热带至温带常见的海洋腹足类。它们的贝壳坚厚,呈卵圆形或三角卵圆形,螺旋部短,体螺层膨大,螺层上常有纵肿脉。壳口长卵形,外唇向外翻卷并增厚,常有齿,壳轴常有褶襞或突起,有角质厣。这一科动物中,现代生存的种类约有 60 种,其中约 1/2 分布于印度 – 西太平洋。我国海岸线长,跨热带、亚热带和温带海区,软体动物的种类十分丰富。冠螺科的种类经我们研究整理历年来在我国沿海采到的标本计有 13 个种及亚种。文献记载我国有分布的泡光鬘螺 *Phalium glabratum bulla*（Habe）和宝冠螺 *Cypraecassis rufa*（Linnaeus）（前一种记载于台湾,后一种记载于东沙群岛）我们尚未采到。我国台湾沿海、东沙群岛和南沙群岛,特别是离岸较远的深海,我们调查得还很少,随着采集调查的进一步发展可能还会有更多的种类发现。

 冠螺科中很多种类的肉可供食用。许多种的贝壳绚丽多彩,是广大群众喜欢搜集的观赏品,也是做贝雕的良好材料。西沙群岛产的冠螺和台湾产的宝冠螺都是世界上有名的刻浮雕用的贝类。

 本文初步搞清了我国冠螺科的种类和分布,为我国这一科动物的鉴定、资源调查和利用以及教学、科研提供了必要的参考资料。

种类记述

冠螺属 Genus *Cassis* Scopoli，1777

模式种 冠螺 *Cassis cornuta*（Linnaeus）

贝壳大型,球状,壳口扩张、增厚形成一个很宽大的楯面(pariatal shield)。楯面具瓷光,色泽常很鲜艳。厣角质,小,长方形。

1. 冠螺[②] *Cassis*（*Cassis*）*cornuta*（Linnaeus）（**图版Ⅰ**：1 ～ 2）

Buccinum cornutum Linnaeus, 1758: 735, no. 384; Dodge, 1956: 1750.

Cassis cornata (Linnaeus). Reeve 1848, pl. 1, figs. 2; Küster, 1858: 11, pl. 38, fig. 3, pls.
 40-41; Tryon, 1885: 270, pl. 1, figs. 45, 46, pl. 2, fig. 49; 张玺 , 齐钟彦 , 等 , 1962:
 42, fig. 26; Kira, 1971: 52, pl. 21, figs. 8; 张玺 , 齐钟彦 , 等 , 1975: 117.

---

① 齐钟彦、马绣同(中国科学院海洋研究所):载《海洋科学集刊》, 1980 年 5 月,第 16 卷, 83 ～ 99 页,科学出版社。中国科学院海洋研究所调查研究报告第 440 号。图版照片系宋华中同志摄制,谨致谢忱。

② 过去曾称唐冠螺,因是属的模式种,故改称冠螺。

Cassis amboinensis Petiver, Tryon 1885: 270.

Cassis (*Cassis*) *cornuta* (Linnaeus), Bayer 1935: 93-94; Abbott, 1968: 47, pl. 3, figs. 1-4, pls. 19-20.

模式标本产地 不详。

标本采集地 西沙群岛的金银岛、赵述岛(附近的西沙洲)、北岛(附近的南沙洲)、华光礁(附近的二坑)、晋卿岛,共 16 个标本。

特征 贝壳大,重厚,略呈球形或卵圆形。最大个体壳高约 300 毫米。壳顶尖细、光滑。壳顶以下螺层表面有螺旋肋。螺旋肋与生长线交叉呈网目状。体螺层有 3 条粗壮的螺旋肋,肩部的一条有 5 ~ 7 个长短不一的棘状突起,其余两条有 3 ~ 4 个小突起。贝壳灰白色,近口的背缘有红褐色斑。壳口窄长,内、外唇均扩张,楯面橘黄色,有瓷光。外唇内缘中部有 5 ~ 7 个齿;内唇中部滑层薄,靠前部有 8 ~ 11 个褶襞。壳口内面颜色较深,为橘红色。前沟短,向背部扭曲。厣棕褐色,大约为壳口长度的 1/4。

标本测量 壳高 / 毫米　　296　　270　　270　　260　　220

壳宽 / 毫米　　220　　220　　195　　200　　185

习性和地理分布 本种是冠螺科中最大的种,我们在西沙群岛采到的标本壳高近 300 毫米。它生活于水深 1 ~ 20 米的沙或碎珊瑚底质的浅海,多在黄昏或夜间活动,不活动时常部分埋于沙面之下。大约以棘皮动物为饵料。雌雄异型,雄体贝壳较小、较长,壳面肋上的棘状突起大而少。冠螺的分布与印度 - 太平洋珊瑚礁的分布完全一致。西自东非红海至马达加斯加岛,东至太平洋的玻利尼西亚、夏威夷、土阿莫土群岛,北自日本,南至澳大利亚都有分布。在我国沿海仅见于台湾和南海诸岛。肉可食用。贝壳重厚,壳口有瓷光,颜色鲜艳,可供观赏和贝雕工艺用。

鬘螺属 Genus *Phalium* Link, 1807

模式种 鬘螺 *Buccinum glaucum* Linnaeus, 1758

贝壳中等大,螺旋部尖,体螺层膨圆,一般有纵肿脉。壳口较宽,半卵圆形,楯面中等大,外唇厚,具一列齿。厣角质,扇形。

2. 鬘螺 *Phalium* (*Phalium*) *glaucum* (Linnaeus)（图版Ⅰ:4)

Buccinum glaucum Linnaeus. 1758: 737; 1767: 1200, no. 453; Dodge, 1956: 188.

Cassis glauca Bruguière, Kiener. 1835: 27, pl. 5, figs. 9, pl. 15, fig. 32（幼体）; Reeve, 1848: pl. 12, fig. 33; Reeve, 1860: 83, pl. D.

Cassis (*Bezoardica*) *glauca* Linnaeus, Tryon, 1885: 276, pl. 6, figs. 79, 80.

Cassis glauca Linnaeus, Lamarck; 221. No. 6; Quoy & Gaimard, 1832: 593-596. pl. 43, figs. 9-13.

Cassis glauca Lamarck. King & Ping, 1936: 130, fig. 10.

Phalium (*Phalium*) *glaucum* (Linnaeus). Bayer, 1935: 99; Abbott, 1968: 81, pl. 7, figs. 10-12, pl. 9, figs. 55-57.

模式标本产地　印度尼西亚。

标本采集地　广东省海门、硇洲岛、乌石港,海南岛(新村港、海棠头、崖县、保平港),香港。共 26 个标本。

特征　贝壳中等大,最大个体壳高 126 毫米,近球形,薄而坚实。螺层约 10 层,螺旋部低圆锥形,体螺层膨圆。壳顶 2.5 螺层光滑。壳顶以下螺旋部各层有显明的螺旋肋纹。肋纹与生长线交叉处形成珠状突起。次体层中部及体螺层肩部有一列明显的白色小结节。体螺层较光滑,除肩部结节上方有 4 ～ 5 条细肋,基部有 4 ～ 5 条肋较明显外,其余壳面的肋纹多模糊不清。幼小个体的贝壳体螺层上的螺旋肋纹整齐、明显。壳面淡灰色,近壳口背缘有 6 块近方形的褐色斑。壳口较宽,半椭圆形。外唇边缘厚,呈淡橘红色,其内侧约有 20 个齿,前部的 3 ～ 4 个特别强大,延伸呈爪状;内唇向外卷,后部滑层薄,前半部瓷质厚,橘黄色,有褶襞。前沟宽短,向背方扭曲,脐孔深。厣小,长度约为壳口长度的 1/2。

标本测量　壳高 / 毫米　　　126　　　122　　　122　　　108　　　61

　　　　　　壳宽 / 毫米　　　　76　　　　79　　　　75　　　　69　　　38

习性和地理分布　本种生活在浅海沙质海底,从潮间带至水深 20 余米均曾有采集记录。我们的 26 个标本都是渔民在浅海使用底拖网时采到的,均为空壳,尚未采到活标本。这一种分布很广,西自非洲东岸北面的阿曼到南面的马达加斯加岛、德班,东至太平洋的美拉尼西亚,北自日本南部,南至澳大利亚以北都有分布。在我国沿海仅在广东省大陆沿岸、海南岛和台湾岛有分布。

3. 带鬈螺 *Phalium*（*Phalium*）*bandatum bandatum*（Perry）（**图版Ⅰ:3**）

Cassidea bandata Perry, conch, 1881, pl. 34, fig. 2.

Cassis glauca Bruguière var. Kiener, 1835: 27, pl. 1, fig. 1.

Cassis coronulata Sowerby, Reeve, 1848, pl. 12, fig. 31; Tryon, 1885: 276, pl. 6, fig. 81.

Phalium (Phalium) bandatum (Perry). Bayer, 1935: 99; Abbott, 1968: 83, pl. 7, figs. 14,
　　　　15, pl. 58; 张玺 , 齐钟彦 , 等 , 1975: 118, pl. 6, fig. 13.

模式标本产地　菲律宾。

标本采集地　广东省海门、乌石港,西沙群岛的北岛。共 3 个标本。

特征　贝壳中等大,最大个体壳高 131 毫米,卵圆形。螺层约 11 层,螺旋部圆锥形,体螺层膨圆。壳顶 2.5 螺层光滑无肋,白色。其余各螺层,除次体层和体螺层比较光滑外,均有明显的螺旋肋及生长线,白色,具有纵行的淡黄褐色色带。在体螺层上还有 5 条淡黄褐色螺旋色带。纵行色带和螺旋色带交叉处色较浓,形成方斑。螺层上有时有纵肿脉。各层的肩部具有明显的结节突起,突起随螺层增长逐渐增大。壳口较宽,外唇具齿,其前端有 3 个较强的齿尖。螺轴前部有强弱不同的许多褶襞,后部的褶襞少而短。

这种与前一种颇相似,但贝壳较长,体螺层上有大的黄褐色方斑。

标本测量　壳高 / 毫米　　　131　　　102　　　78

　　　　　　壳宽 / 毫米　　　68　　　56　　　46

习性和地理分布　本亚种生活在潮下带数米至数十米水深的细沙质海底,在我国沿海比较少见,我们仅采到 3 个空壳标本。其分布范围仅限于西太平洋,自日本南部至我国沿海、菲律宾、印度尼西亚至澳大利亚北部。在我国沿海是首次记录,仅在广东省沿海及其岛屿发现。这一种的另一亚种沟带鬘螺 *Phalium*（*Phalium*）*bandatum exaratum*（Reeve）则分布于印度洋的塞舌尔群岛和留尼汪岛,它与本亚种的区别是壳表有螺旋沟纹,螺旋部上部螺层有珠状螺肋和外唇前端没有 3 个强大的齿尖。

4. 棋盘鬘螺 *Phalium*（*Phalium*）*areola*（Linnaeus）（图版Ⅲ：9）

Buccinum areola Linnaeus. 1758: 736, no. 389; 1767: 1199, no. 451; Dodge, 1956: 183-185.

Cassis areola Bruguière. Kiener, 1835: 24, pl. 10, fig. 19.

Cassis areola Lamarck. Reeve, 1848, pl. 19, fig. 24; Reeve, 1860; 83, pl. 6, fig. 28.

Cassis (*Bezoardica*) *areola* (Linnaeus). Tryon, 1885: 276, pl. 6, fig. 84.

Phalium (*Phlium*) *areola* (Linnaeus). Bayer, 1935: 98; Salmon, 1948: 160; Abbott, 1968: 86, pl. 7, figs. 5-7, pls. 61, 63.

Phalium exaratum Reeve. Subspecies agnitum (Iredale). Bayer, 1935: 99.

Bezoardicelia areola Linnaeus. Habe, 1964: 68, pl. 20, fig. 8.

模式标本产地　不详。

标本采集地　海南岛(崖县、保平港),共 6 个标本。

特征　贝壳较小,最大个体壳高 53 毫米,壳质坚实,卵圆形,螺层约 8 层,前方数层有纵肿脉 2 条。螺旋部低,呈圆锥形,体螺层膨圆。壳顶尖,两层光滑无肋,螺旋部其余各层表面有由珠状突起连成的螺旋肋。体螺层较光滑,有时隐约可以看见浅的沟纹,基部的沟纹较为清楚。壳表白色,具有黄褐色斑,体螺层的色斑呈方形,排成 5 行。壳口外唇厚,白色,内缘具齿约 20 枚。螺轴具褶襞,前方的褶襞多,强弱不一,后方的褶襞少,多为 3 ~ 4 条。

标本测量	壳高 / 毫米	48	53	48	42	41
	壳宽 / 毫米	28	32	30	25	24

习性和地理分布　生活在浅海沙泥质海底,从潮间带至十数米深的海底均有发现。在我国沿海比较少见,我们仅在海南岛采到 6 个空壳标本,尚未见到生活标本。本种自东非沿岸至美拉尼西亚,自日本南部到澳大利亚北部的广大印度 - 西太平洋海区都有分布。在我国沿海仅分布在台湾和海南,其他海域尚未发现。

5. 沟纹鬘螺 *Phalium*（*Phalium*）*strigatum strigatum*（Gmelin）（图版Ⅱ：1 ~ 2）

Buccinum strigatum Gmelin, 1791. Systema naturae, ed. 13: 3477, no. 179.

Cassis zebra Lamarck. 1822. Anim. sans. Vert. 7: 223, no. 10; Kiener, 1835: 25, pl. 10, fig. 18.

Cassis undata Deshayes. Reeve, 1848, pl. 10, fig. 26; Küster, 1857: 39, pl. 52, figs. 1, 2.

Cassis strigata (Gmelin). Tryon, 1885: 276, pl. 7, fig. 85; Yen, 1933: 63.

Phalium (*Phalium*) *areola* var. *küsteri*, Bayer, 1935: 99.

Phalium (*Phalium*) *strigatum* (Gmelin). Bayer, 1935: 100; Abbott, 1968: 89, pl. 7, figs. 3, 4, pl. 65.

Bezordicella strigatum (Gmelin). Kira, 1971: 52, pl. 21, fig. 6.

模式标本产地　日本长崎。

标本采集地　江苏省长江口外(1 个标本),浙江省舟山群岛外海,福建省平潭、东山,广东省海门、达濠、宝安、水东、硇洲岛、乌石港、海南岛(海口、新村港、海棠头、崖县、保平港、莺歌海)。共 145 个标本。

特征　贝壳中等大,长卵圆形,最大个体壳高达 110 毫米(壳宽约为壳高的 56.5%)。螺层约 9.5 层,有纵肿脉 3 ～ 6 条。壳顶 1.5 层,光滑,其余螺旋部各层表面有由珠状突起连成的螺旋肋。体螺层表面除肩部有几条细肋和基部有较粗的肋纹以外,其余部分都较光滑,但在幼小个体,整个体螺层具有极明显的沟纹。壳白色或灰色,有时略带淡紫色,有纵走的、颇为整齐的黄褐色波状花纹,在体螺层的波状花纹约有 20 条。壳口外唇增厚,白色,具黄褐色斑,其内缘具齿。螺轴前方褶襞强而多,后方的褶襞仅有数个,不十分明显。

标本测量　壳高 / 毫米　　　110　　　92　　　59　　　42　　　37
　　　　　　壳宽 / 毫米　　　57　　　56　　　33　　　25　　　21

习性和地理分布　本亚种生活于浅海,曾在 17 ～ 64 米深的细沙质和泥沙质海底采到生活标本。它的贝壳光泽美丽可供观赏。这一亚种仅分布于我国和日本沿海,在我国沿海分布于长江口以南至海南岛。

讨论　以往作者均认为沟纹鬘螺是一个单型种,我们研究了我国沿海各地较多的标本后,认为分布在长江口以南和以北的标本形态有明显的差异,可以划为两个不同的亚种,将长江口以南分布的作为指名亚种,长江口以北分布的定名为短沟纹鬘螺新亚种。

6. 短沟纹鬘螺 *Phalium* (*Phalium*) *strigatum breviculum* subsp. nov.(**图版 II** :3 ～ 4)

Cassis (*Semicassis*) *undata* Deshayes (*C. zebra* Lamarck), Grabau & King, 1928: 210, pl. 8, fig. 75.

Phalium strigatum (Gmelin). Yen, 1936: 214, pl. 13, figs. 35, 35a.

Phalium strigatum (Gmelin). 冈田要, 泷庸, 1960: 73, pl. 73, fig. 2.

模式标本产地　正模标本采自辽宁省小长山岛,1956 年 9 月 8 日,采集者马绣同。标本编号 M24089。副模标本采自河北省北戴河,1950 年 5 月 3 日,采集者齐钟彦、马绣同。标本编号 M24076。正、副模标本均保存于中国科学院海洋研究所。

标本采集地　辽宁省小长山、熊岳,河北省北戴河、秦皇岛、团林,山东省烟台、荣成、青岛,江苏省长江口外。共有 74 个标本。

特征　贝壳近似前一亚种,但较宽短(壳宽为壳高的 64.5%)。螺层约 9 层,有纵肿脉 1 ～ 3 条。螺旋部低圆锥形。体螺层膨圆,壳顶 2.5 层,光滑,白色,其余螺旋部各层,有由含珠状突起组成的螺旋肋 4 ～ 5 条。体螺层有细而浅的螺旋沟纹 33 ～ 51 条(通常 40 条左右)。贝壳淡黄色,具有黄褐色纵走波状花纹,在体螺层这种波状花纹较前一亚种稀,有 13 ～ 20 条。壳口与前一亚种相似。

标本测量　壳高 / 毫米　　　67　　　65　　　56　　　53　　　29
　　　　　　壳宽 / 毫米　　　39　　　41　　　36　　　35　　　23

习性和地理分布　生活于浅海 15 ～ 45 米水深的细沙或泥沙质海底。分布于朝鲜与日本沿海,在我国仅分布于长江口以北的黄海和渤海沿岸。

讨论　以往的作者均将沟纹鬘螺作为一个单型的种看待。我们研究了我国沿岸较多的标本以后,发现无论是从形态上看,还是从地理分布上看,沟纹鬘螺明显地分为两个类型:一种类型贝壳较高(最大个体壳高 110 毫米,壳宽平均为壳高的 56.6%),壳表纵肿脉数目少,一般为 1 ~ 3 条,体螺层上的螺旋纹稀疏,有 19 ~ 22 条,壳面光滑。在我国分布于东海和南海沿海,而以南海为多,其分布的北界约达北纬 32°;另一种类型,贝壳较短小(最大个体壳高 66 毫米,壳宽平均为壳高的 64.5%),壳表纵肿脉数目较多,一般 3 ~ 6 条,体螺层上的螺旋沟纹细密,有 33 ~ 51 条,在我国分布于渤海和黄海沿海,其分布的南限约在北纬 30°5'。根据这些区别,我们认为可以区分为两个不同的亚种,前一类型为指名亚种,后一类型即为本新亚种。

如上所述,这两个亚种在我国沿海的分布界限比较清楚,仅在长江口附近稍有重叠,但两个亚种在日本的分布界限还不十分清楚。根据记录,沟纹鬘螺在日本本州及其以南均有分布,但各作者所绘的图都不一致,有的是指名亚种型,有的则与我们的短沟纹鬘螺相一致,而讲到分布则都说是本州中部以南。我们推测这两个亚种在日本的分布也应有所不同。1963 年我们在《中国海软体动物区系区划的初步研究》中,认为在日本太平洋沿岸铫子以北、日本海能登半岛以北的海区与我国渤海和黄海沿海为北太平洋区的远东亚区,属暖温带性质,日本南部沿海和我国长江口以南、台湾岛西北面和海南岛北部为印度 - 西太平洋区的中国 - 日本亚区,属亚热带性质 [5]。沟纹鬘螺的两个亚种,指名亚种的分布在我国沿海都在长江口以南,基本符合中国 - 日本亚区,在日本可能亦分布在能登半岛和铫子以南。短沟纹鬘螺亚种在我国仅分布于黄、渤海沿岸,在日本很可能亦仅分布于本州北部远东亚区的范围内。在秋田县男鹿半岛和福岛县小名滨湾以及朝鲜黄海沿岸等地,分布的应都是这个亚种。但我们未见到日本和朝鲜的标本,还有待今后进一步地证实。

7. 布纹鬘螺 *Phalium* (*Phalium*) *decussatum* (Linnaeus)(图版 Ⅱ :6)

Buccinum decussatum Linnaeus, 1758: ed. 10: 736, no. 338; Dodge, 1956: 181.

Philium decussatum (Gmelin). Link, 1807: 112. Refers to Martini, Conchyl.-Cab., 2, figs. 360, 361.

Cassis decussata Bruguière. Kiener, 1835: 26, pl. 9, fig. 16.

Cassis decussata Lamarck. Reeve, 1848: pl. 2, figs. 4a-d; Kuroda, 1941: 104.

Cassis (*Bezoardicella*) *decussata* Lamarck. Tryon, 1885: 277, figs. 87, 88.

Bezoardicella decussata Linnaeus Habe, 1964: 68, pl. 20, fig. 7.

Phalium (*Phalium*) *decussatum* (Linnaeus). Abbott, 1968: 91, pl. 7, figs. 8, 9, pls. 67-68.

模式标本产地　印度尼西亚。

标本采集地　广东闸坡、湛江、海康,海南岛(新村港、崖县、保平港、角头、莺歌海、盐灶)。共 75 个标本。

特征　贝壳较小。我们的标本最大的个体壳高 53 毫米。螺层约 9 层,螺旋部短小,体螺层膨大。壳顶光滑无肋,其余各层表面有交叉呈布纹状的纵走的和螺旋形肋纹。纵肿脉 2 ~ 5 条,其中以 4 条者居多,纵肿脉的肩角有 2 个齿状突起。壳表白色或灰白色,前方数螺层有排列整齐的近方形褐色斑,在体螺层这种褐色斑很明显,有 5 ~ 6 列。壳口外唇厚,具齿,后端有两个突起;内唇螺轴前部有褶襞及小的粒状突起。

本种与棋盘鬘螺有些相似,但螺旋部稍钝,壳表纵肿脉的数目较多,螺旋肋及纵肋明显,特别是纵肿脉肩部有两枚突出的齿与棋盘鬘螺可以清楚地分开。

以往作者均提到这一种有两个类型。一种贝壳表面花纹与沟纹鬘螺相似,即体螺层有纵走的黄褐色波状花纹;一种是贝壳表面花纹与棋盘鬘螺相似,即体螺层有成列的方形黄褐色斑。我们的标本均属后一种类型。

标本测量　壳高 / 毫米　　54　　53　　52　　47　　47

　　　　　　　壳宽 / 毫米　　34　　32　　32　　32　　30

习性和地理分布　本种生活于潮下带浅海,我们在 38 米水深的泥沙质海底采到过活标本。本种仅分布于印度 - 西太平洋的东南亚沿海,我国和印度尼西亚都有记录,但菲律宾尚无记录。在我国目前仅在台湾和广东沿海发现。

8. 双沟鬘螺 *Phalium*（ *Semicassis* ）*bisulcatum*（ Schubert & Wegner ）(**图版 II : 5**)

Buccinum areola Linnaeus. Burrows, 1815, Elem. Conch., pl. 16, fig. 2.

Cassis bisulcata Schubert and Wagner, 1829: Conchyl.-Cab. 12, 68, figs. 3081, 3082.

Cassis tessellatum, Wood, 1856: 112, pl. 22, fig. 27.

Cassis pila Reeve. 1848, pl. 9, fig. 21; Küster, 1857: 39, pl. 51, figs. 9, 10; Yen, 1942: 214, pl. 17, fig. 105; King & Ping. 1933: 99, fig. 13.

Cassis japonica Reeve. 1848, pl. 9, figs. 23a, 23b; Yen, 1933: 61.

Cassis pfeifferi Hidalgo, 1871: 226; 1872: 143, pl. 7, fig. 2.

Cassis booleyi Sowerby, 1900: 163, text-fig.

Cassis suburnon (sec) var. *pila* Reeve. Yen, 1933: 60.

Semicassis persimilis (Kuroda). Kira, 1971: 52, pl. 21, fig. 3.

Semicassis japonica (Reeve). Kira, 1971: 52, pl. 21, fig. 4.

Phalium pila (Reeve). 张玺, 齐钟彦, 等 , 1962: 43, fig. 27.

Phalium (*Semicassis*) *bisculcatum* (Schubert & Wagner). Abbott, 1968: 126, pl. 8, figs. 13-21, pl. 105, fig. 1, pls. 106-113.

模式标本产地　安德曼群岛。

标本采集地　浙江省舟山群岛、平阳,福建省平潭、晋江、崇武,广东省海门、达濠、碣石、汕尾、香洲、唐家、上川岛、东平,海南岛(新村港、崖县、港门、莺歌海),广西壮族自治区涠洲岛,共 170 个标本。

特征　贝壳较小,最大个体壳高达 59 毫米,螺层约 8 层,纵肿脉或有或无。壳顶尖,约3 层,光滑,白色,其余各螺层有明显的螺旋肋纹。螺旋部的肋纹由大小不甚规则的小突起组成,生长线明显,在肋间沟形成格子状。体螺层较平滑,肋纹整齐,有 26 ～ 42 条,肋间沟的宽窄有变化,有时两条肋纹之间尚有一条细肋。贝壳表面淡褐色或灰白色,体螺层有4 ～ 5 列呈螺旋排列的长方形黄褐色斑。壳口内面白色或淡褐色。外唇具齿,螺轴前部有褶襞。脐孔深。

标本测量	壳高 / 毫米	59	53	50	44	36
	壳宽 / 毫米	35	35	33	32	25

习性和地理分布 生活于浅海沙、泥沙或软泥质的海底。我们曾在东海和南海 21～113 米水深的海底采到生活标本。本种分布很广，西自非洲东岸的波斯湾至德班，东至日本、菲律宾、印度尼西亚、马绍尔群岛及澳大利亚都有分布。在我国沿海分布于浙江省以南至海南岛。

讨论 这一种贝壳的颜色、雕纹、纵肿脉等变异甚大，过去根据不同的个体变异定过许多名称。我们同意 Abbott 的意见，这些名称都是本种的同物异名。其中球鬘螺 *Phalium pila* (Reeve) 是 Reeve 于 1848 年根据我国的标本定的新种，以后阎敦建、张玺等都曾沿用，但实际上它是本种的同物异名。Reeve 定的 *Cassis japonica* 与本种的区别仅是壳表的螺旋肋纹较粗、较少，我们的标本中也有这样的典型个体，但螺旋沟纹的数目和形态变异较大，不能单靠它区分种类。Abbott 称，雕纹较粗的标本生活于较深的泥底，而雕纹较细、较光滑的标本则生活于较浅的沙或珊瑚沙的海底，可能是有理由的。

9. 无饰鬘螺 *Phalium*（*Xenophalium*）*inornatum*（Pilsbry）（图版 Ⅲ : 1 ～ 2）

Cassis achatina var. *inornata* Pilsbry, 1895: 49, pl. 2, fig. 17.

Phalium (*Xenogatea*) *labiatum* var. *inornatum* (Pilsbry). Bayer, 1935: 109.

Xenogates inornata (Pilsbry). Habe, 1964: 70, pl. 21, fig. 12.

Phalium (*Xenophalium*) *inornatum* (Pilsbry). Abbott, 1968: 181, pl. 13, fig. 6, pl. 109.

模式标本产地 日本。

标本采集地 广东省水东。共 5 个标本。

特征 贝壳较小型，最大个体壳高 63 毫米，壳质较薄。螺层约 9.5 层，螺旋部较高，呈尖圆锥形，体螺层微膨大。壳顶 3.5 层，光滑，白色。螺旋部其他各层表面有螺旋肋纹。次体层和体螺层的肩部有 5 ～ 8 条细的螺旋沟纹，其余部分光滑。贝壳乳白色、淡黄色或淡褐色。体螺层有上 4 ～ 5 列近长方形、不规则的、有时比较模糊的黄褐色斑。壳口较宽，外唇较薄、光滑、或有少数不发达的齿。壳轴光滑，其中部有一个粗壮的螺旋肋，前方边缘有一个较细的肋，两肋之间有时还有一些突起。脐孔深，有时封闭。

标本测量	壳高 / 毫米	63	51	45	42	23
	壳宽 / 毫米	37	29	27	27	19

习性和地理分布 生活于潮下带浅海，我们曾在广东省沿海水深 300 米的粗沙质海底采到。为少见种，我们仅采到 5 个标本，其中有 2 个生活标本。目前这一种仅知分布于日本和我国广东沿海。过去记录曾在我国东沙群岛东北面 230 余米水深的珊瑚沙质海底采到。

甲胄螺属 Genus *Casmaria* H. & A. Adams, 1853

模式种 甲胄螺 *Casmaria erinaceus* (Linnaeus)。

贝壳长卵圆形，光滑或具纵褶。楯面不发达，光滑。外唇有一列或两列齿。屮扇形或卵圆形。

10. 甲胄螺 *Casmaria erinaceus*（Linnaeus）（图版 Ⅲ : 7 ～ 8 ）

Buccinum erinaceus Linnaeus, 1758: 736, no. 390; 1767: 1199, no. 452; Dodge. 1956: 185-188.

Buccinum vibex Linnaeus, 1758: 737, no. 392; 1767: 1200, no. 454.

Cassis vibex Linnaeus. Reeve, 1848: pl. 7, fig. 15; Küster, 1857: 12, pl. 38, figs. 4-7, pl. 47, figs. 3, 4, pl. 51, figs. 5, 6; Tryon, 1885: 277, pl. 7, fig. 90.

Phalium (*Casmaria*) *erinaceum* Linnaeus. Bayer, 1935: 112.

Casmaria erinaceum Linnaeus. Abbott, 1968: 190-192, pl. 14, figs. 7-12; 张玺，齐钟彦，等，1975: 118, pl. 2, fig. 12.

模式标本产地　帝汶。

标本采集地　西沙群岛的东岛（五和岛）、北岛、琛航岛、金银岛、森屏滩。共 21 个标本。

特征　贝壳较小型，最大个体壳高 64 毫米，卵圆形，坚厚。螺层约 8 层，壳顶 3 层，第一层胚壳极小，褐色，以下两层迅速增大，白色，光滑，其余各螺层多数个体在肩部有结节，有的个体光滑。体螺层表面常有许多纵褶，贝壳一般白色或灰白色。新鲜的标本或小的个体，在体螺层上有 5 ～ 6 条微弱的淡褐色色带。沿生长线纹、色带的上下各有成对细小的褐色点。壳口宽大，外唇厚，向外卷，其外侧具有深褐色斑，其前端有 4 ～ 6 个尖形齿。内唇滑层厚，光滑，有时有大小不等的瘤状突起。脐孔封闭。

标本测量	壳高 / 毫米	64	60	56	54	53
	壳宽 / 毫米	35	33	32	33	31

习性和地理分布　本种是热带性较强的种，我们仅在西沙群岛采到，但尚未采到活标本，对它的生活习性和垂直分布尚不清楚。它的分布较广，从非洲东岸的红海、马达加斯加岛、太平洋的琉球群岛、马绍尔群岛、所罗门群岛至澳大利亚北部都有分布。在我国目前仅知分布于台湾和广东的西沙群岛。

讨论　这一种有两个类型：一个贝壳较小、较重，肩部有结节，为标准型；一个贝壳较大、较轻，肩部光滑，为光滑型（ vibex 型）。光滑的类型常与笨甲胄螺相混淆，但本种壳口外唇基部有 3 ～ 6 个齿尖，而笨甲胄螺则没有。

Stearn（1893）根据美洲西岸下加利福尼亚的一个类似光滑型的标本定为 *Casmaria vibex* Linnaeus，但以后（ 1894 ）又改正为一新种，命名为 *Cassis* (*Casmaria*) *vibexmexicana* Stearn。Abbott（ 1968 ）将它置于本种之下列为一个亚种，称 *Casmaria erinaceus vibexmexicana* (Stearn)，并指出它的分布仅限美洲西岸。Stearn 和 Abbott 引的 Stearn 的图与 Reeve（ 1848 ）的 *Cassis vibex* 的图完全一致。我们在西沙群岛的永兴岛采到一个标本，其形状、花纹和他们的图也完全一致。因此，我们怀疑 Stearn 的 *Cassis vibexmexicana* 是本种的一个光滑型。

11. 笨甲胄螺 *Casmaria ponderosa ponderosa*（Gmelin, 1791）（图版 Ⅲ : 4 ～ 5 ）

Buccinum ponderosum Gmelin, 1791, Systema naturae, ed. 13: 3477, no. 28.

Cassis erinaceus Bruguière. Kiener, 1835: 23, pl. 11, fig. 21.

Cassis torquata Reeve, 1848, pl. 1, fig. 1; Küster, 1857: 15, pl. 39, figs. 5, 6, pl. 48, figs. 5, 6.

Cassis turgida Reeve, 1848, pl. 10, fig. 25.

Cassis cernica Sowerby, 1888, Proc. Zool. Soc. London: 211, pl. 11, fig. 19.

Casmaria ponderosa (Gmelin). Habe, 1954: 2, pl. 21, fig. 3; Abbot, 1968: 195, pl. 14, figs. 1-4, pls. 182-185.

模式标本产地 不详。

标本采集地 海南岛（新村港、崖县）、西沙群岛（永兴岛、北岛、琛航岛、金银岛、中建岛）。共 21 个标本。

特征 贝壳较小，最大个体壳高 53 毫米，长卵圆形，似甲胄螺而稍短。螺层约 8 层。壳顶 3 层，第一层胚壳极小，褐色，其余两层白色，光滑。体螺层膨圆，肩部光滑或具纵走的结节。贝壳白色或淡褐色，在各螺层的缝合线下方和体螺层的基部均有一列黄褐色的方斑。体螺层上、下两列方斑之间有时有 3 列不甚明显的褐色色带或方斑。壳口外唇纵肋上有 2～12 个小尖齿，有的标本除这些小尖齿外，壳口内面还有一列小齿。楯面白色，光滑或具有许多螺旋皱褶，壳口内面白色或淡褐色。

标本测量 壳高 / 毫米	53	48	46	46	33
壳宽 / 毫米	31	31	29	28	21

习性和地理分布 本亚种为热带性亚种，在我国仅分布于海南岛南部以南（台湾有记录，但我们无标本）。生活于浅海沙质海底，我们仅采到 21 个空壳标本，尚未见到活标本。这一亚种的分布范围很广，从红海和东非沿岸的莫桑比克、桑给巴尔、非洲南部、马达加斯加岛至太平洋的琉球群岛、菲律宾、印度尼西亚、玻利尼西亚以及澳大利亚（北部）等地都有分布。

讨论 本种与甲胄螺很相似，过去作者在鉴定上常有混淆，但本种的贝壳较宽短，外唇基部没有尖齿，各螺层缝合线下方及体螺层基部有一列褐色方斑，可供作与甲胄螺的区别。

笨甲胄螺共有印度太平洋、日本、南太平洋、红海和加勒比海 5 个亚种。我国沿海有前两个亚种。本亚种还存在两个较明显的不同类型：一种贝壳较重厚，体螺层肩部有纵褶；一种贝壳较薄轻，体螺层肩部光滑。前一类型较常见，在西沙群岛和海南岛都很普遍；后一类型较少见，仅在海南岛发现。

12. 日本笨甲胄螺 *Casmaria ponderosa nipponensis* Abbott（**图版 Ⅲ：3**）

Casmaria cernica Habe (not Sowerby), 1964: 69. pl. 21, fig. 7.

Casmaria ponderosa nipponensis Abbott, 1968: 200, pl. 14, figs. 13, 14.

模式标本产地 日本。

标本采集地 东海。共 3 个标本。

特征 贝壳较小，长卵圆形，壳质薄。螺层约 8 层，胚壳 4 层，光滑，黄褐色，其余各层表面光滑，有细而明显的生长线，有时还出现纵肿脉。壳表淡褐色，体螺层上有 5 条断续的、不十分明显的褐色色带。壳口较小，外唇内侧中下部有 4～7 个极小的粒状齿，基部无齿尖。螺轴有细弱的褶襞，基部一个特别强大。

这一亚种与前一亚种，从壳表的花纹和外唇齿形态上，可以清楚地分开。

标本测量 壳高 / 毫米	29	25	15
壳宽 / 毫米	10	9	8

　　习性和地理分布　本亚种栖息于较冷水域的潮下带,我们的标本采自东海 162 米水深的细沙质海底。目前仅知分布于日本和东海我国沿海。在我国是首次发现。

桑葚螺属 Genus *Morum* Bolten, 1798

　　模式种　桑葚螺 *Morum oniscus* Linnaeus

　　贝壳三角卵圆形,螺旋部短,壳顶尖,壳表具纵横肋及结节。壳口窄长呈线状,壳螺轴有纵褶或粒状突起,外唇向外卷,内面有褶。

13. 方格桑葚螺 *Morum* (*Onimusiro*) *cancellatum* Sowerby (图版 Ⅲ : 6)

Oniscidia cancellata Sowerby, 1824, Gen. Sh.: 24, pl. 5, figs. 1-3.

Cassidaria cancellata Kiener (not Lamarck), 1835: 7, pl. 2, fig. 4.

Oniscia cancellata Sowerby. Reeve. 1849, pl. 1, fig. 4; Küster, 1857: 56, pl. 55, figs. 7, 8; Tryon, 1885: 282, pl. 10, fig. 21.

Lambidium (*Oriscidia*) *cancellatum* (Sowerby). Bayer, 1935: 5.

Lambidium cancellatum (Sowerby). Yen, 1942: 214.

Morum (*Onimusiro*) *cancellatum* Sowerby. Habe, 1964: 68, pl. 20, fig. 6.

　　模式标本产地　中国。

　　标本采集地　东海和南海我国近岸,共 25 个标本。

　　特征　贝壳呈长卵圆形。螺旋部短,呈圆锥形,体螺层膨大而前端较细瘦。螺层约 8 层,胚壳光滑,以下各层表面具有较稀疏的纵肋和横肋,两肋相交形成结节,螺层肩部的结节较强大。体螺层横肋约 12 条。壳面呈黄白色,体螺层上有 3 条褐色色带。壳口白色,外唇厚,向外翻转,边缘具强大的齿;内唇滑层向外延伸,其壁上具有许多粒状突起。厣角质、半透明、小,不能遮盖壳口,核位于内侧。

标本测量　壳高 / 毫米	44	42	38	25	24
壳宽 / 毫米	26	25	23	20	20

　　生活习性和地理分布　本种为暖水种,栖水较深,我们曾在水深 73 ～ 162 米的泥沙质及细沙质的海底采到。此种在我国沿海不多见,我们仅采到 25 个标本,其中 21 个是活标本。以往的作者对这一种的分布记载不详,大都记载产于中国。Kiener (1835)记载产于毛里求斯岛, Bayer (1935)记载产于加拉帕戈斯群岛,但都带有问号。我们认为它很可能是我国沿海的一个特有种。

参考文献

[1]　张玺,马绣同.胶州湾海产动物采集团第二、三期采集报告,1936:1-141.

[2]　张玺,马绣同.胶州湾海产动物采集团第四期采集报告,1949:1-306.

[3]　张玺,赵汝翼.山东沿海之前鳃类.中法大学科学报告,1940,11:22.

[4]　张玺,齐钟彦,等.中国经济动物志——海产软体动物.科学出版社,1962:43-44.

[5]　张玺,齐钟彦,张福绥,马绣同.中国海软体动物区系区划的初步研究.海洋与湖沼,1963,5 (2):123-138.

［6］ 张玺，齐钟彦，马绣同，楼子康.西沙群岛软体动物前鳃类名录.海洋科学集刊，1975，10：105-132.

［7］ 李国藩.广东汕尾海产软体动物初步调查.中山大学学报，自然科学版，1956，2：74-91.

［8］ 冈田要，泷庸.原色動物大図鑑，日本北隆館，1960，Ⅲ：73.

［9］ Abbott R T. The Helmet Shells of the World (Cassidae), part. 1. Indo-Pacific Mollusca, 1968, 2(9): 15-202, pls. 1-187.

［10］ Adams H, Adams A. 19 The Genera of the Recent Mollusca. 1: 214-220; 3: 23.

［11］ Allan J. Australian Shells. Melbourne, Georgian House, 1950: 116-119.

［12］ Bayer C. Catalogue of the Cassididae in the Rijksmuseum van Naturlijke Historie. *Zool. Med.*, 1935, 18: 93-120.

［13］ Demond J. Micronesian reef-associated Gastropodes. *Pacif. Sci.*, 1957, 11(3): 306.

［14］ Dodge H. A Historical Review of the molluske of Linnaeus. part 4, The Genus *Buccinium* and *Strombus* of the class Gastropoda. *Bull. Amer. Mus. Nat. Hist.*, 1956, 111: 157-238.

［15］ Grabau A W, King S C（金叔初）. Shells of Paitaiho. Peking Soc. Nat. Hist. Hand-book 2, 1928.

［16］ Habe T. Shells of the Western Pacific in Color Ⅱ, 1964: 69-70.

［17］ Hidalgo J G. Descriptions d'un *Cassis* nouveau. *J. de Conchyl.*, 1871, 19: 226.

［18］ Hidalgo J G. Descriptions d'espèces nouvelles. *Ibid.*, 1872, 20: 143, pl. 7, fig. 2.

［19］ Kiener L C. Species general et Iconographie des Coquilles Vivantes 2 (*Cassidaria et Cassis*), 1835: 1-10 et 1-40.

［20］ King S C（金叔初），Ping C（秉志）. The Molluscan Shells of Hong-kong part 3. *The Hong-kong Naturalist*, 1933, 3(2): 99-100.

［21］ King S C（金叔初），Ping C（秉志）. The Molluscan Shells of Hong-kong part 4. *Ibid.*, 1936, 7(2): 130.

［22］ Kira T. Coloured Illastrations of the Shells of Japan. Ⅰ, Enlarged and Revised Edition. Japan, 1971: 51-52, pl. 21.

［23］ Kuroda T. A Catalogue of Molluscan Shells from Taiwan, with Descriptions of New Species. *Mem. Fac. Sci. Agr. Taikoku Imp. Univ.*, 1941, 22(4): 104.

［24］ Kuroda, Habe T. Check list and Bibliography of the Recent Marine Mollusca of Japan. Hosokawa, Tokyo, Japan, 1952: 1-210

［25］ Küster C H. Monograph of the *Cassidaria* and *Cassis* in Martini and Chemnitz's Systematisches Conchilien-Cabinet, 1857, 3(1b): 1-59, pls.

［26］ Linnaeus L. Systema Naturae. ed. 10., 1758, Tom. Ⅰ: 735-737.

［27］ Linnaeus L. Ibid ed. 12, 1767, Tom. Ⅰ. Part Ⅱ: 1199.

［28］ Martini und Chemnitz. Neues Systematisches Conchylien-Cabinet 2 and 10, 1773, 1778.

［29］ Melvill F C. The subgenus *Casmaria* H. and Adams of *Cassis* Lamarck. *Journ. of Conch.*, 1905, 11(5): 176-178.

［30］ Pilsbry H A. Catalogue Marine Mollusca Japan, 1895: 1-196, pls. 1-11.

［31］ Ping C（秉志）, Yen T C（阎敦建）Preliminary notes on the Gastropod Shells of Chinese coast. *Bull. Fan. Mem. Inst. Biol.*, 1932, 3(3): 37-54.

［32］ Reeve L. Conchologia Iconica 5 (*Cassis*), 1848: pls. 1-12.

［33］ Salmon E. Catalogue des Cassididae Doliidae et Firudiles du museum, avec description d'une espèces et d'une varieté nouvelles. *J. de Conchyl.*, 1948, 88(4): 158-164.

［34］ Schepman M M. The Prosobranchia of the Siboga expedition part 2 mon., 1909, 49(Livr. 43): 121-124.

［35］ Sowerby G B. Description of *Cassis adcocki*, a new species. *Proc. Malac. Soc. London.*, 1896, 2: 14.

［36］ Spry J F. The Sea Shells of Dar es Salam. Part. 1, Gastropods. *Tanganyika Notes* and *Records*, 1961, 56: 16.

［37］ Stearns, Robert E C. On rare or little Known mollusca from the west coast of North and South America. with descriptions of new species. *Proc. U. S. Nat. Mus.*, 1893, 16: 348.

［38］ Stearns, Robert E C. The Shells of the tres marias and other localities along the shores of lower California and the Goulf of California. *Ibid.*, 1894, 17: 188.

［39］ Tinker S W. Pacific Sea Shells. Tokyo. Japan, 1959: 84-86.

［40］ Tryon G W. Manual of Conchology, 1885, 7: 268-283.

［41］ Watson R. Report on the Scaphopoda and Gastropoda collected by H. M. S. Challenger during the years 1873-1874. Rep. Sci. Res. Voy. H. M. S. Challenger Zool., 1886, 15 (42): 407-411.

［42］ Wrigley A. English eocene and Oligocene Cassidae with notes on nomenclatures and morphology of the family. *Proc. Malac. Soc. London*, 1934, 21(2): 108-130, pls. 15-17.

［43］ Yen T C（阎敦建）. The Molluskan fauna of Amoy and its vicinal regions. Second Ann. Report Marine Biol. Assoc. Peiping, China, 1933: 60-63.

［44］ Yen T C（阎敦建）. The marine Gasstropods of Shantung Penincula. *Contr. Inst. Zool. Nat. Acad. Peiping*, 1936, 3(5): 214.

［45］ Yen T C（阎敦建）. Review of Chinese gastropoda in the British Museum. *Proc. Malac. Soc. London*, 1942, 24: 214.

ÉTUDE SUR LES ÉSPÈCES DES CASSIDAE DE LA CHINE

Tsi Chungyen et Ma Suitung

(*Institute d'Oceanologie, Academia Sinica*)

La famille Cassidae est une groupe de gastropodes marine tropicale et temperé. Elle est caracterisé par sa coquille ovoide, ventrue, á spire assez courte; tour variqueux, portant des varices irregulières, overture alongée ou presque linéaire; labre réfléchi au dehor, denticulé interieurement; columella plisse ou granuleux, canal, court (Contribution No. 440 from the Institute of Oceanology, Academia Sinica), recourbé; opercule corné, allongé semi-lunaire.

Les materiaux de cette publication ont été récoltés pendant les années 1950-1976 dans les côtes de la Chine. Parmi ces recoltés nous avons déterminé 8 éspèces et 5 sous-éspèces dont 1 sous-éspèce considérée comme nouvelle et 2 éspèces dècouvertes comme la premiére fois en Chine. Parmi ces 13 éspèces et sous-éspèces il y a 4 éspèces: *Cassis cornuta* (Linnaeus), *Phalium areola* (Linnaeus), *Casmaria erinaceus* (Linnaeus), *Casmaria ponderosa ponderosa* (Gmelin) sont éspèces tropicales typiques, qui se trouvent seulment aux Archipels de Xisha et à l'Île Hainan; 8 éspèces: *Phalium glaucum* (Linnaeus), *Phalium bandatum bandatum* (Perry), *Phalium strigatum strigatum* (Gmelin), *Phalium decussatum* (Linnaeus), *Phalium bisulcatum* (Schubert et Wagner), *Phalium inornatum* (Pilsbry), *Casmaria ponderosa nipponensis* Abbott, *Morum cancellatum* Sowerby sont éspèces tropicales et subtropicales, qui se trouvent depuis Archipels Xisha ou l'Île Hainan jusqu' aux côtés de provinces Guandong, Fujian ou Zhejiang; 1 seule sous-éspèce, *Phalium strigatum breviculum* est temperéé, se trouve seulement dans la mer Jaune et le golf de Pohai.

Liste des éspèces et sous-éspèces

1. *Cassis* (*Cassis*) *cornuta* (Linnaeus) (Pl. I, Fig. 1−2)

C'est une éspèce de plus grande dans cette famille, le plus grand exemplaire que nous avons trouvé mesuré 300 mm de heuteur. Elle est une éspèce tropicale typique, en Chine nous avons trouvé seulemtnt aux Archipels de Xisha.

2. *Phalium* (*Phalium*) *glaucum* (Linnaeus) (Pl. I, Fig. 4)

Nous avons récolté 26 exemplaires de cette éspèce par les Pêcheuses sur les côtes de la Mer du Sud. C'est une éspèce tropicale et subtropicale, vit sur les sables depuis littoral jusqu à la profondeur de 20 m.

3. *Phalium* (*Phalium*) *bandatum bandatum* (Perry) (Pl. I, Fig. 3)

C'est une sous-éspèce très rare, nous avons trouvé seulement 3 exemplaires dans la Mar du Sud. C'est la première foid que nous avons trouvé cette sous-éspèce sur nos côtes. La distribution de cette sous-éspèce est limité aux océan Pacifique occidental, tandis que l'autre sous-éspèce de cette éspèce, *P. bandatum exaratum*, se rencontrent dans l'océan Indian.

4. *Phalium* (*Phalium*) *areola* (Linnaeus) (Pl. Ⅲ, Fig. 9)

C'est une éspèce assez rare, nous avons recuilli seulement 6 exemplaires sur les côtes de l'Île Hainan.

5. *Phalium* (*Phalium*) *strigatum strigatum* (Gmelin) (Pl. Ⅱ, Fig. 1−2)

C'est une sous-éspèce tropicale et subtropicale très commune. Nous avons trouvé 145 exemplaires sur les côtes de Zhejiang, Fujian, Guandong et l'Île Hainan.

6. *Phalium* (*Phalium*) *strigatum breviculum* sous-éspèce nouvelle (Pl. Ⅱ, Fig. 3−4)

Habitat des holotype et paratype:

Holotype: No. M24089, Xiaochangshan Dao, Province Liaoning. Sept. 8, 1956 par Ma Suitung.

Paratype: No. M24076, Beidaihe, Province Hebei, Mai, 3, 1950 par Tsi Chungyen

Holotype et paratype sont preservé au Institut d'Océanologie, Academia Sinica.

Coquille courte, un peu bonbée; spire conique, pointue, composée de 8 tours envirion, 1.5 tours lisse, blanchatres, le reste garni 4-5 rangées de petit grains noduleux. Le dernière tour assez grand, chargée de 31-51 sillons transverses. La couleur générale jaunâtre avec des bandes longitudinales, ondulées, d'un brun. L'overture alongée, garni de sa partie interne d'un nombre de denticules, collumelle plissée.

Phalium strigatum avait été considerée par les auteurs précédent comme une éspèce monotipique. Après les avoir étudies des grand nombreux exemplaires de nos collections nous en avons subdivisées à deux sous-éspèces distincte: une sous-éspèce chaude qui est caraterisée par sa coquille plus heut, varices plus moindre (1-3) et les bandes brunes dans la dernière tour moins nombreux; l'autre sous-éspèce tempérée qui nous considerée comme nouvelle a une coquille plus bas, varices plus nombreux et les bandes brunes dans la dernière tour plus serées.

7. *Phalium* (*Phalium*) *decussatum* (Linnaeus) (Pl. Ⅱ, Fig. 6)

C'est une éspèce chaude assez commune, nous avons trouvé 75 exemplaires sur les côtes Guandong et l'Île Hainan.

8. *Phalium* (*Phalium*) *bisulcatum* (Schubert et Wegner) (Pl. Ⅱ, Fig. 5)

C'est une éspèce chaude très commune, nous avons trouvé 169 exemplaires depuis les côtes de Zhejiang jusqu' à l'Île Hainan.

9. *Phalium* (*Xenophalium*) *inornatum* (Pilsbry) (Pl. Ⅲ, Fig. 1−2)

C'est une éspèce subtropicale, se rencontrent seulement sur les côtes du Japon et de la Chine. Elle est très rare sur nos côtes, nous avons trouvé seulement 5 exemplaires sur les côtes de province Guandong.

10. *Casmaria erinaceus* (Linnaeus) (Pl. Ⅲ , Fig. 7−8)

C'est une éspèce tropicale typique, nous avons recuelli seulement 21 coquilles vides aux Archipels de Xisha.

11. *Casmaria ponderosa ponderosa* (Gmelin) (Pl. Ⅲ , Fig. 4−5)

C'est une sous-éspèce tropicale, nous avons trouvé 21 specimens aux Archipels de Xisha et l'Île de Hainan.

12. *Casmaria ponderosa nipponensis* Abbott (Pl. Ⅲ , Fig. 3)

C'est une sous-éspèce subtropicale établie par Abbott en 1968. Nous avons recuelli 3 exemplaires sur le fond de la Mer Est à profondeur de 162 M. C'est la première fois que nous avons trouvé cette sous-éspèce sur nos côtes.

13. *Morum* (*Onimusiro*) *cancellatum* Sowerby (Pl. Ⅲ , Fig. 6)

C'est une éspèce chaude, nous avons recuelli 25 exemplaires à profondeur 73-163 metres sur le fond de la Mer de l'Est et de la Mer du Sud. Elle est peut-être une éspèce endémique de notre pays.

图版 I

1-2. 冠螺 *Cassis（Cassis）cornuta*（Linnaeus）×0.32；3.带鬘螺 *Phalium（Phalium）bandatum bandatum*（Perry）×0.54；4.鬘螺 *Phalium（Phalium）glaucum*（Linnaeus）×0.51

图版 Ⅱ

1. 沟纹鬘螺 Phalium（Phalium）strigatum strigatum（Gmelin）×0.83；2. 沟纹鬘螺 Phalium（Phalium）strigatum strigatum（Gmelin）（幼体）×1.00；3. 短沟纹鬘螺 Phalium（Phalium）strigatum breviculum subsp. nov. ×0.90；4. 短沟纹鬘螺 Phalium（Phalium）strigatum breviculum subsp. nov.（幼体）×1.00；5. 双沟鬘螺 Phalium（Phalium）bisulcatum（Schubert & Wegner）×0.90；6. 布纹鬘螺 Phalium（Phalium）decussatum（Linnaeus）×0.86

图版 Ⅲ

1. 无饰鬘螺 *Phalium*（*Xenophalium*）*inornatum*（Pilsbry）×0.87；2. 无饰鬘螺 *Phalium*（*X.*）*inornatum*（Pilsbry）（结节型）×0.9；3. 日本笨甲胄螺 *Casmaria ponderosa nipponensis* Abbott ×1.8；4. 笨甲胄螺 *Casmaria ponderosa*（Gmelin）×0.8；5. 笨甲胄螺 *Casmaria ponderosa*（Gmelin）（光滑型）×0.9；6. 方格桑葚螺 *Morum*（*Onimusiro*）*cancellatum* Sowerby ×0.9；7. 甲胄螺 *Casmaria erinaceus*（Linnaeus）×0.9；8. 甲胄螺 *Casmaria erinaceus*（Linnaeus）（光滑型）×0.84；9. 棋盘鬘螺 *Phalium*（*Phalium*）*areola*（Linnaeus）×0.9